"十三五"国家重点出版物出版规划项目

名校名家基础学科系列

Textbooks of Base Disciplines from Top Universities and Experts

大学物理教程

上册

主 编 王新顺 毛晓芹

参 编 申庆徽 李 鹏 梁 敏

机 械 工 业 出 版 社

本书依照教育部物理基础课程教学指导分委员会颁布的《理工科类大学物理课程教学基本要求》编写,突出教学性、实用性,内容深浅适当,章节引入自然流畅,例题解答详尽。本套书分为上、下两册,共5篇,23章。本书为上册,内容包括力学和电磁学;下册内容包括热学、光学、量子物理。本套书相对论相关内容中涵盖了广义相对论简介,原子核物理相关内容中涵盖了粒子物理的最新发展,固体物理相关内容中涵盖了激光及超导材料。

本书可作为高等学校理工科类各专业的大学物理课程教材或教学参考书。

图书在版编目（CIP）数据

大学物理教程. 上册／王新顺,毛晓芹主编. — 北京：机械工业出版社,2020.1（2025.1重印）

"十三五"国家重点出版物出版规划项目　名校名家基础学科系列

ISBN 978-7-111-64183-4

Ⅰ. ①大… Ⅱ. ①王… ②毛… Ⅲ. ①物理学-高等学校-教材 Ⅳ. ①O4

中国版本图书馆 CIP 数据核字（2019）第 272957 号

机械工业出版社（北京市百万庄大街22号　邮政编码100037）
策划编辑：张金奎　责任编辑：张金奎　任正一
责任校对：刘志文　封面设计：鞠　杨
责任印制：郜　敏
三河市国英印务有限公司印刷
2025年1月第1版第7次印刷
184mm×260mm・18.75印张・457千字
标准书号：ISBN 978-7-111-64183-4
定价：49.00元

封底无防伪标均为盗版

电话服务
客服电话：010-88361066
　　　　　010-88379833
　　　　　010-68326294

网络服务
机　工　官　网：www.cmpbook.com
机　工　官　博：weibo.com/cmp1952
金　书　网：www.golden-book.com
机工教育服务网：www.cmpedu.com

前　　言

"大学物理"是高等院校理工科类各专业学生的一门非常重要的基础课。它不仅可以为学生学习专业课打下必要的基础，更重要的是物理学中常用的研究问题的方法、科学思维的方法、重要的物理思想对学生创新思维的形成及科学素养的提升都将产生深远的影响。

本套书内容完全涵盖了《理工科类大学物理课程教学基本要求》，分为上、下两册，包括力学、电磁学、热学、光学和量子物理共5篇，23章。书中各篇对物理学的基本概念与规律进行了明晰的讲解，很多内容都是从物理背景展开，突出物理学的研究方法和思维方法；每个章节均以最基本的概念与规律为基础，推演出相应的概念与规律，体现了物理规律的系统性和逻辑性；章节引入自然流畅，内容深浅适当，注重感性和理性、定性和定量的结合，例题解答详尽，突出了教学性和实用性；相对论中涵盖了广义相对论简介，原子核物理中涵盖了粒子物理的最新发展，固体物理中涵盖了激光及超导材料等新技术应用，体现了"保证经典，加强现代"的教学理念。

在力学篇的质点力学中就引入了角动量、力矩的概念，推出了质点和质点系的角动量定理和角动量守恒定律，这体现了循序渐进、知识迁移的学习认知特点，为学生学习全新的刚体力学做了一个铺垫；同时，刚体是一个特殊的质点系，刚体的所有运动规律都可以从质点力学的质点系所遵从的规律中导出，在质点力学中就引入角动量、力矩、角动量定理和角动量守恒定律更能体现力学规律的系统性和逻辑性。将振动和波动安排在光学篇是考虑到光虽然是电磁波，但与机械波一样具有波动的共性，讲完振动和波动，再学习光学，在知识上有一定的连续性。

本套书各章均配有思考题和习题，以帮助学生理解和掌握已学的物理概念和定律，或扩充一些新的知识。希望学生做题时能真正把做过的每一道题从概念原理上搞清楚，并且用尽可能简明的语言、公式、图像表示出来，做到举一反三。

参加本套书上册编写的有：毛晓芹（第1~5章）、王新顺（第6章）、申庆徽（第7、8章）、李鹏（第9、10章）、梁敏（第11、12章）；参加本套书下册编写的有：李爱芝（第13~15章）、徐慧华（第16、17章）、李艳华（第18~20章）、王新顺（第21~23章）。全书由王新顺审定。

在本书的编写过程中，我们参阅了大量国内外相关教材及文献资料，借鉴了一些插图、例题和习题，在此谨向相关作者表示由衷的感谢。

由于编者水平有限，书中疏漏和不当之处在所难免，恳请读者不吝指教。

编　者

2019年10月于威海

目　录

第1篇 PART

力学

第 1 章
质点运动学

物体的运动是永恒的，自然界中各种各样的物体都在做着各种各样纷繁复杂的运动。本章主要研究物体的位置随时间变化的规律——**运动学**。首先阐述描述机械运动的基本概念（如质点、参考系、坐标系）和描写质点运动的基本物理量（如位置矢量、位移、速度、加速度等）；其次，讨论几种常见的平面运动中（直线运动、抛体运动、圆周运动）基本物理量之间的关系及其规律。最后介绍在不同参考系中，运动物理量之间的关系，即相对运动。

1.1 质点运动的描述

1.1.1 质点　参考系

任何物体都有一定的大小和形状。一般来说，物体在运动时，内部各点的位置变化是各不相同的。因此要精确描述物体的运动，并不是一件简单的事。为了突出主要矛盾，简化所研究的问题，我们往往忽略物体的结构、大小、形状，将其看成一个只有质量的点，称为“**质点**”。当然，任何物体都有一定的大小、形状、质量和内部结构，即使很小的分子、原子以及微观粒子也不例外，所以质点是物理学抽象出来的一个理想化模型。而能否将一个物体视为**质点**，并不是根据它的绝对大小，而是要视具体问题具体分析。例如地球的半径约为 6.4×10^6m，地球到太阳的距离约为 1.5×10^{11}m，研究地球绕太阳公转时就可以将地球当作质点，但是在研究地球自转问题时，就不能将地球看成质点了。当我们将物体看成质点后，可只关注物体的位置随时间变化的规律，而不需考虑物体的自身的转动、振动等运动状态，这就是质点运动学。本章我们将对质点的位置随时间变化规律加以描述，主要介绍运动学所涉及的基本概念：位置矢量、位移、速度、加速度、质点运动方程等，同时讨论一些典型运动的运动规律。

物体的运动又是相对的，讨论运动之前，我们必须首先说明相对于哪个**参考物**的运动，参考物不同，物体的运动形式也不同。比如我们站在地面上某处，如果相对于地面，我们是静止的，而相对于地心，我们又做圆周运动，所以**参考物决定运动的形式**。

为了把运动物体相对于参考物的位置定量地表示出来，需要在参考物上建立适当的**坐标系**。坐标系不同，同一种运动形式的数学表述也不同，比如圆周运动，其在直角坐标系中的轨迹方程为：$x^2+y^2=R^2$（R 为圆周运动的半径，坐标原点取在圆心），而在极坐标系中，圆周运动的轨迹方程为：$\rho=R$。由此可见，坐标系决定运动的数学表述。常用的坐标系有直角坐标系、极坐标系、自然坐标系、柱坐标系和球坐标系等。

一个固定在参考物上的坐标系和相应的一套同步时钟组成一个**参考系**，参考系常用参考物命名。例如，坐标轴固定在地面上的参考系称为**地面参考系**，坐标轴固定在地心上的参考系称为**地心参考系**，又如太阳参考系、银河参考系等。参考系的选择原则上是任意的，如果不特别说明，一般情况下选择地面参考系。

1.1.2　位置矢量　运动函数

假设一任意质点在三维空间中做任意运动，运动轨迹如图 1-1 中的曲线所示，我们选择地面参考系，并在此参考系中建立直角坐标系 $Oxyz$，我们将在此坐标系中描述此质点的运动位置。

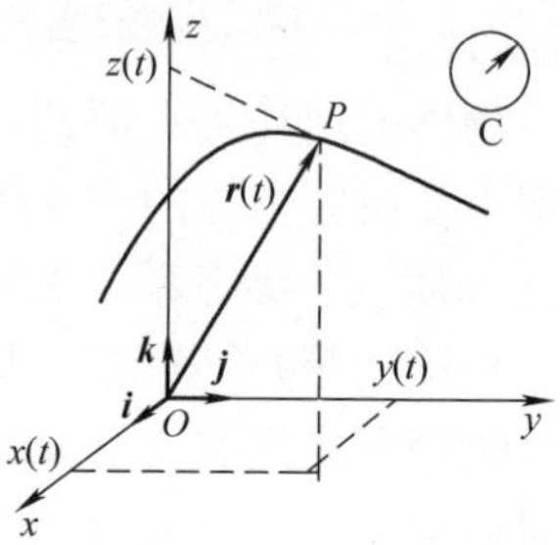

图 1-1　质点的位置表示

1. 位置矢量

在坐标系上配上一套同步时钟，某一时刻 t，质点运动到某一位置 P，我们用一从原点指向 P 点的有向线段$\overrightarrow{OP}$来表示，即矢量 $\boldsymbol{r}$ 来记录，称之为**位置矢量**，简称**位矢**。在直角坐标系中 P 的位置也可以用空间坐标（x、y、z）来表示，它也是矢量 $\boldsymbol{r}$ 在坐标轴上的分量，引入各坐标轴上的单位矢量 $\boldsymbol{i}$、$\boldsymbol{j}$、$\boldsymbol{k}$，则位矢 $\boldsymbol{r}$ 在直角坐标系中可以表示为

$$\boldsymbol{r} = x\boldsymbol{i} + y\boldsymbol{j} + z\boldsymbol{k} \tag{1-1}$$

注意位矢 $\boldsymbol{r}$ 是矢量，它既有大小又有方向。此直角坐标系中 $\boldsymbol{r}$ 的大小就是质点到原点的距离，即

$$r = |\boldsymbol{r}| = \sqrt{x^2 + y^2 + z^2} \tag{1-2}$$

$\boldsymbol{r}$ 的方向由其方向与各坐标轴夹角的余弦确定，即

$$\cos\alpha = \frac{x}{r},\ \cos\beta = \frac{y}{r},\ \cos\gamma = \frac{z}{r} \tag{1-3}$$

式中，α、β、γ 分别为 $\boldsymbol{r}$ 与 Ox、Oy、Oz 轴正方向的夹角，并且满足关系式：

$$\cos^2\alpha + \cos^2\beta + \cos^2\gamma = 1$$

这里要注意，x、y、z 是位矢 $\boldsymbol{r}$ 在坐标轴上的分量，它们都是代数量。根据 $\boldsymbol{r}$ 的取向，它们可以为正、负或零。而 r 是 $\boldsymbol{r}$ 的模，不取负值。例如，若已知 $x<0$，$y=z=0$，则 $\boldsymbol{r}=x\boldsymbol{i}$。由于 x 为负，所以 $\boldsymbol{r}$ 的取向为 $-\boldsymbol{i}$ 方向，而 $\boldsymbol{r}$ 的大小 $r=-x$。

2. 运动函数

质点在运动，其位矢就随时间的变化而变化，即位矢是时间的函数，可写为

$$\boldsymbol{r} = \boldsymbol{r}(t) \tag{1-4}$$

我们称上式为**运动函数**或**运动方程**。运动方程就是质点在任意时刻位置的表达式。进一步的研究将表明，它包含质点运动的全部信息。知道运动方程，即可确定质点在任意时刻的位置、速度和加速度等。因此，正确确定质点运动方程是研究质点运动十分重要的一步。

在直角坐标系中，运动质点的位矢在三个坐标轴的分量也随时间变化，即

$$\begin{cases} x = x(t) \\ y = y(t) \\ z = z(t) \end{cases} \tag{1-5}$$

此式为运动函数在直角坐标系中的**分量式**。

将分量式三个方程中 t 消去，就可得到一个与时间无关而只与位置坐标有关的函数关系式：

$$f(x,y,z)=0 \tag{1-6}$$

此方程即是质点运动的**轨迹方程（或轨道方程）**。例如，一个质点在 xOy 平面上运动，质点的运动方程为 $x=R\cos\omega t$，$y=R\sin\omega t$（式中，R 和 ω 均为常数），则该质点的轨道方程为 $x^2+y^2=R^2$。

如果质点运动轨道是一直线，则其运动为直线运动；如果质点运动轨道是一曲线，则其运动为曲线运动。

3. 运动的合成（叠加）原理

运动函数的分量式（1-5）是运动质点的位矢在三个坐标轴上的投影随时间变化的关系，也可看成一种运动形式，称之为**分运动**，则根据矢量的叠加原理，运动方程的分量式也可写成矢量式：

$$\boldsymbol{r}(t)=x(t)\boldsymbol{i}+y(t)\boldsymbol{j}+z(t)\boldsymbol{k} \tag{1-7}$$

式（1-7）可理解为质点的运动可看作是由式（1-5）所描述的三个相互垂直的分运动的矢量叠加，这就是**运动的合成（或叠加）原理**。由此，我们可以把一个比较复杂的运动看成是几个相对简单的分运动的合成，或者说可以把合运动分解成几个分运动。比如中学所学的平抛运动可以看成水平方向上的匀速运动和竖直方向的自由落体运动的合成。

1.1.3　位移

知道了质点的运动方程，就能确定质点在任意时刻的位置，从而也很容易确定经过一段时间，质点的位置改变了多少，而描述质点位置改变多少的物理量就是位移。

如图 1-2 所示，设运动质点在 t 时刻运动到 P_1 位置，其位矢为 $\boldsymbol{r}(t)$；$t+\Delta t$ 时刻运动到 P_2 位置，其位矢为 $\boldsymbol{r}(t+\Delta t)$，则在此段 Δt 时间内，质点位矢的变化量为

$$\Delta\boldsymbol{r}=\boldsymbol{r}(t+\Delta t)-\boldsymbol{r}(t) \tag{1-8}$$

式中，$\Delta\boldsymbol{r}$ 就是质点在 Δt 时间内的**位移矢量**，简称**位移**，即质点在某一时间段内的位移等于该时间段内位矢的增量。

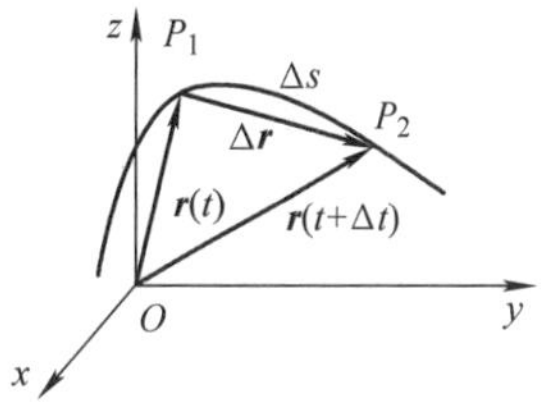

图 1-2　质点的位移

在直角坐标系中，位移也同样可以用分量式表示为

$$\begin{aligned}\Delta\boldsymbol{r}&=\boldsymbol{r}(t+\Delta t)-\boldsymbol{r}(t)\\&=[x(t+\Delta t)-x(t)]\boldsymbol{i}+[y(t+\Delta t)-y(t)]\boldsymbol{j}+[z(t+\Delta t)-z(t)]\boldsymbol{k}\\&=\Delta x\boldsymbol{i}+\Delta y\boldsymbol{j}+\Delta z\boldsymbol{k}\end{aligned} \tag{1-9}$$

式中，Δx、Δy、Δz 为直角坐标分量的变化量，它们也都是代数量，根据 $\Delta\boldsymbol{r}$ 的取向，它们可以为正、负或零。

位移是矢量，由矢量加法规则，位移由质点的初位置 P_1 指向末位置 P_2 的有向线段 $\overrightarrow{P_1P_2}$ 表示，反映了质点位置变化的大小和方向。不难看出位移的方向是从初位置指向末位置的方向，而其大小就是位移矢量的模 $|\Delta\boldsymbol{r}|=\sqrt{(\Delta x)^2+(\Delta y)^2+(\Delta z)^2}$。显然，位移与原点的选取无关。

位移的 SI 单位为 m。除了位移，我们还熟悉另一个反映位置改变情况的物理量：路程

(Δs)，但二者却是不同的概念，关于位移我们应该注意以下两点：

1） $|\Delta \boldsymbol{r}| \neq \Delta s$。位移 $\Delta \boldsymbol{r}$ 是矢量，其大小 $|\Delta \boldsymbol{r}|$ 是质点初位置到末位置的直线距离，而路程 Δs 是标量，等于实际路径的总长度（如图 1-2 中 P_1 到 P_2 的弧线长度）。所以二者不一定相等，例如一个做圆周运动的质点，质点绕一周后其路程等于圆周长，但这段时间内位移为 0。但当 $\Delta t \to 0$ 时，两者大小相等，即 $|\mathrm{d}\boldsymbol{r}| = \mathrm{d}s$。

2） $|\Delta \boldsymbol{r}| \neq \Delta r$。因为 $|\Delta \boldsymbol{r}| = |\boldsymbol{r}(t+\Delta t) - \boldsymbol{r}(t)|$，是位矢增量的大小，如图 1-3 所示，是位移 $\Delta \boldsymbol{r}$ 有向线段的长短，必为正值。而 $\Delta r = |\boldsymbol{r}(t+\Delta t)| - |\boldsymbol{r}(t)|$，是位矢大小的增量，是末位矢有向线段长短与初位矢有向线段长短之差，可能为正，也可能为负。

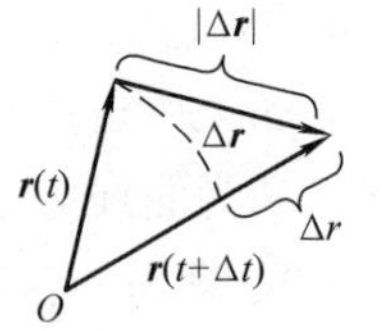

图 1-3　$|\Delta \boldsymbol{r}|$ 与 Δr

1.1.4　速度

位移是表示位置变化的物理量，而表示位置变化快慢的物理量，我们称之为速度。

1. 平均速度

质点运动时，其位置随时间变化的快慢和方向与两个因素有关，一个是位移 $\Delta \boldsymbol{r}$，另一个是完成该位移所用的时间 Δt。二者比值 $\Delta \boldsymbol{r}/\Delta t$ 称为质点在时间 Δt 内的**平均速度**，用 $\overline{\boldsymbol{v}}$ 表示，即

$$\overline{\boldsymbol{v}} = \frac{\Delta \boldsymbol{r}}{\Delta t} \tag{1-10}$$

平均速度 $\overline{\boldsymbol{v}}$ 也是矢量，由定义式（1-10）其方向与位移 $\Delta \boldsymbol{r}$ 的方向相同。平均速度是在 Δt 时间段内，运动质点单位时间的位矢变化量的平均值，它只能粗略地描述 Δt 时间内质点位置随时间变化的情况。

2. 速度

为了精确描述质点运动的快慢和方向，对式（1-10）取极限，得到 t 时刻的**瞬时速度**，简称**速度**，用 $\boldsymbol{v}$ 表示，则

$$\boldsymbol{v} = \lim_{\Delta t \to 0} \frac{\Delta \boldsymbol{r}}{\Delta t} = \frac{\mathrm{d}\boldsymbol{r}}{\mathrm{d}t} \tag{1-11}$$

所以，速度是位矢对时间的一阶导数，是运动函数对时间的变化率。瞬时速度精确地描述了质点在某时刻运动的快慢和方向。显然速度 $\boldsymbol{v}$ 的方向就是当 $\Delta t \to 0$ 时位移 $\Delta \boldsymbol{r}$ 的极限方向，从图 1-4 中可以看出，$\Delta t \to 0$ 时 $\Delta \boldsymbol{r}$ 趋于轨道上 P_1 点的切线方向，即 P_1 点的速度的方向是沿着轨道上该点的切线方向，并指向质点前进的一侧。

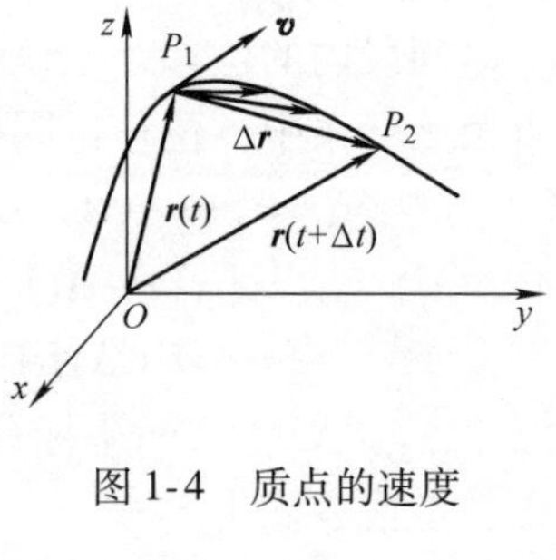

图 1-4　质点的速度

在直角坐标系中，速度可写成分量式为

$$\boldsymbol{v} = \frac{\mathrm{d}\boldsymbol{r}}{\mathrm{d}t} = \frac{\mathrm{d}x}{\mathrm{d}t}\boldsymbol{i} + \frac{\mathrm{d}y}{\mathrm{d}t}\boldsymbol{j} + \frac{\mathrm{d}z}{\mathrm{d}t}\boldsymbol{k} = v_x\boldsymbol{i} + v_y\boldsymbol{j} + v_z\boldsymbol{k} \tag{1-12}$$

式中，v_x、v_y、v_z 分别表示速度在 x、y、z 方向上的分量，它们也是代数量，可正可负，其数值分别为

$$\begin{cases} v_x = \dfrac{\mathrm{d}x}{\mathrm{d}t} \\ v_y = \dfrac{\mathrm{d}y}{\mathrm{d}t} \\ v_z = \dfrac{\mathrm{d}z}{\mathrm{d}t} \end{cases} \tag{1-13}$$

由式（1-12），质点的运动速度可看成是 x、y、z 方向上的分速度之矢量和，亦满足矢量叠加原理。

3. 速率

速度的大小称为**速率**，用 v 表示，即

$$v = |\boldsymbol{v}| = \left|\frac{\mathrm{d}\boldsymbol{r}}{\mathrm{d}t}\right| = \left|\lim_{\Delta t \to 0}\frac{\Delta \boldsymbol{r}}{\Delta t}\right| \tag{1-14}$$

显然，速率是标量。由于 $\Delta t \to 0$ 时，位移 $\Delta \boldsymbol{r}$ 的量值 $|\mathrm{d}\boldsymbol{r}|$ 与路程 $\mathrm{d}s$ 趋于相等，因此有

$$v = \lim_{\Delta t \to 0}\frac{\Delta s}{\Delta t} = \frac{\mathrm{d}s}{\mathrm{d}t} \tag{1-15}$$

这就是说，速率也等于质点所经过的路程对时间的变化率。由以上可见，速度始终为矢量，而速率为标量，并且速率恒为正值。

由式（1-12）知，在直角坐标系中速率还可以用 x、y、z 方向上的分速度来求，即

$$v = |\boldsymbol{v}| = \sqrt{v_x^2 + v_y^2 + v_z^2} \tag{1-16}$$

4. 平均速率

我们把质点所经过的路程 Δs 与时间 Δt 的比值称为质点在时间 Δt 内的**平均速率**，用符号 $\bar{v}$ 来表示，即

$$\bar{v} = \frac{\Delta s}{\Delta t} \tag{1-17}$$

由此可见，瞬时速率是平均速率在 $\Delta t \to 0$ 时的极限值，也是标量。但是值得注意的是瞬时速率是瞬时速度的大小，但是平均速率并不是平均速度的大小。因为平均速度的大小是平均速度的模，即：$|\bar{\boldsymbol{v}}| = \left|\dfrac{\Delta r}{\Delta t}\right|$，而 $\bar{v} = \dfrac{\Delta s}{\Delta t}$，我们前面讨论过对于任意的运动：$|\Delta \boldsymbol{r}| \neq \Delta s$，所以 $|\bar{\boldsymbol{v}}| \neq \bar{v}$，也就是说平均速度的大小是不一定等于平均速率的。如质点沿闭合曲线运动一周，质点位移为零，平均速度也为零，但质点的路程不为零，因此平均速率不为零。

速度和速率的 SI 单位均为 m/s。

1.1.5　加速度

速度是描述运动质点位置变化快慢的物理量，而描述质点速度变化快慢的物理量称之为加速度。

1. 平均加速度

如图 1-5 所示，设质点在 t 时刻位于 P_1 点，速度为 $\boldsymbol{v}(t)$，称为初速度；$t+\Delta t$ 时刻运动到 P_2 点，速度为 $\boldsymbol{v}(t+\Delta t)$，称为末速度，则在 Δt 时间段内，质点速度增量为

$$\Delta \boldsymbol{v} = \boldsymbol{v}(t+\Delta t) - \boldsymbol{v}(t) \tag{1-18}$$

我们将速度增量 $\Delta \boldsymbol{v}$ 与时间 Δt 的比值称为质点在时间 Δt 内的**平均加速度**，用 $\bar{\boldsymbol{a}}$ 表

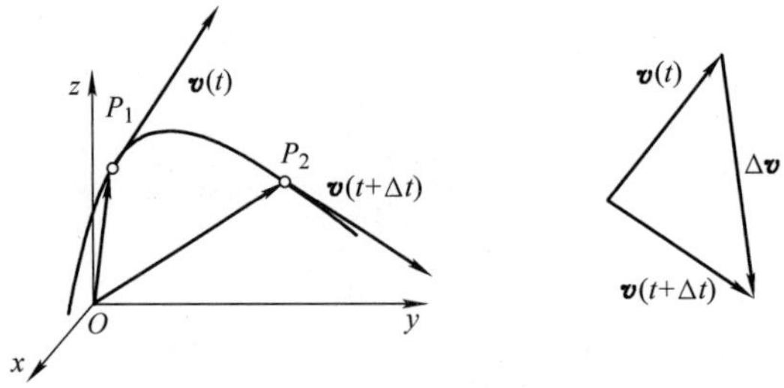

图 1-5　质点的速度增量

示，则

$$\overline{\boldsymbol{a}}=\frac{\Delta \boldsymbol{v}}{\Delta t} \tag{1-19}$$

平均加速度也是矢量，其方向与速度增量 $\Delta\boldsymbol{v}$的方向相同，平均加速度是在 Δt 时间段内，运动质点单位时间的速度变化量的平均值，它只能粗略地描述 Δt 时间内质点速度随时间变化的情况。

2. 加速度

为了精确描述质点运动的快慢和方向，同样对式（1-19）取极限，得到 t 时刻的**瞬时加速度**，简称**加速度**，用 $\boldsymbol{a}$ 表示，则

$$\boldsymbol{a}=\lim_{\Delta t\to 0}\frac{\Delta \boldsymbol{v}}{\Delta t}=\frac{\mathrm{d}\boldsymbol{v}}{\mathrm{d}t}=\frac{\mathrm{d}^2\boldsymbol{r}}{\mathrm{d}t^2} \tag{1-20}$$

所以，加速度等于速度对时间的一阶导数，也等于位矢对时间的二阶导数。加速度是速度矢量对时间的变化率，所以，加速度反映了运动质点速度随时间变化的快慢情况。如果加速度不为零，则速度的大小或方向必发生变化。

加速度也是矢量，其方向是 Δt 趋于零时，平均加速度 $\overline{\boldsymbol{a}}=\Delta\boldsymbol{v}/\Delta t$ 或速度增量 $\Delta\boldsymbol{v}$的极限方向，所以加速度矢量的方向不一定沿着速度$\boldsymbol{v}$的方向。例如，直线运动加速度的方向与速度方向相同或相反。加速度的方向与速度方向相同时质点做加速运动；加速度的方向与速度方向相反时速率减小，质点做减速运动。匀速圆周运动，加速度的方向与速度方向相互垂直，其他曲线运动，加速度方向与速度方向有一定夹角，如抛体运动。

在直角坐标系中，加速度也可以写成分量式：

$$\boldsymbol{a}=\frac{\mathrm{d}\boldsymbol{v}}{\mathrm{d}t}=\frac{\mathrm{d}v_x}{\mathrm{d}t}\boldsymbol{i}+\frac{\mathrm{d}v_y}{\mathrm{d}t}\boldsymbol{j}+\frac{\mathrm{d}v_z}{\mathrm{d}t}\boldsymbol{k}=\frac{\mathrm{d}^2x}{\mathrm{d}t^2}\boldsymbol{i}+\frac{\mathrm{d}^2y}{\mathrm{d}t^2}\boldsymbol{j}+\frac{\mathrm{d}^2z}{\mathrm{d}t^2}\boldsymbol{k}=a_x\boldsymbol{i}+a_y\boldsymbol{j}+a_z\boldsymbol{k} \tag{1-21}$$

其中，

$$\begin{cases} a_x=\dfrac{\mathrm{d}v_x}{\mathrm{d}t}=\dfrac{\mathrm{d}^2x}{\mathrm{d}t^2} \\ a_y=\dfrac{\mathrm{d}v_y}{\mathrm{d}t}=\dfrac{\mathrm{d}^2y}{\mathrm{d}t^2} \\ a_z=\dfrac{\mathrm{d}v_z}{\mathrm{d}t}=\dfrac{\mathrm{d}^2z}{\mathrm{d}t^2} \end{cases} \tag{1-22}$$

这里，a_x、a_y、a_z 分别表示加速度在 x、y、z 方向上的分量，所以加速度也等于 x、y、z 方向上的分加速度之矢量和。而加速度的大小可以用下式计算：

$$a = |\boldsymbol{a}| = \sqrt{a_x^2 + a_y^2 + a_z^2} \tag{1-23}$$

加速度的 SI 单位为 m/s^2。

前面介绍的就是运动学所涉及的一些基本概念，将运动函数、位移、速度、加速度的定义式串起来：

$$\boldsymbol{r} = \boldsymbol{r}(t) \rightarrow \boldsymbol{v} = \frac{d\boldsymbol{r}}{dt} \rightarrow \boldsymbol{a} = \frac{d\boldsymbol{v}}{dt} = \frac{d^2\boldsymbol{r}}{dt^2} \tag{1-24}$$

不难看出，描述质点运动状态信息的这些基本物理量之间的关系实际上是微积分关系，所以，质点运动学问题的类型主要有两类：

1）从左往右求，例如已知运动方程，求速度和加速度。这类问题用微分法解决；

2）从右往左求，例如已知加速度，求速度和运动方程。这类问题用积分法解决，当然这时还需要相应的初始条件，才能得到确定的解。

例 1.1　在 xy 平面内有一运动质点，其运动学方程为

$$\begin{cases} x = 10\cos 5t \ (\text{m}) \\ y = 10\sin 5t \ (\text{m}) \end{cases}$$

求：(1) $t = \pi$ s 时质点的运动速度、加速度分别是多少？

(2) t 时刻质点的运动速率和加速度大小分别是多少？

(3) 质点做什么样的运动？

解：(1) 运动方程的矢量式为

$$\boldsymbol{r} = 10\cos 5t\,\boldsymbol{i} + 10\sin 5t\,\boldsymbol{j} \ (\text{m})$$

由速度、加速度的公式，有

$$\boldsymbol{v} = \frac{d\boldsymbol{r}}{dt} = -50\sin 5t\,\boldsymbol{i} + 50\cos 5t\,\boldsymbol{j} \ (\text{m/s})$$

$$\boldsymbol{a} = \frac{d\boldsymbol{v}}{dt} = -250\cos 5t\,\boldsymbol{i} - 250\sin 5t\,\boldsymbol{j} \ (\text{m/s}^2)$$

则当 $t = \pi$ 时：

$$\boldsymbol{v}\big|_{t=\pi} = -50\boldsymbol{j} \ \text{m/s}$$

$$\boldsymbol{a}\big|_{t=\pi} = 250\,\boldsymbol{i} \ \text{m/s}^2$$

(2) 由 (1) 得到的速度和加速度公式，则可知：

$$\begin{cases} v_x = -50\sin 5t \ (\text{m/s}) \\ v_y = 50\cos 5t \ (\text{m/s}) \end{cases}, \quad \begin{cases} a_x = -250\cos 5t \ (\text{m/s}^2) \\ a_y = -250\sin 5t \ (\text{m/s}^2) \end{cases}$$

则

$$v = \sqrt{v_x^2 + v_y^2} = \sqrt{(50\sin 5t)^2 + (50\cos 5t)^2}\,\text{m/s} = 50\text{m/s}$$

$$a = \sqrt{a_x^2 + a_y^2} = \sqrt{(250\cos 5t)^2 + (250\sin 5t)^2}\,\text{m/s}^2 = 250\text{m/s}^2$$

(3) 由质点的运动方程的分量式可得，质点的运动轨迹方程为

$$x^2 + y^2 = 100\text{m}^2$$

因此该质点做的是以坐标原点为圆心、半径为 10m 的圆周运动。且质点在运动过程中保持速率不变，所以质点也是做匀速圆周运动，但是质点的速度方向在不断地变化。

1.2 匀变速运动 抛体运动

1.2.1 匀变速运动

匀变速运动就是加速度的大小和方向都保持不变的运动，即质点在运动过程中，$\boldsymbol{a}$ 是恒矢量。我们将匀变速运动的加速度作为已知量，来讨论匀变速运动的速度和运动方程，这属于运动学的第二类问题，需要知道初始条件用积分法求解。设一做匀变速直线运动的质点相对于某一坐标系的加速度为 $\boldsymbol{a}$，而 $t=0$ 时，质点在此坐标系中位矢为 $\boldsymbol{r}_0$，速度为$\boldsymbol{v}_0$。$\boldsymbol{r}_0$、$\boldsymbol{v}_0$ 为初始条件，则由加速度定义式（1-20），可通过

$$\int_{\boldsymbol{v}_0}^{\boldsymbol{v}} \mathrm{d}\boldsymbol{v} = \int_0^t \boldsymbol{a}\mathrm{d}t$$

解得

$$\boldsymbol{v} = \boldsymbol{v}_0 + \boldsymbol{a}t \tag{1-25}$$

此式即为匀变速运动的速度公式。

再由速度定义式（1-11）可得

$$\mathrm{d}\boldsymbol{r} = \boldsymbol{v}\mathrm{d}t$$

并利用式（1-25），有

$$\int_{\boldsymbol{r}_0}^{\boldsymbol{r}} \mathrm{d}\boldsymbol{r} = \boldsymbol{v}_0 \int_0^t \mathrm{d}t + \boldsymbol{a}\int_0^t t\mathrm{d}t$$

$$\boldsymbol{r} = \boldsymbol{r}_0 + \boldsymbol{v}_0 t + \frac{1}{2}\boldsymbol{a}t^2 \tag{1-26}$$

此式为匀变速运动的运动方程。

在直角坐标系中，式（1-25）、式（1-26）可以写成分量式：

$$\begin{cases} v_x = v_{0x} + a_x t \\ v_y = v_{0y} + a_y t \\ v_z = v_{0z} + a_z t \end{cases} \tag{1-27}$$

$$\begin{cases} x = x_0 + v_{0x}t + \dfrac{1}{2}a_x t^2 \\ y = y_0 + v_{0y}t + \dfrac{1}{2}a_y t^2 \\ z = z_0 + v_{0z}t + \dfrac{1}{2}a_z t^2 \end{cases} \tag{1-28}$$

这就是三维空间中匀变速运动的速度、运动方程的一般表达式，式（1-25）和式（1-26）是矢量结果，简洁、概括，而式（1-27）和式（1-28）是分量式结果，在直角坐标系中更直观，另外利用分量式（1-28）约去方程中的 t，我们可以很容易得到质点运动的轨迹方程。我们熟悉的很多运动都是匀变速运动，如自由落体运动、上抛运动、光滑斜面上物体的运动，这些匀变速运动的运动轨迹都是在一条直线上的，我们称之为匀变速直线运动，当然并不是所有的匀变速运动都是直线运动，也有可能做曲线运动，比如抛体运动，抛体运动在运动过程中的加速度始终是竖直向下的重力加速度，所以也是匀变速运动。匀

变速运动的运动轨迹是直线还是曲线取决于速度和加速度的方向关系，如果二者的方向在一条直线上，运动轨迹就是直线；而如果二者的方向有一定的夹角，运动轨迹就是曲线。

如果质点做匀变速直线运动，质点的位矢、速度、加速度的方向都在一条直线上，为简单起见我们不妨将坐标轴建立在此直线上，如图 1-6 所示，建立一维坐标系，质点在 Ox 轴上运动。

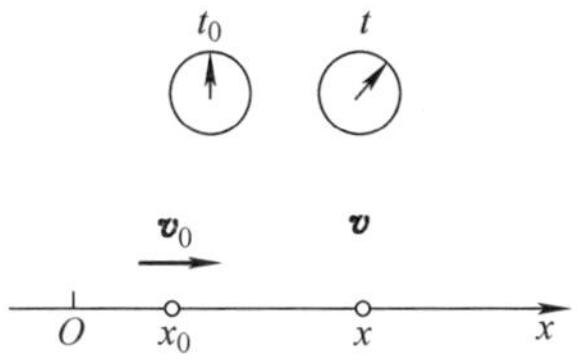

图 1-6　质点做匀速直线运动

这样，各个矢量只有 x 轴的分量，则初始条件中：$v_{0y}=v_{0z}=0$，$y_0=z_0=0$，同样 $a_y=a_z=0$，仍设初速度、加速度分别为$\boldsymbol{v}_0$、$\boldsymbol{a}$，则 $v_{0x}=v_0$，$a_x=a$，将它们代入式（1-27）和式（1-28），也可得到一维的结果：

$$v=v_0+at \tag{1-29}$$

$$x=x_0+v_0t+\frac{1}{2}at^2 \tag{1-30}$$

而 $v_y=v_z=0$，$y=z=0$。另外，我们舍去了各物理量的角标 x，因为无论是已知条件还是结果都是 x 方向的。同样相应的矢量式结果中也没有必要再用单位矢量 $\boldsymbol{i}$ 标记方向。但是要注意的是，这些物理量都是代数量，可正可负，正负号反映的是方向，而不是大小。例如：$v=-2\text{m/s}$，表示速度方向为 Ox 轴负方向，大小等于 2m/s，也可以理解为，这里的各物理量虽然没有用矢量形式表示，但是都是矢量，只不过是用正负号表示了方向。

将式（1-29）和式（1-30）联立消去时间 t，可得到

$$v^2=v_0^2+2a(x-x_0) \tag{1-31}$$

这就是匀变速直线运动速度与位移的关系式，此式还可由微分性质推得

$$a=\frac{\mathrm{d}v}{\mathrm{d}t}=\frac{\mathrm{d}v}{\mathrm{d}x}\frac{\mathrm{d}x}{\mathrm{d}t}=v\frac{\mathrm{d}v}{\mathrm{d}x} \tag{1-32}$$

则可得到 $v\mathrm{d}v=a\mathrm{d}x$。对等式两边积分，有

$$\int_{v_0}^{v}v\mathrm{d}v=\int_{x_0}^{x}a\mathrm{d}x$$

亦可得到式（1-31）。

匀变速直线运动的典型例子有：自由落体运动、上抛运动、光滑斜面上的运动等。

1.2.2　抛体运动

将一物体以任意角度的初速度抛出去，物体做的就是抛体运动。做抛体运动的物体（可看成质点）在运动过程中，加速度始终为方向向下的重力加速度，虽然做着曲线运动，但仍是匀变速运动，而该质点的运动轨迹必在初速度和重力加速度所确定的平面内，所以不妨在运动平面内建立二维坐标系 xOy，如图 1-7 所示。

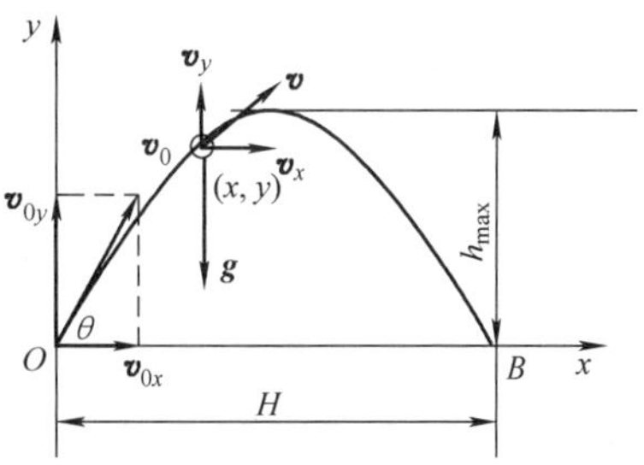

图 1-7　抛体运动

设 $t=0$ 时，抛体从坐标原点 O 以速率 v_0、仰角 θ 被抛出。则初始条件为：$\boldsymbol{r}_0=0$ 或 $x_0=0$，$y_0=0$，而 $v_{0x}=v_0\cos\theta$，$v_{0y}=v_0\sin\theta$。而质点的加速度在此坐标系下可表达为：$\boldsymbol{a}=\boldsymbol{g}=-g\boldsymbol{j}$，则代入式（1-25）、式（1-26），可得抛体运动的速度方程和运

动方程：

$$\boldsymbol{v}=\boldsymbol{v}_0+\boldsymbol{g}t \tag{1-33}$$

$$\boldsymbol{r}=\boldsymbol{v}_0 t+\frac{1}{2}\boldsymbol{g}t^2 \tag{1-34}$$

而在此二维坐标系下，上面两式的分量式分别为

$$\begin{cases} v_x=v_{0x}=v_0\cos\theta \\ v_y=v_{0y}-gt=v_0\sin\theta-gt \end{cases} \tag{1-35}$$

$$\begin{cases} x=v_{0x}t=v_0 t\cos\theta \\ y=v_{0y}t-\dfrac{1}{2}gt^2=v_0 t\sin\theta-\dfrac{1}{2}gt^2 \end{cases} \tag{1-36}$$

它清楚地表明：抛体运动是由沿 x 轴的匀速直线运动和沿 y 轴的竖直上抛运动叠加而成的。

消去式（1-36）两方程中的 t，可得抛体的轨迹方程为

$$y=x\tan\theta-\frac{g}{2v_0^2\cos^2\theta}x^2 \tag{1-37}$$

所以，抛体轨迹为一抛物曲线。

对式（1-36）中 y 分量式求极值，令

$$\frac{\mathrm{d}y}{\mathrm{d}t}=0$$

解得

$$t=\frac{v_0\sin\theta}{g} \tag{1-38}$$

此时间是抛体从抛出点上升到最高点所需的时间。将上式代入式（1-36），得到抛体上升的最大高度

$$h_{\max}=\frac{v_0^2\sin^2\theta}{2g} \tag{1-39}$$

若要求解水平射程（图 1-7 中 OB 长度），令 $y=0$，代入式（1-36），求解得到两个解：

$$t_1=0,t_2=\frac{2v_0\sin\theta}{g} \tag{1-40}$$

利用式（1-36）的 x 分量式可得射程 H 为

$$H=v_0t_2\cos\theta=\frac{2v_0^2}{g}\sin\theta\cos\theta=\frac{v_0^2}{g}\sin2\theta \tag{1-41}$$

从式（1-41）可看出，在给定初速度 v_0 的情况下，射程 H 为抛射角 θ 的函数，最大射程条件为

$$\frac{\mathrm{d}H}{\mathrm{d}\theta}=\frac{2v_0^2}{g}\cos2\theta=0$$

得

$$\theta=\frac{\pi}{4}$$

将此结果代入式（1-41），得到最大射程为

$$H_{\max}=\frac{v_0^2}{g} \tag{1-42}$$

应该指出上述公式是忽略空气阻力，而只考虑重力作用而得到的，但是在实际中如果空气阻力不能忽略，抛体实际飞行的曲线与抛物线将有很大差别。在弹道学中，我们还要考虑空气阻力、风向、风速等的影响，对以上公式加以修正，才能得到抛体运动的符合实际的结果。

另外我们上面讨论的抛体运动结果包括各种具体的抛体运动：当 $\theta=0°$时为平抛运动；$\theta=90°$时，为竖直上抛运动；当 $\theta=-90°$时，表示竖直下抛运动（在这种情况下，若 v_0 为零，则为自由落体运动）。可以由上述抛体运动的规律推导出平抛运动、竖直上抛运动、竖直下抛运动的有关公式。

矢量分析：

大量实验事实表明：物体的运动可以分解为几个各自独立的运动的叠加，称为**运动的独立与叠加原理**。根据式（1-35）、式（1-36），抛体运动可以看成水平方向匀速直线运动和竖直方向上抛运动的叠加。而式（1-33）、式（1-34）中$\boldsymbol{v}_0$、$\boldsymbol{v}_0t$ 是匀速运动的速度和位移，$\boldsymbol{g}t$、$\boldsymbol{g}t^2/2$ 是自由落体运动的速度和位移，而抛体运动的速度和位移分别是二者之矢量和，所以抛体运动也可以看成沿初速度方向的匀速直线运动和竖直方向上的自由落体运动的叠加，如图 1-8 所示。

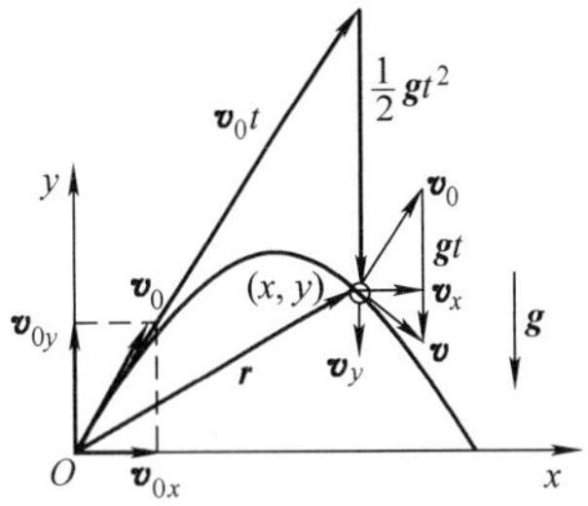

图 1-8　抛体运动矢量分析

例 1.2　有一学生在体育馆阳台上以投射角 $\theta=30°$和速率 $v_0=20\text{m/s}$ 向阳台前方操场投出一垒球，球离开手时距离操场水平面高度 $h=10\text{m}$，问球投出后何时落地？在何处落地？落地时速度的大小和方向各如何？

解：以投出点为原点，如图 1-9 建立坐标系，根据式（1-36）得

$$y=v_0\sin\theta\cdot t-\frac{1}{2}gt^2=20\text{m/s}\times\sin30°\times t-\frac{1}{2}\times9.8\text{m/s}^2\times t^2$$

令 $y=-10\text{m}$，解得：$t=2.78\text{s}$ 和 -0.74s，取正数解，则球在出手后 2.78s 着地。

着地点离投射点的水平距离为

$$x=v_0\cos\theta\cdot t=(20\times\cos30°\times2.78)\text{m}=48.1\text{m}$$

着地时的速度分量分别为

$$v_x=v_0\cos\theta=20\text{m/s}\cdot\cos30°=17.3\text{m/s}$$

$$v_y=v_0\sin\theta-gt=(20\times\sin30°-9.8\times2.78)\text{m/s}=-17.2\text{m/s}$$

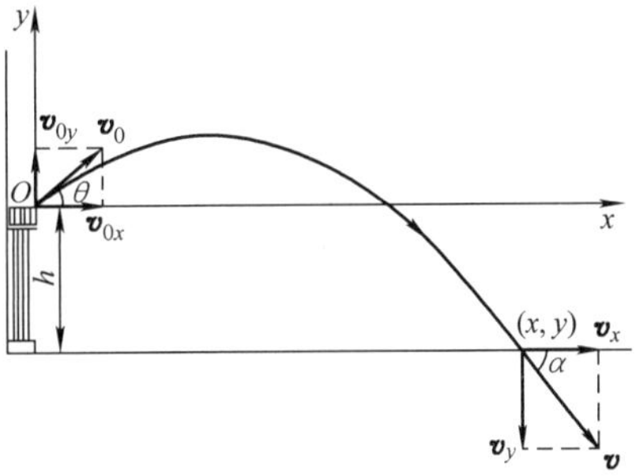

图 1-9　例题 1.2 用图

着地时速度的大小为

$$v=\sqrt{v_x^2+v_y^2}=\sqrt{17.3^2+17.2^2}\text{m/s}=24.4\text{m/s}$$

此速度和水平面的夹角为

$$\alpha=\arctan\frac{v_y}{v_x}=\arctan\frac{-17.2}{17.3}=-44.8°$$

1.3 圆周运动

圆周运动是我们生活中非常熟悉的运动，也是运动学研究的重要运动形式之一。但要注意质点在做圆周运动过程中，其加速度、速度都在不断地变化，即使匀速圆周运动，虽然速度大小保持不变，但是速度、加速度的方向都在不断地发生变化。由于质点在做圆周运动的过程中，质点到圆心的距离不变，所以若将圆心作为参考点（或坐标原点）的话，质点位矢的大小不变，改变的只是方向，即位矢与参考方向的夹角，我们用角量描述其运动状况更为方便。

1.3.1　圆周运动的角量描述

1. 角位置和角位移

设质点在 xOy 平面内绕 O 点、沿半径为 R 的轨道做圆周运动。以平面上 O 点为原点，Ox 轴为极轴，建立一个平面极坐标系（见图 1-10）。质点 P 到 O 点的位置矢量为 $\boldsymbol{r}$。O 点叫极点，$\boldsymbol{r}$ 的大小叫极径，$\boldsymbol{r}$ 与 x 轴的夹角 θ 叫极角。质点 P 的位置可以用极径和极角确定。对圆周运动而言，由于圆周的半径是确定的，质点 P 到 O 点的距离 r 即为圆半径 R，是一个常量，质点的位置仅用极角 θ 即可确定，θ 叫质点的**角位置**或**角坐标**。通常规定极轴逆时针方向量得的 θ 为正，反之为负。θ 随时间 t 变化的关系式为

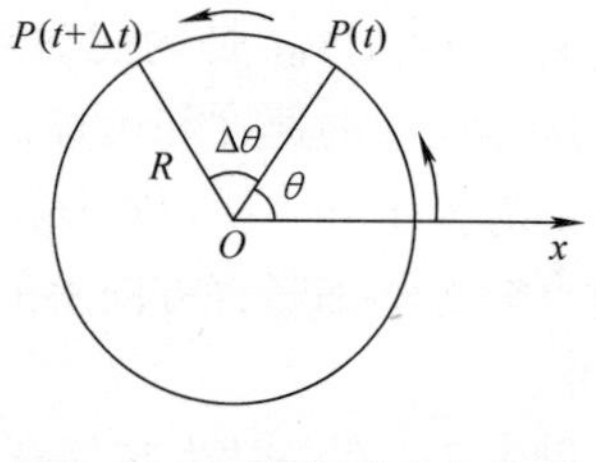

图 1-10　圆周运动的角位置

$$\theta = \theta(t) \tag{1-43}$$

称为**角量运动方程**。

从转动的角度看圆周运动，质点只有两种可能的转动方向，可以想象，比起位矢、速度、加速度等线量的方向在轨道上逐点都不同来说，采用角量描述圆周运动必定使计算大为简化。

设在时刻 t 到 $t+\Delta t$ 时间内，质点从角位置 θ_1 转到 θ_2，转过了 $\Delta\theta$ 角度，称 $\Delta\theta$ 为质点在这段时间内对 O 点的**角位移**，有

$$\Delta\theta = \theta_2 - \theta_1 \tag{1-44}$$

通常取逆时针转向的角位移为正值。角位移描述了做圆周运动的质点位置变动的大小和方向。

2. 角速度

质点在做圆周运动时，在一时间段内的角位移与发生这个角位移所用时间的比值叫作**平均角速度**，表示为

$$\overline{\omega} = \frac{\Delta\theta}{\Delta t} \tag{1-45}$$

当 $\Delta t\to 0$ 时，平均角速度的极限就是质点在 t 时刻的瞬时角速度，简称为**角速度**。即

$$\omega = \lim_{\Delta t\to 0}\frac{\Delta\theta}{\Delta t} = \frac{\mathrm{d}\theta}{\mathrm{d}t} \tag{1-46}$$

可见，角速度是角位置对时间的一阶导数，反映了质点角位置随时间变化的快慢。

角速度的 SI 单位是 rad/s 或 s^{-1}。

3. 角加速度

在圆周运动中，把质点在 t 到 $t+\Delta t$ 过程中角速度增量 $\Delta\omega$ 与时间 Δt 的比值叫作**平均角加速度**，即

$$\bar{\alpha}=\frac{\Delta\omega}{\Delta t} \tag{1-47}$$

当 $\Delta t\to 0$ 时，平均角加速度的极限即为质点在 t 时刻的**瞬时角加速度**，简称为**角加速度**。表示为

$$\alpha=\lim_{\Delta t\to 0}\frac{\Delta\omega}{\Delta t}=\frac{d\omega}{dt} \tag{1-48}$$

可见，角加速度是角速度对时间的一阶导数，或角坐标对时间的二阶导数，反映了角速度随时间变化的快慢：$\alpha=0$，质点做匀速圆周运动；$\alpha=$ 常量，质点做匀变速圆周运动；$\alpha=\alpha(t)$，角加速度随时间变化，质点做变加速圆周运动。

角加速度 SI 单位是 rad/s^2 或 s^{-2}。

1.3.2　自然坐标系下的圆周运动

圆周运动不仅用角量描述更为方便，而且还常用另外一种坐标系讨论，这就是自然坐标系。

1. 自然坐标系

自然坐标系就是沿质点运动轨迹建立的一条曲线坐标系，在轨迹上选定一点作为坐标原点 O，质点在任意时刻的位置，都可用它到坐标原点 O 的轨迹长度 s 来表示（见图 1-11），称为自然坐标系的**自然坐标**。则自然坐标下的质点运动方程为

$$s=s(t) \tag{1-49}$$

选择依赖于质点位置的两个相互垂直的单位矢量 $\boldsymbol{\tau}$ 和 $\boldsymbol{n}$，其中 $\boldsymbol{\tau}$ 沿轨道切线方向，指向自然坐标增大的方向，称为**切向单位矢量**；$\boldsymbol{n}$ 沿轨道法线方向，指向轨道凹侧，称为**法向单位矢量**。需要注意的是，虽然 $\boldsymbol{\tau}$ 和 $\boldsymbol{n}$ 的大小保持不变，但它们的方向随质点在轨道上的位置而改变。

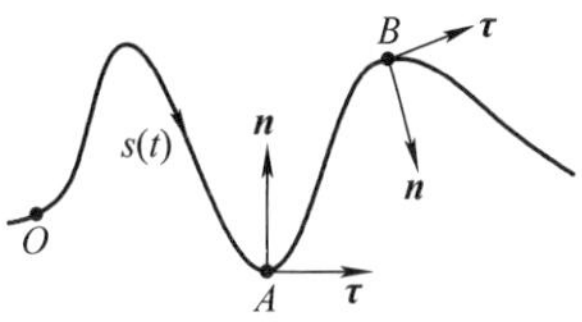

图 1-11　自然坐标系

2. 速度在自然坐标系中的表示

质点运动的方向必沿轨道的切线，因此，速度可用切向分量表示为

$$\boldsymbol{v}=\boldsymbol{v}_t=v\boldsymbol{\tau} \tag{1-50}$$

而我们知道，质点的速率与路程的关系为

$$v=\frac{ds}{dt}$$

对于圆周运动（见图 1-12），设在 Δt 时间段内质点从 p_1 运动到 p_2 点，此过程中质点路程为 Δs，角位移为 $\Delta\theta$，则角位移与路程的关系为

$$\Delta s=R\Delta\theta \tag{1-51}$$

则

$$v=\frac{ds}{dt}=\lim_{\Delta t\to 0}\frac{\Delta s}{\Delta t}=\lim_{\Delta t\to 0}\frac{R\Delta\theta}{\Delta t}=\omega R \tag{1-52}$$

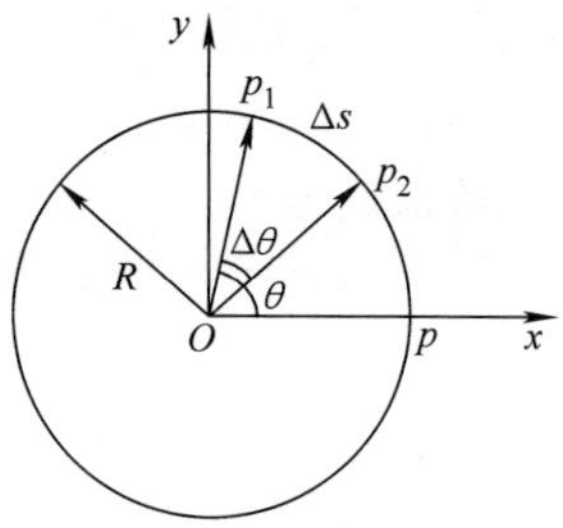

图 1-12　圆周运动中角量与线量的关系

3. 加速度在自然坐标系中的表示

由式（1-50），自然坐标系中做圆周运动的质点的加速度可表示为

$$\boldsymbol{a}=\frac{d\boldsymbol{v}}{dt}=\frac{dv}{dt}\boldsymbol{\tau}+v\frac{d\boldsymbol{\tau}}{dt} \tag{1-53}$$

（1）切向加速度

式（1-53）右侧第一项$\frac{dv}{dt}\boldsymbol{\tau}$。其方向是切向方向，所以此项是**切向加速度** a_t，即

$$\boldsymbol{a}_t=\frac{dv}{dt}\boldsymbol{\tau}=a_t\boldsymbol{\tau} \tag{1-54}$$

上式中 a_t 为加速度的切向分量，其值可正可负，若 $a_t>0$，则 $\boldsymbol{a}_t$ 的方向与切向方向正方向（即$\boldsymbol{v}(t)$的方向）相同，质点加速转动；若 $a_t<0$，则 $\boldsymbol{a}_t$ 的方向与切向方向正方向（即$v(t)$的方向）相反，质点减速转动；若 $a_t=0$，则质点匀速（率）转动。a_t 是速率对时间的变化率，所以切向加速度反映了速度大小随时间变化的快慢程度。

另外，因为 $v=\omega R$，所以

$$a_t=R\frac{d\omega}{dt}=R\alpha \tag{1-55}$$

（2）法向加速度

式（1-53）右侧第二项 $v\frac{d\boldsymbol{\tau}}{dt}$中$\frac{d\boldsymbol{\tau}}{dt}$表示切向（速度）方向随时间的变化率。如图 1-13 所示，在 dt 时间内质点由点 A 运动到点 B，所对应的圆心角为 $d\theta$，$d\boldsymbol{\tau}=\boldsymbol{\tau}'-\boldsymbol{\tau}$。因为 $\boldsymbol{\tau}\perp OA$，$\boldsymbol{\tau}'\perp OB$，所以 $\boldsymbol{\tau}$、$\boldsymbol{\tau}'$ 夹角为 $d\theta$，如图 1-13b 所示。当 $d\theta\to 0$ 时，$d\boldsymbol{\tau}$ 的大小：$|d\boldsymbol{\tau}|=|\boldsymbol{\tau}|d\theta=d\theta$，方向满足 $d\boldsymbol{\tau}\perp\boldsymbol{\tau}$，所以 $d\boldsymbol{\tau}$ 由点 A 指向圆心 O，有

$$d\boldsymbol{\tau}=d\theta\boldsymbol{n}$$

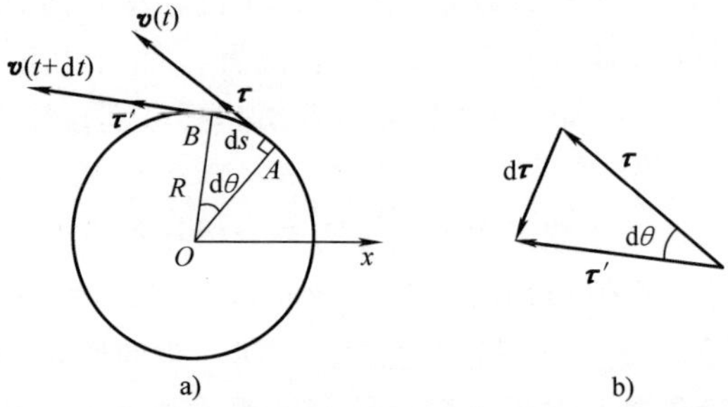

图 1-13　圆周运动加速度的法向分量

式（1-53）中第二项方向沿半径指向圆心，称为**法向加速度**，用 $\boldsymbol{a}_n$ 表示，所以

$$\boldsymbol{a}_n=v\frac{d\boldsymbol{\tau}}{dt}=v\omega\boldsymbol{n}=R\omega^2\boldsymbol{n}=\frac{v^2}{R}\boldsymbol{n}=a_n\boldsymbol{n} \tag{1-56}$$

$\boldsymbol{a}_n$ 为加速度在法向方向上的分量，其值总为正，即指向法向方向。法向加速度是由于速度方向的改变而引起的，法向加速度的大小反映了速度方向变化快慢的程度。当质点做直线运动时，速度方向不改变，所以 $\boldsymbol{a}_n=\boldsymbol{0}$，这种情况下也可认为由于 $R\to\infty$，所以 $\boldsymbol{a}_n=\boldsymbol{0}$，此时 $\boldsymbol{a}=\boldsymbol{a}_t=\frac{d\boldsymbol{v}}{dt}$。

综上所述，自然坐标中质点做圆周运动时加速度为

$$\boldsymbol{a}=\boldsymbol{a}_n+\boldsymbol{a}_t=a_t\boldsymbol{\tau}+a_n\boldsymbol{n}=\frac{dv}{dt}\boldsymbol{\tau}+\frac{v^2}{R}\boldsymbol{n} \tag{1-57}$$

加速度的大小为

$$a=\sqrt{a_t^2+a_n^2}=\sqrt{\left(\frac{dv}{dt}\right)^2+\left(\frac{v^2}{R}\right)^2} \tag{1-58}$$

方向可以用 $\boldsymbol{a}$ 与 $\boldsymbol{a}_t$ 夹角 θ（见图 1-14）来表示：

$$\theta=\arctan\frac{a_n}{a_t}$$

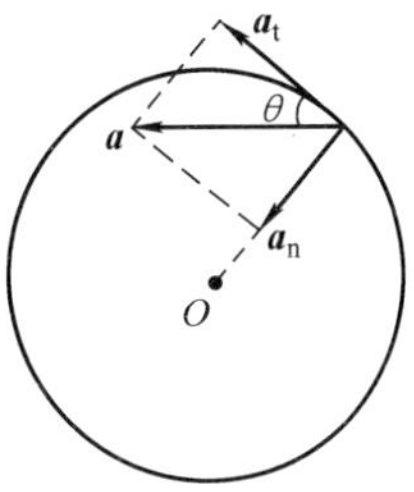

图 1-14　圆周运动的加速度

当质点做匀速圆周运动时，由于速度大小不变，仅有速度方向的变化，任何时刻的切向加速度 $a_t=\frac{dv}{dt}=0$，故 $a_n=\frac{v^2}{R}$。

一般曲线运动的轨迹不是一个圆周，但轨道上任何一点附近的一段极小的线元都可以看作是某个圆的一段圆弧，这个圆叫作轨道在该点的**曲率圆**，曲率圆的中心叫**曲率中心**，半径叫**曲率半径**，曲率半径的倒数叫**曲率**。当质点运动到这一点时，其运动可以看作是在曲率圆上进行的，所以前述的对圆周运动法向和切向加速度的讨论及结论此时仍能适用。一般曲线运动中，加速度沿切向和法向分解的两个分量为

$$a_t=\frac{dv}{dt}$$

$$a_n=\frac{v^2}{\rho}$$

上式中的 ρ 是曲线的曲率半径，曲线上不同点处的 ρ 一般不相等。法向加速度的方向总是沿曲率半径指向曲率中心。切向加速度的方向沿切线方向：当 $\frac{dv}{dt}>0$ 时，它与速度方向一致；当 $\frac{dv}{dt}<0$ 时，它与速度方向相反。

关于角量和线量的对比及二者关系我们可以总结成表 1-1。

表 1-1　角量和线量关系对比表

线量（拉丁字母）	角量（希腊字母）	圆周运动中二者关系式
位矢：$\boldsymbol{r}$	角位置：θ	
位移：$\Delta\boldsymbol{r}$ 路程：Δs	角位移：$\Delta\theta$	$\Delta s=R\Delta\theta$
速度：$\boldsymbol{v}$	角速度：ω	$v=\omega R$
加速度：$\boldsymbol{a}$	角加速度：α	$a_n=R\omega^2$ $a_t=R\alpha$

例 1.3　飞轮半径 $R=0.1\text{m}$，初始角速度为 $\omega_0=60\pi\ \text{rad/s}$，做匀减速转动 20s 后停下来。试求：

（1）在此时间内飞轮转了多少圈？

（2）经 10s 飞轮的角速度及飞轮边缘的线速度、切向加速度与法向加速度。

解：（1）飞轮的角加速度为

$$\alpha=\frac{0-\omega_0}{t}=-\frac{60\pi}{20}\text{rad/s}^2=-3\pi\ \text{rad/s}^2$$

飞轮在 20s 内的转角 θ 及旋转圈数 N 分别为

$$\theta=\omega_0 t+\frac{1}{2}\alpha t^2=60\pi\times20-\frac{1}{2}\times3\pi\times20^2=600\pi$$

$$N=\frac{\theta}{2\pi}=\frac{600\pi}{2\pi}=300$$

（2）10s 时飞轮的角速度、边缘线速度、切向加速度与法向加速度分别为

$$\omega=\omega_0+\alpha t=(60\pi-3\pi\times10)\text{rad/s}=30\pi\ \text{rad/s}$$

$$v=R\omega=(0.1\times30\pi)\text{m/s}=3\pi\ \text{m/s}$$

$$a_t=R\alpha=(-0.1\times3\pi)\text{m/s}^2=-0.3\pi\ \text{m/s}^2$$

$$a_n=R\omega^2=[0.1\times(30\pi)^2]\text{m/s}^2=90\pi^2\ \text{m/s}^2$$

例 1.4　计算地球自转时地面上各点的速度和加速度。

解：地球自转周期 $T=(24\times60\times60)\text{s}$，角速度大小为

$$\omega=\frac{2\pi}{T}=\frac{2\pi}{(24\times60\times60)\text{s}}=7.27\times10^{-5}\text{s}^{-1}$$

取地面上纬度为 φ 的 P 点，P 在与赤道平行的平面内做匀速圆周运动（见图 1-15）。其轨道的半径为 $r=R\cos\varphi$。则 P 点的线速率为

$$v=\omega r=\omega R\cos\varphi=(7.27\times10^{-5}\times6.73\times10^6\times\cos\varphi)\text{m/s}=4.65\times10^2\cos\varphi\ \text{m/s}$$

P 点速度的方向与过 P 点运动平面上半径为 r 的圆相切。P 点只有运动平面上的向心加速度，其大小为

$$a_n=\omega^2 r=\omega^2 R\cos\varphi=[(7.27\times10^{-5})^2\times6.73\times10^6\times\cos\varphi]\text{m/s}^2=3.37\times10^{-2}\cos\varphi\ \text{m/s}^2$$

P 点加速度的方向在运动平面上由 P 指向地轴。

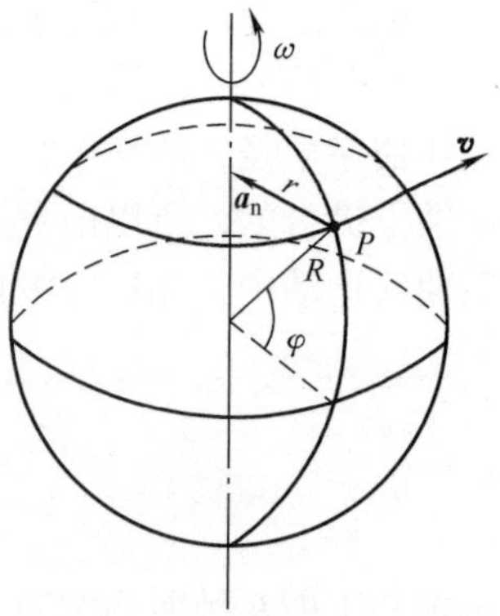

图 1-15　例题 1.4 用图

1.4　相对运动

我们知道，运动的形式取决于参考系，不同参考系，同一个运动表现不同的形式，其位移、速度、加速度都不同，而这些又是描述的是同一个客观运动事实。那么，描述同一运动的不同参考系的这些物理量必定存在一定的联系，这个联系是什么呢？

如图 1-16 所示，在地面上有一辆行驶的小车，相对于地面以速度 $\boldsymbol{u}$ 做匀速直线运动，现在地面参考系上建立 S 坐标系，而在小车参考系上建立 S' 坐标系，两坐标系的 x 轴方向都指向速度 $\boldsymbol{u}$ 的方向（见图 1-16）。设 $t=0$ 时刻两坐标原点是重合的，经过一段时间 Δt，车内有一质点 P 从车中的 A 点运动到 B 点，从 S 系中看，P 点的位移：$\Delta\boldsymbol{r}_{PS}$，从 S' 系中看，P 点的位移：$\Delta\boldsymbol{r}_{PS'}$，而两坐标系的

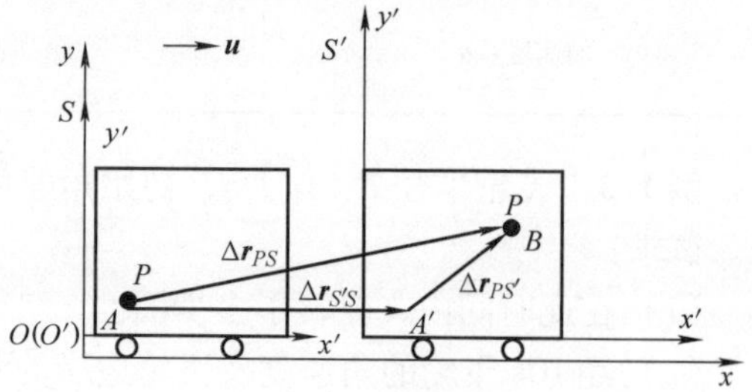

图 1-16　相对运动

相对位移：$\Delta \boldsymbol{r}_{S'S}$。由矢量合成法则：

$$\Delta \boldsymbol{r}_{PS} = \Delta \boldsymbol{r}_{S'S} + \Delta \boldsymbol{r}_{PS'} \tag{1-59}$$

将式（1-59）两边同除以时间 Δt，并取极限：

$$\lim_{\Delta t \to 0} \frac{\Delta \boldsymbol{r}_{PS}}{\Delta t} = \lim_{\Delta t \to 0} \frac{\Delta \boldsymbol{r}_{S'S}}{\Delta t} + \lim_{\Delta t \to 0} \frac{\Delta \boldsymbol{r}_{PS'}}{\Delta t} \tag{1-60}$$

即

$$\boldsymbol{v}_{PS} = \boldsymbol{v}_{PS'} + \boldsymbol{v}_{S'S} \tag{1-61}$$

这就是从两个坐标系中观察同一个质点的运动，它们的速度关系。为使公式更具有一般性，我们做如下定义：

1）将地面上的坐标系 S 系称为**静止参考系**或**绝对参考系**，而小车上的坐标系 S'系称为**运动参考系**或**相对参考系**；

2）将动系相对于静系的速度$\boldsymbol{v}_{S'S}$称为**牵连速度**，记为：$\boldsymbol{u}$；

3）将物体相对静系的速度$\boldsymbol{v}_{PS}$称为**绝对速度** ，记为：$\boldsymbol{v}$；

4）将物体相对动系的速度$\boldsymbol{v}_{PS'}$称为**相对速度**，记为：$\boldsymbol{v}'$。

这样式（1-61）可写为

$$\boldsymbol{v} = \boldsymbol{v}' + \boldsymbol{u} \tag{1-62}$$

式（1-62）称为**伽利略速度变换**。由此可见，绝对速度等于相对速度与牵连速度的矢量和。

将式（1-62）两边求导，得

$$\frac{\mathrm{d}\boldsymbol{v}}{\mathrm{d}t} = \frac{\mathrm{d}\boldsymbol{v}'}{\mathrm{d}t} + \frac{\mathrm{d}\boldsymbol{u}}{\mathrm{d}t}$$

即

$$\boldsymbol{a} = \boldsymbol{a}' + \boldsymbol{a}_0 \tag{1-63}$$

式（1-63）即为**伽利略加速度变换**。式中，$\boldsymbol{a}_0$ 是动系相对于静系的加速度，称为**牵连加速度**；$\boldsymbol{a}$ 是物体相对于静系的加速度，称为**绝对加速度**；$\boldsymbol{a}'$是物体相对于动系的加速度，称为**相对加速度**。通过伽利略变换式（1-62）和式（1-63），我们得到结论：**绝对运动等于相对运动与牵连运动的矢量和**。

而对于相对做匀速直线运动的两个参考系：若 $\boldsymbol{a}_0 = \mathrm{d}\boldsymbol{u}/\mathrm{d}t = 0$，则 $\boldsymbol{a} = \boldsymbol{a}'$，也就是说在两个相对做匀速直线运动的参考系中观察同一个质点的加速度都是相同的。

另外，需要注意两点：

1）注意矢量叠加和坐标变换的区别，二者虽形式上有些类似，但是二者是有本质区别的，矢量叠加是发生在同一个参考系，是不同矢量在同一个参考系的合成，而坐标变换涉及不同参考系，是同一个物理量在不同参考系的关系。

2）伽利略变换成立的条件：**绝对时空观！**

既然 1）中我们强调了矢量叠加与坐标变换的区别，那再回过头看推导伽利略速度变换过程中用到的式（1-59），其中 $\Delta \boldsymbol{r}_{PS}$和 $\Delta \boldsymbol{r}_{S'S}$都是在地面参考系的观察者在 S 系中测量的，而 $\Delta \boldsymbol{r}_{PS'}$是车上的观察者在 S'系中测量的。很显然这个式子中的矢量合成用的是两个参考系的矢量，严格来说是不准确的，但是承认等式成立，那么就意味着 $\Delta \boldsymbol{r}_{PS'}$的测量与在 S 系中测量结果是一样的，也就是说长度测量的结果与参考系的相对运动无关，这一论断我们称之为**长度测量的绝对性**，所以说式（1-59）的成立是建立在长度测量的绝对性的条件上的。

再来看一下式（1-60），式子两边除以时间间隔 Δt，即这里涉及时间的测量。我们知道 $\Delta \boldsymbol{r}_{PS}$、$\Delta \boldsymbol{r}_{S'S}$所用的时间是在地面参考系中用 S 系中的时钟测出来的（记为 Δt），而 $\Delta \boldsymbol{r}_{PS'}$所用的时间是车上的观察者用 S'系中自己的时钟测出来的（记为 $\Delta t'$），所以如果式（1-60）成立，就意味着两套参考系中的两套时钟测出的时间间隔都是一样的，即 $\Delta t = \Delta t'$，也就是说时间测量的结果与参考系的相对运动无关，这一论断我们称之为**时间测量的绝对性**。

因此伽利略变换的正确是建立在“长度测量的绝对性”和“时间测量的绝对性”的基础上的，这种对时间和空间的认识称为**绝对时空观**，所以伽利略变换的成立条件是：绝对时空观是正确的。

绝对时空观长期以来被认为是普遍正确的客观真理，但是，随着人们认识范围的扩大和深入，人们发现当速度接近光速时，时间和长度测量也是相对的，在不同参考系中，长度测量和时间测量都是不同的，这就是爱因斯坦的**相对时空观**，关于这一方面的内容我们将在第 6 章详细介绍，并讨论在相对论时空观变换下的坐标变换。所以伽利略变换只适用于低速领域，对于我们一般的人类活动范围已经足够适用。

例 1.5　在无风的天气中一载有木材的货车路遇降雨，如图 1-17a 所示，车速为 1.5m/s，木材前竖一挡板，挡板高 $h = 2\text{m}$，木板长 $l = 1.5\text{m}$。不计木板厚度时，竖直下落雨滴刚好不能淋湿木板，求雨滴下落速度。

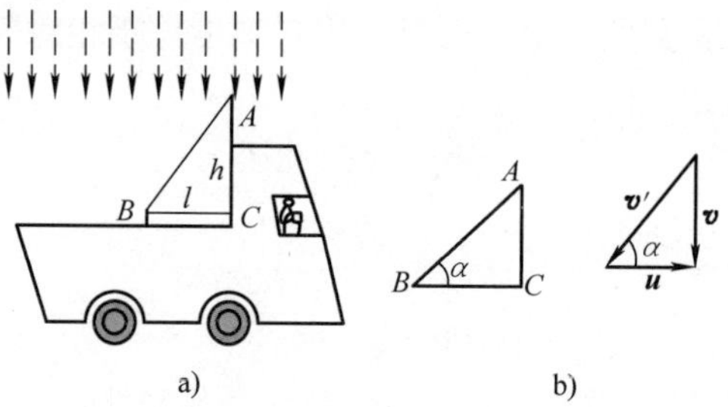

图 1-17　例题 1.5 用图

解：由题意地面为静系，车为动系，雨滴为运动物体。设 $\boldsymbol{u}$ 为车对地的速度，而 $\boldsymbol{v}$、$\boldsymbol{v}'$ 分别为雨滴对地和对车的速度，则由伽利略速度变换公式：$\boldsymbol{v} = \boldsymbol{v}' + \boldsymbol{u}$，可画出速度三角形如图 1-17b 所示。

木板刚好未被雨淋湿，则该速度三角形应与木板挡板构成的三角形 ABC 相似，则可得到

$$v/u = h/l$$

所以

$$v = \frac{h}{l}u = \frac{2\text{m}}{1.5\text{m}} \times 1.5\text{m/s} = 2\text{m/s}$$

小　结

1. 质点运动的描述

位置矢量：$\boldsymbol{r} = \boldsymbol{r}(t)$

位移矢量：$\Delta \boldsymbol{r} = \boldsymbol{r}(t + \Delta t) - \boldsymbol{r}(t) = \boldsymbol{r}_2 - \boldsymbol{r}_1$

速度矢量：$\boldsymbol{v}=\lim\limits_{\Delta t\to 0}\frac{\Delta \boldsymbol{r}}{\Delta t}=\frac{\mathrm{d}\boldsymbol{r}}{\mathrm{d}t}$

加速度矢量：$\boldsymbol{a}=\lim\limits_{\Delta t\to 0}\frac{\Delta \boldsymbol{v}}{\Delta t}=\frac{\mathrm{d}\boldsymbol{v}}{\mathrm{d}t}=\frac{\mathrm{d}^2\boldsymbol{r}}{\mathrm{d}t^2}$

2. 质点运动的直角坐标描述

位置矢量：$\boldsymbol{r}=x\boldsymbol{i}+y\boldsymbol{j}+z\boldsymbol{k}$

运动方程矢量式：$\boldsymbol{r}=\boldsymbol{r}(t)=x(t)\boldsymbol{i}+y(t)\boldsymbol{j}+z(t)\boldsymbol{k}$

运动方程分量式：$x=x(t)$，$y=y(t)$，$z=z(t)$

轨迹方程：$f(x, y, z)=0$

位移矢量：$\Delta\boldsymbol{r}=\boldsymbol{r}_2-\boldsymbol{r}_1=(x_2-x_1)\boldsymbol{i}+(y_2-y_1)\boldsymbol{j}+(z_2-z_1)\boldsymbol{k}$

速度矢量：$\boldsymbol{v}=\frac{\mathrm{d}\boldsymbol{r}}{\mathrm{d}t}=\frac{\mathrm{d}x}{\mathrm{d}t}\boldsymbol{i}+\frac{\mathrm{d}y}{\mathrm{d}t}\boldsymbol{j}+\frac{\mathrm{d}z}{\mathrm{d}t}\boldsymbol{k}$

速度分量式：$\begin{cases} v_x=\frac{\mathrm{d}x}{\mathrm{d}t} \\ v_y=\frac{\mathrm{d}y}{\mathrm{d}t} \\ v_z=\frac{\mathrm{d}z}{\mathrm{d}t} \end{cases}$

加速度矢量：$\boldsymbol{a}=\frac{\mathrm{d}\boldsymbol{v}}{\mathrm{d}t}=\frac{\mathrm{d}v_x}{\mathrm{d}t}\boldsymbol{i}+\frac{\mathrm{d}v_y}{\mathrm{d}t}\boldsymbol{j}+\frac{\mathrm{d}v_z}{\mathrm{d}t}\boldsymbol{k}=\frac{\mathrm{d}^2x}{\mathrm{d}t^2}\boldsymbol{i}+\frac{\mathrm{d}^2y}{\mathrm{d}t^2}\boldsymbol{j}+\frac{\mathrm{d}^2z}{\mathrm{d}t^2}\boldsymbol{k}$

加速度分量式：$\begin{cases} a_x=\frac{\mathrm{d}v_x}{\mathrm{d}t}=\frac{\mathrm{d}^2x}{\mathrm{d}t^2} \\ a_y=\frac{\mathrm{d}v_y}{\mathrm{d}t}=\frac{\mathrm{d}^2y}{\mathrm{d}t^2} \\ a_z=\frac{\mathrm{d}v_z}{\mathrm{d}t}=\frac{\mathrm{d}^2z}{\mathrm{d}t^2} \end{cases}$

3. 匀变速运动

运动方程矢量式：$\boldsymbol{r}-\boldsymbol{r}_0=\boldsymbol{v}_0t+\frac{1}{2}\boldsymbol{a}t^2$

运动方程分量式：$\begin{cases} x-x_0=v_{0x}t+\frac{1}{2}a_xt^2 \\ y-y_0=v_{0y}t+\frac{1}{2}a_yt^2 \end{cases}$

速度方程矢量式：$\boldsymbol{v}=\boldsymbol{v}_0+\boldsymbol{a}t$

速度方程分量式：$\begin{cases} v_x=v_{0x}+a_xt \\ v_y=v_{0y}+a_yt \end{cases}$

4. 匀变速直线运动

速度公式：$v=v_0+at$

位移公式：$x-x_0=v_0t+\frac{1}{2}at^2$

推论：$v^2 = v_0^2 + 2a(x - x_0)$

5. 质点运动的自然坐标描述

运动方程：$s = s(t)$

速度：$\boldsymbol{v} = v\boldsymbol{\tau}$

加速度：$\boldsymbol{a} = \dfrac{d\boldsymbol{v}}{dt} = \dfrac{dv}{dt}\boldsymbol{\tau} + v\dfrac{d\boldsymbol{\tau}}{dt}$

切向加速度：$\boldsymbol{a}_t = \dfrac{dv}{dt}\boldsymbol{\tau} = a_t\boldsymbol{\tau}$

法向加速度：$\boldsymbol{a}_n = \dfrac{v^2}{R}\boldsymbol{n} = a_n\boldsymbol{n}$

圆周运动加速度：$\boldsymbol{a} = \boldsymbol{a}_t + \boldsymbol{a}_n = a_t\boldsymbol{\tau} + a_n\boldsymbol{n} = \dfrac{dv}{dt}\boldsymbol{\tau} + \dfrac{v^2}{R}\boldsymbol{n}$

6. 圆周运动

（1）圆周运动的角量描述

角位置：$\theta = \theta(t)$

角位移：$\Delta\theta = \theta_2 - \theta_1$

角速度：$\omega = \lim\limits_{\Delta t \to 0}\dfrac{\Delta\theta}{\Delta t} = \dfrac{d\theta}{dt}$

角加速度：$\alpha = \lim\limits_{\Delta t \to 0}\dfrac{\Delta\omega}{\Delta t} = \dfrac{d\omega}{dt} = \dfrac{d^2\theta}{dt^2}$

（2）线量与角量关系

自然坐标 s 与角坐标 θ 的关系：$s(t) = R\theta(t)$

线速度 v 与角速度 ω 的关系：$v = R\omega$

切向加速度 a_t 与角加速度 α 的关系：$a_t = R\alpha$

法向加速度 a_n 与角速度 ω 的关系：$a_n = \dfrac{v^2}{R} = R\omega^2$

7. 相对运动

伽利略速度变换：$\boldsymbol{v} = \boldsymbol{v}' + \boldsymbol{u}$

伽利略加速度变换：$\boldsymbol{a} = \boldsymbol{a}' + \boldsymbol{a}_0$

思　考　题

1.1　什么是位矢？位矢和对初始位置的位移矢量之间有何关系？怎样选取坐标原点才能够使两者一致？路程和位移有什么区别？位矢和位移有什么区别？

1.2　一质点沿各坐标轴的运动学方程分别为：$x = A\cos\omega t$，$y = A\sin\omega t$，$z = \dfrac{h}{2\pi}\omega t$，其中 A、h、ω 都是大于零的常量。试定性说明：

（1）质点在 xy 平面上分运动的轨迹；

（2）质点在 z 方向上分运动的类型；

（3）质点在 xyz 空间内运动的轨迹。

1.3　描述质点加速度的物理量，$\dfrac{d\boldsymbol{v}}{dt}$、$\dfrac{dv}{dt}$、$\dfrac{dv_x}{dt}$ 有何不同？$\dfrac{dv}{dt}$ 与 $\left|\dfrac{d\boldsymbol{v}}{dt}\right|$ 有什么不同？

1.4　质点的运动方程为 $x=x(t)$，$y=y(t)$，在计算质点的速度和加速度时，有人先求出 $r=\sqrt{x^2+y^2}$，然后根据

$$v=\frac{\mathrm{d}r}{\mathrm{d}t} \quad 和 \quad a=\frac{\mathrm{d}^2 r}{\mathrm{d}t^2}$$

求得 v 和 a 的值。也有人先计算出速度和加速度的分量，再合成求得 v 和 a 的值。即

$$v=\sqrt{\left(\frac{\mathrm{d}x}{\mathrm{d}t}\right)^2+\left(\frac{\mathrm{d}y}{\mathrm{d}t}\right)^2} \quad 和 \quad a=\sqrt{\left(\frac{\mathrm{d}^2 x}{\mathrm{d}t^2}\right)^2+\left(\frac{\mathrm{d}^2 y}{\mathrm{d}t^2}\right)^2}$$

这两种方法差别何在？

1.5　一个物体具有恒定的速率，但仍有变化的速度，是否可能？一个物体具有恒定的速度，但仍有变化的速率，是否可能？一个物体具有加速度而其速度为零，是否可能？具有速度而其加速度为零，是否可能？

1.6　如图 1-18 所示，A、B、C 三人同时从宿舍出发，走不同的路但同时到达教学楼。假设行走过程中他们各自的速率不变，比较三人行走的位移大小、速度大小和加速度大小的关系。

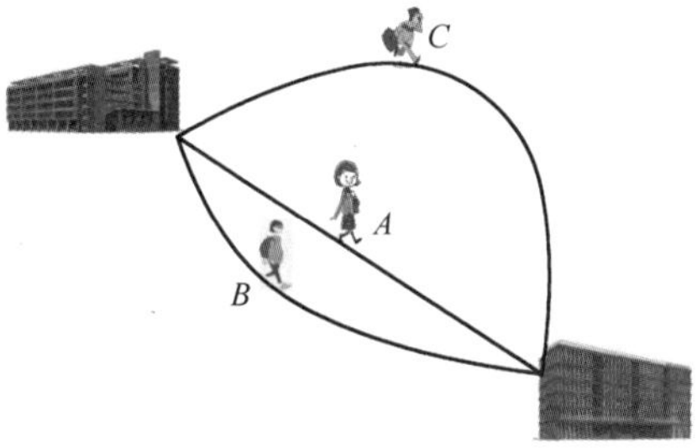

图 1-18　思考题 1.6 用图

1.7　如图 1-19 所示，以 $\boldsymbol{v}_0$ 匀速拉船，船以 $\boldsymbol{v}$ 沿水平方向运动，求 v 与 v_0 的关系。$v=v_0\cos\alpha$ 是否正确？

1.8　如图 1-20 所示，一猎人瞄准一只挂在树枝上的猴子，猴子听到枪声，松开树枝，从树上自由下落，请问子弹是否可以打中猴子？忽略声音传播所需时间以及空气阻力等对子弹的影响。

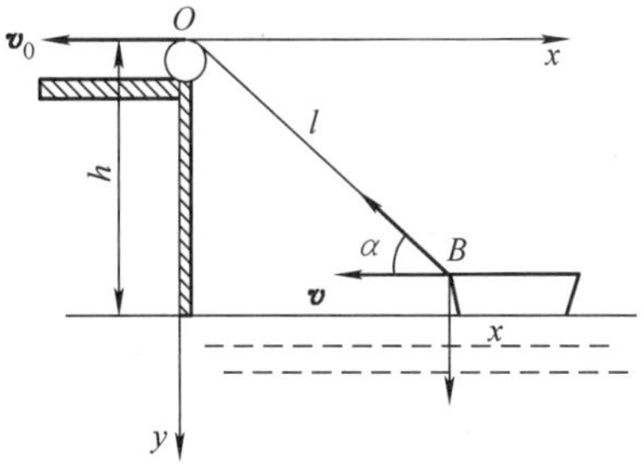

图 1-19　思考题 1.7 用图

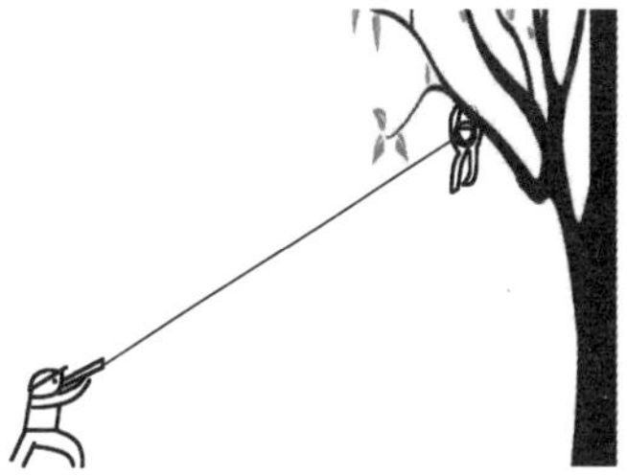

图 1-20　思考题 1.8 用图

1.9　如图 1-21 所示，三根光滑轨道架在一个圆上，一个小物体（可看成质点）从三根光滑轨道的顶端下滑，问哪条轨道上的物体滑到轨道和圆接触点的用时最短？

1.10　一个质点做抛体运动，则其 $\frac{\mathrm{d}\boldsymbol{v}}{\mathrm{d}t}$、$\frac{\mathrm{d}v}{\mathrm{d}t}$ 与 $\frac{v^2}{\rho}$ 是否变化？

1.11　做圆周运动的质点，如果其速率均匀增加，则其切向加速度的大小和方向是否改变？其法向加速度的大小和方向是否改变？总加速度的大小和方向是否改变？

1.12　有一旅客站在沿水平轨道匀速行驶的列车最后一节车厢后的平台上，（1）手拿石块，松手释放；（2）沿水平方向向车后掷出石块，使石块相对车的速率等于火车相对于地的速率。则站在铁路路基旁的观察者所见石块的运动分别是什么样的？

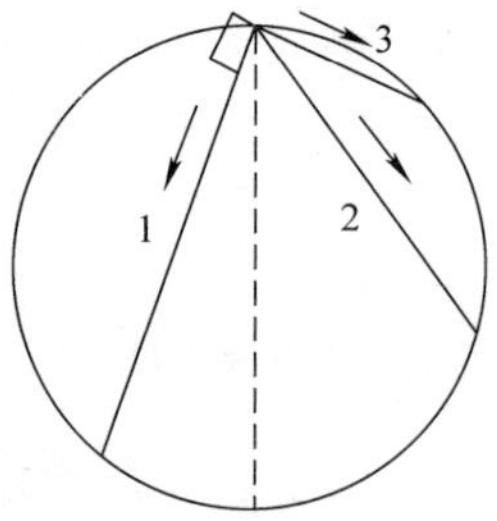

图 1-21　思考题 1.9 用图

习　题

1.1　一质点沿直线运动，其运动学方程为 $x=6t-t^2$（SI），求：

（1）$t=4$s 时刻质点的速度和加速度；

（2）在 t 由 0 至 4s 的时间间隔内，质点的位移大小和路程分别是多少？

1.2　一遥控玩具赛车在一画有坐标系的场地运动，其位置坐标对时间的函数由下式给出：$x=-0.31t^2+7.2t+28$，$y=0.22t^2-9.1t+30$。其中 t 的单位为 s，x 与 y 的单位为 m。试用单位矢量表示赛车在 $t=15$s 时刻的位矢，并求出其大小和其与 x 轴正向所夹的角度。

1.3　已知一质点的运动方程为 $x=2t$，$y=19-2t^2$，其中 x、y 的单位为 m，t 的单位为 s。试求：

（1）$t=1$s 时的速度和加速度；

（2）何时质点的位置矢量与速度矢量垂直？

（3）质点离原点最近的距离有多远？

1.4　一身高为 l 的人以速度 v_0 在路上匀速行走，他经过一路灯继续往前匀速直线行走，路灯距地面的高度为 h（见图 1-22），求人影头顶的移动速度和影长增长的速度。

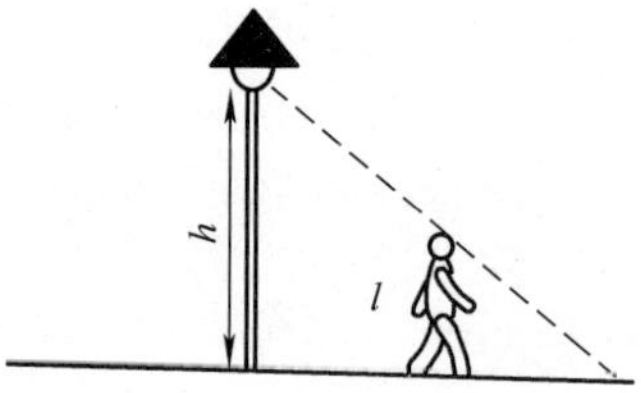

图 1-22　习题 1.4 用图

1.5　距河岸（看成直线）500m 处有一艘静止的船，船上的探照灯以转速为 $n=1$r/min 转动。求当光束与岸边成 60° 角时，光束沿岸边移动的速度。

1.6　有一质点沿 x 轴做直线运动，t 时刻的坐标为 $x=4.5t^2-2t^3$（m）。试求：

（1）第 2s 内的平均速度；

（2）第 2 秒末的瞬时速度；

（3）第 2 秒内的路程。

1.7　一长为 5m 的梯子，顶端斜靠在竖直的墙上，设 $t=0$ 时顶端离地面 4m，当顶端以 2m/s 的速度沿墙面匀速下滑时，求：

（1）梯子下端的运动学方程和速度（设梯子下端离墙角的距离为 x）；

（2）在 $t=1$s 时下端的速度。

1.8　一艘正在以 $\boldsymbol{v}_0$ 的速度沿直线匀速行驶的汽艇，在发动机关闭后，其加速度方向与速度方向相反，大小与速度二次方成正比，即 $dv/dt=-Kv^2$，式中 K 为常量。试求汽艇关闭发动机后又行驶 x 距离时的速度。

1.9　以水平初速度 $\boldsymbol{v}_0$ 射出一发子弹，取枪口为原点，沿 $\boldsymbol{v}_0$ 方向为 x 轴，竖直向下为 y 轴，并取发射时刻 t 为 0，试求：

（1）子弹在任一时刻 t 的位置坐标及轨迹方程；

（2）子弹在 t 时刻的速度，切向加速度和法向加速度。

1.10　一小球以 60° 倾角和 10m/s 的初速率斜向上抛出，求抛出点和最高点的切向加速度、法向加速度及曲率半径。

1.11　一个人在倾角为 θ 的斜坡的下端 O 点处，以与斜坡成 β 角的初速度 $\boldsymbol{v}_0$ 抛出一个小球（见图 1-23）。如果空气阻力忽略不计，试求 β 角满足什么条件时小球下落时恰好垂直击中斜面。

1.12　一质点做半径为 1m 的圆周运动，其角位置的运动学方程为

$$\theta=\frac{\pi}{4}+\frac{1}{2}t^2\ (\text{SI})$$

其切向加速度和法向加速度分别是多少？

1.13　质点 P 在水平面内沿一半径为 $R=1\text{m}$ 的圆轨道转动，转动的角速度 ω 与时间 t 的函数关系为 $\omega=kt^2$（k 为常量），已知 $t=2\text{s}$ 时质点 P 的速度值为 16m/s，试求 $t=1\text{s}$ 时，质点 P 的速度与加速度的大小。

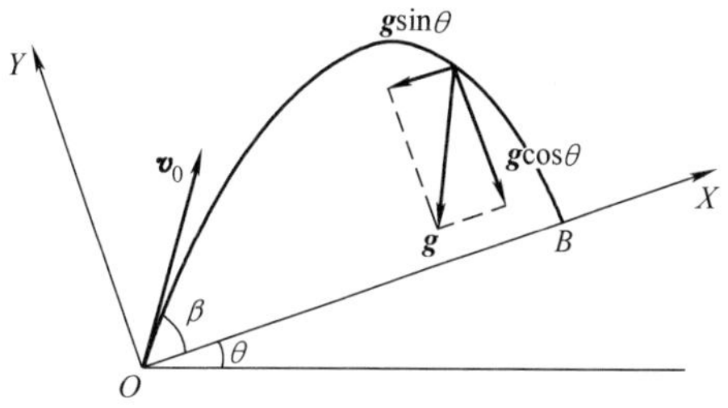

图 1-23　习题 1.11 用图

1.14　一质点沿半径为 R 的圆周运动，质点所经过的弧长与时间的关系为 $s=bt+\frac{1}{2}ct^2$，其中 b、c 是大于零的常量，求从 $t=0$ 开始到切向加速度与法向加速度大小相等时所经历的时间。

1.15　一质点沿半径为 R 的圆周按规律 $s=v_0t-bt^2/2$ 运动，v_0、b 都是正的常量。求：

（1）t 时刻质点的总加速度的大小；

（2）t 为何值时，总加速度的大小为 b；

（3）当总加速度大小为 b 时，质点沿圆周运行了多少圈。

1.16　一电梯以加速度 1.2m/s^2 上升，当上升速度为 2.4m/s 时，有一螺帽从电梯的顶棚上松落，顶棚与电梯的底面相距为 3.0m。计算：

（1）螺帽从顶棚落到底面所需的时间；

（2）螺帽相对地面下落的距离。

1.17　在相对地面静止的坐标系内，A、B 二船都以 2m/s 速率匀速行驶，A 船沿 x 轴正向，B 船沿 y 轴正向。今在 A 船上设置与静止坐标系方向相同的坐标系（x、y 方向单位矢量用 $\boldsymbol{i}$、$\boldsymbol{j}$ 表示），那么在 A 船上的坐标系中，B 船的速度（以 m/s 为单位）是多少？

1.18　一人相对江水以 4.0km/h 的速度划船前进，设江水的流动可以认为是平动。当江水流速为 3.5km/h 时，试问：

（1）它要从出发处垂直于江岸而横渡此江，应该如何掌握划行方向？

（2）如果江宽 $l=2.0\text{km}$，他需要多少时间才能横渡到对岸？

（3）如果此人顺流划行了 2.0h，他需要多少时间才能划回到出发处？

1.19　一飞机相对于空气以恒定速率 v 沿正方形轨道飞行，在无风时其运动周期为 T。若有恒速小风沿平行于正方形的一对边吹来，风速为 $V=kv$（$k\ll1$）。求：飞机仍沿原正方形（对地）轨道飞行时周期要增加多少。

习题答案

1.1　（1）-2m/s　-2m/s^2；（2）8m，10m

1.2　$\boldsymbol{r}=66\boldsymbol{i}-57\boldsymbol{j}$（m）；$r=87\text{m}$；$-41°$

1.3　（1）$\boldsymbol{v}=2\boldsymbol{i}-4\boldsymbol{j}\text{m/s}$，$\boldsymbol{a}=-4\boldsymbol{j}\text{m/s}^2$；（2）$t=0$ 和 $t=3\text{s}$；（3）6.08m

1.4　$\frac{h}{h-l}v_0$；$\frac{l}{h-l}v_0$

1.5　69.8m/s

1.6　（1）-0.5m/s；（2）-6m/s；（3）2.25m

1.7　（1）$x=\sqrt{9+16t-4t^2}$，$v=\frac{8-4t}{\sqrt{9+16t-4t^2}}$；（2）0.87m/s

1.8　$v=v_0\exp(-Kx)$

1.9　(1) $x=v_0t$，$y=\frac{1}{2}gt^2$，$y=\frac{1}{2}x^2g/v_0^2$；

(2) 则速度大小为：$v=\sqrt{v_x^2+v_y^2}=\sqrt{v_0^2+g^2t^2}$方向为：与 x 轴夹角 $\theta=\arctan\frac{gt}{v_0}$

$a_t=g^2t/\sqrt{v_0^2+g^2t^2}$，$a_n=v_0g/\sqrt{v_0^2+g^2t^2}$

1.10　抛出点：切向加速度 $a_t=5\sqrt{3}\text{m/s}^2$，法向加速度 $a_n=5\text{m/s}^2$，轨道的曲率半径是20m；最高点：切向加速度 $a_t=0$，法向加速度 $a_n=g$，轨道的曲率半径是2.5m。

1.11　$\tan\beta=\frac{1}{2\tan\theta}$

1.12　1m/s^2；$t^2\ \text{m/s}^2$

1.13　4m/s，17.89m/s^2

1.14　$\sqrt{\frac{R}{c}}-\frac{b}{c}$

1.15　(1) $\frac{\sqrt{(v_0-bt)^4+(bR)^2}}{R}$；(2) $t=v_0/b$；(3) $\frac{v_0^2}{4\pi Rb}$

1.16　(1) 0.74s；(2) 0.91m

1.17　$-2\boldsymbol{i}+2\boldsymbol{j}$

1.18　(1) 人划船时，必须使船身与江岸垂直线间的夹角为61°，逆流划行；

(2) 1.03h；(3) 30h

1.19　$3k^2T/4$

第2章 牛顿运动定律

第1章讨论了质点运动学，即如何描述质点的运动。那么质点为什么会运动呢？这就是动力学所要研究的内容。动力学研究的是物体之间的相互作用，以及由于这种相互作用所引起的物体运动状态变化的规律。动力学是力学理论的重要内容，而质点动力学阐述的运动规律又是进一步研究一般物体复杂运动的基础。

本章将讨论在将物体抽象为质点及物体的运动速度远小于光速的前提下动力学的基本规律——牛顿运动定律。牛顿运动定律也是中学学习的重点，现在我们将应用大学的数学知识将牛顿定律及相关概念、公式进一步严格化和系统化，应用微积分方法解决更一般的力学问题，同时在非惯性系中引入惯性力的概念，从而形式上应用牛顿定律处理力学问题。请读者抓住与中学物理的不同点去学习和领会此部分内容。

2.1 牛顿运动定律分述

1687年，牛顿在他的名著《自然哲学的数学原理》中提出了三条定律，这就是我们熟知的牛顿运动定律。牛顿运动定律是动力学的基础，也是整个经典力学的基础。

2.1.1 牛顿第一定律

牛顿继承并发展了伽利略关于物体在无加速或减速因素作用时将保持其运动速度的观点，并给出了如下的描述：**任何物体都将保持其静止或匀速直线运动状态，直到外力迫使它改变状态为止**，这就是**牛顿第一定律**。

牛顿第一定律的数学形式表示为

$$\boldsymbol{F}=0,\ \boldsymbol{v}=\text{恒矢量} \tag{2-1}$$

1. 定性说明了力与运动的关系

第一定律告诉我们如果没有力作用在物体上，物体将保持静止或匀速直线运动状态。也就是说力是改变物体运动状态的原因，而不是表面上所表现的维持运动状态的原因，所以第一定律首先定性地说明了力与运动的关系。

同时，第一定律涉及力学两个基本概念。其一是惯性，**物体在没有外力的情况下总会保持静止或匀速直线运动状态的性质**，就是**惯性**，即**物体保持原来运动状态的性质**，或**物体抵抗运动状态变化的性质**，因此，牛顿第一定律常被称为**惯性定律**。惯性是物体本身的固有属性，在经典物理范围，惯性的大小与物体是否运动无关。其二是力，力迫使运动状态改变，即改变物体原来的运动状态，因此该定律给出了力的概念，**力就是物体与物体之间的相互作用**。经常用 $\boldsymbol{F}$ 来表示，它是一个矢量。

2. 惯性参考系

牛顿第一定律也为我们定义了一个参考系——惯性参考系。**在某一参考系中，我们能观察到一个不受外力的物体保持静止或匀速直线运动状态，那么这个参考系就是惯性参考系（简称惯性系）**；或是**建立在自由物体（不受外力的物体）上的参考系是惯性参考系**。

但由于不存在绝对不受力的物体，所以，绝对惯性系不存在，只能是足够精确的近似惯性系，常用的近似惯性系：**太阳参考系**：绕银河系加速度 $\boldsymbol{a}$ 大小约为 $3\times10^{-10}\text{m/s}^2$；**地心参考系**：绕太阳公转加速度 a 约为 $3.4\times10^{-2}\text{m/s}^2$；**地面参考系**：自转加速度 a 约为 $0.6\times10^{-2}\text{m/s}^2$。对于一般的力学现象来说，地面参考系是一个足够精确的惯性系。

除了用定义和实验来证明一个参考系是否是惯性系外，我们还可以用惯性系的性质来判断一个参考系是否是惯性系：

重要性质：相对于惯性系做匀速直线运动的其他参考系一定是惯性系，反之，相对于惯性系做加速或变速运动的参考系一定是非惯性系。

所以，我们只要确定一个惯性系，考察另一个参考系相对于此已知惯性系做什么运动，就可以判断这个参考系是惯性系还是非惯性系。

2.1.2　牛顿第二定律

牛顿给出第二定律的内容为：**运动的变化与所加的动力成正比，并且发生在这力所沿的直线方向上。**

这里“运动”是指运动量，定义为质点的质量与速度的乘积，即我们现在所说的**动量**，用 $\boldsymbol{p}$ 表示，则

$$\boldsymbol{p}=m\boldsymbol{v} \tag{2-2}$$

式中，m 和 $\boldsymbol{v}$ 分别是运动物体的质量和运动速度。可见动量是矢量，其方向由速度方向决定。

而第二定律中的“变化”应理解为“对时间的变化率”，因此用现代语言描述为：**物体的动量对时间的变化率与所加的外力成正比，并且发生在这个外力的方向上。**

若各量取适当的单位，如都是国际单位，则取比例系数为 1，第二定律的数学表达式为

$$\boldsymbol{F}=\frac{\mathrm{d}\boldsymbol{p}}{\mathrm{d}t}=\frac{\mathrm{d}(m\boldsymbol{v})}{\mathrm{d}t} \tag{2-3}$$

式中，$\boldsymbol{F}$ 是作用在物体（质点）上的力。式（2-3）是牛顿第二定律的普遍表达式，它既适用于低速运动物体又适用于高速运动物体以及变质量的问题。但牛顿当时认为，物体的质量是与它的运动无关的常量，所以把 m 从微分中提出，得到

$$\boldsymbol{F}=m\frac{\mathrm{d}\boldsymbol{v}}{\mathrm{d}t}=m\boldsymbol{a} \tag{2-4}$$

这是大家所熟知的公式，但是经过这样变化，其适用范围就变小了，只适用于宏观低速运动的物体，是经典理论公式。因为现代物理已证明了当物体的运动速度很大，接近光速时，其质量很明显地与速度有关，所以质量 m 是不能从微分号里提出来的，所以式（2-3）才具有普适性！

1. 第二定律定量地说明了力与运动的关系

力是与描述物体运动状态的物理量 $\boldsymbol{p}$ 对时间的变化率成正比例关系的，且二者是瞬时

关系，即等式两边的各物理量都是同一时刻的物理量。对宏观低速的物体，加速度只有在有外力作用时才产生，外力改变了，加速度也随之改变，即 $\boldsymbol{F}$ 与 $\boldsymbol{a}$ 的关系是同生、同向、同变、同灭的关系。

2. 第二定律给出的是矢量式

具体应用的时候式（2-3）可以写成适当的分量形式。例如，在直角坐标系中，分量式为

$$\begin{cases} F_x = \dfrac{\mathrm{d}p_x}{\mathrm{d}t} = \dfrac{\mathrm{d}(mv_x)}{\mathrm{d}t} \\ F_y = \dfrac{\mathrm{d}p_y}{\mathrm{d}t} = \dfrac{\mathrm{d}(mv_y)}{\mathrm{d}t} \\ F_z = \dfrac{\mathrm{d}p_z}{\mathrm{d}t} = \dfrac{\mathrm{d}(mv_z)}{\mathrm{d}t} \end{cases} \tag{2-5}$$

在自然坐标系中，分量式为

$$\begin{cases} F_\mathrm{t} = ma_\mathrm{t} = m\dfrac{\mathrm{d}v}{\mathrm{d}t} \\ F_\mathrm{n} = ma_\mathrm{n} = m\dfrac{v^2}{r} \end{cases} \tag{2-6}$$

3. 若物体同时受到几个力的作用时，力与加速度的关系

实验证明：**若物体同时受到几个力的作用，其作用效果跟等于它们矢量和的那个合力的作用效果是一样的，这就是力的叠加原理**。设物体同时受几个力 $\boldsymbol{F}_1$，$\boldsymbol{F}_2$，…的作用，各个力的矢量和用 $\boldsymbol{F}$ 表示，则

$$\boldsymbol{F} = \boldsymbol{F}_1 + \boldsymbol{F}_2 + \cdots \tag{2-7}$$

根据力的叠加原理：

$$\boldsymbol{F} = \frac{\mathrm{d}\boldsymbol{p}}{\mathrm{d}t} = \frac{\mathrm{d}(m\boldsymbol{v})}{\mathrm{d}t} \tag{2-8}$$

或者，当 m 为常量时：

$$\boldsymbol{F} = m\boldsymbol{a} \tag{2-9}$$

式中，$\boldsymbol{F}$ 就是各力之矢量和，即所有力的**合力**。

4. 惯性质量 m

根据牛顿第二定律，在不同质量的物体所受合外力 $\boldsymbol{F}$ 相同的情况下，$m \propto 1/a$，即质量越大的物体，其加速度反而越小。加速度 $\boldsymbol{a}$ 越小意味着物体运动状态（速度）变化得越慢，也就是说物体抵制运动状态变化的能力就越强，或者说保持原来运动状态的能力就越强，即惯性大。所以根据牛顿第二定律，物体质量越大其惯性越大；反之，质量越小其惯性越小，所以这里的质量是物体惯性的量度，我们称式（2-9）中的质量是**惯性质量**。由此可见，牛顿第一定律定性地定义了惯性，而第二定律定量指出惯性大小由谁决定。

2.1.3　牛顿第三定律

牛顿给出了相互作用的两物体间作用力的性质：**对于每一个作用 $\boldsymbol{F}_{12}$，总有一个相等的反作用 $\boldsymbol{F}_{21}$ 与之相反，或者说两个物体对各自对方的相互作用总是等大反向的**，这就是牛顿

第三定律。其数学表达式为

$$\boldsymbol{F}_{12} = -\boldsymbol{F}_{21} \tag{2-10}$$

对牛顿第三定律的几点说明：

1）作用力和反作用力总是成对出现的，同时产生，同时消失；

2）作用力和反作用力是分别作用在两个相互作用的物体上的，不能相互抵消；

3）作用力和反作用力总是属于同种性质的力。

牛顿第三定律实际上是关于力的性质的定律。正确理解第三定律，对分析物体受力情况是很重要的。求解力学问题时，要注意将作用力和反作用力与平衡力相区别。平衡力是作用在同一物体上的一对大小相等、方向相反的力，这一对力通常都不是同时产生和消失的，且性质一般不同。

另外，注意牛顿运动定律只适用于惯性系，这是为什么呢？关于这一点我们将在2.3节详细讨论。

2.2 力学中几种常见的力

应用牛顿定律解决问题，我们首先必须能正确地分析物体的受力情况，所以我们有必要首先了解一下各种力。自然界中存在的力是复杂多样的，但近代科学已经证明，自然界中只存在4种基本的力，其他的力都是这4种力的不同表现。这4种力为引力、电磁力、强力和弱力。引力是存在于自然界中一切物体之间的一种相互作用，在大质量物体（如地球、太阳、月亮等天体）附近这种作用才有明显的效应。电磁相互作用是存在于一切带电体之间的作用，带电粒子间的电磁力比引力强得多，如电子和质子之间的静电力比引力大10^{39}倍。引力和电磁力均为长程力。而强力和弱力是只在10^{-15}m的范围内起作用的相互作用，是短程力，它们也称为核力。强力是作用于强子之间的力，是目前所知的四种宇宙间基本作用力中最强的。弱力是四种基本力中第二弱、作用距离第一短的一种力。它只作用于电子、夸克（层子）、中微子等费米子，并制约着放射性现象，而对诸如光子、引子等玻色子不起作用。而对于宏观物体，我们很少去讨论强力和弱力，在经典力学中我们讨论得比较多的是引力和电磁力（我们将在第二篇电磁学中具体讨论）的外在表现，即我们日常生活和工程技术中经常遇到的力，比如重力、弹力、摩擦力等。下面我们分别简单总结一下。

1. 引力 重力

（1）万有引力定律

宇宙中任何两个物体之间都存在着相互吸引的力，这种力称为**万有引力**。牛顿在开普勒关于行星运动三定律（轨道定律、面积定律和周期定律）的基础上提出了著名的万有引力定律，这个定律指出：**在两个相距为 r，质量分别为 m_1、m_2 的质点间的万有引力，其大小与它们的质量之积成正比，与它们的距离 r 的二次方成反比，其方向沿它们的连线**。如图2-1所示，万有引力定律用数学式可表示为

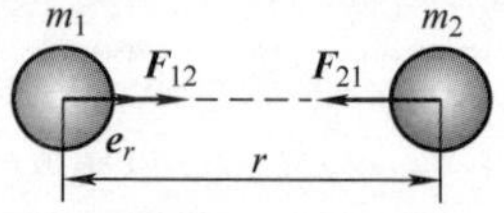

图2-1 万有引力

$$\boldsymbol{F}_{21} = -G\frac{m_1 m_2}{r^2}\boldsymbol{e}_r \tag{2-11}$$

式中，$\boldsymbol{F}_{21}$ 为 m_1 对 m_2 的万有引力；$\boldsymbol{e}_r$ 为由 m_1 指向 m_2 的单位矢量；$G = 6.672 \times 10^{-11}\mathrm{N \cdot m^2 \cdot kg^{-2}}$，叫作**万有引力常数**。这里 m_1 和 m_2 为物体的**引力质量**，引力质量与牛顿运动定律中反映物体惯性大小的惯性质量是物体两种不同属性的体现，在认识上应加以区别。但是根据爱因斯坦广义相对论的结论，引力质量与惯性质量在数值上是相等的。

应该注意，万有引力定律是对质点而言的，但是可以证明，对于两个质量均匀分布的球体，它们之间的万有引力也可以用这一定律计算，只需将距离 r 取为两球球心的距离即可。

例 2.1　如图 2-2 所示，一质量为 m 的质点旁边放一长度为 L、质量为 M 的匀质细杆，杆离质点近端距离为 l，求：质点与杆之间的万有引力大小。

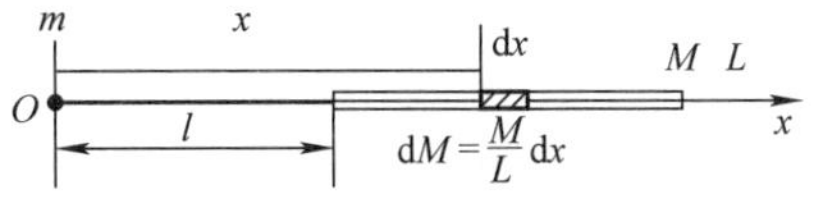

图 2-2　例题 2.1 用图

解：以质点 m 为坐标原点，建立如图 2-2 所示的一维坐标系。在杆上距 O 点 x 处取小质元 $\mathrm{d}x$，其质量为 $\mathrm{d}M = \dfrac{M}{L}\mathrm{d}x$，质点与质量元间的万有引力大小为

$$\mathrm{d}f = G\frac{m\mathrm{d}M}{x^2} = G\frac{mM\mathrm{d}x}{Lx^2}$$

则杆与质点间的万有引力大小为

$$f = \int_l^{l+L}\mathrm{d}f = \int_l^{l+L}G\frac{mM}{Lx^2}\mathrm{d}x = G\frac{mM}{L}\int_l^{l+L}\frac{\mathrm{d}x}{x^2} = G\frac{mM}{l(l+L)}$$

当 $l >> L$ 时：

$$G\frac{mM}{l(l+L)} \to G\frac{mM}{l^2}$$

由此可见，对于不可忽略大小的物体，其间的引力不可简单套用万有引力定律的公式。

（2）重力

重力是地球对物体万有引力的一个分力，另一分力为物体随地球绕地轴转动提供的向心力。由于该向心力很小，所以在一般情况下，可以近似认为物体重力的大小等于万有引力的大小，其方向为竖直向下，并非指向地心。根据万有引力公式，地球表面上质量为 m 物体所受到的重力为

$$G\frac{Mm}{R^2} = mg \tag{2-12}$$

式中，g 为地球表面的重力加速度。因此，有

$$g = G\frac{M}{R^2} \tag{2-13}$$

重力加速度 $\boldsymbol{g}$ 在数值上等于单位质量的物体受到的重力，故也可称为**重力场的场强**。由于地球并不是一个质量均匀分布的球体，还由于地球的自转，使得地球表面不同地方的重力加速度的值略有差异：在赤道重力加速度大小为 $9.78\mathrm{m/s^2}$，在北京（北纬 40°附近）为 $9.801\mathrm{m/s^2}$，在北极为 $9.832\mathrm{m/s^2}$。在一般计算中 g 取 $9.8\mathrm{m/s^2}$。

2. 弹力

当两宏观物体有接触且发生微小形变时，**形变的物体对与它接触的物体产生欲使其恢复原来形状的力**，这种力叫**弹力**。常见的弹性力有弹簧的弹性力、绳子的弹力（张力）、物

体放在支撑面上产生的正压力和支持力等。

(1) 弹簧的弹力

弹簧受到拉伸或压缩时产生弹力，这种力总是使弹簧恢复原来的形状，所以常称为**回复力**。如图 2-3 所示，当弹簧形变不超过一定限度（即弹性限度）时，弹簧的弹力与弹簧的形变成正比，这就是**胡克定律**。设弹簧被拉伸或被压缩 x，则此时弹簧弹力 $\boldsymbol{F}$ 为

$$\boldsymbol{F} = -kx\boldsymbol{i} \tag{2-14}$$

式中，k 为弹簧的劲度系数；负号表示弹性力的方向始终与弹簧形变的方向相反。

(2) 正压力、支持力

两个物体彼此接触且挤压而产生形变（这种形变常常十分微小以至于难以观察到），由于物体有恢复挤压形成的形变的趋势，从而产生指向对方的弹力作用，这种弹力称为**正压力或弹力**。如图 2-4 所示，在接触点 A 处球对地面的正压力 $\boldsymbol{N}'$ 和地面对球的支持力 $\boldsymbol{N}$，而 B 处无形变，所以无压力或支持力。正压力和支持力的方向沿着接触面的法线方向，即与接触面垂直，大小视挤压的程度而决定，取决于物体所处的整个力学环境。

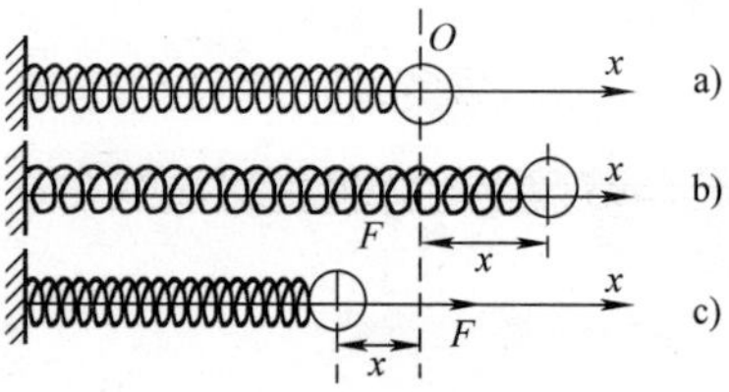

图 2-3 弹簧的弹力

a）弹簧处于原长状态 b）弹簧处于被拉伸状态 c）弹簧处于被压缩状态

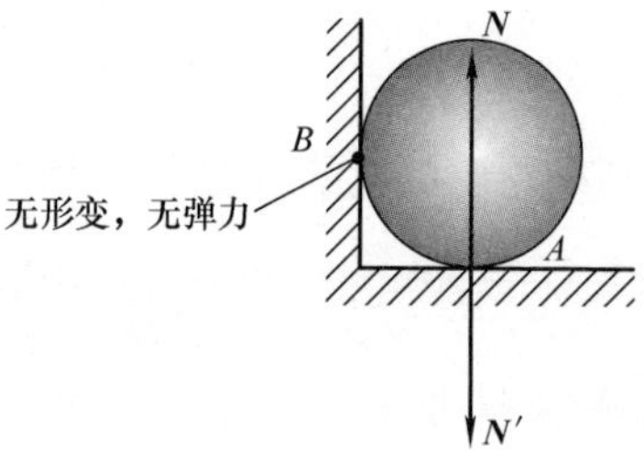

图 2-4 正压力、支持力

(3) 绳子的张力

当绳子两端受拉力使绳发生拉伸形变（通常也非常微小）时，绳上互相紧靠的质量元间彼此拉扯，从而也形成相互的弹力作用，这种内部的弹力称为**张力**。如图 2-5a 所示，设绳子 MN 两端分别受到的拉力为 $\boldsymbol{f}$ 和 $\boldsymbol{f}'$，想象把绳子从任意点 P 切开，使绳子分成 MP 和 NP 两段，则 NP 对 MP 的张力 $\boldsymbol{T}$ 和 MP 对 NP 的张力 $\boldsymbol{T}'$ 是一对作用力和反作用力，由牛顿第三定律：$\boldsymbol{T}=\boldsymbol{T}'$，则 P 点处其间的作用力大小 T 叫作绳子在该点 P 的张力。那么绳子上各点的张力一样吗？

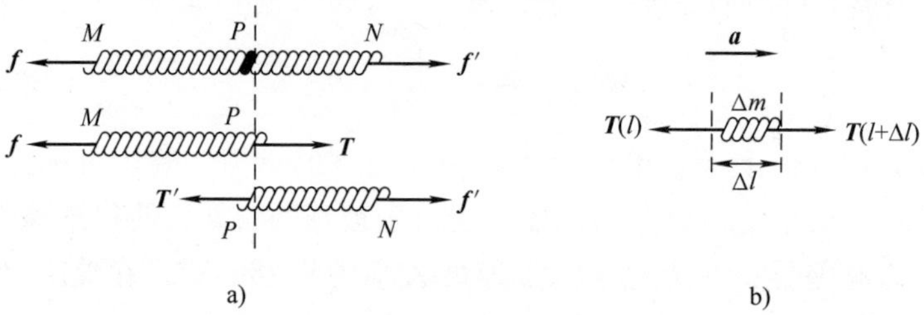

图 2-5 绳的张力

设绳子以加速度 $\boldsymbol{a}$ 运动，绳子质量线密度为 λ，以其上任一小段 Δl（其质量 $\Delta m=\lambda\Delta l$）为研究对象，如图 2-5b 所示，则根据牛顿第二定律得

$$T(l+\Delta l)-T(l)=a\Delta m=a\lambda\Delta l$$

由上式可见，若 $\Delta m=0$，则 $T(l+\Delta l)=T(l)$，即对于一段忽略绳的质量（称为轻绳）的直线绳，其上各点的张力相等。而若 $\Delta m\neq 0$，则 $T(l+\Delta l)\neq T(l)$，即当绳子的质量不可忽略时，绳上各点的张力就不再相等了，需要用牛顿定律依具体情况求解。

3. 摩擦力

当两个互相接触的物体有相对运动或有相对运动的趋势时，就会产生一种阻碍相对运动或相对运动趋势的力，我们把它称为**摩擦力**。摩擦力的起因非常复杂，除了两个接触面的凹凸不平而互相嵌合外，还与分子间的引力及静电作用等有关。常见的摩擦力是滑动摩擦力和静摩擦力，我们具体讨论一下这两种摩擦力。

（1）滑动摩擦力

若两个彼此接触的物体相对滑动时，则在两物体接触处出现的相互作用的摩擦力称为**滑动摩擦力**。滑动摩擦力的方向也是沿着表面的公切线方向，与物体相对运动的方向相反。如图 2-6 所示人拉雪橇时，雪橇与地面间存在滑动摩擦力 f_k。实验表明，滑动摩擦力 f_k 大小与两物体之间的正压力 N 的大小成正比：

$$f_k=\mu_k N \tag{2-15}$$

式中，μ_k 称为**滑动摩擦系数**，与接触物体的材质和表面情况有关。

（2）静摩擦力

若两个彼此接触的物体相对静止但具有相对运动的趋势时也存在摩擦力，称为**静摩擦力**。静摩擦力的方向沿着表面的切线方向，与相对运动的趋势相反，阻碍相对运动的发生。静摩擦力的大小需要根据受力情况来确定。若物体在外力作用下，相对运动趋势逐渐增大，静摩擦力也随之增大。在图 2-6 中，如果开始人未拉动雪橇，此时的摩擦力就等于拉力 T 在水平方向上的分量（$T\cos\phi$），随着拉力的增大，摩擦力也不断增大，当增大到刚要开始相对滑动时，这时的静摩擦力为最大，称为**最大静摩擦力**。因此，静摩擦力是有一个变化范围的（在零到最大静摩擦力之间变化）。实验表明，最大静摩擦力 f_s 大小与两物体之间的正压力 N 的大小成正比：

$$f_s=\mu_s N \tag{2-16}$$

式中，μ_s 称为**静摩擦系数**，与接触物体的材质和表面情况有关。静摩擦系数比滑动摩擦系数稍大一点，在通常计算中，可以近似认为 $\mu_k=\mu_s$，而不加区别，对于不同材料和不同接触表面，μ_k 和 μ_s 各不相同，它们都可以由实验测定。

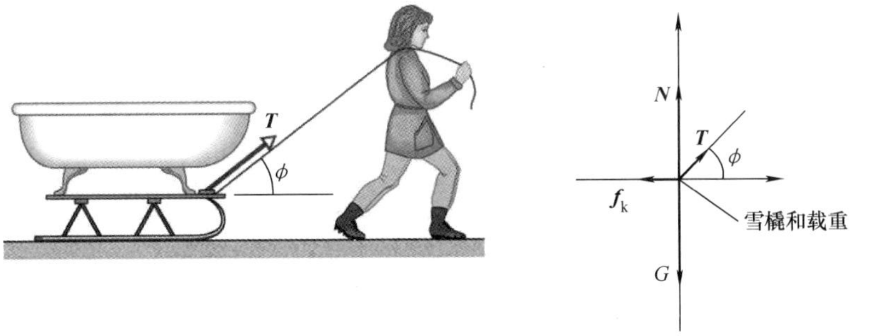

图 2-6　摩擦力

4. 流体阻力

静摩擦和滑动摩擦指发生在固体之间的摩擦。固体和流体（气体或液体）之间也有摩擦作用。当物体在流体（气体或液体）中有相对运动时，流体对运动物体施加摩擦阻力，例如跳伞运动员从高空下落时要受到空气阻力的作用，船只在江河湖海中航行受水的阻力，都是这一类实例。不过这种阻力比前面介绍的阻力要小得多。这就是通常利用润滑油减少固体间摩擦的原因。流体阻力既与流体的密度、黏滞性等性质有关，又与物体的形状和相对运动速度有关。当物体的相对速率较小时，流体为层流，阻力主要由流体的黏滞性产生。这时流体阻力与物体速率成正比。这时阻力的大小 f_d 和物体的相对速率 v 成正比，即

$$f_d = kv \tag{2-17}$$

式中，比例系数 k 取决于物体的大小形状和流体的性质。

而当物体穿过流体的速率超过某限度时（低于声速），流体出现旋涡，这时流体阻力与物体速率的二次方成正比；物体后方出现流体旋涡时，此时阻力的大小 f_d 和物体的相对速率 v 的二次方成正比。例如，物体在空气中运动时，阻力大小可表示为

$$f_d = \frac{1}{2}C\rho Av^2 \tag{2-18}$$

式中，ρ 是空气的密度；A 是物体的有效横截面面积；C 为阻力系数，一般在 0.4 ~ 1.0 之间（也随速率而变化）。

当物体与流体的相对速度提高到接近空气中的声速时，这时流体阻力将迅速增大，此时阻力的大小 f_d 和物体的相对速率 v 的三次方成正比，即：$f_d \propto v^3$。

由于流体阻力和速率有关，物体在流体中下落时的加速度将随速率的增大而减小，以至于速率足够大时，阻力和重力平衡而将匀速下落，此时的速率为物体在流体中下落的最大速率（见图 2-7），我们称之为**终极速率** v_t。则利用式（2-18），我们不难得到，空气中下落物体的终极速度为

$$v_t = \sqrt{\frac{2mg}{CA\rho}} \tag{2-19}$$

式中，m 为下落物体的质量。根据上式，半径为 1.5mm 的雨滴在空气中下落的终极速率为 7.4m/s，大约在下落 10m 时就会达到这个速率。

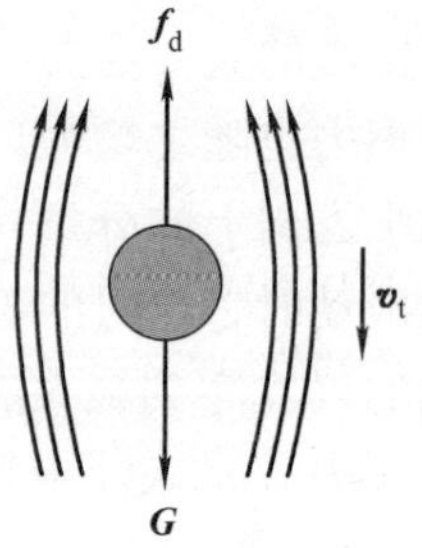

图 2-7 流体阻力和终极速率

2.3 非惯性系中的力学问题 惯性力

在 2.1 节中介绍牛顿定律时，我们特别指出牛顿定律只适用于惯性参考系。那么，这是为什么呢？我们用两个例子具体说明。

1. 非惯性系中牛顿运动定律

先看第一个例子，如图 2-8 所示，有一小车以 $\boldsymbol{a}$ 的加速度在水平地面上沿直线匀加速运动，车上的光滑桌面上放一小球，小球与固定在车上的弹簧相连，它们一起随着车做匀加速直线运动。很明显，小球所受的合外力是弹簧对小球的弹力 $\boldsymbol{F}$。在地面参考系（惯性参考系）中的观察者甲观察到：小球所受合外力为 $\boldsymbol{F}$，并以 $\boldsymbol{a}$ 的加速度运动，且满足 $F =$

ma，即牛顿第二定律是成立的。但是运动车厢参考系中的观察者乙观察到：小球是静止的（$ma=0$），而小球所受的合外力仍是弹簧的弹力，即 $\boldsymbol{F}\neq 0$，所以牛顿第二定律在小车参考系是不成立的。而我们知道车厢参考系是相对于地面参考系（惯性系）加速运动的参考系，所以是一个非惯性系，由此可见牛顿第二定律在非惯性系中不成立。

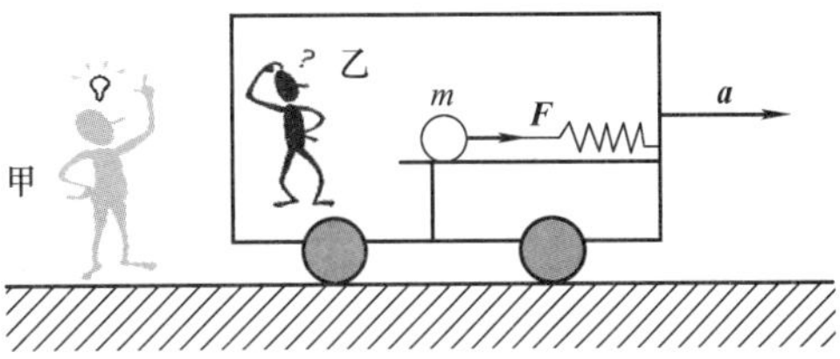

图 2-8　加速车上的小球

我们再看一个例子：如图 2-9 所示，在匀速转动的转盘上，有一小物块随转盘一起匀速转动，受力分析可知物块所受合外力为静摩擦力 $\boldsymbol{f}_s$。在地面参考系 S 系（惯性系）中观察，物块做匀速圆周运动，具有向心加速度 $\boldsymbol{a}_n$，$\boldsymbol{f}_s$ 充当向心力，且二者满足 $\boldsymbol{f}_s=m\boldsymbol{a}_n$，牛顿第二定律成立；若站在转盘上观察，设转盘参考系为 S' 系（非惯性系），物块是静止的，即 $a=0$，而物块所受的合外力仍为 $\boldsymbol{f}_s$，不为零，所以牛顿第二定律在非惯性系 S' 中同样也不成立。

由此可见，牛顿第二定律只适用于惯性系，即只能在惯性系中应用牛顿定律讨论力与运动的关系，而我们在第 1 章质点运动学中说到参考系的选择是任意的，有时往往在非惯性系中讨论运动还比较简便一些，所以如何将牛顿定律推广到非惯性系中去呢？为了实现这一目的，我们引入一个虚拟的力——惯性力。仍以前面的例子为例，我们分别讨论平动非惯性系中的惯性力和转动非惯性系中的惯性力。

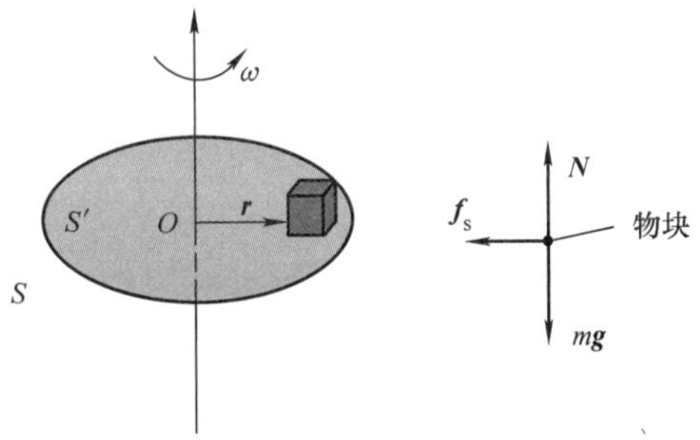

图 2-9　转盘中的物块

2. 平动非惯性系中的惯性力

如图 2-10 所示，设一惯性系 S，其中有一质点质量为 m，在合外力 $\boldsymbol{F}$ 作用下以加速度 $\boldsymbol{a}$ 加速运动，在此参考系中，牛顿第二定律成立，即

$$\boldsymbol{F}=m\boldsymbol{a} \tag{2-20}$$

设另一参考系 S' 相对于 S 以 $\boldsymbol{a}_0$ 加速运动，此参考系为非惯性系，设在 S' 系中观察质点以 $\boldsymbol{a}'$ 的加速度运动，此参考系中牛顿定律不成立。由伽利略加速度变换：绝对运动 = 相对运动 + 牵连运动，得

$$\boldsymbol{a}=\boldsymbol{a}'+\boldsymbol{a}_0 \tag{2-21}$$

将式（2-21）代入式（2-20），则

$$\boldsymbol{F}=m(\boldsymbol{a}'+\boldsymbol{a}_0)=m\boldsymbol{a}'+m\boldsymbol{a}_0$$

所以

$$\boldsymbol{F}+(-m\boldsymbol{a}_0)=m\boldsymbol{a}' \tag{2-22}$$

式（2-22）的右边是非惯性系 S' 中观察的质量与加速度的乘积，如果左边是力，牛顿第二定律就成立了，但是这里多了一项 $-m\boldsymbol{a}_0$，为了满足牛顿定律的形式，定义 $-m\boldsymbol{a}_0$ 也是一个力，称为**惯性力**，它的大小等于质点的质量与非惯性系相对于惯性系的加速度的乘积，方向与此加速度的方向相反，用符号 $\boldsymbol{F}_i$ 表示，即

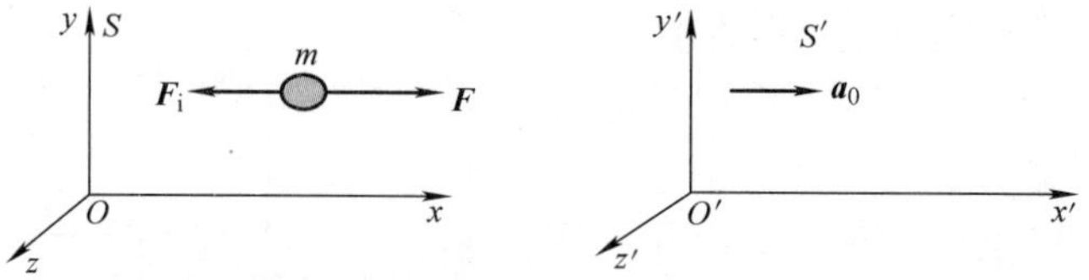

图 2-10　平动非惯性系中的惯性力

$$\boldsymbol{F}_{\mathrm{i}}=-m\boldsymbol{a}_0$$

这样在 S' 系中，在形式上就满足了牛顿定律，即

$$\boldsymbol{F}+\boldsymbol{F}_{\mathrm{i}}=m\boldsymbol{a}' \tag{2-23}$$

只不过在非惯性系中受力分析时，除了分析真实力外，还要加上一个惯性力 $\boldsymbol{F}_{\mathrm{i}}$。

例 2.2　一质量为 m 的乘客站在电梯磅秤上，当电梯以 $\boldsymbol{a}_0$ 的加速度上升时，磅秤上指示的读数是多少?

解：中学也出现过这样的题，通常是以地面（惯性系）作为参考系的，这次改为以电梯作为参考系，电梯相对地面（惯性系）加速运动，显然电梯是非惯性系。所以在受力分析的时候，除了真实力重力和秤对乘客的支持力外，还需加一个惯性力，其大小为：$F_{\mathrm{i}}=ma_0$，它的方向与电梯的加速度方向相反。建立如图 2-11 所示的一维坐标系，取向上的方向为 y 轴正方向，由于电梯参考系中乘客是静止的，则可由牛顿第二定律可得

$$N-G-F_{\mathrm{i}}=0$$

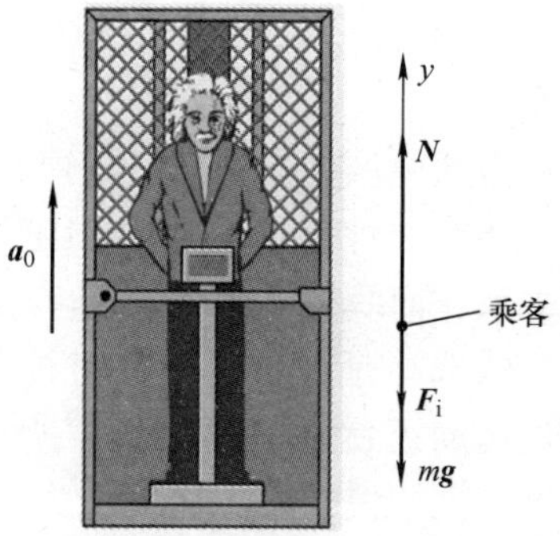

图 2-11　例题 2.2 用图

所以

$$N=G+F_{\mathrm{i}}=m(g+a_0)$$

磅秤上的读数是乘客对秤的正压力 $\boldsymbol{N}'$，与 N 互为作用力反作用力，由牛顿第三定律：

$$N'=m(g+a_0)$$

由此可见，在加速上升的电梯中秤的读数是大于自身体重的，我们称之为“**超重**”，反之如果在加速下降的电梯中，同法我们会得到 $N'=m(g-a_0)$，即秤的读数是小于自身体重的，我们称之为“**失重**”。

引入惯性力后，可以在非惯性系中形式上应用牛顿定律处理力学问题，实际上有时在非惯性系中讨论运动会比较方便，所以我们有必要将这种方法推广，下面我们讨论一下转动非惯性系中的惯性力。

3. 转动非惯性系中的惯性力

以图 2-12 所示的小物块在转盘上转动为例说明，对小物块进行受力分析，合外力为 $\boldsymbol{f}_{\mathrm{s}}$。则地面参考系 S 中（惯性系，牛顿第二定律成立）有

$$\boldsymbol{f}_{\mathrm{s}}=m\boldsymbol{a}_{\mathrm{n}}=-m\omega^2\boldsymbol{r} \tag{2-24}$$

式中，$\boldsymbol{a}_{\mathrm{n}}$ 是物块做圆周运动的向心加速度，方向指向圆心；$\boldsymbol{r}$ 是物块做圆周运动的径矢，方向沿半径向外。由式（2-24）可得

$$\boldsymbol{f}_{\mathrm{s}}+m\omega^2\boldsymbol{r}=0 \tag{2-25}$$

而在转盘参考系 S' 系中观察物块是静止的，即其加速度 $a'=0$，所以 $ma'=0$。而式

(2-25) 右侧也为零，可认为是 S' 中的质量和加速度的乘积。若 $m\omega^2\boldsymbol{r}$ 是力，则在形式上满足了牛顿定律，所以就定义它为转动非惯性系中的惯性力。由于它的方向是沿半径向外的方向，所以也称为**惯性离心力**，记为 $\boldsymbol{F}_{\mathrm{i}}$，则

$$\boldsymbol{F}_{\mathrm{i}} = m\omega^2\boldsymbol{r} \tag{2-26}$$

这样我们除了分析真实力以外，引入一个惯性离心力（见图 2-12）之后，则可得到：$\boldsymbol{f}_{\mathrm{s}} + \boldsymbol{F}_{\mathrm{i}} = 0$，即在转动参考系中也满足了牛顿第二定律的形式。

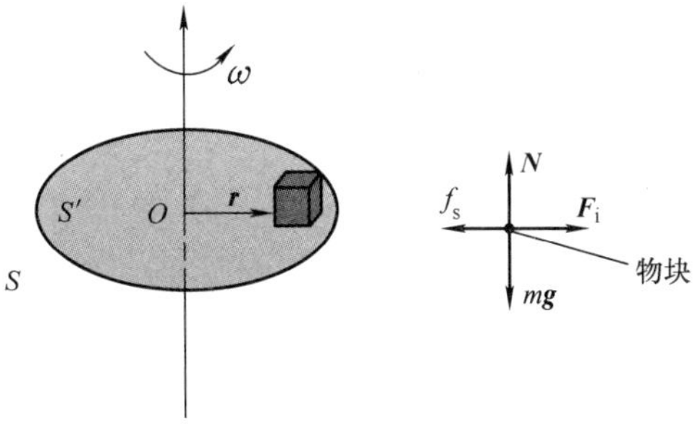

图 2-12　转动非惯性系中的惯性力

惯性离心力，我们经常能感受到，比如坐车拐弯的时候，我们总会感觉受到一种向外甩出去的力，就是惯性力，虽然我们感受得到，但是提醒大家注意几点：

1）惯性力不是作用力，而是虚拟力；

2）惯性力是物体的惯性在非惯性系中的表现；

3）惯性力没有施力物体，也没有反作用力；

4）惯性离心力不是向心力的反作用力。

所以，车拐弯时我们感受到的离心力是我们的惯性在转动参考系中的表现而已，并不是真实的力。它也没有反作用力，向心力和离心力都作用在一个物体上，所以它们不互为作用力反作用力，向心力是真实力，它在这里的本质是转盘对物块的摩擦力，它的反作用力是物块对转盘的摩擦力。

2.4 牛顿运动定律的应用

前面介绍了牛顿定律的基本原理，这节将讨论牛顿定律的应用。牛顿定律说明了力和运动的关系，用牛顿定律主要解决两大类问题：

第一类：已知运动求力；

第二类：已知力求运动。

将二者联系起来的桥梁就是牛顿定律。如果已知质点的运动情况，我们就可以用牛顿第二定律分析出它所受力的情况；如果知道受力情况，由牛顿第二定律算出加速度后，就可以求出它的速度、位移以及运动方程。虽然各种各样的力学题很多，但是百变不离其宗，无非就这两大类型题，大家可遵循以下步骤求解牛顿定律的问题：

1）选：根据题意选择研究对象、研究过程以及参考系。

2）受：受力分析。把每个研究对象与其他物体隔离开来，然后分析它们的受力情况，单独画出每个研究对象的受力示意图。注意若是在非惯性系中必须分析惯性力。

3）建：建立坐标系。坐标系决定数学表达，坐标系不同，数学表达往往不同，所以一定要养成良好习惯：列方程前建立坐标系。选择合适的坐标系，将给计算带来很大方便。坐标轴的方向尽可能地与多数矢量平行或垂直。

4）列：列方程。根据牛顿第二和第三定律列出方程式。所列的方程式个数应与未知量的数量相等。若方程式的数目少于未知量的个数，则应由运动学和几何学的知识列出补充

方程式。

5）解：解方程。在代入数据解方程时，一定要注意统一单位，解得结果后通常还应进行必要的验算、分析和讨论，根据物理实际舍弃一些不合理的数学结果。

例 2.3　一质量为 10kg 的物体沿 x 轴无摩擦运动，设 $t=0$ 时，物体位于原点，速度为零，问：

（1）如物体在力 $F=(3+4t)$ N 的作用下运动了 3s，它的速度和加速度增为多大?

（2）如物体在力 $F=(3+4x)$ N 的作用下运动了 3m，它的速度和加速度增为多大?

解：此题当然选择小物体为研究对象，以地面为参考系。受力分析，物体只有外力 F，所以合外力为 F。根据题意可得初始条件：$t=0$ 时，$x_0=0$，$v_0=0$。根据牛顿第二定律列方程：$F=ma$。

（1）由牛顿第二定律：

$$3+4t=ma$$

所以
$$a(t)=F/m=(3+4t)/10=(3+4\times3)\text{N}/10\text{kg}=1.5\text{m/s}^2$$

因为
$$F=m\frac{\mathrm{d}v}{\mathrm{d}t}$$

所以
$$\mathrm{d}v=\frac{F}{m}\mathrm{d}t=\frac{3+4t}{m}\mathrm{d}t$$

两边积分
$$\int_0^v \mathrm{d}v=\int_0^t \frac{1}{10}(3+4t)\,\mathrm{d}t$$

得
$$v=\frac{1}{10}(3t+2t^2)=\frac{1}{10}(3\times3+2\times3^2)\text{m/s}=2.7\text{m/s}$$

（2）由牛顿第二定律可得

$$3+4x=ma$$

$$a(x)=F/m=(3+4x)/10=(3+4\times3)\text{N}/10\text{kg}=1.5\text{m/s}^2$$

根据微分性质将牛顿第二定律做如下变形：

$$F=m\frac{\mathrm{d}v}{\mathrm{d}t}=m\frac{\mathrm{d}v}{\mathrm{d}x}\frac{\mathrm{d}x}{\mathrm{d}t}=mv\frac{\mathrm{d}v}{\mathrm{d}x}$$

$$v\mathrm{d}v=\frac{F}{m}\mathrm{d}x=\frac{1}{10}(3+4x)\,\mathrm{d}x$$

两边积分
$$\int_0^v v\mathrm{d}v=\int_0^x \frac{1}{10}(3+4x)\,\mathrm{d}x$$

解得
$$v=\sqrt{\frac{1}{5}(3x+2x^2)}\text{m/s}=\sqrt{\frac{1}{5}(3\times3+2\times3^2)}\text{m/s}=2.3\text{m/s}$$

例 2.4　质量为 m 的子弹以速度 $\boldsymbol{v}_0$ 水平射入沙土中，设子弹所受阻力与速度反向，大小与速度成正比，比例系数为 k，忽略子弹重力，求

（1）子弹射入沙土后，速度随时间变化的函数式；

（2）子弹进入沙土的最大深度。

解：选以子弹为研究对象，从子弹入射到停止为研究过程，以地面为参考系。受力分析，如图 2-13 所示。重力忽略，所以也没有支持力，摩擦力 $\boldsymbol{F}$ 与运动方向相反。根据题意得

$$F = -kv$$

负号表示与速度方向相反。建立如图 2-13 所示的一维坐标系，子弹入射点为坐标原点。

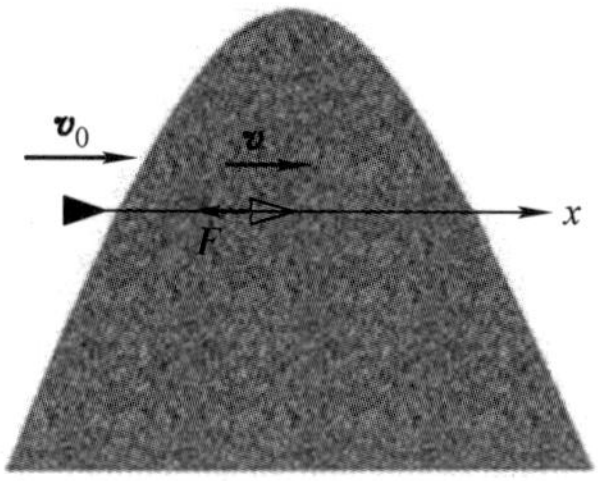

图 2-13　例题 2.4 用图

（1）由牛顿定律，有

$$-kv = ma = m\frac{\mathrm{d}v}{\mathrm{d}t}$$

两边积分，有

$$-\int_0^t \frac{k}{m}\mathrm{d}t = \int_{v_0}^{v} \frac{\mathrm{d}v}{v}$$

得

$$v = v_0 \mathrm{e}^{-kt/m}$$

（2）解法一：由 $v = \frac{\mathrm{d}x}{\mathrm{d}t}$，得

$$\mathrm{d}x = v\mathrm{d}t = v_0 \mathrm{e}^{-kt/m}\mathrm{d}t$$

两边积分，有

$$\int_0^x \mathrm{d}x = \int_0^t v_0 \mathrm{e}^{-kt/m}\mathrm{d}t$$

得

$$x = \frac{mv_0}{k}\left(1 - \mathrm{e}^{-kt/m}\right)$$

当 $t\to\infty$时，得最大深度为

$$x_{\max} = \frac{mv_0}{k}$$

解法二：由于最大深度时就是速度等于零时，所以我们希望直接找到速度和位置的函数关系，可以利用微分性质将牛顿第二定律的公式稍做变形：

$$-kv = m\frac{\mathrm{d}v}{\mathrm{d}t} = m\frac{\mathrm{d}v}{\mathrm{d}x}\frac{\mathrm{d}x}{\mathrm{d}t} = mv\frac{\mathrm{d}v}{\mathrm{d}x}$$

所以

$$\mathrm{d}x = -\frac{m}{k}\mathrm{d}v$$

两边积分，有

$$\int_0^{x_{\max}} \mathrm{d}x = -\int_{v_0}^{0} \frac{m}{k}\mathrm{d}v$$

得

$$x_{\max} = \frac{mv_0}{k}$$

总结：以上两道例题物理情景都比较简单，都是直接应用牛顿定律解题。但是与中学不同，这里的力是变量，力可能是时间的函数，也可能是位置的函数，还可能是速度的函数，但是无论是如何变化，我们都可以用微积分或微分性质得到想要的结果，总结如下：

1) $F(t) = ma(t) = m\frac{\mathrm{d}v}{\mathrm{d}t} \Rightarrow \int_0^t F(t)\mathrm{d}t = \int_{v_0}^{v} m\mathrm{d}v \Rightarrow v(t)$

2）$F(x) = ma(x) = m\frac{\mathrm{d}v}{\mathrm{d}t} = m\frac{\mathrm{d}v}{\mathrm{d}x}\cdot\frac{\mathrm{d}x}{\mathrm{d}t} = mv\frac{\mathrm{d}v}{\mathrm{d}x} \Rightarrow \int_{x_0}^{x} F(x)\mathrm{d}x = \int_{v_0}^{v} mv\mathrm{d}v \Rightarrow v(x)$

3）$F(v) = ma(v) = m\frac{\mathrm{d}v}{\mathrm{d}t} \Rightarrow \int_0^t \mathrm{d}t = \int_{v_0}^{v} m\frac{\mathrm{d}v}{F(v)} \Rightarrow v(t)$

$$\Rightarrow F(v) = m\frac{\mathrm{d}v}{\mathrm{d}x}\cdot\frac{\mathrm{d}x}{\mathrm{d}t} = mv\frac{\mathrm{d}v}{\mathrm{d}x} \Rightarrow \int_0^x \mathrm{d}x = \int_{v_0}^{v} mv\frac{\mathrm{d}v}{F(v)} \Rightarrow v(x)$$

例 2.5　有一密度为 ρ 的细棒，长度为 l，其上端用细线悬着，下端紧贴着密度为 ρ' 的液体表面，如图 2-14a 所示。现悬线剪断，求细棒在恰好全部没入水中时的沉降速度。（设液体没有黏性）

解：选择细棒为研究对象，以其下落过程为研究过程。由于棒的运动是竖直向下的，所以建立如图 2-14 所示的一维坐标系，以液体表面为坐标原点，竖直向下的方向为 x 轴正方向，某一时刻，细棒下降的深度为 x。对下落过程中的棒进行受力分析，棒受重力和液体对它的浮力作用，受力分析如图 2-14b 所示。当棒的最下端距水面距离为 x 时，浮力大小为

$$f = \rho' sxg$$

式中，s 为细棒横截面面积。则棒所受合外力为

$$F = mg - \rho' sxg$$

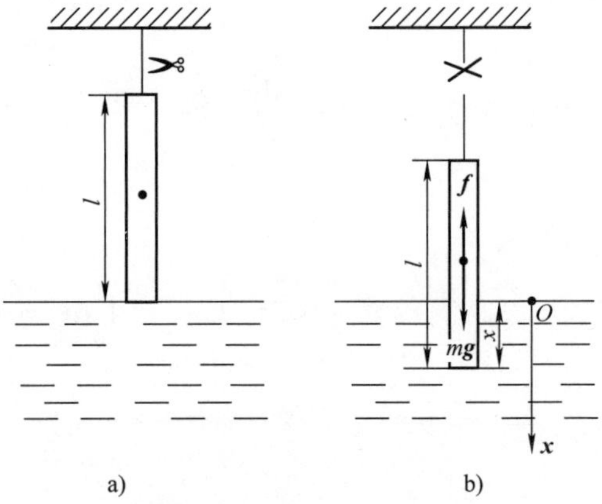

图 2-14　例题 2.5 用图

则由牛顿第二定律：

$$m\frac{\mathrm{d}v}{\mathrm{d}t} = mg - \rho' sxg$$

其中，棒的质量 m 可以写成：$m = \rho sl$，将其代入上式得

$$\rho sl\frac{\mathrm{d}v}{\mathrm{d}t} = gs(\rho l - \rho' x)$$

约去面积 s 得

$$\rho l\frac{\mathrm{d}v}{\mathrm{d}t} = g(\rho l - \rho' x)$$

此题求 v 与 x 的关系，所以利用微分性质，将上式变为

$$\rho l\frac{\mathrm{d}v}{\mathrm{d}x}v = g(\rho l - \rho' x)$$

所以

$$\rho lv\mathrm{d}v = g(\rho l - \rho' x)\mathrm{d}x$$

两边积分，有

$$\int_0^v \rho lv\mathrm{d}v = \int_0^l g(\rho l - \rho' x)\mathrm{d}x$$

解得

$$v = \sqrt{\frac{2\rho gl - \rho' gl}{\rho}}$$

例 2.6　如图 2-15 所示，劲度系数为 k 的弹簧下端挂一质量为 m 的小球，小球静止时，弹簧伸长 l_0，将小球向上移动一段距离 A，从松手时开始计时，求此后小球的位置和速度随时间的变化关系式。

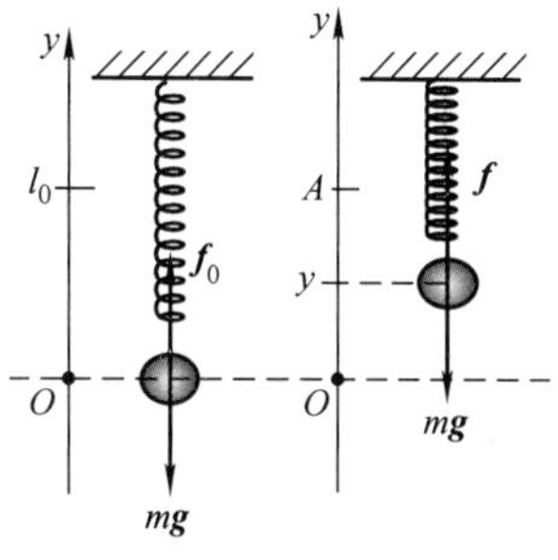

图 2-15　例题 2.6 用图

解：取小球静止时的位置为坐标原点 O，并取向上的方向为 y 轴的正方向，如图 2-15a 所示。对小球受力分析，由平衡条件可得

$$kl_0 = mg$$

设某一时刻 t，小球位于 y 处（见图 2-15b），对小球受力分析，由牛顿第二定律得

$$k(l_0 - y) - mg = m\frac{\mathrm{d}v}{\mathrm{d}t}$$

两式整理可得

$$m\frac{\mathrm{d}v}{\mathrm{d}t} = -ky$$

即

$$m\frac{\mathrm{d}^2y}{\mathrm{d}t^2} = -ky$$

此式是牛顿第二定律给出的小球的运动微分方程。解此方程即可得小球的运动函数 $y = y(t)$。此方程的解法会在高等数学中介绍，在此我们只给出此方程的解为

$$y = C\cos\left(\sqrt{\frac{k}{m}}t + \varphi\right)$$

求导可得速度函数为

$$v = \frac{\mathrm{d}y}{\mathrm{d}t} = -\sqrt{\frac{k}{m}}C\sin\left(\sqrt{\frac{k}{m}}t + \varphi\right)$$

式中，C、φ 为待定常量，需要用小球的初始条件（即 $t=0$ 时的位置 $y_0 = A$ 和速度 $v_0 = 0$）来确定。将初始条件代入上面的运动函数和速度函数，可得

$$y_0 = C\cos\varphi = A,\ v_0 = -\sqrt{\frac{k}{m}}C\sin\varphi = 0$$

从而得

$$C = A,\ \varphi = 0$$

将 C、φ 的值代入运动函数和速度函数，即得小球的位置和速度随时间的变化关系式为

$$y = A\cos\sqrt{\frac{k}{m}}t,\ v = -\sqrt{\frac{k}{m}}A\sin\sqrt{\frac{k}{m}}t$$

结果表明小球的运动为简谐振动。

例 2.7　如图 2-16a 所示，一漏斗绕铅直轴做匀角速转动，其内壁有一质量为 m 的木块，木块到转轴的垂直距离为 r，m 与内壁的静摩擦系数为 μ，漏斗壁与水平方向成 θ 角，若要木块在漏斗壁上不动，求：

（1）漏斗的最小角速度；

（2）漏斗的最大角速度。

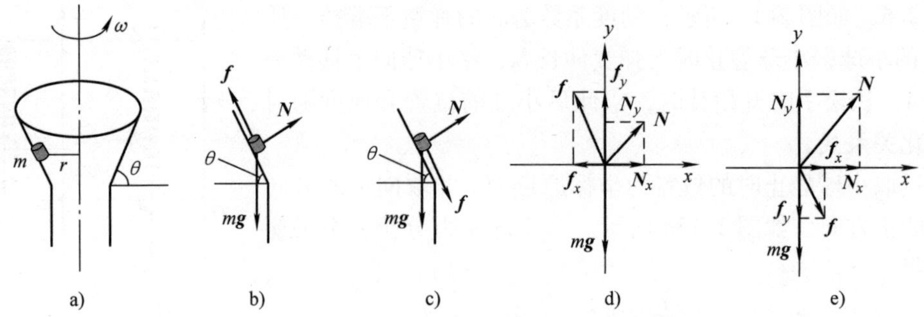

图2-16　例题2.7用图（1）

解法一：选小木块为研究对象，以地面为参考系，木块做圆周运动。受力分析，除重力支持力外，木块还受摩擦力的作用，保证木块不动，木块受静摩擦力的作用，而静摩擦力的方向取决于运动趋势方向：若转速 ω 很小，小木块就滑下去了；若转速 ω 很大，小木块就飞出去了。所以 ω 比较小时有下滑趋势，ω 较大时有上滑趋势。因此求最小角速度时，木块有向下运动趋势，摩擦力向上，大小为最大静摩擦力。求最大角速度时，木块有向上运动趋势，摩擦力方向向下，大小亦为最大静摩擦力。

（1）求最小角速度时，摩擦力 f 的方向沿内壁向上，受力分析如图2-16b所示，建立如图2-16d所示的二维坐标系，x 方向为水平并指向木块运动的圆心方向，y 为竖直方向。根据牛顿第二定律有

x 方向：
$$N\sin\theta - f\cos\theta = mr\omega_1^2$$
y 方向：
$$N\cos\theta + f\sin\theta - mg = 0$$
$$f_{\max} = \mu N$$

解得

$$\omega_1 = \sqrt{\frac{g(\sin\theta - \mu\cos\theta)}{r(\cos\theta + \mu\sin\theta)}}$$

（2）求最大角速度时，摩擦力 f 的方向沿内壁向下，受力分析图如图2-16c所示，仍建立上面的二维坐标系，如图2-16e所示，根据牛顿第二定律有

x 方向：
$$N\sin\theta + f\cos\theta = mr\omega_2^2$$
y 方向：
$$N\cos\theta - f\sin\theta - mg = 0$$
$$f_{\max} = \mu N$$

解得

$$\omega_2 = \sqrt{\frac{g(\sin\theta + \mu\cos\theta)}{r(\cos\theta - \mu\sin\theta)}}$$

当漏斗的转动角速度较小时，m 因重力作用有下滑趋势；当漏斗的转动角速度较大时，m 有上滑趋势，很可能滑出漏斗，所以要使小木块相对静止在漏斗里，漏斗的旋转角速 ω 的范围为：$\omega_1 < \omega < \omega_2$。

解法二：此题我们还可以选漏斗为参考系，但是它是非惯性系（转动非惯性系），所以此时需要注意的是受力分析时木块除受到以上真实作用力外，还受到一个惯性离心力，大小为 $mr\omega^2$，方向与 x 轴反向（见图2-17）。我们以 m 有上滑趋势时的情形为例求解。由牛顿第二定律有

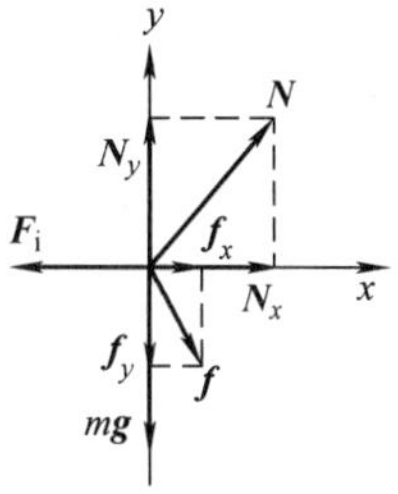

图 2-17　例题 2.7 用图（2）

x 方向：　$N\sin\theta - mr\omega_2^2 + f\cos\theta = 0$

y 方向：　$N\cos\theta - f\sin\theta - mg = 0$

$$f_{\max} = \mu N$$

解方程得到和解法一相同的结果 ω_2。

例 2.8　求圆柱形容器内以 ω 做匀速旋转的液体的自由表面形状。

解：液体表面变形的液体是可看成很多水液滴（质点）组成的质点系，以水面上一质量为 m 的小液滴（质点）为研究对象，此质点 m 做匀速圆周运动。对其进行受力分析，仅受重力作用 $m\boldsymbol{g}$ 和液滴下面的水对它的支持力作用 $\boldsymbol{N}$（见图 2-18a）。由于质点做圆周运动，所以此二力的合力方向必和质点的加速度（向心加速度）方向相同，即指向圆心处，充当质点圆周运动的向心加速度（见图 2-18b）。建立如图所示的二维坐标系，则根据牛顿第二定律列方程：

$$\boldsymbol{F}_{\mathrm{n}} = \boldsymbol{N} + m\boldsymbol{g} = -m\omega^2 x\boldsymbol{i}$$

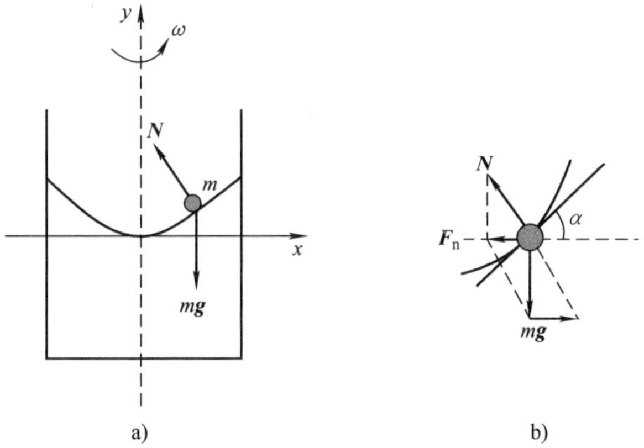

图 2-18　例题 2.8 用图

设液面的切线方向与水平方向的夹角为 α，则根据平行四边形法则：$F_{\mathrm{n}} = mg\tan\alpha$，而此正切值正是液体表面曲线在此处的斜率，即：$\tan\alpha = \dfrac{\mathrm{d}y}{\mathrm{d}x}$，则

$$F_{\mathrm{n}} = m\omega^2 x = mg\frac{\mathrm{d}y}{\mathrm{d}x}$$

则

$$\omega^2 x\mathrm{d}x = g\mathrm{d}y$$

两边积分

$$\int \omega^2 x\mathrm{d}x = \int g\mathrm{d}y$$

解得

$$y = \frac{x^2}{2g}\omega^2 + c$$

将水面最低点作为坐标系的坐标原点，即：$x=0$ 时，$y=0$，则推出 $c=0$。所以，有

$$y = \frac{x^2}{2g}\omega^2$$

所以，旋转液体的表面形状为旋转抛物面。

例 2.9 如图 2-19a 所示，小球质量 m，系在线的一端，线的另一端固定在墙上，线长为 l，先保持水平静止，然后使小球下落。求线摆下 θ 角时小球的速率和线的张力。

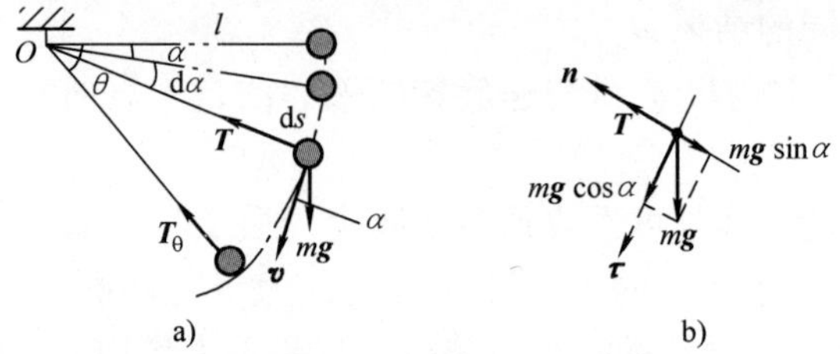

图 2-19 例题 2.9 用图

解：选小球为研究对象，以地面为参考系，小球做圆周运动。受力分析如图 2-19a 所示，小球只受重力和绳子对小球的拉力 $\boldsymbol{T}$ 作用。小球做圆周运动，建立自然坐标系。将重力分解在切向和法向方向（见图 2-19b），所以可以分别沿切向和法向列牛顿方程。设任意时刻，小球下摆到角度 α，列牛顿第二定律切线方向分量式：

$$mg\cos\alpha = ma_{\mathrm{t}} = m\frac{\mathrm{d}v}{\mathrm{d}t}$$

此题要求 v 与 θ 角的关系，而我们知道圆周运动角位移 $\mathrm{d}\alpha$ 和线量 $\mathrm{d}s$ 有这样的关系：$\mathrm{d}s = l\mathrm{d}\alpha$，所以可将上式两侧同乘 $\mathrm{d}s$，得

$$mg\cos\alpha\mathrm{d}s = m\frac{\mathrm{d}v}{\mathrm{d}t}\mathrm{d}s = m\frac{\mathrm{d}s}{\mathrm{d}t}\mathrm{d}v$$

而 $v = \dfrac{\mathrm{d}s}{\mathrm{d}t}$，所以有

$$gl\cos\alpha\mathrm{d}\alpha = v\mathrm{d}v$$

两边积分，有

$$\int_0^{\theta} gl\cos\alpha\mathrm{d}\alpha = \int_0^{v_\theta} v\mathrm{d}v$$

解得

$$v_\theta = \sqrt{2gl\sin\theta}$$

在小球下摆到 θ 角时，列牛顿定律的法向分量式：

$$T_\theta - mg\sin\theta = ma_{\mathrm{n}} = m\frac{{v_\theta}^2}{l}$$

解得

$$T_\theta = 3mg\sin\theta$$

此即绳子的张力。

例 2.10 如图 2-20a 所示，质量为 m，长为 l 的均质绳索，一端固定在 O 点，另一端有一质量为 M 的小球在光滑水平面上以角速度 ω 绕固定端均匀旋转。求绳中各点的张力。

解：选择绳子上任意一段质量微元为研究对象，它左右两端到圆心的距离分别为 r 和 $r + \mathrm{d}r$。其质量为 $\mathrm{d}m$，由于绳子是均质绳，所以 $\mathrm{d}m = \dfrac{m}{l}\mathrm{d}r$，对此质元进行受力分析，它受

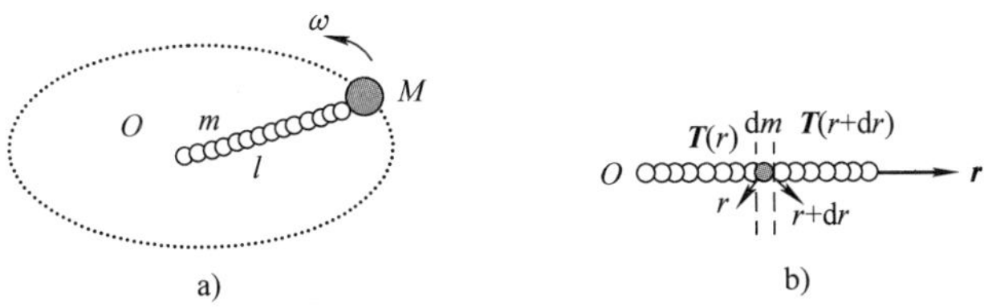

图 2-20　例题 2.10 用图

与它相邻两边质元对其的张力作用 $\boldsymbol{T}(r)$ 和 $\boldsymbol{T}(r+\mathrm{d}r)$，二者方向相反，但大小是不等的，合力方向是沿绳子方向的，以固定点为圆心，沿径向方向建立一维坐标系，由于绳上各个质元都做相同角加速度的圆周运动。所以可沿径向方向列牛顿第二定律方程：

$$T(r+\mathrm{d}r)-T(r)=a_{\mathrm{n}}\mathrm{d}m=-\omega^2 r\mathrm{d}m$$

这里向心加速度的方向是和径向方向（即所选坐标系的正方向）相反，所以这里向心加速度 a_{n} 为负值，即：$a_{\mathrm{n}}=-\omega^2 r$。而 $T(r+\mathrm{d}r)-T(r)=\mathrm{d}T$，所以上式即为

$$\mathrm{d}T=-\frac{m}{l}\omega^2 r\mathrm{d}r$$

两边积分，有

$$\int_{T(r)}^{T(l)}\mathrm{d}T=-\frac{m}{l}\omega^2\int_r^l r\mathrm{d}r$$

这里 $T(l)$ 是绳端处的张力，即小球对它的拉力，根据牛顿第三定律，它的大小等于小球所受的绳的拉力，所以可以通过小球的运动来求此力。对小球列牛顿第二定律方程：

$$T(l)=M\omega^2 l$$

上面两式联立解得

$$T=\frac{m\omega^2}{2l}(l^2-r^2)+M\omega^2 l$$

由此可见，对于有质量的绳子，其各处的张力是不一样的。

例 2.11　如图 2-21 所示，光滑地面上有一斜面，斜面也是光滑的，一滑块从斜面上静止滑下，斜面倾角为 θ，斜面和滑块的质量分别为 M、m，求 m 下滑时对 M 和对地面的加速度。

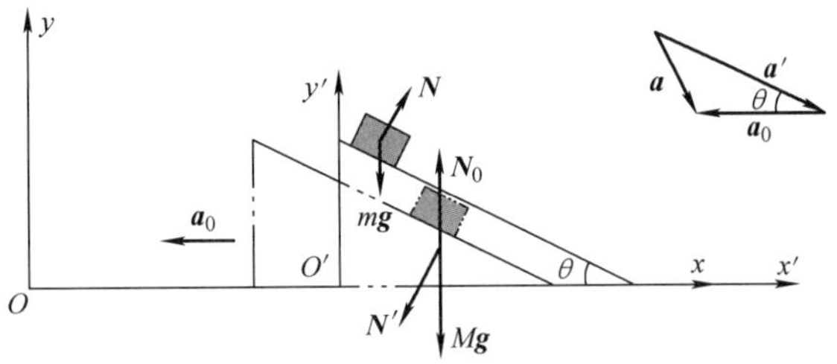

图 2-21　例题 2.11 用图

解法一：小滑块从斜面上滑下，斜面在其压力之下也在地面上滑动，滑块对地面和斜面的加速度是不同的。设滑块相对于地面参考系（静系）的加速度为 $\boldsymbol{a}$，相对于斜面（动系）的加速度为 $\boldsymbol{a}'$，而斜面相对于地面的加速度为 $\boldsymbol{a}_0$，则由伽利略加速度变换可得

$$\boldsymbol{a}=\boldsymbol{a}'+\boldsymbol{a}_0$$

这里 $\boldsymbol{a}'$ 相对于地面的夹角为 θ，图 2-21 右上图为加速度矢量合成图。以地面为参考系，建立如图 2-21 所示的二维坐标系，则上式的分量式为

$$a_x = a'_x - a_0 = a'\cos\theta - a_0 \tag{2-27}$$

$$a_y = a'_y = -a'\sin\theta \tag{2-28}$$

对 m 受力分析，并将各力沿 x、y 方向分解后应用牛顿第二定律得

$$N\sin\theta = ma_x \tag{2-29}$$

$$N\cos\theta - mg = ma_y \tag{2-30}$$

对 M 受力分析，由于斜面只在水平面上 x 方向上运动，所以只列 x 方向牛顿定律方程：

$$N'\sin\theta = Ma_0 \tag{2-31}$$

而

$$N' = N \tag{2-32}$$

将式（2-27）~式(2-32）联立，解得

$$a' = \frac{(M+m)\sin\theta}{M+m\sin^2\theta}g,\quad a_0 = \frac{m\sin\theta\cos\theta}{M+m\sin^2\theta}g$$

$$a_x = \frac{M\sin\theta\cos\theta}{M+m\sin^2\theta}g,\quad a_y = -\frac{(M+m)\sin^2\theta}{M+m\sin^2\theta}g$$

则

$$a = \sqrt{a_x^2 + a_y^2} = \frac{\sqrt{(M\sin\theta\cos\theta)^2 + (M+m)^2\sin^4\theta}}{M+m\sin^2\theta}g$$

它与水平方向夹角 β 的正切值为

$$\tan\beta = \left|\frac{a_y}{a_x}\right| = \frac{(M+m)\sin\theta}{M\cos\theta}$$

解法二：此题我们还可以以斜面为参考系，即在 S' 中应用牛顿定律解题，这时小滑块就是做的沿斜面的匀加速运动，而斜面是视作静止的，但是我们做受力分析的时候都要加上一个惯性力 $\boldsymbol{F}_{\mathrm{i}} = -m\boldsymbol{a}_0$（见图 2-22）。

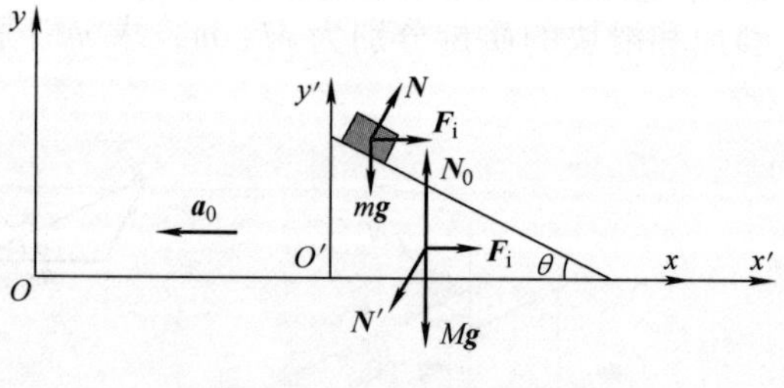

图 2-22　例题 2.11 用图

对 m，列两坐标轴上的牛顿定律方程：

$$N\sin\theta + ma_0 = ma'\cos\theta$$

$$N\cos\theta - mg = -ma'\sin\theta$$

对 M，其在 S' 中是静止的，所以水平方向上有

$$N\sin\theta - Ma_0 = 0$$

三个方程联立得到 a' 和 a_0 的结果与前面解法一的结果是一样的。

小　结

1. 牛顿运动定律

牛顿第一定律：任何物体都将保持其静止或匀速直线运动状态，直到外力迫使它改变状态为止。

数学表达式：$\boldsymbol{F}=0$，$\boldsymbol{v}=$恒矢量

牛顿第二定律：运动的变化与所加的动力成正比，并且发生在这力所沿的直线的方向上。

数学表达式：$\boldsymbol{F}=\dfrac{\mathrm{d}\boldsymbol{p}}{\mathrm{d}t}=\dfrac{\mathrm{d}(m\boldsymbol{v})}{\mathrm{d}t}$

牛顿第三定律：对于每一个作用，总有一个相等的反作用与之相反，或者说两个物体对各自对方的相互作用总是等大反向的。

数学表达式：$\boldsymbol{F}_{12}=-\boldsymbol{F}_{21}$

2. 力学中几种常见的力

万有引力定律：$\boldsymbol{F}_{21}=-G\dfrac{m_1m_2}{r^2}\boldsymbol{e}_r$

地球表面物体重力：$G\dfrac{Mm}{R^2}=mg$

胡克定律：$\boldsymbol{F}=-kx\boldsymbol{i}$

摩擦力：滑动摩擦力 $f_\mathrm{k}=\mu_\mathrm{k}N$；最大静摩擦力：$f_\mathrm{s}=\mu_\mathrm{s}N$

3. 惯性力

平动非惯性系中的惯性力：$\boldsymbol{F}_\mathrm{i}=-m\boldsymbol{a}_0$

转动非惯性系中的惯性离心力：$\boldsymbol{F}_\mathrm{i}=m\omega^2\boldsymbol{r}$

思 考 题

2.1　有人认为牛顿第一定律是牛顿第二定律的特例，即合力为零的情形，那么为何还要单独的牛顿第一定律呢？

2.2　有人说“质量是物质的量”，也有人说“质量是物质多少的量度”，这样理解是否妥当？

2.3　在“马拉车、车拉马”的问题中，马拉车的作用力等于车拉马的反作用力，大小相等方向相反，为何车能前进？

2.4　将地球赤道处一吨的货物运至两极称量时，有人发现货物变重了，有人却并没有发现货物变重，如何解释这个矛盾的现象。

2.5　在密闭的箱子里面有一只鸟，箱子放在天平的盘上，开始时鸟静止伏在箱底，天平的另一盘上放砝码，使两边平衡，如果鸟在箱内起飞或飞翔，则天平如何变化？

2.6　如图 2-23 所示，质量均为 m 的两木块 A、B 分别固定在弹簧的两端，竖直地放在水平支持面 C 上。若突然撤去支持面 C，问在撤去支持面瞬间，木块 A 和 B 的加速度为多大？

有人这样回答这个问题，他说如取 A、B 两木块和弹簧为系统，因弹力是内力，撤去支持面后，A、B 木块仅受重力作用，根据牛顿第二定律，它们一定做自由落体运动。所以木块 A、B 的加速度均为 g。试分析他的回答错在哪里？并指出正确的做法。

2.7　判断下列说法是否正确？说明理由。

(1) 质点做圆周运动时受到的作用力中，指向圆心的力便是向心力，不指向圆心的力不是向心力；

（2）质点做圆周运动时，所受的合外力一定指向圆心。

2.8　用一外力 $\boldsymbol{F}$ 水平压在质量为 m 的物体上（见图 2-24），由于物与墙之间有静摩擦力，此时保持静止，其静摩擦力为 $\boldsymbol{f}$；若外力增加一倍为 $2\boldsymbol{F}$，则此时静摩擦力是否也增加一倍为 $2\boldsymbol{f}$？

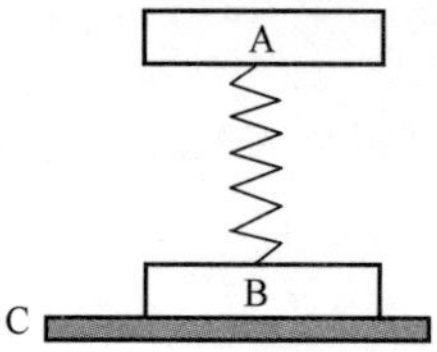

图 2-23　思考题 2.6 用图

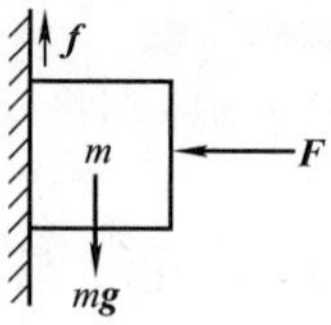

图 2-24　思考题 2.8 用图

2.9　绳子通过两个定滑轮，在绳的两端分别挂着两个完全相同的物体，开始时，它们处在同一高度，如图 2-25 所示. 然后给右边的物体一速度，使它在平衡位置附近来回摆动，试问左边的物体能否保持静止？如果不能保持静止，它将如何运动？

2.10　如图 2-26 所示，一质量为 M 的光滑平板上固定一质量为 m 的单摆，固定点在 O 点，此平板放在两光滑轨道上，用两支撑物支撑着，设 $M \gg m$，当去掉支撑物后，请分析 m 的运动。

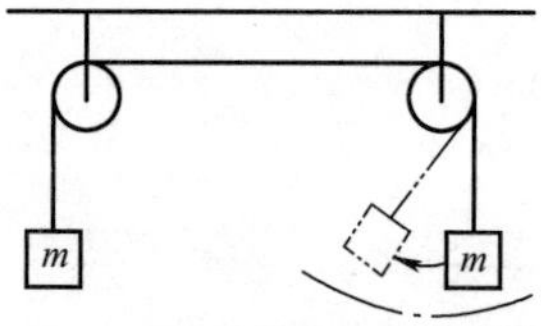

图 2-25　思考题 2.9 用图

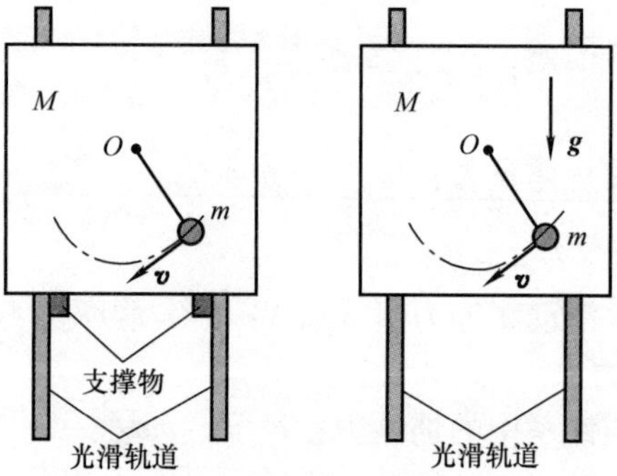

图 2-26　思考题 2.10 用图

2.11　第二次世界大战中，美军 Tinosa 号潜艇携带了 16 枚鱼雷攻击敌主力舰。在 4000 码处侧面攻击，发射了 4 枚鱼雷，使敌舰停航了。但在 875 码处正面攻击，发射了 11 枚鱼雷，却均未爆炸，只好剩一枚回去研究。这是为什么呢？（提示：鱼雷结构见图 2-27，鱼雷的雷管固定在一导板前，雷管前的撞针滑块撞击到雷管上才会引爆雷管。）

2.12　一段路面水平的公路，转弯处轨道半径为 R，汽车轮胎与路面间的摩擦系数为 μ，要使汽车不至于发生侧向打滑，汽车在该处的行驶速率有什么要求？

2.13　如图 2-28 所示，一个绳子悬挂着的物体在水平面内做匀速圆周运动（称为圆锥摆），有人在重力的方向上求合力，写出 $T\cos\theta - G = 0$。另有人沿绳子拉力 T 的方向求合力，写出 $T - G\cos\theta = 0$。显然两者不能同时成立，指出哪一个式子是错误的，为什么？

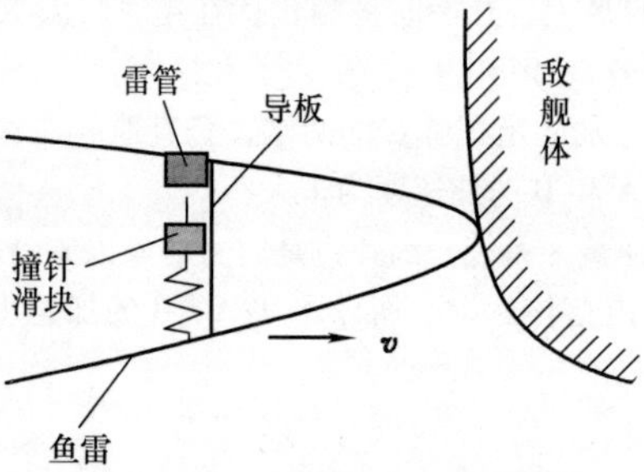

图 2-27　思考题 2.11 用图

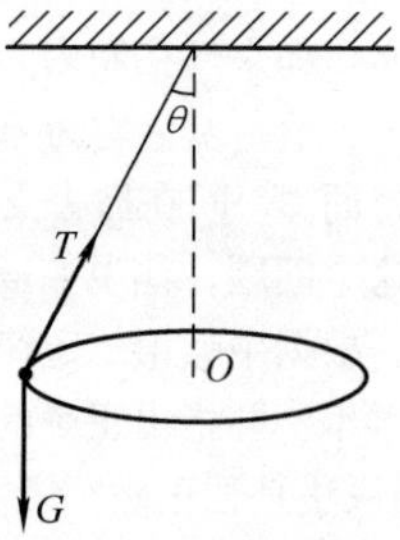

图 2-28　思考题 2.13 用图

习　题

2.1　有一物体放在地面上，重量为 P，它与地面间的摩擦系数为 μ。今用力使物体在地面上匀速前进，问此力 $\boldsymbol{F}$ 与水平面夹角 θ 为多大时最省力？

2.2　从实验知道，当物体速度较小时，可以认为空气的阻力正比于物体的瞬时速率，设其比例系数为 k，将质量为 m 的物体以竖直向上的初速度 v_0 抛出，试求：

（1）物体运动时，速度随时间变化的函数关系；

（2）物体从抛出起到最大高度的时间；

（3）物体能达到的最大高度。

2.3　已知一质量为 m 的质点在 x 轴上运动，质点只受到指向原点的引力的作用，引力大小与质点离原点的距离 x 的二次方成反比，即 $f=-\dfrac{k}{x^2}$，k 是比例常数。设质点在 $x=A$ 时的速度为零，求 $x=\dfrac{A}{4}$ 处的速度的大小。

2.4　质量为 m 的雨滴下降时，因受空气阻力，在落地前已是匀速运动，其速率为 $v = 5.0\text{m/s}$。设空气阻力大小与雨滴速率的二次方成正比，问：当雨滴下降速率为 $v = 4.0\text{m/s}$ 时，其加速度 a 多大？

2.5　如图 2-29 所示，猴子的质量 $m=10\text{kg}$，箱子的质量 $M=15\text{kg}$，求：

（1）如果猴子想将箱子拉起来，相对地面它向上爬的加速度至少为多大？

（2）提起箱子后，猴子拽住绳子不动时，箱子的加速度；

（3）绳子的张力 $\boldsymbol{T}$。

2.6　有两个弹簧，质量忽略不计，原长都是 10cm，第一个弹簧上端固定，下挂一个质量为 m 的物体后，长 11cm，而第二个弹簧上端固定，下挂一质量为 m 的物体后，长 13cm，现将两弹簧串联，上端固定，下面仍挂一质量为 m 的物体，则两弹簧的总长为多少？

2.7　一小珠可以在半径为 R 的竖直圆环上做无摩擦滑动。今使圆环以角速度 ω 绕圆环竖直直径转动。要使小珠不落在环的底部而停在环上某一点，则 ω 最小应大于多少才可以？

2.8　如图 2-30 所示，设电梯以加速度 a_0 向上运动，电梯中有一轻滑轮，质量为 m_1，m_2 的重物跨接在滑轮两边。求：

1）m_1、m_2 相对地面的加速度；

2）绳子的张力 $\boldsymbol{T}$。（绳子及滑轮的质量不计且与滑轮间无相对运动）

图 2-29　习题 2.5 用图

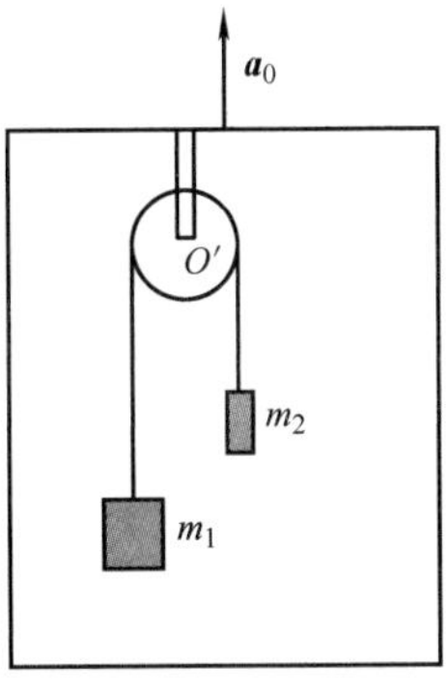

图 2-30　习题 2.8 用图

2.9　一圆锥摆摆长为 l、摆锤质量为 m，在水平面上做匀速圆周运动，摆线与铅直线夹角 θ，求：

（1）摆线的张力 T；

（2）摆锤的速率 v。

2.10　如图 2-31 所示，一质量分布均匀的绳子，质量为 M，长度为 L，一端拴在转轴上，并以恒定角速度 ω 在水平面内旋转。设转动过程中绳子始终伸直不打弯，且忽略重力，求距转轴为 r 处绳中的张力 $T(r)$。

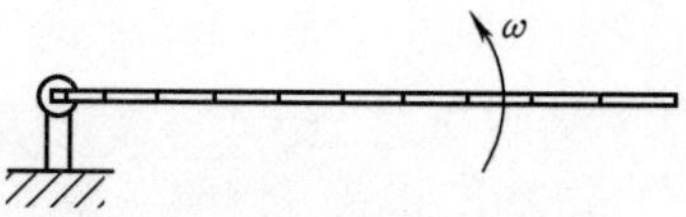

图 2-31　习题 2.10 用图

2.11　如图 2-32 所示，一光滑斜面上有一小车，小车上的直角架上悬有一小球随小车一起运动，已知斜面的倾角为 α，求小球偏离竖直方向的角度 θ。

2.12　如图 2-33 所示，设一高速运动的带电粒子沿竖直方向以 $\boldsymbol{v}_0$ 向上运动，从时刻 $t=0$ 开始粒子受到 $F=F_0t$ 水平力的作用，F_0 为常量，粒子质量为 m。求粒子的运动轨迹。

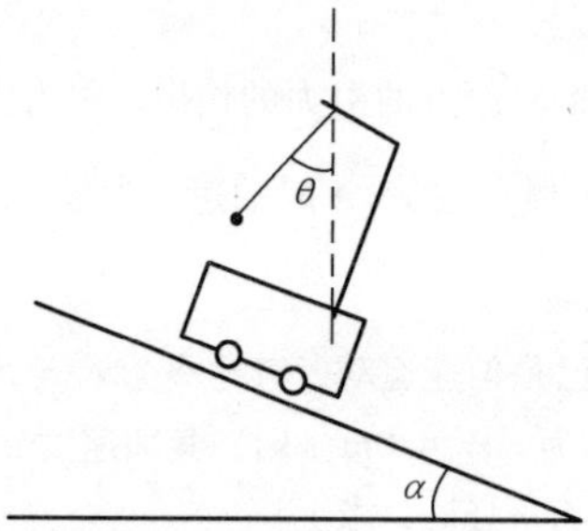

图 2-32　习题 2.11 用图

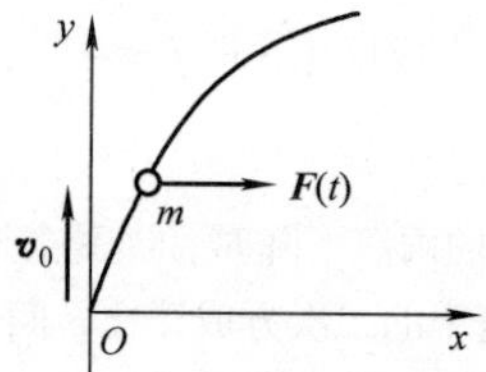

图 2-33　习题 2.12 用图

2.13　一个质量为 P 的质点，在光滑的固定斜面（倾角为 α）上以初速度 v_0 运动，v_0 的方向与斜面底边的水平线 AB 平行，如图 2-34 所示，求这质点的运动轨道。

2.14　如图 2-35 所示，一柔软绳长为 l，线密度为 λ，一端着地开始自由下落，求下落到任意长度 y 时刻，给地面的压力为多少？

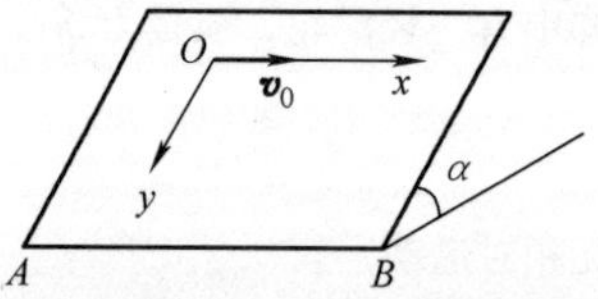

图 2-34　习题 2.13 用图

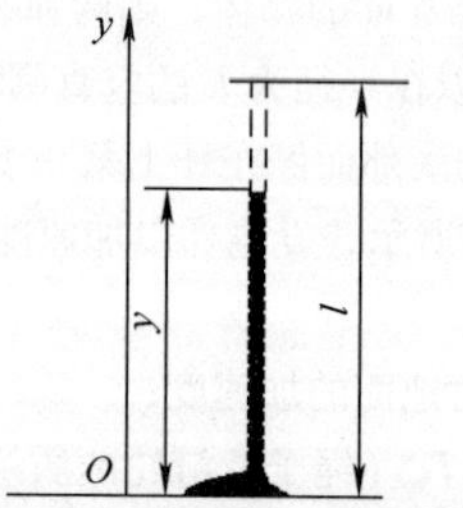

图 2-35　习题 2.14 用图

2.15　如图 2-36 所示，装沙子后总质量为 M 的车由静止开始运动，运动过程中合外力始终为 $\boldsymbol{f}$，每秒漏沙量为 ρ。求车运动的速度。

2.16　一光滑斜面固定在升降机的底板上，如图 2-37 所示，当升降机以匀加速度 $\boldsymbol{a}_0$ 上升时，质量为 m 的物体从斜面顶端开始下滑。求物体对斜面的压力和物体相对斜面和地面的加速度。

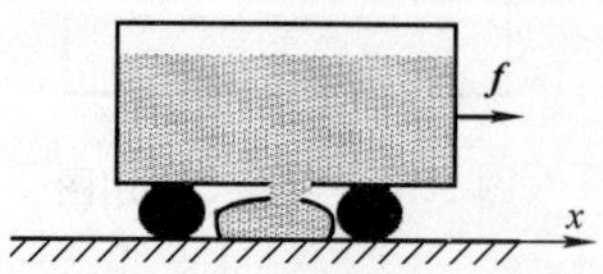

图 2-36　习题 2.15 用图

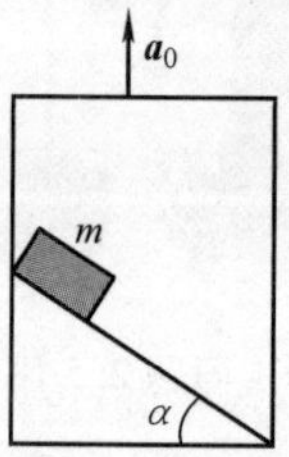

图 2-37　习题 2.16 用图

2.17　如图 2-38 所示，水平面上有一质量为 51kg 的小车 D，其上有一定滑轮 C，通过绳在滑轮两侧分别连有质量为 $m_1=5\mathrm{kg}$ 和 $m_2=4\mathrm{kg}$ 的物体 A 和 B。其中物体 A 在小车的水平上表面上，物体 B 被绳悬挂，系统处于静止瞬间，如图所示。各接触面和滑轮轴均光滑，求以多大力作用在小车上，才能使物体 A 与小车 D 之间无相对滑动。（滑轮和绳的质量均不计，绳与滑轮间无滑动）

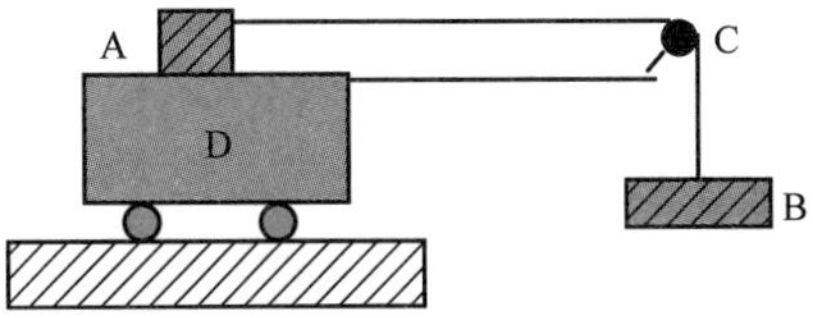

图 2-38　习题 2.17 用图

2.18　光滑的水平桌面上放置一个固定的圆环带，半径 R。一物体贴着环带内侧运动（见图 2-39），物体与环带间的滑动摩擦系数为 μ_k。设物体在某一时刻经 A 点时速度为 $\boldsymbol{v}_0$，求此后 t 时刻物体的速率以及从 A 点开始经过的路程。

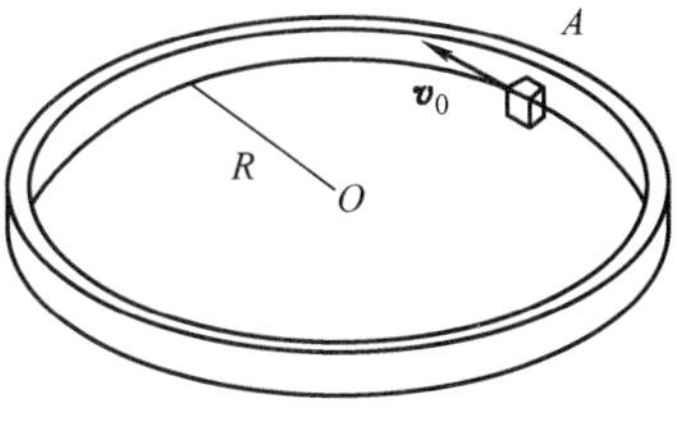

图 2-39　习题 2.18 用图

2.19　如图 2-40 所示，质量 $m=1200\mathrm{kg}$ 的汽车，在一弯道上行使，速率 $v=25\mathrm{m/s}$。弯道的水平半径 $R=400\mathrm{m}$，路面外高内低，倾角 $\theta=6°$。

（1）求作用在汽车上的水平法向力与摩擦力；

（2）如果汽车轮与轨道间的静摩擦系数 $\mu_k=0.9$，要保证汽车无侧向滑动，汽车在此弯道上行驶的最大允许速率应该是多大？

2.20　如图 2-41 所示，长为 l 的轻绳一端系着质量为 m 的小球，另一端系于定点 O，小球在铅直平面内做圆周运动。开始时小球处于最低位置，速度为 $\boldsymbol{v}_0$，试求小球在任意位置的速率及绳的张力。

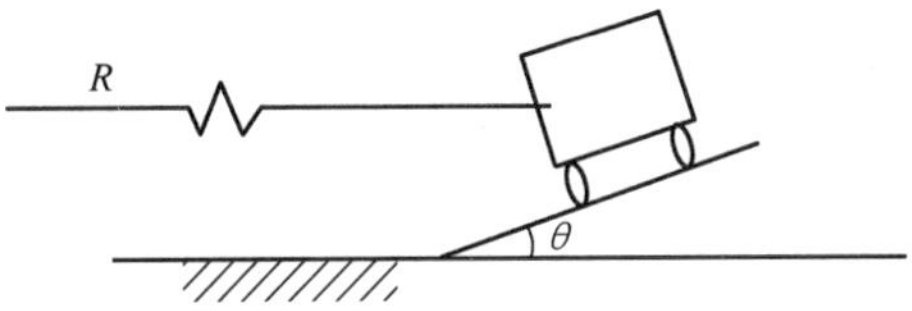

图 2-40　习题 2.19 用图

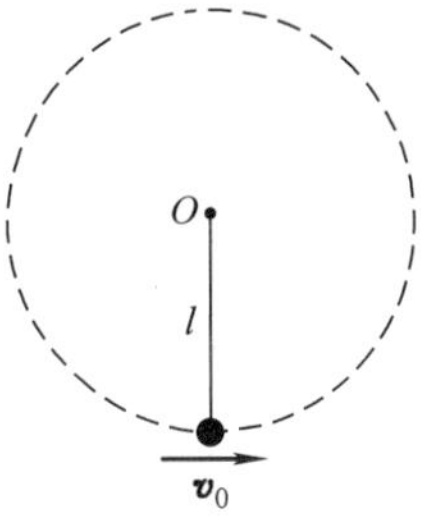

图 2-41　习题 2.20 用图

习题答案

2.1　当 $\theta=\arctan\mu$ 时，最省力。

2.2　（1）$v=\left(\frac{mg}{k}+v_0\right)e^{-\frac{k}{m}t}-\frac{mg}{k}$；

（2）$t_H=\frac{m}{k}\ln\left(1+\frac{kv_0}{mg}\right)$；

（3）$H_{\max}=\frac{mv_0}{k}-\frac{m^2g}{k^2}\ln\left(1+\frac{kv_0}{mg}\right)$

2.3　$v=\sqrt{\frac{6k}{mA}}$

2.4　$a=3.53\mathrm{m/s^2}$

2.5　（1）$4.9\mathrm{m/s^2}$；（2）$-2.0\mathrm{m/s^2}$；（3）120N

2.6　24cm

2.7　$\sqrt{g/R}$

2.8　$a_1=\dfrac{(m_2-m_1)g+2m_2a_0}{m_1+m_2}$；$a_2=\dfrac{2m_1a_0-(m_2-m_1)g}{m_1+m_2}$；$T_1=T_2=\dfrac{2m_1m_2(a_0+g)}{m_1+m_2}$

2.9　（1）$mg/\cos\theta$；（2）$\sin\theta\sqrt{\dfrac{gl}{\cos\theta}}$

2.10　$T(r)=\dfrac{M\omega^2(L^2-r^2)}{2L}$

2.11　$\alpha=\theta$

2.12　$x=\dfrac{F_0}{6mv_0^3}y^3$

2.13　$y=\dfrac{1}{2v_0^2}g\sin\alpha\cdot x^2$

2.14　$N=3\lambda g(l-y)$

2.15　$v=\dfrac{f}{\rho}\ln\dfrac{M}{M-\rho t}$

2.16　$N=m(g+a_0)\cos\alpha$；

$a_r=(g+a_0)\sin\alpha$；

$a_x=a'\cos\alpha=(g+a_0)\sin\alpha\cos\alpha, a_y=-a'\sin\alpha+a_0=a_0\cos^2\alpha-g\sin^2\alpha$

2.17　$F=\dfrac{(m_1+m_2+M)m_2g}{\sqrt{m_1^2-m_2^2}}=784\text{N}$

2.18　$v=\dfrac{v_0R}{R+v_0\mu_k t}$；$s=\int_0^t v\mathrm{d}t=v_0R\int_0^t\dfrac{\mathrm{d}t}{R+v_0\mu_k t}=\dfrac{R}{\mu_k}\ln\left(1+\dfrac{v_0\mu_k t}{R}\right)$

2.19　（1）635N，1.88×10^3N；（2）66.0m/s

2.20　$v=\sqrt{v_0^2+2gl(\cos\theta-1)}, T=m\left(\dfrac{v_0^2}{l}-2g+3g\cos\theta\right)$

第 3 章
动量与角动量

上一章我们讨论了牛顿定律，牛顿定律阐述了力与运动的关系，但是瞬时关系，如牛顿第二定律 $\boldsymbol{F}=m\boldsymbol{a}$ 说明，只要力作用在物体上，就立即产生瞬时加速度，或者说物体的动量立即发生变化。另一方面，我们是生活在时空之中的，力一般会持续一段时间，并且常会使物体发生一定的位移，也就是说，力总会有时间的积累和空间的积累。力对时间的积累会使物体的动量发生变化，力对空间的积累会使物体的能量发生变化，第 3 章和第 4 章我们将分别讨论力对时间、空间的积累及其与积累效果的关系。本章讨论力对时间的积累，先介绍冲量的概念，根据牛顿第二定律得到冲量和动量的定量关系——动量定理，接着把这一定理应用于质点系，得出一条重要的守恒定律——动量守恒定律。然后对质点系引入质心的概念，并说明外力和质心运动的关系。后面几节介绍和动量概念相联系的描述物体转动特征的重要物理量——角动量，在牛顿第二定律的基础上导出了决定角动量如何变化的定理——角动量定理，并进一步得出另一条重要的守恒定律——角动量守恒定律。最后讨论了质点系中的角动量定理。

3.1 动量

3.1.1 冲量

所谓冲量就是力对时间的积累，用符号 $\boldsymbol{I}$ 表示。

1. 恒力的冲量

若力是恒力，冲量就等于力矢量 $\boldsymbol{F}$ 与力作用的时间 Δt 的乘积。即

$$\boldsymbol{I}=\boldsymbol{F}\Delta t \tag{3-1}$$

2. 变力的冲量

若力 $\boldsymbol{F}$ 是变力，即是时间的函数，我们可以把时间分成许多段时间微元 $\mathrm{d}t$，在很短的时间微元 $\mathrm{d}t$ 内，力可看成恒力，则 $\mathrm{d}t$ 时间的冲量 $\mathrm{d}\boldsymbol{I}$ 为

$$\mathrm{d}\boldsymbol{I}=\boldsymbol{F}\mathrm{d}t \tag{3-2}$$

$\mathrm{d}\boldsymbol{I}$ 称为元冲量，则在时间 $t_1\sim t_2$ 过程中力的冲量等于所有间隔内冲量之矢量和。取时间间隔 $\mathrm{d}t\to 0$，求和运算变成积分运算，即

$$\boldsymbol{I}=\int_{t_1}^{t_2}\boldsymbol{F}\mathrm{d}t \tag{3-3}$$

式（3-3）也是冲量的一般表达式，在 SI 中，冲量的单位为 N · s。在直角坐标系中冲量的分量形式为

$$\begin{cases} I_x = \int_{t_1}^{t_2} F_x \mathrm{d}t \\ I_y = \int_{t_1}^{t_2} F_y \mathrm{d}t \\ I_z = \int_{t_1}^{t_2} F_z \mathrm{d}t \end{cases} \tag{3-4}$$

关于冲量还需要大家注意两点：

1）冲量为矢量！其方向与此段时间内力的积累方向相同，而不是和某时刻的力方向相同。

2）冲量是过程量，即描述某一过程中力对时间的积累情况。所以说某一时刻的冲量是没有意义的，而只能说在某段时间 Δt 内的冲量。

3.1.2　动量定理

力对质点在一段时间内的持续作用会产生什么效果呢？由牛顿第二定律有

$$\boldsymbol{F} = \frac{\mathrm{d}\boldsymbol{p}}{\mathrm{d}t} = \frac{\mathrm{d}(m\boldsymbol{v})}{\mathrm{d}t}$$

两边乘以 $\mathrm{d}t$，则得

$$\mathrm{d}\boldsymbol{I} = \boldsymbol{F}\mathrm{d}t = \mathrm{d}\boldsymbol{p} \tag{3-5}$$

式（3-5）表明，在 $\mathrm{d}t$ 这段时间内质点所受合外力的冲量等于在同一时间内动量的增量，这一关系就是**动量定理**。而式（3-5）是**动量定理的微分式**，将微分式两边积分，得在 $t_1 \sim t_2$ 这段时间内**动量定理的积分式**为

$$\boldsymbol{I} = \int_{t_1}^{t_2} \boldsymbol{F}\mathrm{d}t = \int_{p_1}^{p_2} \mathrm{d}\boldsymbol{p} = \boldsymbol{p}_2 - \boldsymbol{p}_1 = \Delta\boldsymbol{p} \tag{3-6}$$

动量定理积分式说明，质点在 $t_1 \sim t_2$ 这段时间内所受合外力的冲量等于同一时间内动量的增量。注意冲量是过程量，所以注意错误表达：$\Delta\boldsymbol{I} = \Delta\boldsymbol{p}$，$\Delta\boldsymbol{I}$ 往往表示两个过程的冲量之差，而 $\Delta\boldsymbol{p}$ 是一个过程中两个时刻动量之差，二者不是等价的。另外动量与冲量都是矢量，直角坐标系中，式（3-6）可写成分量式：

$$\begin{cases} I_x = \int_{t_1}^{t_2} F_x \mathrm{d}t = p_{2x} - p_{1x} \\ I_y = \int_{t_1}^{t_2} F_y \mathrm{d}t = p_{2y} - p_{1y} \\ I_z = \int_{t_1}^{t_2} F_z \mathrm{d}t = p_{2z} - p_{1z} \end{cases} \tag{3-7}$$

关于动量定理，需要注意两点：

1）合外力的冲量方向和质点的动量增量的方向一致，但不一定和质点的初动量和末动量的方向相同。

2）力的时间积累效应取决于力的大小和作用时间，是二者共同作用的结果。

所以说很大的力在短时间内和很小的力在较长的时间内都可以产生较为可观的动量变化效果。

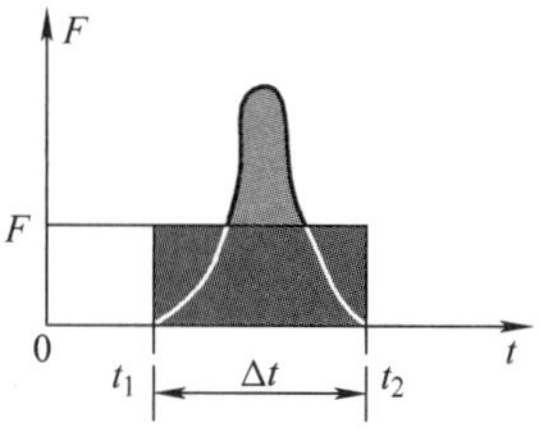

图 3-1　平均冲力

动量定理常常被用于碰撞过程。在碰撞过程中，由于作用时间极短，力的大小变化是极大的，即不是恒力，我们称之为**冲力**。比如篮球与地面碰撞时的力，汽车相撞时二者之间的力都是冲力。由于作用时间极短，而力的大小变化又极大，所以一般使用平均冲力概念，平均冲力即冲力对时间的平均值，设冲力 $\boldsymbol{F}$ 的作用时间是 $t_1 \sim t_2$，如图 3-1 所示，则

$$\overline{\boldsymbol{F}} = \frac{\int_{t_1}^{t_2} \boldsymbol{F} \mathrm{d}t}{t_2 - t_1} \tag{3-8}$$

式中，$\overline{\boldsymbol{F}}$ 就是平均冲力。根据动量定理得

$$\overline{\boldsymbol{F}} = \frac{\boldsymbol{p}_2 - \boldsymbol{p}_1}{t_2 - t_1} \tag{3-9}$$

我们可以根据碰撞的初末状态（动量）来计算平均冲力的大小，但是它和实际的冲力的大小可能有极大的差别。

应用动量定理解题应该注意两点：

1）建立坐标系，对于一维运动可以只规定正方向。

2）指明研究过程。研究过程不同，我们列的动量定理的表达式也会不同。

例 3.1　如图 3-2 所示，汽锤质量为 $m = 2\mathrm{t}$，由 $h = 1\mathrm{m}$ 高处自由下落，达到工件上经 $\Delta t = 10^{-4}\mathrm{s}$ 后速度为零，试求：

（1）碰撞过程汽锤所受合力的冲量；

（2）工件所受锤作用的平均冲力 $\overline{N}$。

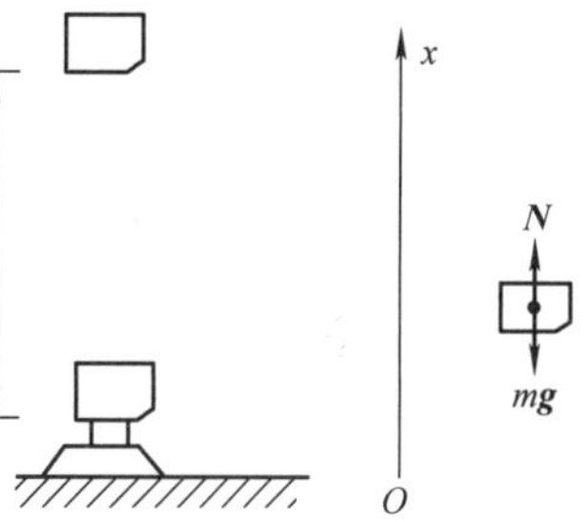

图 3-2　例题 3.1 用图

解法一：（1）建立如图 3-2 所示一维坐标系，x 轴正方向向上，以打击过程为研究过程，以汽锤为研究对象，由动量定理可知

$$I_x = p_{2x} - p_{1x} = mv_{2x} - mv_{1x}$$

其中 v_{1x}、v_{2x} 分别是打击过程中的初、末速度。初速度 v_{1x} 即是锤下降 h 高度的末速度：$v_{1x} = -\sqrt{2gh}$，这里的负号是表示速度方向向下，与规定正方向相反；而末速度 v_{2x} 是打击过程结束的速度，则 $v_{2x} = 0$。均代入上式，解得

$$I_x = m\sqrt{2gh} = (2 \times 10^3 \times \sqrt{2 \times 9.8 \times 1})\mathrm{N \cdot s} = 8.8 \times 10^3 \mathrm{N \cdot s}$$

（2）因锻件质量及受力情况不明，因此以汽锤为研究对象。在 Δt 时间内，汽锤受到重力 mg 和平均反冲力的 $\overline{N}$ 的作用，因此汽锤所受冲量可表示成合力与作用时间的乘积，也即

$$I_x = (\overline{N} - mg)\Delta t$$

则

$$\overline{N} = \frac{I_x}{\Delta t} + mg = 8.8 \times 10^7 \mathrm{N}$$

可见，这个冲力是远远大于汽锤重力的，碰撞过程往往会忽略物体的重力。工件所受平均冲力与汽锤所受平均冲力等值反向，所以工件所受平均冲力也为 $8.8 \times 10^7\mathrm{N}$，方向竖直

向下。

解法二：以汽锤从落下开始到撞到工件上速度变为零整个过程为研究过程。因为始末速度为零，所以始末动量也为零，因此动量增量 $\Delta p=0$；设汽锤下落时间为 t_1，则重力作用时间为 $t_1+\Delta t$，对此过程应用动量定理可得

$$\overline{N}\Delta t-mg(t_1+\Delta t)=\Delta p=0$$

而汽锤自由下落 h 高度，下落的时间为

$$t_1=\sqrt{\frac{2h}{g}}$$

代入上式得

$$\overline{N}=mg\left(\frac{t_1}{\Delta t}+1\right)=mg+m\frac{\sqrt{2gh}}{\Delta t}=mg+\frac{I_x}{\Delta t}=8.8\times10^7\text{N}$$

由此可见，研究过程不同，我们列的方程也就不同，所以动量定理解题必须指明研究过程。

例 3.2　如图 3-3a 所示，弹性小球质量 $m=0.02\text{kg}$，以 $v=5\text{m/s}$ 的速率与墙碰撞，碰撞后弹回的速度大小不变，碰撞前后速度方向与墙面法线夹角都为 $\alpha=60°$，碰撞时间 $\Delta t=0.001\text{s}$，求球对墙的平均冲力。(忽略小球重力作用)

解法一：建立如图 3-3 所示的二维坐标系，以碰撞过程为研究过程，忽略小球重力，碰撞过程小球只受墙面对球的冲力作用，由动量定理得

$$\begin{cases}\overline{F}_z\Delta t=mv_{2z}-mv_{1z}\\ \overline{F}_y\Delta t=mv_{2y}-mv_{1y}\end{cases}$$

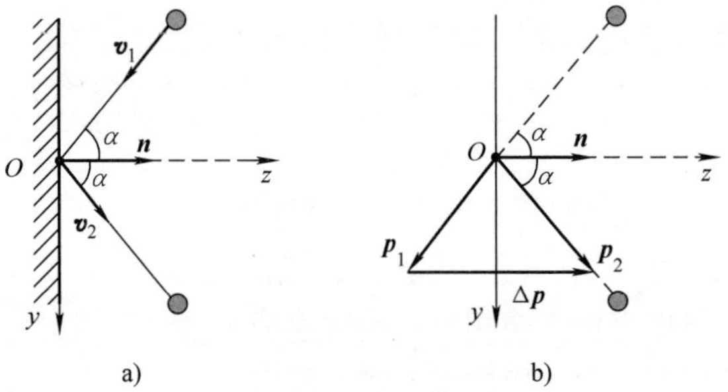

图 3-3　例题 3.2 用图

由题意可知

$$\begin{cases}v_{1z}=-v\cos\alpha,\ v_{2z}=v\cos\alpha\\ v_{2y}=v_{1y}=v\sin\alpha\end{cases}$$

所以

$$\begin{cases}\overline{F}_z\Delta t=2mv\cos\alpha\\ \overline{F}_y\Delta t=mv\sin\alpha-mv\sin\alpha=0\end{cases}$$

解得

$$\begin{cases} \overline{F}_z = \dfrac{2mv\cos\alpha}{\Delta t} = \dfrac{mv}{\Delta t} = \dfrac{0.02 \times 5}{0.001}\text{N} = 100\text{N} \\ \overline{F}_y = 0 \end{cases}$$

所以，碰撞过程小球受到墙对它的反冲力为 $\overline{F} = 100\text{N}$，方向沿 z 轴方向，即垂直墙面向外的方向。此处球所受冲力也远大于小球的重力。由牛顿第三定律，球对墙的平均冲力 $\overline{F}' = \overline{F} = 100\text{N}$，方向垂直于墙面向里。

解法二：矢量分析法，对小球由动量定理有

$$\boldsymbol{I} = \boldsymbol{p}_2 - \boldsymbol{p}_1 = \Delta \boldsymbol{p}$$

由矢量图（见图 3-3b）可知，矢量三角形是一个等边三角形，所以动量增量的大小 $|\Delta \boldsymbol{p}| = p_2 = p_1 = mv$，方向：沿 z 轴方向，所以 $\overline{F}\Delta t = |\Delta \boldsymbol{p}| = mv$，得 $\overline{F} = \dfrac{mv}{\Delta t} = 100\text{N}$。

例 3.3　质量为 m 的均质链条，全长为 L，开始时，下端与地面的距离为 h，当链条自由下落在地面上时，求链条下落在地面上的长度为 l（$l<L$）时，地面所受链条的作用力是多少？

解：设落在地面上长度为 l 的链条质量 $m_l = \lambda l = \dfrac{m}{L}l$，经过 $\text{d}t$ 时间又有 $\text{d}l$ 长度的链条质元落在地面上，而此段质元的质量为

$$\text{d}m = \lambda \text{d}l = \frac{m}{L}v\text{d}t$$

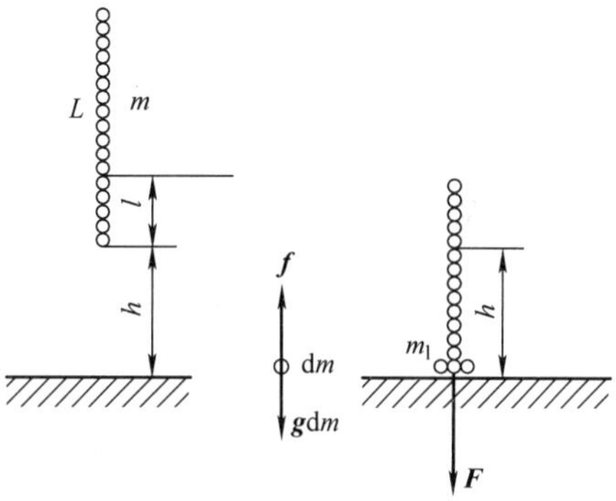

图 3-4　例题 3.3 用图

这里，v 是链条 $\text{d}m$ 在碰撞前的速度：$v = \sqrt{2g(l+h)}$，它与地面碰撞后由于地面对 $\text{d}m$ 的作用力 f 而速度变为零，以 $\text{d}m$ 的碰撞过程为研究过程，根据动量定理（以向下为正）可得

$$(g\text{d}m - f)\text{d}t = 0 - v\text{d}m = -\lambda v\text{d}t \cdot v = -\lambda v^2\text{d}t = -\frac{2m(l+h)g}{L}\text{d}t$$

忽略二次微分项（即忽略 $\text{d}m$ 的重力）得

$$f = \frac{2m(l+h)g}{L}$$

设 $\text{d}m$ 对地面的冲力 f'，由牛顿第三定律：$f' = f$，则地面受力为

$$F = f' + m_l g = \frac{m}{L}(3l + 2h)g$$

3.1.3　质点系动量定理

1. 质点系

由相互作用的若干个质点组成的系统称为质点系（组）。质点系不是任意几个毫无关系的质点的简单拼凑，而是由相互作用力联系在一起的一个整体。系统内各质点间的相互作用力称为**内力**，内力总是成对出现。系统外物体对系统内任意质点的作用力称为**外力**。

2. 质点系的动量定理

设任意一个质点系由 N 个质点组成，如图 3-5 所示，先从单个质点入手，对于系统内

任意质点 i，其质量为 m_i，设所受外力之和 $\boldsymbol{F}_i$，而它所受内力之和为 $\boldsymbol{f}_i$，无论内力还是外力，对于单个质点 i 来说都是外力。对第 i 个质点由牛顿第二定律得

$$\boldsymbol{F}_i+\boldsymbol{f}_i=\boldsymbol{F}_i+\sum_{i\neq j}\boldsymbol{f}_{ij}=\frac{\mathrm{d}\boldsymbol{p}_i}{\mathrm{d}t} \tag{3-10}$$

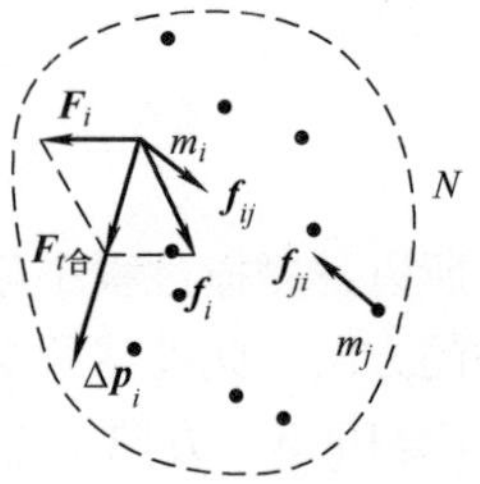

图 3-5　质点系动量定理

对所有质点（N 个）求和，得

$$\sum_{i=1}^{N}\boldsymbol{F}_i+\sum_{i=1}^{N}\sum_{i\neq j}\boldsymbol{f}_{ij}=\frac{\sum_{i=1}^{N}\mathrm{d}\boldsymbol{p}_i}{\mathrm{d}t}=\frac{\mathrm{d}}{\mathrm{d}t}\sum_{i=1}^{N}\boldsymbol{p}_i \tag{3-11}$$

式中，$\sum_{i=1}^{N}\boldsymbol{F}_i$ 是系统内所有质点所受外力之和（矢量和），即系统所受合外力，记作 $\boldsymbol{F}$，则 $\sum_{i=1}^{N}\boldsymbol{F}_i=\boldsymbol{F}$；$\sum_{i=1}^{N}\sum_{i\neq j}\boldsymbol{f}_{ij}$ 是系统内所有质点所受内力的矢量和。我们知道，内力都是成对出现的，若 i 受到 j 对它的内力，那么 j 也受到 i 对它的内力，它们互为作用力反作用力，二者和为零。所以，所有质点的内力之和为零，即 $\sum_{i=1}^{N}\sum_{i\neq j}\boldsymbol{f}_{ij}=0$；而 $\sum_{i=1}^{N}\boldsymbol{p}_i$ 是系统内所有质点的动量之和（矢量和），即系统的总动量，记为 $\boldsymbol{p}$，则 $\sum_{i=1}^{N}\boldsymbol{p}_i=\boldsymbol{p}$。

所以，式（3-11）可简化成

$$\boldsymbol{F}\mathrm{d}t=\mathrm{d}\boldsymbol{p} \tag{3-12}$$

这就是**质点系的动量定理**，它告诉我们系统所受合外力的冲量等于系统总动量的增量，也就是说系统的总动量只由外力决定，**内力对系统总动量无贡献！**内力的作用是使动量在质点系内部传递和交换。

3.1.4　动量守恒定律

由质点系的动量定理知，质点系的总动量只由外力决定，那么，

$$\text{若}\ \boldsymbol{F}=0,\ \text{则}\ \boldsymbol{p}=\sum_i\boldsymbol{p}_i=\sum_i m_i\boldsymbol{v}_i=\text{常矢量} \tag{3-13}$$

即若质点系所受合外力为零（$\boldsymbol{F}=0$）时，则这一质点系的总动量不随时间改变，这就是**动量守恒定律**。

在直角坐标系中，动量守恒的分量式为

$$\begin{cases}\text{当}\ F_x=0\ \text{时},\ p_x=\sum_i m_iv_{ix}=\text{常量}\\ \text{当}\ F_y=0\ \text{时},\ p_y=\sum_i m_iv_{iy}=\text{常量}\\ \text{当}\ F_z=0\ \text{时},\ p_z=\sum_i m_iv_{iz}=\text{常量}\end{cases} \tag{3-14}$$

动量守恒定律是自然界的基本规律之一，关于动量守恒应注意以下几点：

1）动量守恒定律是由牛顿定律推导出来的，所以动量守恒定律也**只适应于惯性系**。

2）系统总动量不变是指系统内各质点动量的矢量和不变，而不是指其中某质点的动量

不变。系统内力不能改变系统的总动量，但可以改变系统内质点的动量。例如，静止放置的定时炸弹突然爆炸后，向各方向飞出的弹片和火药气体都有各自的动量，但各动量的矢量和为零。此外，各质点的动量必须相对于同一惯性系。

3）动量守恒的条件是系统所受合外力为零或者系统不受外力（**孤立系统**），但是在有些实际问题中，如果**内力远大于外力**，此时可以忽略外力的效果，则可近似认为系统的动量是守恒的。像碰撞、打击和爆炸等问题，一般都可以这样处理。在近似条件下应用动量守恒定律，极大地扩展了动量守恒定律解决实际问题的范围。

4）如果系统所受外力的矢量和不等于零，但**合外力在某一方向上的分量为零**，在这种情况下，系统的总动量虽不守恒，但**动量在该方向上的分量却是守恒的**。

5）动量守恒定律是比牛顿定律更普遍的最基本的定律。

虽然动量守恒定律是由牛顿定律推导出的，但动量守恒定律是一条比牛顿定律适用范围更广、更普遍的定律。牛顿定律只适应于实物粒子，但是动量守恒定律不仅适应于实物粒子，而且也适用于电磁场，只不过电磁场动量不是用 mv 表示的；另外，动量守恒定律不但对可以用作用力和反作用力描述其相互作用的质点系所发生的过程成立，而且，大量实验证明，对其内部的相互作用不能用力的概念描述的系统所发生的过程，如电子和光子的碰撞，光子转化为电子，电子转化为光子等过程，只要系统不受外界影响，它们的动量都是守恒的。所以动量守恒定律看似来源于牛顿定律却高于牛顿定律，**是关于自然界的一切物理过程的一条最基本的定律**，它是更广泛、更深刻、更能揭示物质世界的一般性规律。

例 3.4　如图 3-6 所示，无摩擦的水平面上有一小车，车长 L，质量 M。一质量为 m 的人站在静止车的右端出发走到车的左端，求人和小车相对地面的移动距离。

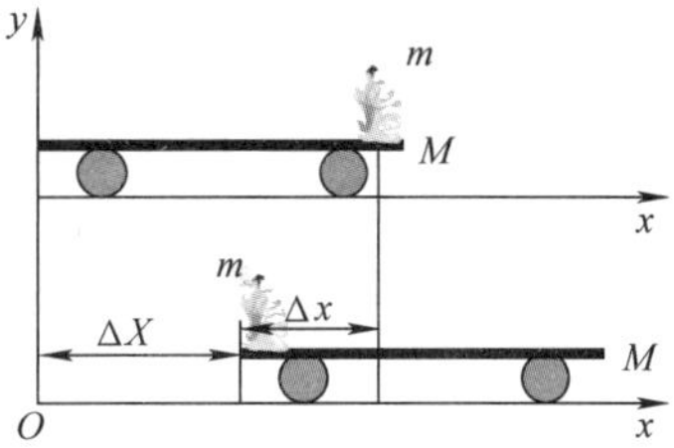

图 3-6　例题 3.4 用图

解：我们将人与车视为一个系统，则因为此系统水平合外力为零，所以系统水平方向的动量守恒并等于零：$\boldsymbol{p}=\mathbf{0}$。所以，建立如图所示的一维坐标系，动量守恒式为

$$mv+MV=m\frac{\mathrm{d}x}{\mathrm{d}t}+M\frac{\mathrm{d}X}{\mathrm{d}t}=0$$

消去 $\mathrm{d}t$，两边积分得

$$m\Delta x+M\Delta X=0$$

这里 Δx、ΔX 分别是人和车的位移，解得

$$\Delta X=-\frac{m\Delta x}{M}$$

这里要注意 Δx、ΔX 的正负，人的位移方向是与坐标系的方向相反的，所以是负值，二者的几何关系式为 $L=\Delta X-\Delta x$，上面两式联立可得

$$\Delta x=\frac{-ML}{m+M},\qquad \Delta X=\frac{mL}{m+M}$$

所以，人移动的距离为 $\Delta x=\dfrac{ML}{M+m}$，车移动距离为 $\Delta X=\dfrac{mL}{M+m}$。

例 3.5　如图 3-7 所示，一个有 1/4 圆弧滑槽的大物体的质量为 M，停在光滑的水平面上，另一质量为 m 的小物体自圆弧顶点由静止下滑。求当小物体 m 滑到底时，大物体 M 在水平面上移动的距离。

解：设水平向右为 x 轴正方向，竖直向上为 y 轴正向，取 m 和 M 作为系统。在 m 下滑过程中，系统在水平方向受到的合外力为 0，因此水平方向的动量守恒。以 $\boldsymbol{v}$ 和 $\boldsymbol{V}$ 分别表示下滑过程中任一时刻 m 和 M 对地的速度，则

$$mv_x = MV$$

上式两边积分，得

$$m\int_0^t v_x \mathrm{d}t = M\int_0^t V\mathrm{d}t$$

以 s 和 S 分别表示 m 和 M 在水平方向移动的距离，则有

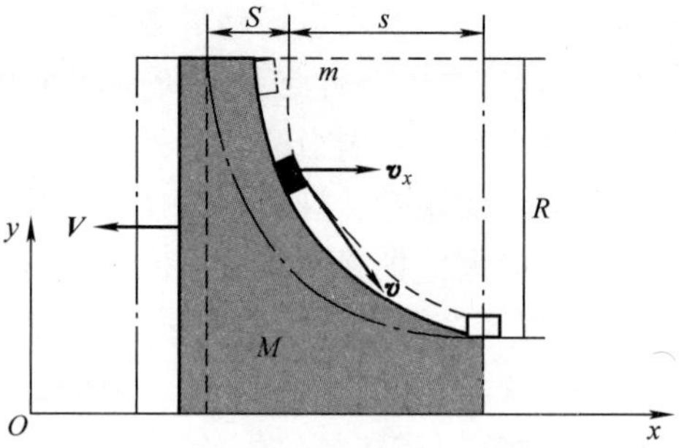

图 3-7　例题 3.5 用图

$$s = \int_0^t v_x \mathrm{d}t,\quad S = \int_0^t V\mathrm{d}t$$

则
$$ms = MS$$
又
$$s = R - S$$
可得
$$S = \frac{m}{m+M}R$$

例 3.6　一个静止物体炸成三块，其中两块质量相等，且以相同速度 30m/s 沿相互垂直的方向飞开，第三块的质量恰好等于这两块质量的总和。试求第三块的速度（大小和方向）。

解：设物体炸裂后第一块、第二块、第三块碎片的质量分别为 m_1、m_2、m_3，速度分别为 $\boldsymbol{v}_1$、$\boldsymbol{v}_2$、$\boldsymbol{v}_3$，因为爆炸力是物体内力，它远大于重力，故在爆炸前后，可认为动量守恒，则

$$0 = m_1\boldsymbol{v}_1 + m_2\boldsymbol{v}_2 + m_3\boldsymbol{v}_3$$

所以
$$m_3\boldsymbol{v}_3 = -(m_1\boldsymbol{v}_1 + m_2\boldsymbol{v}_2)$$

则这三个动量必处于同一平面内，且第三块的动量方向必在其他两块动量之矢量和的反方向上（见图 3-8）。由题意：$m_1 = m_2 = m$，$m_3 = 2m$，$v_1 = v_2$，且两速度的方向相互垂直，所以其中一个速度 $\boldsymbol{v}_1$ 或 $\boldsymbol{v}_2$ 与它们的合矢量方向（图中虚线方向）夹角 $\theta = 45°$。所以第三块碎片的速度与其他两块的速度夹角：$\alpha = 180° - \theta = 135°$。而大小关系根据矢量图满足

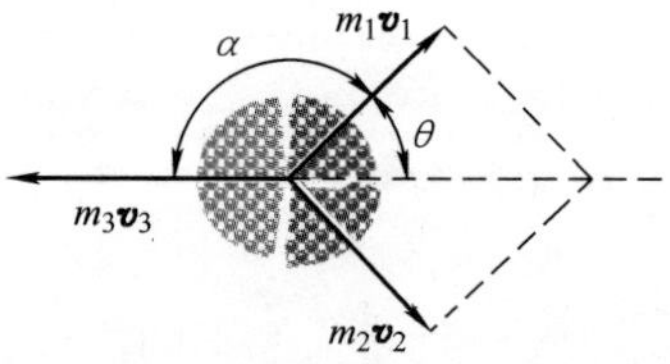

图 3-8　例题 3.6 用图

$$(m_3v_3)^2 = (m_1v_1)^2 + (m_2v_2)^2$$

所以

$$v_3 = \frac{1}{2}\sqrt{v_1^2 + v_2^2} = \frac{1}{2}\sqrt{30^2 + 30^2}\,\mathrm{m/s} = 21.2\mathrm{m/s}$$

*3.1.5　火箭飞行原理

火箭的工作原理就是动量守恒定律。火箭发动机点火以后，火箭推进剂在发动机的燃烧室里燃烧，产生大量高压燃气。高压燃气从发动机喷管高速喷出，从尾部喷出的气体具有很大的动量（也就是对火箭的反作用力）。根据动量守恒定律，火箭就获得等值反向的动量，因而发生连续的反冲现象，随着推进剂的消耗，火箭质量不断减小，加速度不断增大，当推进剂燃尽时，火箭即以获得的速度沿着预定的空间轨道飞行。这犹如一个扎紧的充满空气的气球一旦松开，空气就从气球内往外喷，气球则沿反方向飞出一样。

为简单起见，讨论如图 3-9 所示的情况。设在时刻 t，火箭 - 燃料系统（简称系统）的质量为 M，它相对某一选定的惯性系（如地球）的速度为$\boldsymbol{v}$；在 $t \sim (t+\mathrm{d}t)$时间间隔内，有质量为 $\mathrm{d}m$ 的燃料变为气体粒子，并以速度 $\boldsymbol{u}$ 相对火箭喷射出去，此时系统则包括火箭、燃料以及由部分燃料变成的气体粒子，在时刻 $t+\mathrm{d}t$ 火箭相对选定的惯性系的速度为$\boldsymbol{v}+\mathrm{d}\boldsymbol{v}$，而气体粒子相对选定的惯性系的速度则为$\boldsymbol{v}+\mathrm{d}\boldsymbol{v}+\boldsymbol{u}$。

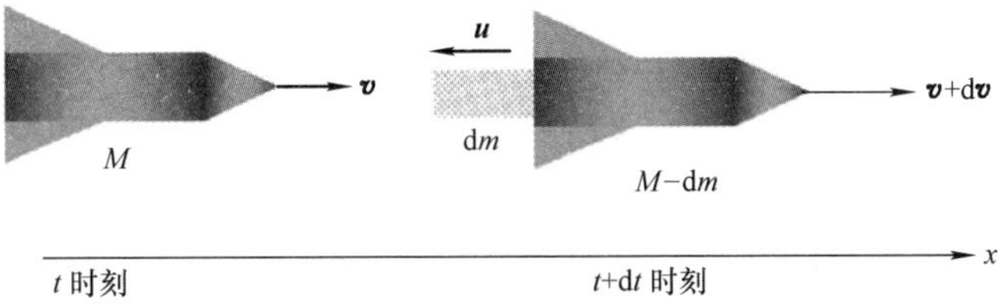

图 3-9　火箭飞行原理

按上述分析，在时刻 t，系统的动量为

$$\boldsymbol{p}(t)=M\boldsymbol{v}$$

在时刻 $t+\mathrm{d}t$，系统的动量为

$$\boldsymbol{p}(t+\mathrm{d}t)=(M-\mathrm{d}m)(\boldsymbol{v}+\mathrm{d}\boldsymbol{v})+\mathrm{d}m(\boldsymbol{v}+\mathrm{d}\boldsymbol{v}+\boldsymbol{u})$$

在 $t \sim t+\mathrm{d}t$ 时间间隔内，系统动量的增量为

$$\mathrm{d}\boldsymbol{p}=\boldsymbol{p}(t+\mathrm{d}t)-\boldsymbol{p}(t)$$

即

$$\mathrm{d}\boldsymbol{p}=M\mathrm{d}\boldsymbol{v}+\boldsymbol{u}\mathrm{d}m$$

由上式可得动量随时间的变化率为

$$\frac{\mathrm{d}\boldsymbol{p}}{\mathrm{d}t}=M\frac{\mathrm{d}\boldsymbol{v}}{\mathrm{d}t}+\boldsymbol{u}\frac{\mathrm{d}m}{\mathrm{d}t}$$

式中，$\frac{\mathrm{d}m}{\mathrm{d}t}$是气体质量随时间的变化率，而气体粒子是由火箭中喷射出来的，故有

$$\frac{\mathrm{d}m}{\mathrm{d}t}=-\frac{\mathrm{d}M}{\mathrm{d}t}$$

于是，上式可写成

$$\frac{\mathrm{d}\boldsymbol{p}}{\mathrm{d}t}=M\frac{\mathrm{d}\boldsymbol{v}}{\mathrm{d}t}-\boldsymbol{u}\frac{\mathrm{d}M}{\mathrm{d}t}$$

因作用于系统的合外力应等于系统的动量随时间的变化率，若以 $\boldsymbol{F}$ 表示作用于系统的合外力，则有

$$\boldsymbol{F}=\frac{\mathrm{d}\boldsymbol{p}}{\mathrm{d}t}=M\frac{\mathrm{d}\boldsymbol{v}}{\mathrm{d}t}-\boldsymbol{u}\frac{\mathrm{d}M}{\mathrm{d}t}$$

上式也可写成

$$M\frac{\mathrm{d}\boldsymbol{v}}{\mathrm{d}t}=\boldsymbol{F}+\boldsymbol{u}\frac{\mathrm{d}M}{\mathrm{d}t} \tag{3-15}$$

式中，$\boldsymbol{u}\frac{\mathrm{d}M}{\mathrm{d}t}$叫作火箭发动机的推力。从上式可以看出，火箭的加速度是与外力 $\boldsymbol{F}$ 及推力的矢量和成正比的。当外力给定时，推力越大，火箭获得的加速度 $\frac{\mathrm{d}\boldsymbol{v}}{\mathrm{d}t}$ 也越大。从式（3-15）还可以看出，要使火箭获得大的推力，必须使气体具有较大的喷射速率 u 和较大的气体排出率$\frac{\mathrm{d}m}{\mathrm{d}t}$。如气体喷射速率为2000m/s，气体排出率为300kg/s，则火箭的推力为 6×10^5N。

对于在远离地球大气层之外，星际空间（即所谓自由空间）中飞行的火箭，可以认为不受外力作用，即 $\boldsymbol{F}=0$。于是式（3-15）变为

$$M\frac{\mathrm{d}\boldsymbol{v}}{\mathrm{d}t}=\boldsymbol{u}\frac{\mathrm{d}M}{\mathrm{d}t}$$

或

$$M\mathrm{d}\boldsymbol{v}=\boldsymbol{u}\mathrm{d}M$$

如设气体的喷射速度 $\boldsymbol{u}$ 为恒矢量，且在 $t=0$ 时，火箭的质量为 M_0，速度为$\boldsymbol{v}_0$，在 t 时刻，火箭的质量为 M，速度为$\boldsymbol{v}$，那么对上式积分，得

$$\int_{v_0}^{v}\mathrm{d}\boldsymbol{v}=\boldsymbol{u}\int_{M_0}^{M}\frac{\mathrm{d}M}{M}$$

有

$$\boldsymbol{v}-\boldsymbol{v}_0=\boldsymbol{u}\ln\frac{M}{M_0}=-\boldsymbol{u}\ln\frac{M_0}{M}$$

应当注意，气体相对火箭的喷射速度 $\boldsymbol{u}$ 与火箭相对惯性系的速度$\boldsymbol{v}$方向相反。若选取$\boldsymbol{v}$的方向为正向，上式可写为

$$v=v_0+u\ln\frac{M_0}{M}=v_0+u\ln N \tag{3-16}$$

式中，$N\equiv M_0/M$ 叫作质量比。显然，火箭的质量比越大，气体的喷射速率越大，火箭获得的速度也越大。然而，仅靠增加单级火箭的质量比或增大气体喷射速率来提高火箭的飞行速度是不够的。从目前的理论分析，气体喷射速率的理论值只能是 5000m/s，而实际上能达到的气体喷射速度最多只是这个值的一半；此外，由于单级火箭燃料的运载量有限，所以质量比也不能很大。这就是说，依靠单级火箭是不能实现人造卫星或宇宙飞行器的发射的，必须采用多级火箭。运载火箭一般由 2～4 级单级火箭组成。它是由一个一个的单级火箭经串联、并联或串并联（捆绑式）组合而成的飞行整体。图 3-10 是串联式三级火箭的示意图，每一级都包括箭体结构、推进系统和飞行控制系统。末级有仪器舱，内装制导与控制系统、遥测系统和发射场安全系统，这些系统有一些组件分置在各级适当的位置。有效载荷装在仪器舱上面，外面套有整流罩。整流罩是一

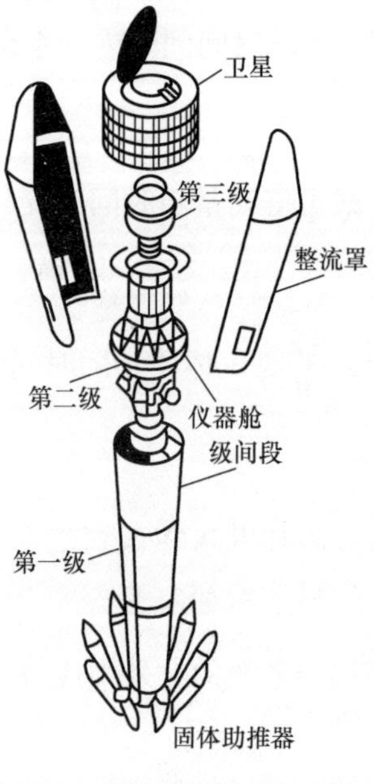

图 3-10　串联式三级运载火箭组

种硬壳式结构，其作用是在大气层飞行阶段保护有效载荷，飞出大气层后就可抛掉。整流罩往往沿纵向分成两半，由弹簧或无污染炸药所产生分离力而分开。整流罩直径一般等于火箭直径，在有效载荷尺寸较大时，也可大于火箭直径，形成灯泡形的头部外形。运载火箭的工作过程是：第一级火箭点火发动后，整个火箭起飞，等到该级燃料燃烧完后，便自动脱落，依次类推。

如有一人造卫星由三级火箭从地面静止发射，每级火箭的燃料燃烧完后便自动脱落。设一、二、三级火箭的质量比各为 N_1、N_2、N_3，各级火箭的喷气速度分别是 u_1、u_2、u_3，由式（3-16）可得各级火箭中的燃料燃烧完后的速率分别为

$$v_1 = u_1 \ln N_1$$

$$v_2 = v_1 + u_2 \ln N_2$$

$$v_3 = v_2 + u_3 \ln N_3$$

所以，第三级火箭中的燃料燃烧完后，人造卫星的速率为

$$v_3 = u_1 \ln N_1 + u_2 \ln N_2 + u_3 \ln N_3 \tag{3-17}$$

例如，美国发射的“阿波罗”登月飞船的运载火箭的第一级喷气速度 $u_1 = 2.9\text{km/s}$，质量比 $N_1 = 16$，第二级喷气速度 $u_2 = 1.4\text{km/s}$，质量比 $N_2 = 14$，第三级喷气速度 $u_3 = 4\text{km/s}$，质量比 $N_3 = 12$，利用上述公式计算得到的火箭最后速度为 28.5km/s。实际上达到的速度比这个速度小，但是已大于第二宇宙速度，足以把“阿波罗”飞船送上月球。

1970 年 4 月 24 日，我国发射的三级运载火箭——长征 1 号把我国的第一颗卫星“东方红 1 号”送上太空。之后研制成功的长征 2 号、长征 2 号丙运载火箭，能把 2800kg 重的卫星送入近地轨道，用它发射了一系列返回式卫星。在长征 2 号火箭的基础上改进的长征 3 号、长征 4 号火箭性能更加优良。1988 年 9 月成功地发射了太阳同步轨道气象卫星。火箭专家又在发射成功率很高的长征 2 号火箭的基础上，加长箭体段作为芯级，再在第一级箭体周围捆绑上 4 枚液体火箭助推器。这种火箭被命名为长征 2 号 E，俗称长二捆，能将 9000kg 载荷送入近地轨道。2003 年 10 月 15 日，中国首次发射的载人飞船成功，中国培养出了第一位航天员杨利伟。当时的这个新闻轰动了全国，也传遍了全世界。中国成为世界上第三依靠自己的力量成功地把载人航天飞船发射升空的国家！时隔两年之后，2005 年 10 月 12 日，我国的第二艘载人飞船“神舟六号”，在甘肃酒泉卫星发射中心发射成功，这又是一次突破，这是我国第一次将两名航天员同时送上太空。2008 年我国的第三艘载人航天飞船神舟七号顺利升空。而这次，有三个航天员同时进入到太空中。我们看到了中国航天事业正一步一个脚印地前行。2018 年 12 月 22 日，我国在酒泉卫星发射中心用长征十一号运载火箭（见图 3-11），成功将虹云工程技术验证卫星发射升空，卫星进入预定轨道，该星发射成功标志着我国低轨宽带通信卫星系统建设迈出实质性步伐。

图 3-11　长征十一号运载火箭

3.2 质心　质心运动定理

3.2.1　质心

前面我们讨论了质点系，虽然质点系的总动量只由合外力决定，但是要讨论质点系还是要研究每一个质点的动量和受力情况，如果质点系内的质点比较少（如例3.6）还好解决，如果质点系内的质点比较多的话，就比较麻烦了。这样我们希望能找到一个特殊的点能够代表整个质点系的状态，这个特殊点就是质心。

1. 质心

所谓**质心就是质点系的质量中心**。

那么质点系的质量中心（质心）在哪里呢？设一质点系由 N 个质点组成（见图3-12），各个质点的质量为 m_1，m_2，…，m_i，…，m_N，建立一直角坐标系，各质点在此坐标系的位矢为 $\boldsymbol{r}_1$，$\boldsymbol{r}_2$，…，$\boldsymbol{r}_i$，…，$\boldsymbol{r}_N$，则此质点系的质心位置为

$$\boldsymbol{r}_C = \frac{\sum_{i=1}^{N} m_i \boldsymbol{r}_i}{\sum_{i=1}^{N} m_i} = \frac{\sum_{i=1}^{N} m_i \boldsymbol{r}_i}{m} \tag{3-18}$$

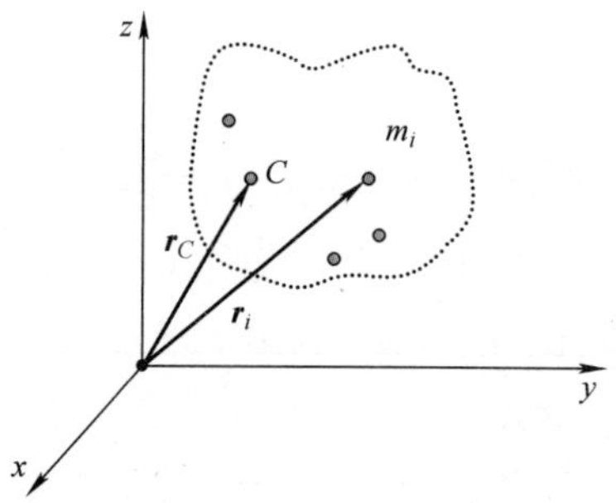

图3-12　离散质点系的质心

式中，$\boldsymbol{r}_C$ 就是质心的位置矢量。

在直角坐标系中，质心位矢可以写成分量式：

$$x_C = \frac{\sum_{i=1}^{N} m_i x_i}{m},\ y_C = \frac{\sum_{i=1}^{N} m_i y_i}{m},\ z_C = \frac{\sum_{i=1}^{N} m_i z_i}{m} \tag{3-19}$$

说明几点：

1）因为质心位矢是质心在坐标系中的位置矢量，所以它的结果与坐标系的选择有关。但质点系内各质点相对位置不因坐标系的改变而改变。比如一个均质球，我们都知道它的质心在球心处，无论坐标系选在哪里，质心相对于整个球而言始终在球心处。质心的相对位置只决定于质点系的质量和质量分布情况，与其他因素无关。

2）质量均匀的规则物体的质心在几何中心上。例如均质球的质心在球心处，球心是球的几何中心。所以，找质量均匀分布的物体质心我们可以先找它的几何中心。

3）质心与重心。说到质心我们难免会想到物体的另一个心——重心，那么二者是同一个心吗？重心是物体的重力中心，是重力（$m\boldsymbol{g}$）分布对物体总重力求平均值。若质点系中每一点的重力加速度 g 都一样，那么质心的位矢和重心的位矢就重合了，但是对于很大的物体，高度不同的质点的 g 无论大小和方向都可能不一样，所以质心和重心的位置是不一定一样的，只有比较小的物体，其质心和重心才一致。另外，质量是物体的固有属性，所以物体无论在何处都存在质心，但是重力是依赖地球引力而存在的，对远离地球的物体（如太空中），没有重力，重心就无从谈起，但是质心始终存在。

2. 质量连续分布的物体的质心

对于质量连续分布的物体，我们可以将物体分成无数多个小质元，这些小质元可以看成一个质点，如图 3-13 所示，设其中任意质元 dm 到坐标系的位矢为 $\boldsymbol{r}$，则根据质心的定义式 (3-14)，对于连续体，连续求和变成积分即可，则连续体的质心位矢为

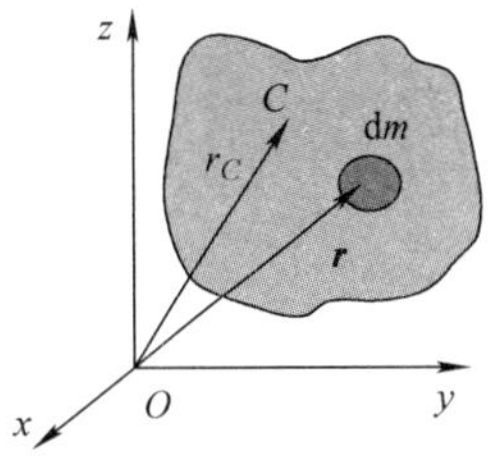

图 3-13　连续物体的质心

$$\boldsymbol{r}_C = \frac{\int \boldsymbol{r}\mathrm{d}m}{\int \mathrm{d}m} = \frac{\int \boldsymbol{r}\mathrm{d}m}{m} \tag{3-20}$$

在直角坐标系中，质心分量式为

$$x_C = \frac{\int x\mathrm{d}m}{m},\ y_C = \frac{\int y\mathrm{d}m}{m},\ z_C = \frac{\int z\mathrm{d}m}{m} \tag{3-21}$$

所以，要计算连续体的质心需要选择一个合适的质量微元 dm，这里要注意：$\boldsymbol{r}$ 与 dm 要对应，即要找到所选质量微元 dm 对应的位矢 $\boldsymbol{r}(x、y、z)$ 再代入公式计算。

例 3.7　任意三角形每个顶点处有一质量为 m 的质点，求这三质点的质心。

解：建立如图 3-14 所示的直角坐标系，为了方便计算，我们将一个质点放在坐标原点上，三角形的一条边放在 x 轴上，各质点的位置坐标设如图中所示，则 x_1、y_1、x_2 为已知量，代入式 (3-19)，得

$$x_C = \frac{mx_1 + mx_2}{3m} = \frac{x_1 + x_2}{3}$$

$$y_C = \frac{my_1}{3m} = \frac{y_1}{3}$$

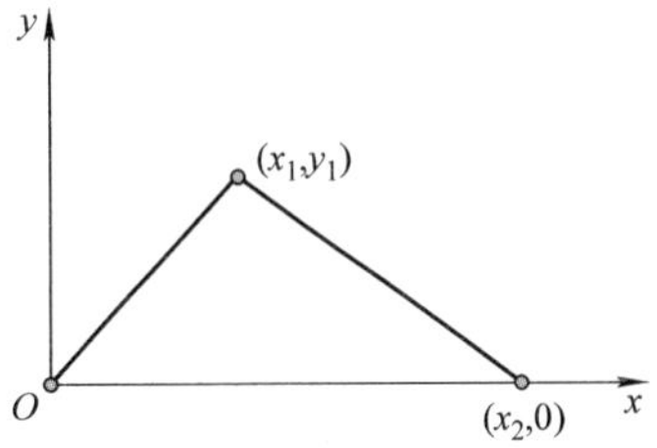

图 3-14　例题 3.7 用图

则此三个质点的质心为

$$\boldsymbol{r}_C = \frac{x_1 + x_2}{3}\boldsymbol{i} + \frac{y_1}{3}\boldsymbol{j}$$

例 3.8　一段均匀铁丝弯成半圆形，其半径为 R，求此半圆形铁丝的质心。

解：建立如图 3-15 所示的坐标系，由于半圆是关于 y 轴对称的，则质心应该在 y 轴上，即 $x_C = 0$，我们只需求 y_C。在铁丝上取一线元 dl，设线密度为 λ，则 d$m = \lambda$dl，所以

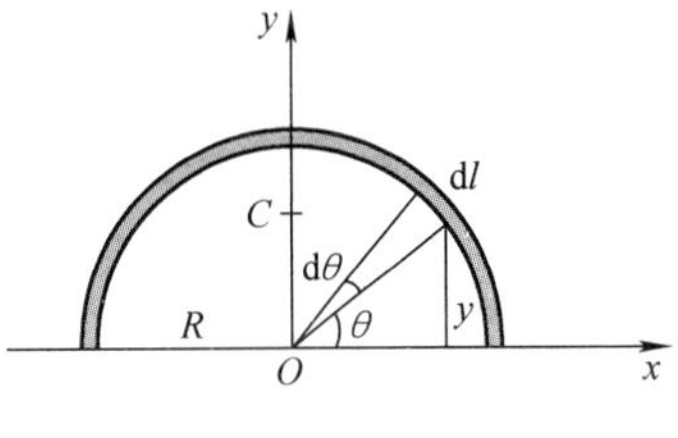

图 3-15　例题 3.8 用图

$$y_C = \frac{\int y\mathrm{d}m}{m} = \frac{\int y\lambda\mathrm{d}l}{m}$$

其中 $y = R\sin\theta$，d$l = R$dθ，代入上式得

$$y_C = \frac{\int_0^{\pi} R\sin\theta \cdot \lambda \cdot R\mathrm{d}\theta}{m} = \frac{2\lambda R^2}{\pi R\lambda} = \frac{2}{\pi}R$$

所以，此半圆形铁丝的质心：$\boldsymbol{r}_C = \dfrac{2}{\pi}R\boldsymbol{j}$

注意，这一铁丝的质心并不在铁丝上，但它相对于铁丝的位置是确定的。另外对于质

量均匀分布的对称物体，其质心必在对称中心上，所以这样的题一般首先找出其对称轴，然后将坐标轴建立在对称轴上，这样计算起来比较方便。

例 3.9　求腰长为 a 的等腰直角三角形均匀薄板的质心位置。

解：质量均匀的规则物体的质心在几何中心上。因为等腰直角三角形关于斜边上的高对称，所以建立如图 3-16 所示的坐标系，质心应在 x 轴上，则 $y_C=0$。设薄板的面密度为 σ，则 $\mathrm{d}m=\sigma\mathrm{d}S=2x\sigma\mathrm{d}x$，则

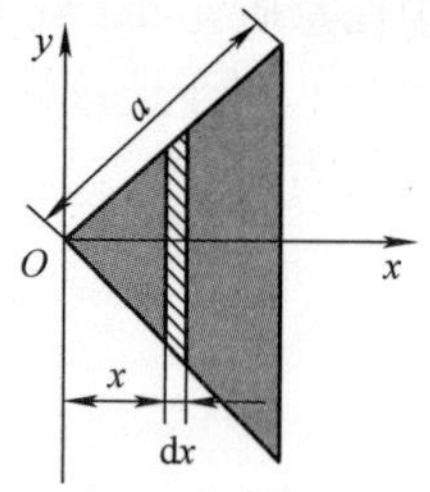

图 3-16　例题 3.9 用图

$$x_C=\frac{\int x\mathrm{d}m}{m}=\frac{\int_0^{\sqrt{2}a/2}2\sigma x^2\mathrm{d}x}{\frac{1}{2}a^2\sigma}=\frac{\sqrt{2}}{3}a$$

则质心的位矢：$\boldsymbol{r}_C=\frac{\sqrt{2}}{3}a\boldsymbol{i}$

例 3.10　确定半径为 R 的均质半球的质心位置。

解：对称轴在通过球心垂直于半球底面的直线上，建立如图 3-17 所示的坐标系，则质心应在 y 轴上，即 $x_C=0$，$z_C=0$。在半球上取厚度为 $\mathrm{d}y$ 半径为 r 的薄圆盘为质量元，圆盘的平面与 Oy 轴垂直，体积为 $\mathrm{d}V=\pi r^2\mathrm{d}y$。设均质半球的密度为 ρ，圆盘的质量为

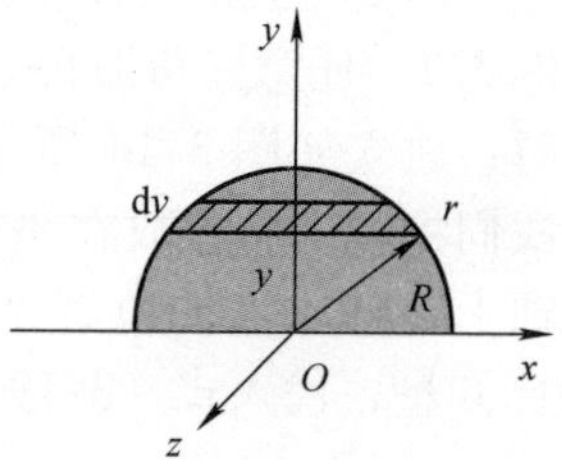

图 3-17　例题 3.10 用图

$$\mathrm{d}m=\rho\mathrm{d}V=\rho\pi r^2\mathrm{d}y=\rho\pi(R^2-y^2)\mathrm{d}y$$

由式（3-21）可得均质半球的质心在 y 轴上的分量为

$$y_C=\frac{1}{m}\int y\mathrm{d}m=\frac{\int_0^R y\rho\pi(R^2-y^2)\mathrm{d}y}{\rho\times 2\pi R^3/3}=\frac{3R}{8}$$

即质心位于 $y_C=\frac{3R}{8}$处，则其位置矢量

$$\boldsymbol{r}_C=\frac{3R}{8}\boldsymbol{j}$$

3.2.2　质心运动定理

定义了质心，下面我们先考察一下质心的运动特点。设一质点系，由 N 个质点组成，由式（3-18）知，此质点系的质心的位矢为

$$r_C=\frac{\sum_{i=1}^{N}m_i\boldsymbol{r}_i}{m}$$

则根据速度的定义式，质点系**质心的速度**为

$$\boldsymbol{v}_C=\frac{\mathrm{d}\boldsymbol{r}_C}{\mathrm{d}t}=\frac{\sum_{i=1}^{N}m_i\frac{\mathrm{d}\boldsymbol{r}_i}{\mathrm{d}t}}{m}=\frac{\sum_{i=1}^{N}m_i\boldsymbol{v}_i}{m}\tag{3-22}$$

式（3-22）两边同时乘以系统质量 m，得

$$m\boldsymbol{v}_C = \sum_i m_i \boldsymbol{v}_i \tag{3-23}$$

式中，$m\boldsymbol{v}_C$ 为质心的速度与质点系总质量的乘积；$\sum_i m_i\boldsymbol{v}_i$ 为质点系所有质点的总动量 $\boldsymbol{p}$。所以有

$$\boldsymbol{p} = m\boldsymbol{v}_C \tag{3-24}$$

即质点系的总动量可以看成将质量全集中在质心上那一点的动量。将上式两边求导，则

$$\frac{\mathrm{d}\boldsymbol{p}}{\mathrm{d}t} = m\frac{\mathrm{d}\boldsymbol{v}_C}{\mathrm{d}t} = m\boldsymbol{a}_C \tag{3-25}$$

式中，$\boldsymbol{a}_C$ 是质心的加速度。又根据质点系的动量定理式（3-12），质点系的总动量只由合外力 $\boldsymbol{F}$ 决定，内力无贡献，所以

$$\boldsymbol{F} = m\boldsymbol{a}_C \tag{3-26}$$

质点系中质心的运动状态由质点系所受的合外力决定，这就是**质心运动定理**。不管物体的质量如何分布，也不管外力作用在物体的什么位置上，质心的运动就像是物体的质量全部都集中于此，而且所有外力也都集中作用于此点一样。所以可将质心看成一个特殊的点，此点可以承载整个质点系的质量，集中整个质点系的动量与受力，但是实际上这一点可能既无质量，又未受力。质心运动定理体现了“质心”这个概念的重要性，它告诉我们一个质点系由于内外力作用，系统内各质点的运动情况可能很复杂，但是对于质心而言，它的运动情况只由外力决定，所以它的运动可能就比较简单。如图 3-18 所示跳跃中的体操运动员，虽然她在前进过程中做着各种各样的动作，但是作为一个整体她只受到重力作用，所以她的质心只能沿一抛物线运动；又比如扔出去的斧子，虽然它运动过程中不断翻转，但是其质心也必是沿抛物线运动的，所以我们还是很容易能判断其落点的；再比如发射的炮弹，即使炮弹炸裂成很多碎片，但是忽略空气阻力等因素，所有碎片的质心仍保持在抛物线轨迹上。由此可见用质心这一点代表整个物体（或质点系），这样处理比较复杂的机械运动就比较方便了。

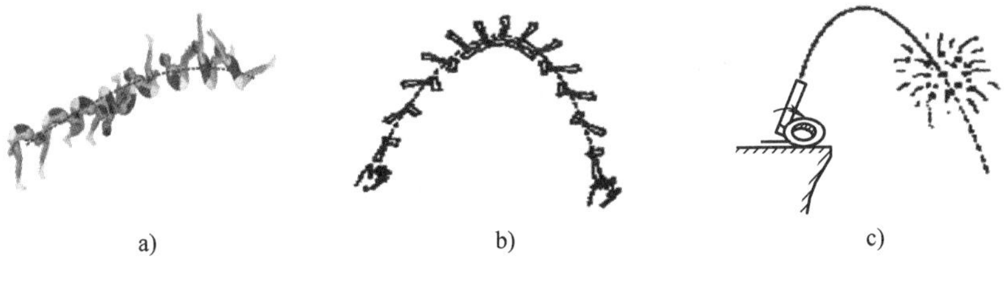

图 3-18　质心的运动

前面我们说若质点系所受合外力为零，则系统的动量守恒，而由质心运动定理合外力为零，则质点系的质心速度保持不变，所以这个结果实际上是和动量守恒定律等价的。所以我们也可以从这个角度去解决动量守恒的问题。

例 3.11　用质心运动定理求解例题 3.4。

解：系统所受合外力为零，质心的速度保持原来不动，所以质心位矢不变。仍然建立图 3-6 所示的坐标系，设人走之前车的质心位置为 x_1，到达车左端后，车质心的位置为 x_1'，则可分别写出人处于左端和右端时，系统质心的位置

$$\text{右端: } x_C = \frac{Mx_1 + mL}{m+M}\text{; 左端: } x'_C = \frac{Mx'_1 + m(x'_1 - x_1)}{m+M}$$

因为
$$x_C = x_C'$$
所以
$$Mx_1 + mL = Mx'_1 + m(x'_1 - x_1)$$
解得
$$x'_1 - x_1 = \frac{mL}{m+M}$$

$$\Delta x_{\text{人}} = -[L - (x'_1 - x_1)] = -\frac{ML}{m+M}$$

可见，由此法解得结果和动量守恒定律解得结果是一样的。

例 3.12 如图 3-19 所示，在水平桌面上拉动纸，纸上放置一均匀球，球的质量 $M = 0.5\text{kg}$，纸被拉动时与球的摩擦力为 $f = 0.1\text{N}$，求该球的球心加速度 a_C 和从静止开始 2s 后球相对桌面移动多少距离？

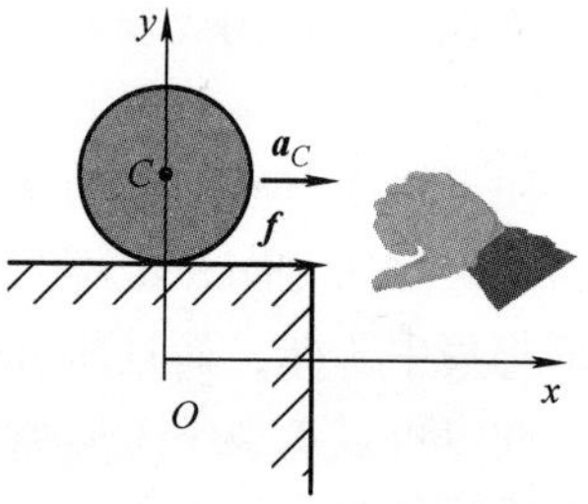

图 3-19 质心的运动

解：当拉动纸时，球体除平动外还有转动，但质心只做平动。球体在水平方向只受摩擦力 f，则由质心运动定理得

$$f = Ma_C$$

所以质心的加速度为

$$a_C = \frac{f}{M} = \frac{0.1}{0.5}\text{m/s}^2 = 0.2\text{m/s}^2$$

球心运动的距离为

$$x_C = \frac{1}{2}a_C t^2 = \left(\frac{1}{2} \times 0.2 \times 2^2\right)\text{m} = 0.4\text{m}$$

*** 质心参考系**

所谓质心参考系就是相对于质心静止的平动参考系。一般把质心选作质心系的坐标原点，如图 3-20 所示，则有

$$\boldsymbol{r}_i' = \boldsymbol{r}_i - \boldsymbol{r}_C$$

那么根据质心的定义有

$$\frac{\sum_{i=1}^{N} m_i(\boldsymbol{r}_i - \boldsymbol{r}_C)}{m} = \frac{\sum_{i=1}^{N} m_i \boldsymbol{r}_i'}{m} = \boldsymbol{r}'_C = 0$$

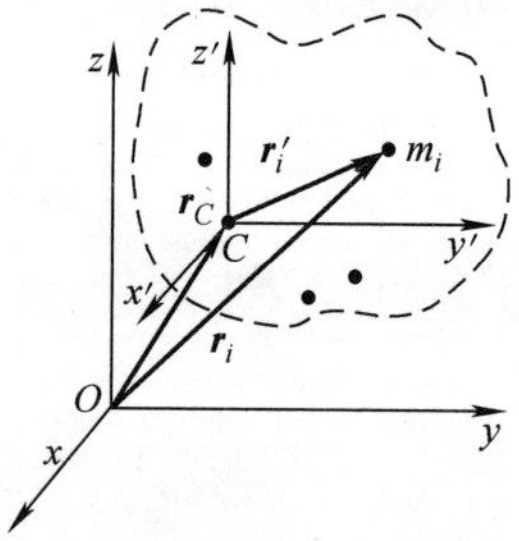

图 3-20 质心参考系

所以
$$\sum_{i=1}^{N} m_i \boldsymbol{r}_i' = 0$$

则
$$\sum_{i=1}^{N} m_i \boldsymbol{v}_i' = 0$$

说明系统对质心系的总动量等于零。质点系对质心系动量守恒。质心系可能是惯性系，也可能是非惯性系。当质心系相对于惯性系匀速平动时，它也是惯性系；当质心系相对于惯性系变速平动时，它是非惯性系。动量守恒定律适用于惯性系，但在质心系有例外。**质心系**又叫**零动量参考系**。

3.3 角动量

3.3.1 质点的角动量

第 1 章中，我们引入了角量描述曲线运动，下面介绍另一角量——角动量，它是描述质点转动状态的非常重要的物理量。此概念 18 世纪才开始定义和使用，19 世纪才作为力学最基本的概念之一，20 世纪随着发现角动量服从守恒定律以及在近代物理中的广泛应用和重要作用，它才与动量和能量一样，成为力学中最重要的概念之一。

如图 3-21a 所示，设一个质点质量为 m，相对某一参考系，某一时刻它的速度为 $\boldsymbol{v}$，动量为 $\boldsymbol{p}$，此时，质点相对于此惯性系中的**固定点** O 的径矢为 $\boldsymbol{r}$，则质点相对于此固定点 O 的**角动量**定义为

$$\boldsymbol{L} = \boldsymbol{r} \times \boldsymbol{p} = \boldsymbol{r} \times m\boldsymbol{v} \quad (3\text{-}27)$$

这就是**角动量**的定义式（又称**动量矩**）。根据矢积的定义，角动量的大小为

$$L = rp\sin\varphi = mrv\sin\varphi$$

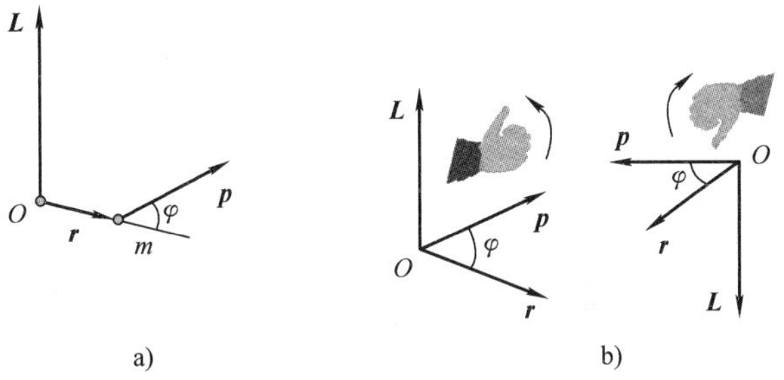

图 3-21　角动量

a）角动量的定义　b）右手螺旋定则确定角动量方向

这里，φ 是 $\boldsymbol{r}$ 和 $\boldsymbol{p}$ 的夹角。角动量的方向由右手螺旋定则确定，垂直于 $\boldsymbol{r}$ 与 $\boldsymbol{p}$ 组成的平面，如图 3-21b 所示。在国际单位制中，角动量的单位是 $\text{kg}\cdot\text{m}^2/\text{s}$。

关于角动量说明几点：

1）引用质点的角动量时，必须指明是对哪一固定点而言的，做同一运动的物体对不同固定点的角动量不相等。例如，直线运动的汽车相对于其正前方的固定点 O 的角动量就为零，而相对于斜上方的固定点 O' 的角动量就不为零，如图 3-22 所示。

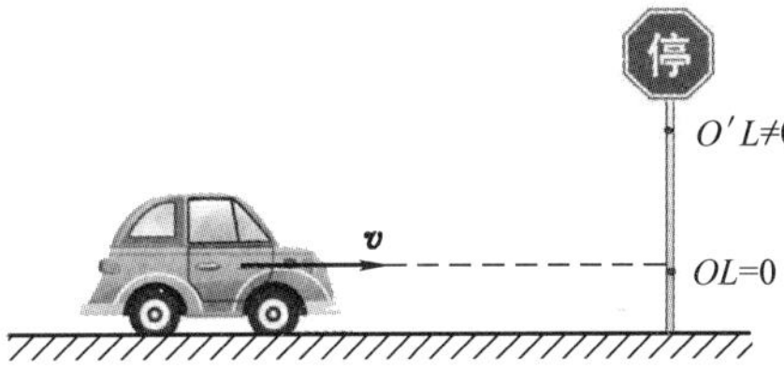

图 3-22　直线运动的汽车的角动量

2）当 $\boldsymbol{r}$ 与 $\boldsymbol{v}$ 同向或反向时，角动量为零。

3）并非只有做曲线运动的质点才有角动量。前面所说的直线运动的汽车也是可能有角动量，当然对于曲线运动特别是圆周运动我们更常用到角动量。

4）做圆周运动的质点相对于圆心的角动量为

$$L = rp = mvr = mr^2\omega \quad (3\text{-}28)$$

所以，质点做匀速圆周运动时，对圆心 O 的角动量为恒量。

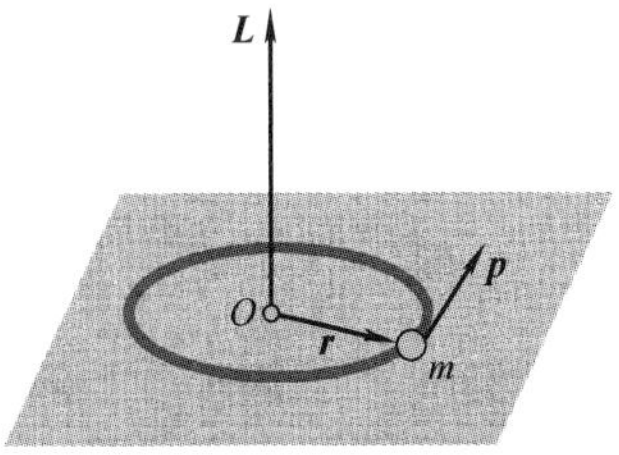

图 3-23　圆周运动的质点对圆心的角动量

3.3.2 力矩　质点的角动量定理

我们知道质点的动量变化是由合外力决定的，那么质点的角动量的变化由谁决定呢？我们直接从角动量的定义式入手讨论角动量随时间的变化率，有

$$\frac{\mathrm{d}\boldsymbol{L}}{\mathrm{d}t}=\frac{\mathrm{d}}{\mathrm{d}t}(\boldsymbol{r}\times m\boldsymbol{v})=\boldsymbol{r}\times\frac{\mathrm{d}(m\boldsymbol{v})}{\mathrm{d}t}+\frac{\mathrm{d}\boldsymbol{r}}{\mathrm{d}t}\times m\boldsymbol{v} \tag{3-29}$$

由于

$$\boldsymbol{F}=\frac{\mathrm{d}(m\boldsymbol{v})}{\mathrm{d}t},\ \boldsymbol{v}=\frac{\mathrm{d}\boldsymbol{r}}{\mathrm{d}t} \tag{3-30}$$

将式（3-30）代入式（3-29）得

$$\frac{\mathrm{d}\boldsymbol{L}}{\mathrm{d}t}=\boldsymbol{r}\times\boldsymbol{F}+\boldsymbol{v}\times m\boldsymbol{v} \tag{3-31}$$

根据矢量叉乘性质，$\boldsymbol{v}\times m\boldsymbol{v}=0$，所以

$$\frac{\mathrm{d}\boldsymbol{L}}{\mathrm{d}t}=\boldsymbol{r}\times\boldsymbol{F} \tag{3-32}$$

令

$$\boldsymbol{M}=\boldsymbol{r}\times\boldsymbol{F} \tag{3-33}$$

式中，$\boldsymbol{M}$ 就是合外力 $\boldsymbol{F}$ 对固定点的**力矩**，如图 3-24 所示。力矩也是相对于某一固定点而言的，其大小为

$$M=rF\sin\alpha=r_{\perp}F \tag{3-34}$$

方向也由右手螺旋定则决定。而 $r_{\perp}=r\sin\alpha$ 就是中学物理中所学的力臂。

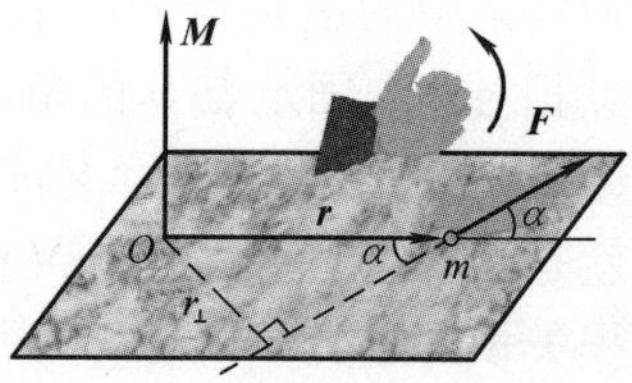

图 3-24　力矩的定义

这样，式（3-32）又可写为

$$\boldsymbol{M}=\frac{\mathrm{d}\boldsymbol{L}}{\mathrm{d}t} \tag{3-35}$$

式（3-35）说明，质点对任一固定点的角动量的时间变化率等于合外力对该点的力矩。这就是**质点角动量定理**的微分形式。其积分形式为

$$\int_{t_0}^{t}\boldsymbol{M}\mathrm{d}t=\boldsymbol{L}-\boldsymbol{L}_0 \tag{3-36}$$

式中，$\int_{t_0}^{t}\boldsymbol{M}\mathrm{d}t$ 称为合外力矩的**冲量矩**（也称**角冲量**），它等于相应时间内质点的角动量的增量。

关于质点角动量定理的两点说明：

1）质点角动量定理是从牛顿定律导出的，因而它也只适用于惯性系。

2）在质点角动量定理中，力矩与角动量是对惯性系中的同一固定点而言的。

3.3.3　角动量守恒定律

由式（3-35）可知，若 $\boldsymbol{M}=0$，则

$$\boldsymbol{L}=\boldsymbol{r}\times\boldsymbol{p}=\boldsymbol{r}\times m\boldsymbol{v}=\text{常矢量} \tag{3-37}$$

即当质点所受合外力对某固定点的力矩为零时，质点对该点的角动量不随时间变化，这就是质点的**角动量守恒定律**。

关于角动量守恒说明几点：

1）和动量守恒定律一样，角动量守恒定律也是**自然界一条最基本的定律**！

2）关于守恒条件外力矩等于零（$M=rF\sin\alpha=0$）有两种情况：

① 合外力 $\boldsymbol{F}=\boldsymbol{0}$ 时 $\boldsymbol{M}=\boldsymbol{0}$。所以一个不受外力作用的质点运动时，它对任一固定点的角

动量保持不变。

② 合外力 $\boldsymbol{F}$ 作用线通过参考点 O，此时 $\boldsymbol{r}$ 和 $\boldsymbol{F}$ 平行或反平行，$\alpha=0°$或 π，$\sin\alpha=0$，所以 $M=0$。例如，地球和其他行星绕太阳转动时，太阳可看作不动，而地球和其他行星所受太阳的引力是有心力（力心在太阳），合外力矩为零，因此，地球等行星对太阳的角动量恒定。又如带电微观粒子射到质量较大的原子核附近时，该粒子所受的电场力就是有心力（力心在原子核），所以，微观粒子在与原子核的碰撞过程中对力心的角动量守恒。

3）由于角动量是矢量，当外力对定点的力矩不为零，但是其某一方向的分量为零时，则角动量在该方向上的分量恒定。

例 3.13　如图 3-25 所示，用绳子系一个小球使之在光滑水平面上绕一固定点做圆周运动，圆半径为 r_1，速率为 v_1。今缓慢地下拉绳的另一端，使圆半径逐渐减小。求圆半径缩短到 r_2 时，小球的速率 v_2。

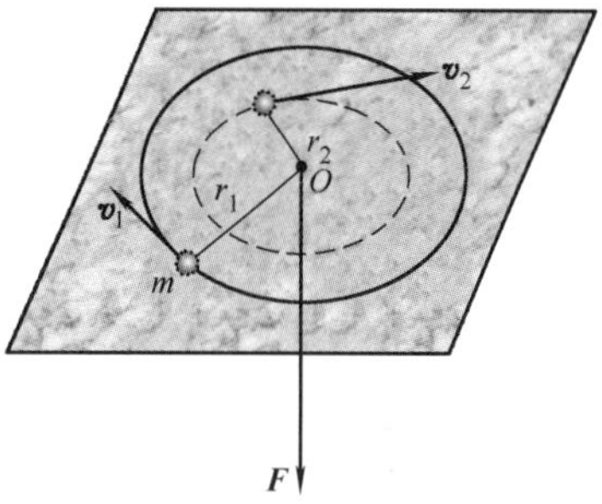

图 3-25　例题 3.13 用图

解：小球受到外力是绳子对它的拉力，这个拉力的方向是沿半径向内的，在缓慢拉绳的过程中，拉力的方向也是沿径向向内指向圆心 O 的，那么这个力对圆心的力矩为零，所以小球在变化的过程中，对圆心 O 的角动量是守恒的，所以

$$mv_1r_1=mv_2r_2$$

得

$$v_2=v_1r_1/r_2$$

这里小球的角动量方向也是不变的，始终垂直桌面向下。

例 3.14　证明**开普勒第二定律**：行星对太阳的径矢在相等的时间内扫过相等的面积。

解：行星在太阳的引力作用下做椭圆运动。运动过程中行星受到的引力方向任何时刻总和太阳的径矢方向相反，所以引力对太阳的力矩为零。因此，行星在运动过程中角动量守恒。

如图 3-26 所示，质量为 m 的行星绕着太阳运动，它在任意时刻的角动量 $\boldsymbol{L}=\boldsymbol{r}\times\boldsymbol{p}$ 是守恒的，这就意味着首先角动量的方向不变，即 $\boldsymbol{r}$ 和 $\boldsymbol{p}$ 所决定的平面方位不变，也就是说行星总是在一个平面内运动，它的轨道是一个平面轨道，而 $\boldsymbol{L}$ 垂直于这个轨道。其次，行星对太阳的角动量的大小不变，即 $L=C$。而行星运动到任意位置的角动量为

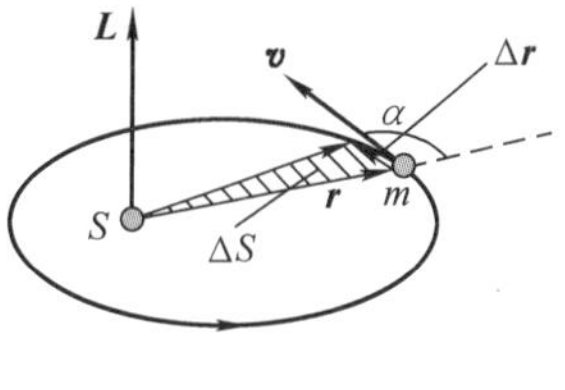

图 3-26　例题 3.14 用图

$$L=rmv\sin\alpha=m\left|\frac{\mathrm{d}\boldsymbol{r}}{\mathrm{d}t}\right|r\sin\alpha=m\lim_{\Delta t\to 0}\frac{r\,|\Delta\boldsymbol{r}|\sin\alpha}{\Delta t}$$

而由图 3-26 可知，当 $\Delta t\to 0$ 时，图中阴影三角形的面积（Δt 时间内径矢扫过的面积）$\Delta S\approx\frac{1}{2}r\,|\Delta\boldsymbol{r}\sin\alpha|$，将之代入上式得

$$L=2m\lim_{\Delta t\to 0}\frac{\Delta S}{\Delta t}=2m\frac{\mathrm{d}S}{\mathrm{d}t}$$

所以

$$\frac{\mathrm{d}S}{\mathrm{d}t}=\frac{C}{2m}=C'$$

式中，$\mathrm{d}S/\mathrm{d}t$ 就是行星对太阳的径矢在单位时间内扫过的面积（**掠面速度**），由推导结果它是个常量，所以得到行星对太阳的径矢在相等的时间内扫过相等的面积。

3.3.4　质点系的角动量定理

1. 质点系角动量定理

如图3-27所示，设一质点系由N个质点组成，每个质点的质量m_1，m_2，m_3，…，先以其中的第i个质点为研究对象，设它所受的外力为$\boldsymbol{F}_i$，第j个质点对它的内力用$\boldsymbol{f}_{ij}$表示，则质点i所受的所有力之和为$\boldsymbol{F}_i+\sum\limits_{j\neq i}\boldsymbol{f}_{ij}$，由质点的角动量定理，得

$$\frac{\mathrm{d}\boldsymbol{L}_i}{\mathrm{d}t}=\boldsymbol{r}_i\times(\boldsymbol{F}_i+\sum_{j\neq i}\boldsymbol{f}_{ij})\tag{3-38}$$

式中，$\boldsymbol{L}_i$是质点i对固定点O的角动量。将上式两边对整个质点系求和得

$$\sum_{i=1}^{n}\frac{\mathrm{d}\boldsymbol{L}_i}{\mathrm{d}t}=\sum_{i=1}^{n}\boldsymbol{r}_i\times(\boldsymbol{F}_i+\sum_{j\neq i}\boldsymbol{f}_{ij})\tag{3-39}$$

质点系对同一个固定点的角动量等于体系内各质点对该定点的角动量的矢量和：

$$\boldsymbol{L}=\sum_{i=1}^{n}\boldsymbol{L}_i=\sum_{i=1}^{n}\boldsymbol{r}_i\times\boldsymbol{p}_i=\sum_{i=1}^{n}\boldsymbol{r}_i\times(m_i\boldsymbol{v}_i)\tag{3-40}$$

由式（3-39）、式（3-40）得

$$\frac{\mathrm{d}\boldsymbol{L}}{\mathrm{d}t}=\sum_{i=1}^{n}\boldsymbol{r}_i\times\boldsymbol{F}_i+\sum_{i=1}^{n}\left(\boldsymbol{r}_i\times\sum_{j\neq i}\boldsymbol{f}_{ij}\right)=\boldsymbol{M}_{外}+\boldsymbol{M}_{内}\tag{3-41}$$

其中，

$$\sum_{i=1}^{n}\boldsymbol{r}_i\times\boldsymbol{F}_i=\boldsymbol{M}_{外}\tag{3-42}$$

它表示各质点所受的外力矩的矢量和，称为质点系所受的合外力矩，而

$$\sum_{i=1}^{n}(\boldsymbol{r}_i\times\sum_{j\neq i}\boldsymbol{f}_{ij})=\boldsymbol{M}_{内}\tag{3-43}$$

表示各质点所受的内力矩的矢量和。在质点系内，由于i和j两个质点间的内力$\boldsymbol{f}_{ij}$和$\boldsymbol{f}_{ji}$总是成对出现的，而且大小相等、方向相反、沿两质点的连线方向，所以，它们之间相互作用的力矩之和为

$$\boldsymbol{r}_i\times\boldsymbol{f}_{ij}+\boldsymbol{r}_j\times\boldsymbol{f}_{ji}=(\boldsymbol{r}_i-\boldsymbol{r}_j)\times\boldsymbol{f}_{ij}=0\tag{3-44}$$

因此，式（3-43）表示的所有内力矩之和$\boldsymbol{M}_{内}$为零。于是由式（3-41）可得出

$$\frac{\mathrm{d}\boldsymbol{L}}{\mathrm{d}t}=\boldsymbol{M}_{外}\tag{3-45}$$

式（3-45）说明，**一个质点系所受的合外力矩等于该质点系的角动量对时间的变化率**（力矩和角动量都相对于惯性系中同一个固定点）。这就是**质点系角动量定理**的微分形式。对式（3-45）积分，得到质点系角动量定理的积分形式为

$$\boldsymbol{L}-\boldsymbol{L}_0=\int_0^t\boldsymbol{M}_{外}\,\mathrm{d}t\tag{3-46}$$

质点系角动量定理和质点的角动量定理［式（3-35）和式（3-36）］具有相同的形式，不过这里的力矩只包括外力力矩，不包括内力矩，也就是说对于质点系只有外力矩才会对体系的角动量变化有贡献。内力矩对体系角动量变化无贡献，但是对角动量在体系内部的分配是有作用的。

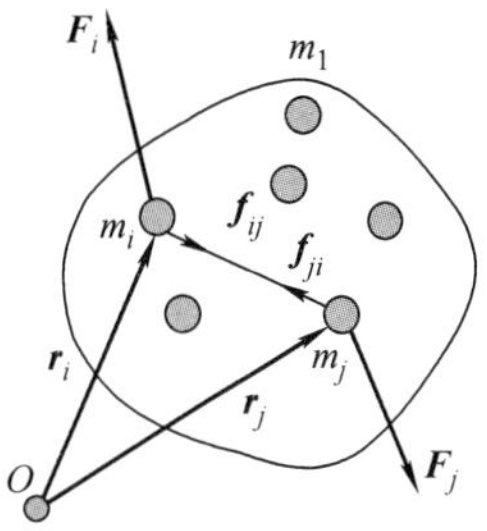

图 3-27　质点系的角动量定理

2. 质点系的角动量守恒定律

由质点系的角动量定理式（3-45）知，当 $\boldsymbol{M}_{外}=0$ 时，有

$$\boldsymbol{L}=常矢量 \tag{3-47}$$

即**质点系相对于某一固定点的合外力矩为零时，该质点系相对于该固定点的角动量不随时间变化**。这就是**质点系角动量守恒定律**。

$\boldsymbol{M}_{外}=0$ 有以下三种情况：

1）系统不受任何外力（即孤立系）；

2）所有的外力都通过固定点；

3）每个外力的力矩不为零，但外力矩的矢量和为零。

值得注意的是，质点系角动量守恒的条件是质点系所受的外力矩的矢量和为零，但并不要求质点系所受的外力的矢量和为零。这说明质点系的角动量守恒时，质点系的动量不一定守恒。

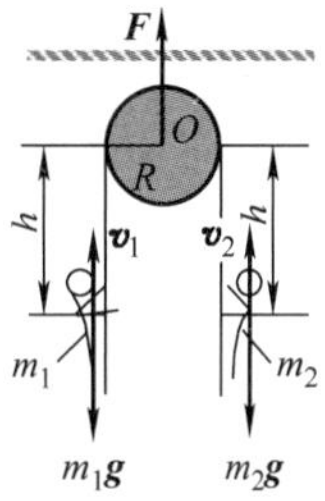

图 3-28　例题 3.15 用图

例 3.15　如图 3-28 所示，两个同样重的小孩各抓着跨过滑轮绳子的两端。一个孩子用力向上爬，另一个则抓住绳子不动。若滑轮的质量和轴上的摩擦都可忽略，哪一个小孩先到达滑轮？两个小孩重量不等时情况又如何？

解：把每个小孩看成一个质点，以滑轮的轴 O 为固定点，把两个小孩和滑轮看成系统。规定角动量和力矩的正方向：以垂直纸面向里为正方向。设两个小孩的质量和速度，分别为 m_1、m_2、$\boldsymbol{v}_1$、$\boldsymbol{v}_2$，对系统受力分析，外力只有两个小孩所受的重力，以及定滑轮的力 $\boldsymbol{F}$，但是力 $\boldsymbol{F}$ 通过固定点 O，所以它对 O 的力矩为零，所以系统所受的合外力矩为

$$M_{外}=(m_2-m_1)gR$$

系统的总角动量为

$$L=(m_1v_1-m_2v_2)R$$

（1）当 $m_1=m_2$ 时，$M_{外}=0$，所以，系统角动量守恒。

设两个小孩开始不动，即 $v_1=v_2=0$，$L|_{t=0}=0$，所以以后任意时刻的角动量为

$$L=(m_1v_1-m_2v_2)R=0$$

则

$$v_1=v_2$$

所以，两个小孩重量相同时，他们将同时到达滑轮。

（2）当 $m_1\neq m_2$ 时，$M_{外}\neq 0$ 系统角动量不守恒。

若 $m_1>m_2$：$M_{外}<0$　由动量定理，得

$$M_{外}=\frac{\mathrm{d}L}{\mathrm{d}t}=(m_2-m_1)gR<0$$

仍设两个小孩开始不动，即$L|_{t=0}=0$，所以任意时刻总角动量：$L<0$，得

$$(m_1v_1-m_2v_2)R<0$$

则

$$v_1<v_2$$

所以，质量为 m_2 的孩子（即轻的孩子）上升得快，先达到滑轮。

同理，若 $m_1<m_2$ 我们也会得到相同的结论：轻的孩子先到达滑轮。

小　结

1. 动量定理与动量守恒定律

冲量：$\boldsymbol{I}=\int_{t_1}^{t_2}\boldsymbol{F}\mathrm{d}t=\overline{\boldsymbol{F}}(t_2-t_1)=\overline{\boldsymbol{F}}\Delta t$

质点的动量定理：$\mathrm{d}\boldsymbol{I}=\boldsymbol{F}\mathrm{d}t=\mathrm{d}\boldsymbol{p}$（微分式）

$$\boldsymbol{I}=\int_{t_1}^{t_2}\boldsymbol{F}\mathrm{d}t=\int_{p_1}^{p_2}\mathrm{d}\boldsymbol{p}=\boldsymbol{p}_2-\boldsymbol{p}_1=\Delta\boldsymbol{p}\text{（积分式）}$$

质点系的动量定理：$\boldsymbol{F}\mathrm{d}t=\mathrm{d}\boldsymbol{p}$（微分式）

$\boldsymbol{F}$：质点系所受合外力，内力对系统总动量无贡献！

动量守恒定律：若质点系所受合外力为零（$\boldsymbol{F}=0$）时，则这一质点系的总动量不随时间改变，即

$$\text{若}\ \boldsymbol{F}=0\text{，则有}\ \boldsymbol{p}=\sum_i m_i\boldsymbol{v}_i=\text{常矢量}$$

2. 质心运动定理

质心位矢：$\boldsymbol{r}_C=\dfrac{\sum\limits_{i=1}^{N}m_i\boldsymbol{r}_i}{m}$ 或 $\boldsymbol{r}_C=\dfrac{\int\boldsymbol{r}\mathrm{d}m}{m}$

质心运动定理：$\boldsymbol{F}=m\boldsymbol{a}_C$

*质心参考系：相对于质心静止的平动参考系，即零动量参考系

3. 角动量 角动量守恒定律

质点对固定点的角动量：$\boldsymbol{L}=\boldsymbol{r}\times\boldsymbol{p}=\boldsymbol{r}\times m\boldsymbol{v}$

力对固定点的力矩：$\boldsymbol{M}=\boldsymbol{r}\times\boldsymbol{F}$

质点角动量定理：$\boldsymbol{M}=\dfrac{\mathrm{d}\boldsymbol{L}}{\mathrm{d}t}$（微分形式）

$$\int_{t_0}^{t}\boldsymbol{M}\mathrm{d}t=\boldsymbol{L}-\boldsymbol{L}_0\text{（积分形式）}$$

质点角动量守恒定律：当质点所受合外力对某固定点的力矩为零时，质点对该点的角动量不随时间变化，即

$$\text{若}\ \boldsymbol{M}=0\text{，则}\ \boldsymbol{L}=\boldsymbol{r}\times\boldsymbol{p}=\boldsymbol{r}\times m\boldsymbol{v}=\text{常矢量}$$

质点系角动量定理：$\dfrac{\mathrm{d}\boldsymbol{L}}{\mathrm{d}t}=\boldsymbol{M}_{外}$（微分形式）

$$\boldsymbol{L}-\boldsymbol{L}_0=\int_0^t\boldsymbol{M}_{外}\,\mathrm{d}t\text{（积分形式）}$$

质点系角动量守恒定律：质点系相对于某一固定点的合外力矩为零时，该质点系相对于该固定点的角动量不随时间变化，即

$$\text{当}\ \boldsymbol{M}_{外}=0\ \text{时，}\boldsymbol{L}=\boldsymbol{L}_0=\text{常矢量}$$

思考题

3.1　动量、冲量的大小和方向跟参考系有关吗？

3.2　作用力的冲量和反作用力的冲量是否总是大小相等、方向相反？

3.3　为什么钉子很容易用锤敲打进木块，却很难用锤压进木块？

3.4　一人用恒力 $\boldsymbol{F}$ 推地上的木箱，经历时间 Δt 未能推动木箱，此推力的冲量等于多少？木箱既然受了力 $\boldsymbol{F}$ 的冲量，为什么它的动量没有改变？

3.5　如图 3-29 所示，用一根细线吊一重物，重物质量为 5kg，重物下面再系一根同样的细线，细线只能经受 70N 的拉力。现在突然向下拉一下下面的线。设拉力最大值为 50N，能否拉断绳？若能，上下两根线哪个先断？还是一起断？

3.6　试解释胸口碎大石。如图 3-30 所示，在一卧躺的人胸口上放一大石板，另一人则拿大锤把大石板敲碎，但下面的人毫发无损。

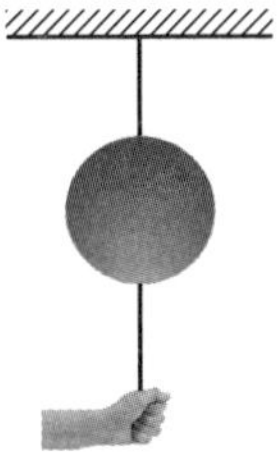

图 3-29　思考题 3.5 用图

图 3-30　思考题 3.6 用图

3.7　一人在帆船上用鼓风机正对帆鼓风，企图使船前进，结果，船非但未能前进，反而缓慢后退。这是为什么？

3.8　有两只船与堤岸的距离相同，为什么从小船跳上堤岸比较难，而从大船上跳上堤岸却比较容易？

3.9　《论衡·效力篇》中说："古之多力者，身能负荷千钧，手能决角伸钩，使之自举，不能离地。"如何解释其中的"自举，不能离地"（意思：自己抬举自己，身体不能离开地面）？

3.10　一人静止于覆盖着整个池塘的完全光滑的冰面上，试问他怎样才能到达岸上？他能否由步行、滚动、挥舞双臂或踢动两脚而到达岸边？

3.11　身体的质心一定在身体上吗？有没有办法将自己身体的质心移动到身体之外去？

3.12　判断下列说法是否正确：

（1）质点系的总动量为零，总角动量一定为零。

（2）一质点做直线运动，质点的角动量一定为零。

（3）一质点做直线运动，质点的角动量一定不变。

（4）一质点做匀速率圆周运动，其动量方向在不断改变，所以角动量的方向也随之不断改变。

3.13　如图 3-31 所示，绳子上端固定，另一端系一质量为 m 的小球，小球绕竖直轴做匀速率 v 的圆周运动，A、B 为圆周直径上的两端点，质点从 A 到 B 过程中动量是否守恒？如不守恒，绳子拉力的冲量是否等于小球动量的变化？此过程小球对固定点的角动量是否守恒？对圆心的角动量呢？

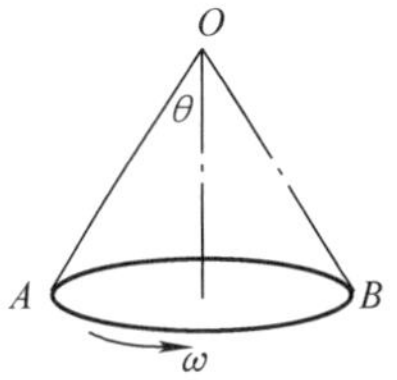

图 3-31　思考题 3.13 用图

3.14　若质点只受有心力作用，那么该质点一定做平面运动吗？

3.15　质量为 m 的汽车以速度 $\boldsymbol{v}$ 沿一笔直公路做直线运动，则它对其运动直线上任一点的角动量是多少？对距离其运动直线竖直距离为 d 的树的角动量又是多少？

3.16　对于一个质点，合力的力矩等于力矩之和，对于质点系，合力的力矩也等于各力矩之和吗？

3.17　一对内力矩之和为零，那么对于质点系，一对等大反向的外力的力矩之和也为零吗？

习　题

3.1　一物体质量为10kg，受到方向不变的力 $F=30+40t$（SI）作用，求：

（1）在开始的两秒内，此力冲量的大小；

（2）若物体的初速度大小为10m/s，方向与力 $\boldsymbol{F}$ 的方向相同，则在2s末物体速度的大小。

3.2　如图3-32所示，一小球在弹簧的作用下在光滑的水平面上做一维振动，小球所受弹力 $f=-kx$，而位移为 $x=A\sin\omega t$，其中 A、ω、k 都是常量，求在 $t=0$ 到 $t=\pi/2\omega$ 的时间间隔内弹力对小球的冲量。

3.3　质量 $m=1\text{kg}$ 的小球，自 $h=20\text{m}$ 高处以速率 $v_0=10\text{m/s}$ 沿水平方向抛出，下落与水平地面碰撞后跳起的最大高度为抛出时高度的一半，水平速度大小为 $v_0/2$，如图3-33所示。设球与地面的碰撞时间为 $\Delta t=0.01\text{s}$，求小球与地面碰撞过程中受到的平均冲力（取 $g=10\text{m/s}^2$）。

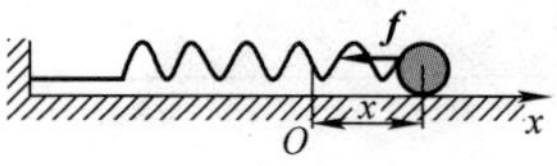

图3-32　习题3.2用图

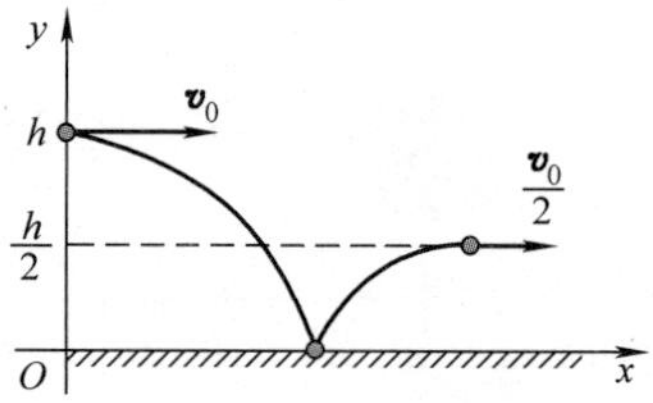

图3-33　习题3.3用图

3.4　一颗子弹在枪筒里前进时所受的合力大小为 $F=400-\frac{4\times10^5}{3}t$（SI）子弹从枪口射出时的速率为300m/s。假设子弹离开枪口时合力刚好为零，求：

（1）子弹走完枪筒全长所用的时间；

（2）子弹在枪筒中所受力的冲量大小；

（3）子弹的质量。

3.5　一质量均匀分布的柔软细绳竖直地悬挂着，绳的下端刚好触到水平桌面上。如果把绳的上端放开，绳将落在桌面上。试证明：在绳下落的过程中，任意时刻作用于桌面的压力，等于已落到桌面上的绳所受重力的三倍。

3.6　静水中停泊着两只质量皆为 M 的小船。第一只船在左边，其上站一质量为 m 的人，该人以水平向右速度 $\boldsymbol{v}$ 从第一只船上跳到其右边的第二只船上，然后又以同样的速率 v 水平向左地跳回到第一只船上。求此后第一只船、第二只船运动的速度分别是多少。（水的阻力不计，所有速度都相对地面而言）

3.7　质量为 M、长为 l 的船浮在静止水面上，船上有一质量为 m 的人，开始时人与船相对静止，然后人以相对于船的速度 u 从船尾走到船头，当人走到船头后人就站在船头上，经长时间后，人和船又都静止下来。设船在运动过程中受到的阻力与船相对于水的速度成正比，即 $f=-kv$。求整个过程中船的位移。

3.8　两个长方形的物体A和B紧靠着静止放在光滑的水平桌面上，已知 $m_A=2\text{kg}$，$m_B=3\text{kg}$。现有一质量 $m=100\text{g}$ 的子弹以速率 $v_0=800\text{m/s}$ 水平射入长方体A，经 $t=0.01\text{s}$，子弹进入长方体B，最后停留在长方体B内未射出。设子弹射入A时所受的摩擦力为 $F=3\times10^3\text{N}$，求：

（1）子弹在射入A的过程中，B受到A的作用力的大小；

（2）当子弹留在B中时，A和B的速度大小。

3.9　一粒子弹水平地穿过前后紧靠着静止放置在光滑水平面上的木块中，已知两木块的质量分别为

m_1、m_2，子弹穿过两木块的时间各为 Δt_1、Δt_2，设子弹在木块中所受的阻力为恒力 F。子弹穿过后，两木块各以多大速度运动？

3.10　质量为 $M=1.5\text{kg}$ 的物体，用一根长为 $l=1.25\text{m}$ 的细绳悬挂在顶棚上。今有一质量为 $m=10\text{g}$ 的子弹以 $v_0=500\text{m/s}$ 的水平速率射穿物体，刚穿出物体时子弹的速度大小 $v=30\text{m/s}$，设穿透时间极短。求：

（1）子弹刚穿出时绳中张力的大小；

（2）子弹在穿透过程中所受的冲量。

3.11　如图 3-34 所示，两部运水的货车 A、B 在水平面上沿同一方向运动，B 的速度为 $\boldsymbol{u}$，从 B 上以 5kg/s 的速率将水抽至 A 上，水从管子尾部出口竖直落下，车与地面间的摩擦不计，t 时刻 A 车的质量为 M，速度为 $\boldsymbol{v}$。求 t 时刻 A 的瞬时加速度。

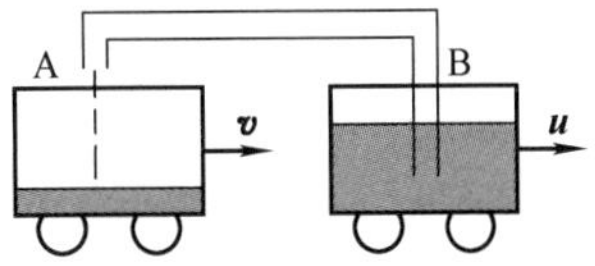

图 3-34　习题 3.11 用图

3.12　一炮弹发射后在其运行轨道上的最高点 $h=20\text{m}$ 处炸裂成质量相等的两块，其中一块在爆炸后 1s 落到爆炸点正下方的地面上，设此处与发射点的距离 $S_1=100\text{m}$，问另一块落地点与发射点的距离是多少？（空气阻力不计，$g=10\text{m/s}^2$）

3.13　求半径为 R 的半圆形均质薄板的质心。

3.14　求半径为 R 的均质半薄球壳的质心。

3.15　如图 3-35 所示，从半径为 R 的均质圆盘上挖掉一块半径为 r 的小圆盘，两圆盘中心 O 和 O' 相距为 d，且 $(d+r)<R$。求挖掉小圆盘后，该系统的质心坐标。

3.16　水分子 H_2O 的结构如图 3-36 所示，每个氢原子和氧原子的中心距离 $d=1.0\times10^{-10}\text{m}$，氢原子和氧原子两条线间的夹角为 $\theta=104.6°$。求水分子的质心。

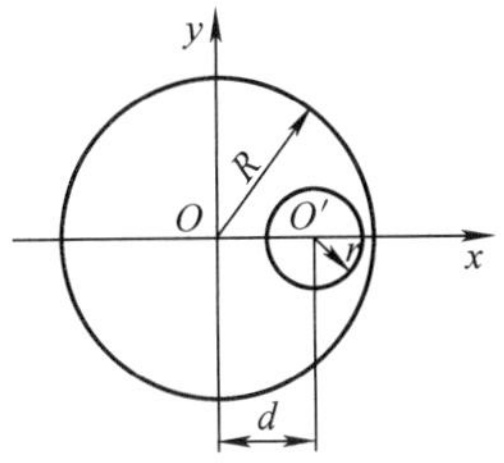

图 3-35　习题 3.15 用图

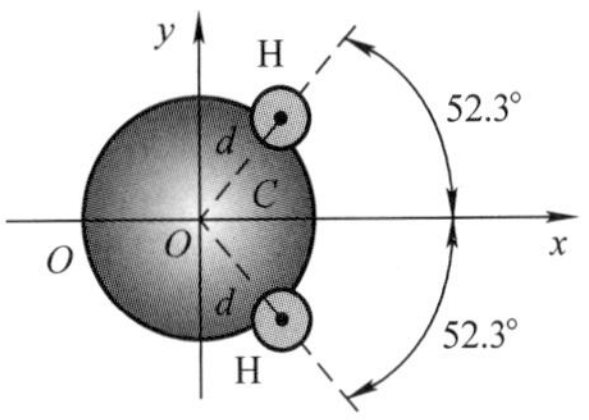

图 3-36　习题 3.16 用图

3.17　一质点的角动量为 $\boldsymbol{L}=6t^2\boldsymbol{i}-(2t+1)\boldsymbol{j}+(12t^3-8t^2)\boldsymbol{k}$，则质点在 $t=1\text{s}$ 时所受力矩是多少？

3.18　哈雷彗星绕太阳的轨道是以太阳为一个焦点的椭圆。它离太阳最近的距离是 $r_1=8.75\times10^{10}\text{m}$，此时它的速率是 $v_1=5.46\times10^4\ \text{m/s}$。它离太阳最远时的速率是 $v_2=9.08\times10^2\ \text{m/s}$，这时它离太阳的距离 r_2 是多少？

3.19　我国的第一颗人造地球卫星绕地球做椭圆轨道运动，地球的中心 O 为该椭圆的一个焦点。已知地球的平均半径 $R=6378\text{km}$，卫星距地面最近距离 $l_1=439\text{km}$，最远距离 $l_2=2384\text{km}$。若卫星在近地点速率 $v_1=8.10\text{km/s}$，求远地点速率 v_2。

3.20　两个滑冰运动员的质量各为 70kg，均以 6.5m/s 的速率沿相反的方向滑行，滑行路线间的垂直距离为 10m，当彼此交错时，各抓住一 10m 长的绳索的一端，然后相对旋转，求：

（1）抓住绳索之后各自对绳中心的角动量；

（2）它们各自收拢绳索，到绳长为 5m 时，各自的速率。

3.21　一个具有单位质量的质点在随时间 t 变化的力 $\boldsymbol{F}=(3t^2-4t)\boldsymbol{i}+(12t-6)\boldsymbol{j}$ (N) 作用下运动。设该质点在 $t=0$ 时位于原点，且速度为零。求 $t=2\text{s}$ 时，该质点受到对原点的力矩和该质点对原点的角动量。

3.22　平板中央开一小孔，质量为 m 的小球用细线系住，细线穿过小孔后挂一质量为 M_1 的重物。小球做匀速圆周运动，当半径为 r_0 时重物达到平衡。今在 M_1 的下方再挂一质量为 M_2 的物体，如图 3-37 所示。试问这时小球做匀速圆周运动的速度 v' 和半径 r' 为多少？

3.23　如图 3-38 所示，质量分别为 m_1、m_2 的两个小钢球固定在一个长为 a 的轻质硬杆的两端，杆的中点有一轴使杆可在水平面内自由转动，杆原来静止。另一小球质量为 m_3，以水平速度 $\boldsymbol{v}_0$ 沿垂直于杆的方向与 m_2 发生碰撞，碰后二者粘在一起。设 $m_1 = m_2 = m_3$，求杆转动的角速度。

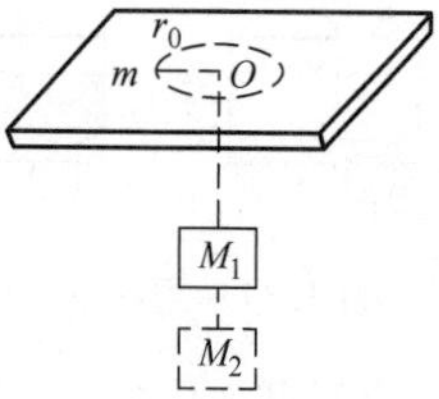

图 3-37　习题 3.22 用图

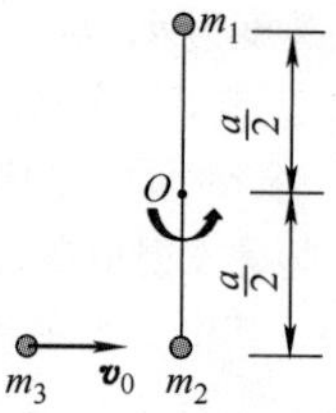

图 3-38　习题 3.23 用图

习题答案

3.1　(1) 140N · s；(2) 24m/s

3.2　$-Ak/\omega$

3.3　大小：3.46×10^3N，方向：与 x 轴夹角为98°19′

3.4　(1) 0.003s；(2) 0.6N · s；(3) 2g

3.5　(证明略)

3.6　$-\dfrac{2m}{m+M}\boldsymbol{v}$, $(2m/M)\boldsymbol{v}$

3.7　0

3.8　(1) 1.8×10^3N，方向向右；(2) A：6m/s，B：22m/s

3.9　$v_1 = \dfrac{F\Delta t_1}{m_1+m_2}$，$v_2 = \dfrac{F\Delta t_1}{m_1+m_2} + \dfrac{F\Delta t_2}{m_2}$

3.10　(1) 26.5N；(2) -4.7N · s (负号表示冲量方向与 $\boldsymbol{v}_0$ 方向相反)

3.11　$\dfrac{5}{M}(u-v)$

3.12　500m

3.13　$\dfrac{4R}{3\pi}$

3.14　$\dfrac{R}{2}$

3.15　$x_C = -\dfrac{d}{(R/r)^2-1}$

3.16　$r_C = 6.8\times10^{-12}\text{m}\ \boldsymbol{i}$

3.17　$12\boldsymbol{i}-2\boldsymbol{j}+20\boldsymbol{k}$

3.18　5.26×10^{12} m

3.19　$v_2 = 6.30$km/s

3.20　（1）2275kg · m^2/s；（2）13m/s

3.21　力矩：$-40\boldsymbol{k}$，角动量：$-16\boldsymbol{k}$

3.22　$v' = \left(\dfrac{M_1 + M_2}{M_1}\right)^{1/3}\left(\dfrac{M_1 g r_0}{m}\right)^{1/2}$，$r' = \left(\dfrac{M_1}{M_1 + M_2}\right)^{1/3} r_0$

3.23　$\omega = \dfrac{2v_0}{3a}$

第4章 功和能

这一章讨论力的空间积累及积累效果的关系——功和能。力对空间的累积就是功。力对物体做功过程中物体的能量常常要发生相应的变化。功是能的量度。此章我们将先介绍功的一般定义式，然后根据定义及牛顿定律讨论各种力做功特点及其相应能量的关系，如合外力做功与动能、保守力做功与势能、外力和非保守内力做功与机械能，它们的内在联系与相应的定理，并在质点系功能原理的基础上得到机械能守恒定律，它是自然界基本定律能量守恒定律的特殊形式。最后结合第3、4章的内容讨论一下自然界和技术中常常碰到的一种现象——碰撞。

4.1 功

4.1.1 功 功率

1. 直线运动中恒力的功

恒力是指大小和方向都不随时间改变的力，如图4-1所示，在Δt时间内，质点在恒力$\boldsymbol{F}$作用下沿直线从点1位置运动到点2，位移为$\Delta\boldsymbol{r}$。若$\boldsymbol{F}$与$\Delta\boldsymbol{r}$之间的夹角为θ，则力$\boldsymbol{F}$对质点所做的功定义为

$$A=F\cos\varphi\,|\Delta\boldsymbol{r}| \tag{4-1}$$

即恒力对质点所做的功等于力的大小、位移的大小以及它们夹角余弦的乘积。显然，功表示力对空间的累积作用。

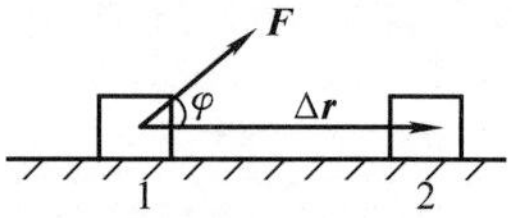

图4-1 直线运动中恒力的功

或者用矢量点积（标量积）的方式表述为

$$A=\boldsymbol{F}\cdot\Delta\boldsymbol{r} \tag{4-2}$$

由式（4-2）可见，功是标量，没有方向，但是有正负。功的正负取决于力与位移的夹角。当力与位移方向的夹角$0\leqslant\varphi<\pi/2$时，$A>0$，力$\boldsymbol{F}$对物体做了正功；当$\pi/2<\varphi\leqslant\pi$时，$A<0$，力$\boldsymbol{F}$对物体做的是负功，或说物体克服了外力做功；若$\theta=\pi/2$，$A=0$，力$\boldsymbol{F}$与位移$\Delta\boldsymbol{r}$垂直，力$\boldsymbol{F}$不做功，例如物体在水平方向移动时，重力就不做功。

2. 任意运动中变力的功

中学我们一般讨论的是恒力的功，但是更一般情况下，物体所受力$\boldsymbol{F}$的大小和方向可能随时间变化，且可能做曲线运动。如图4-2所示，质点在变力$\boldsymbol{F}$的作用下沿任意曲线路径L从A运动到B，这时不能按式（4-2）的定义直接计算功。我们可以将路径分成无数多个微小位移$\mathrm{d}\boldsymbol{r}$（称之为**元位移**），在此微小位移中，曲线可以作为直线处理，且力$\boldsymbol{F}$的变化极其微小，力可看成恒力，则此力在元位移中所做的功可用式（4-2）计算，即

$$\mathrm{d}A=\boldsymbol{F}\cdot\mathrm{d}\boldsymbol{r} \tag{4-3}$$

式中，$\mathrm{d}A$ 是在元位移中所做的功称为**元功**或**微功**。那么，质点由初始位置 A 运动到 B，力 $\boldsymbol{F}$ 做的总功应当等于各元位移上的元功的总和，即对式（4-3）积分得

$$A = \int_{(L)A}^{B} \mathrm{d}A = \int_{(L)A}^{B} \boldsymbol{F} \cdot \mathrm{d}\boldsymbol{r} \tag{4-4}$$

因此，质点从 A 运动到 B 力对它做的总功就是：力 F 沿路径 L 从 A 到 B 的线积分。式（4-4）功的计算式具有普适性！功的 SI 单位为焦耳，简称焦，符号为 J。

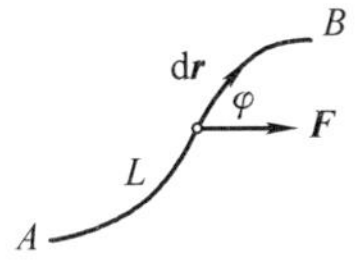

图 4-2　任意曲线运动中变力的功

功是标量，所以在坐标系中也没有分量式，但是功的计算常借助于坐标系进行。在直角坐标系中，力和元位移表示为

$$\boldsymbol{F} = F_x\boldsymbol{i} + F_y\boldsymbol{j} + F_z\boldsymbol{k}$$
$$\mathrm{d}\boldsymbol{r} = \mathrm{d}x\boldsymbol{i} + \mathrm{d}y\boldsymbol{j} + \mathrm{d}z\boldsymbol{k}$$

代入式（4-4）可得

$$A = \int_{(L)A}^{B} \boldsymbol{F} \cdot \mathrm{d}\boldsymbol{r} = \int_{(L)A}^{B} (F_x\mathrm{d}x + F_y\mathrm{d}y + F_z\mathrm{d}z) \tag{4-4a}$$

在自然坐标系中，力 $\boldsymbol{F}$ 和元位移 $\mathrm{d}\boldsymbol{r}$ 表示为

$$\boldsymbol{F} = F_{\mathrm{t}}\boldsymbol{\tau} + F_{\mathrm{n}}\boldsymbol{n}$$
$$\mathrm{d}\boldsymbol{r} = \mathrm{d}s\boldsymbol{\tau}$$

代入式（4-4）可得

$$A = \int_{(L)A}^{B} \boldsymbol{F} \cdot \mathrm{d}\boldsymbol{r} = \int_{(L)A}^{B} F_{\mathrm{t}}\mathrm{d}s \tag{4-4b}$$

由此可见，力对质点做的功等于力的切向分量 F_{t} 对路径的线积分。由于法向力与路径垂直，因此它始终不做功。而力的切向分量 F_{t} 也是力在元位移 $\mathrm{d}\boldsymbol{r}$ 方向上的分量，若已知各个位置力与元位移 $\mathrm{d}\boldsymbol{r}$ 的夹角 φ，则

$$A = \int_{(L)A}^{B} F_{\mathrm{t}}\mathrm{d}s = \int_{(L)A}^{B} F\cos\varphi\mathrm{d}s \tag{4-4c}$$

若力为恒力，质点做直线运动，力的方向与位移的方向夹角为 φ，则 $A = Fs\cos\varphi$，这是与式（4-1）一致的。由此可见式（4-1）是式（4-4）的特殊形式。

由式（4-4b）可知，若画出 F_{t} 随路径变化的函数曲线关系图，如图 4-3 所示，则曲线下的面积等于从 s_A 到 s_B 该力所做的功 A，而窄条面积等于元功 $\mathrm{d}A$。此法求功简单直接，工程上常用此法。

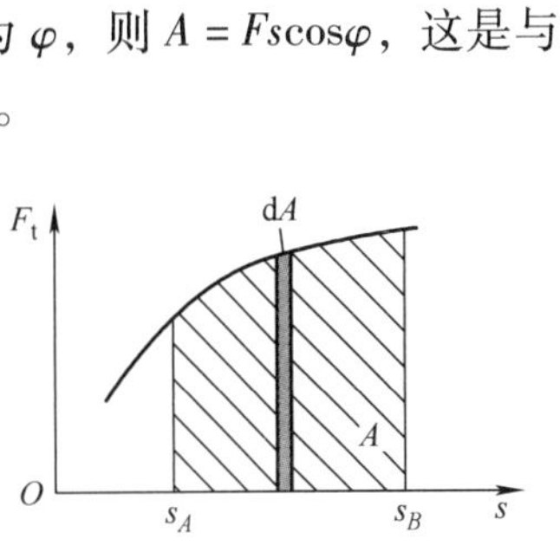

图 4-3　图示法求功

关于功说明两点：

1）功是过程量。和冲量一样，都是描述力的积累情况的，冲量是力对时间积累的描述，功是力对空间累积的描述，所以说某一时刻的功没有意义。

2）功是相对量。既然功是力对位移的路径积分，而位移和参考系的选择有关，所以同样的力相对于不同的参考系，功的大小也不一样。例如，在一上升的电梯中，一小球从一定高度掉落在电梯地面上，此过程中重力对小球做功，但是小球相对于电梯和地面的位移不同，所以重力相对于电梯和地面做的功也是不同的。

3. 合力的功

一个质点同时受到几个力的作用，合力功和各个分力做功有什么关系呢？如图 4-4 所示，设一个质点在力 $\boldsymbol{F}_1$，$\boldsymbol{F}_2$，…，$\boldsymbol{F}_N$ 的作用下由 A 运动到 B，根据力的叠加原理，质点所受的合力 $\boldsymbol{F}$ 为 $\boldsymbol{F}=\boldsymbol{F}_1+\boldsymbol{F}_2+\cdots+\boldsymbol{F}_N$。则整个过程中合力所做的功

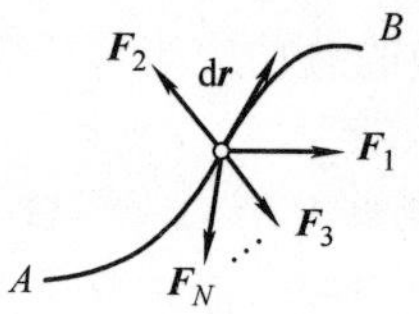

图 4-4 合力的功

$$A=\int_A^B F\cdot \mathrm{d}\boldsymbol{r}=\int_A^B(\boldsymbol{F}_1+\boldsymbol{F}_2+\cdots+\boldsymbol{F}_N)\cdot \mathrm{d}\boldsymbol{r}$$

$$=\int_A^B \boldsymbol{F}_1\cdot \mathrm{d}\boldsymbol{r}+\int_A^B \boldsymbol{F}_2\cdot \mathrm{d}\boldsymbol{r}+\cdots+\int_A^B \boldsymbol{F}_N\cdot \mathrm{d}\boldsymbol{r}$$

所以

$$A=\int_A^B \boldsymbol{F}\cdot \mathrm{d}\boldsymbol{r}=A_1+A_2+\cdots+A_N \tag{4-5}$$

式中，A_1，A_2，…，A_N 为每个分力所做的功。由此可见，一质点同时受几个力作用时：**合力的功等于各分力沿同一路径所做功的代数和**。需要注意的是这个结论只适应于对一个质点做的功，如果多个力作用在一个质点系中的不同质点，由于不能保证各个质点的路径都一样，所以对于质点系，各个力做功之和不一定等于合力做功。

4. 功率

功率是单位时间内的做功多少，反映做功的快慢程度。设在 Δt 时间内力 $\boldsymbol{F}$ 所做的功为 A，比值 $A/\Delta t$ 反映了力在这段时间内做功的平均快慢程度，称为**平均功率**，记为 $\overline{P}$，即

$$\overline{P}=\frac{A}{\Delta t}$$

当 $\Delta t\to 0$ 时，$\overline{P}$ 的极限称为瞬时功率，简称功率，用 P 表示，则

$$P=\frac{\mathrm{d}A}{\mathrm{d}t} \tag{4-6}$$

由于 $\mathrm{d}A=\boldsymbol{F}\cdot \mathrm{d}\boldsymbol{r}$，所以可得

$$P=\frac{\mathrm{d}A}{\mathrm{d}t}=\boldsymbol{F}\cdot\frac{\mathrm{d}\boldsymbol{r}}{\mathrm{d}t}=\boldsymbol{F}\cdot\boldsymbol{v} \tag{4-7}$$

即瞬时功率等于力和速度的标积。若力的方向与物体运动的速度方向垂直时，这个力对物体是不做功的。此式也有重要的实用价值。任何机器往往有其额定的功率，由式（4-7）可知，如果要求机器提供的力越大速度就会越小。汽车在行驶过程中常常需要换档就是由于这个原理。功率的 SI 单位为瓦特，简称瓦，符号为 W。

4.1.2 几种常见力的功

1. 重力的功

如图 4-5 所示，设质量为 m 的质点在重力场中由 A 点经任意曲线（见图 4-5 路径 Ⅰ）运动至 B 点，重力所做的功为

$$A=\int_A^B m\boldsymbol{g}\cdot \mathrm{d}\boldsymbol{r}$$

其中，$m\boldsymbol{g}=-mg\,\boldsymbol{j}$，$\mathrm{d}\boldsymbol{r}=\mathrm{d}x\boldsymbol{i}+\mathrm{d}y\boldsymbol{j}+\mathrm{d}z\boldsymbol{k}$，代入上式，积分得

$$A = \int_{h_A}^{h_B} (-mg)\mathrm{d}y = mgh_A - mgh_B \tag{4-8}$$

式中，h_A、h_B 是质点初、末位置在 y 方向上的分量（即高度）。可见，**重力做功与路径无关，而只与质点的初末位置有关**。即使是沿着路径Ⅱ从 A 运动到 B 结果也是一样的。若 $h_A > h_B$，即下降过程，重力做正功；$h_A < h_B$，重力做负功。而若质点经一任意闭合路径 A Ⅰ B Ⅱ A 运动一周，回到原来位置，重力做功为零。所以，**重力沿任一闭合路径的功等于零**。这一结论是重力做功与路径无关的必然结果。

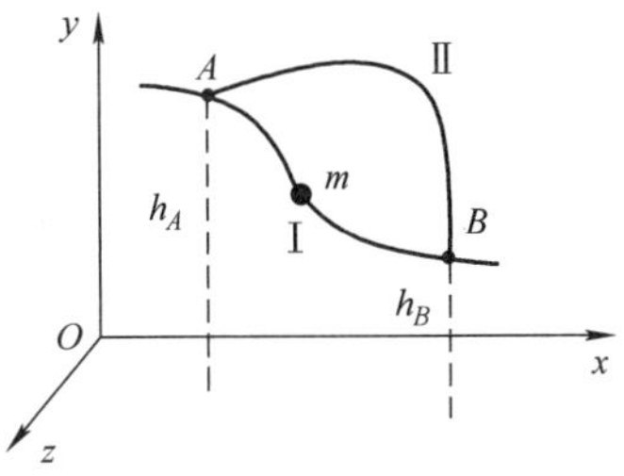

图 4-5　重力做功

2. 弹簧弹性力的功

如图 4-6 所示，将一根劲度系数为 k 的弹簧一端固定，另一端与一质量为 m 的质点相连，置于光滑的水平面上。以弹簧原长为坐标原点，建立一维坐标系 Ox 轴。在弹簧弹性限度内，质点于任意位置 x 处所受的弹性力为 $\boldsymbol{F} = -kx\boldsymbol{i}$。质点由位置 A 移到 B 的过程中，弹力对它所做的功为

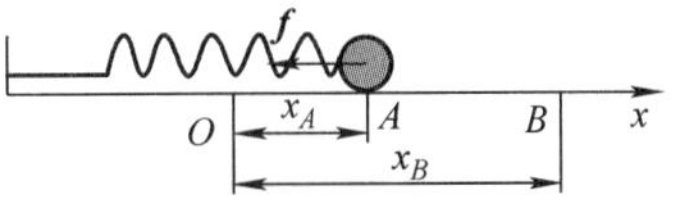

图 4-6　弹力做功

$$A = \int_A^B \boldsymbol{F} \cdot \mathrm{d}\boldsymbol{r} = \int_{x_A}^{x_B} (-kx)\mathrm{d}x = \frac{1}{2}kx_A^2 - \frac{1}{2}kx_B^2 \tag{4-9}$$

可见，**弹性力所做的功也只与质点的初末位置有关，而与路径无关**。这里以弹簧原长为坐标原点，所以位置 x 也反映了弹簧的形变程度。由式（4-9），若弹簧形变增大，弹性力做负功；反之弹簧形变变小，弹性力做正功。同样，无论经过哪样路径质点回到原来的位置，弹性力做功为零，即**弹性力沿任一闭合路径的功也等于零**。

3. 万有引力的功

设有两质点 m_1、m_2，二者之间存在相互指向对方的万有引力。将 m_1 看作固定不动的，取其位置为坐标原点，m_2 相对于 m_1 沿任意路径 L 由 A 运动到 B，如图 4-7 所示。根据万有引力定律，在任意位置 $\boldsymbol{r}$，m_2 受到的 m_1 的万有引力表示为

$$\boldsymbol{f} = -\frac{Gm_1m_2}{r^2}\boldsymbol{r}_0$$

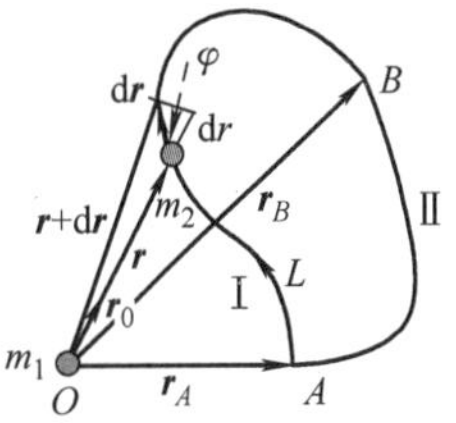

图 4-7　万有引力做功

式中，$\boldsymbol{r}_0$ 是沿径矢方向上的单位矢量。则由 A 到 B 万有引力做功为

$$A = \int_{(L)A}^{B} \boldsymbol{f} \cdot \mathrm{d}\boldsymbol{r} = \int_{(L)r_A}^{r_B} \left(-\frac{Gm_1m_2}{r^2}\right)\boldsymbol{r}_0 \cdot \mathrm{d}\boldsymbol{r}$$

式中，$\boldsymbol{r}_0 \cdot \mathrm{d}\boldsymbol{r} = |\mathrm{d}\boldsymbol{r}|\cos\varphi = \mathrm{d}r$，则由上式可得

$$A = \int_{(L)r_A}^{r_B} \left(-\frac{Gm_1m_2}{r^2}\right)\mathrm{d}r = \frac{Gm_1m_2}{r_B} - \frac{Gm_1m_2}{r_A} \tag{4-10}$$

可见，**万有引力所做的功也只与质点的始末位置有关，而与路径无关**。当两质点间距离增大时，万有引力做负功；反之，两质点间距离减小时，万有引力则做正功。若质点 m_2 经一

任意闭合路径 $A\text{I}B\text{II}A$ 运动一周，万有引力做功为零。**万有引力沿任一闭合路径的功等于零。**

4. 摩擦力的功

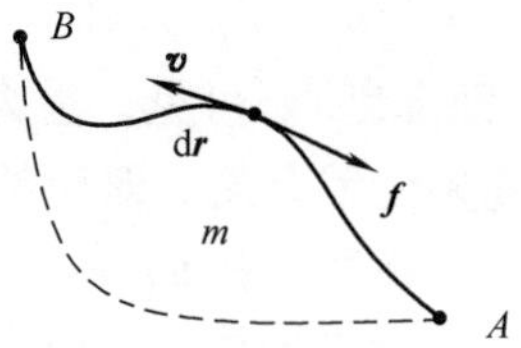

图 4-8 摩擦力做功

如图 4-8 所示，一质量为 m 的质点在粗糙的平面上沿任一曲线路径运动，它与地面的滑动摩擦系数为 μ_k，则质点所受摩擦力 f 的大小为 $f=\mu_k N=\mu_k mg$，方向始终与运动方向相反，即 $\boldsymbol{f}$ 与 $\mathrm{d}\boldsymbol{r}$ 夹角为 π，代入（4-4c）得

$$A = \int_{A\,(L)}^{B} f\cos\varphi \mathrm{d}s = -\int_{A\,(L)}^{B} f\mathrm{d}s = -\mu_k mg\int_A^B \mathrm{d}s = -\mu_k mgs \tag{4-11}$$

这里，s 是质点沿所给路径从 A 运动到 B 所走的路程，它的值是与路径有关的。所以，**摩擦力的功与质点所经过的路径有关**，路径不同摩擦力所做的功是不一样的。摩擦力沿闭合路径积分也不等于零。

4.1.3 保守力与非保守力

前面的结果说明重力、弹性力、万有引力做功都有相同的特点：**做功与路径无关，而只取决于系统的始末位置**，这样的力称为**保守力**。若力 $\boldsymbol{f}$ 数学上满足下式：

$$\int_{A\,(L_1)}^{B} \boldsymbol{f}\cdot \mathrm{d}\boldsymbol{r} = \int_{A\,(L_2)}^{B} \boldsymbol{f}\cdot \mathrm{d}\boldsymbol{r} \tag{4-12}$$

则 $\boldsymbol{f}$ 为**保守力**。而此式等价于

$$\oint_{(L)} \boldsymbol{f}\cdot \mathrm{d}\boldsymbol{r} = 0 \tag{4-13}$$

即**沿任意闭合回路做功为零的力**称为**保守力**。这两种定义是等价的，下面证明之。

如图 4-9 所示，力沿任意闭合路径 AL_1BL_2A 做功为

$$\oint_{(L)} \boldsymbol{f}\cdot \mathrm{d}\boldsymbol{r} = \int_{A\,(L_1)}^{B} \boldsymbol{f}\cdot \mathrm{d}\boldsymbol{r} + \int_{B\,(L_2)}^{A} \boldsymbol{f}\cdot \mathrm{d}\boldsymbol{r}$$

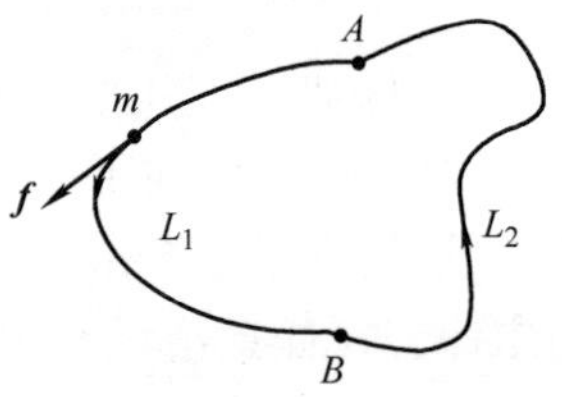

图 4-9 保守力沿闭合路径做功

而 $\int_{B\,(L_2)}^{A} \boldsymbol{f}\cdot \mathrm{d}\boldsymbol{r} = -\int_{A\,(L_2)}^{B} \boldsymbol{f}\cdot \mathrm{d}\boldsymbol{r}$，所以

$$\oint_{(L)} \boldsymbol{f}\cdot \mathrm{d}\boldsymbol{r} = \int_{A\,(L_1)}^{B} \boldsymbol{f}\cdot \mathrm{d}\boldsymbol{r} - \int_{A\,(L_2)}^{B} \boldsymbol{f}\cdot \mathrm{d}\boldsymbol{r}$$

那么，如果 $\oint_{(L)} \boldsymbol{f}\cdot \mathrm{d}\boldsymbol{r} = 0$，则 $\int_{A\,(L_1)}^{B} \boldsymbol{f}\cdot \mathrm{d}\boldsymbol{r} = \int_{A\,(L_2)}^{B} \boldsymbol{f}\cdot \mathrm{d}\boldsymbol{r}$。

除了弹性力、重力、万有引力，下一篇静电场中的静电力也是保守力。与保守力相反，做功与具体路径有关的力则为**非保守力**。非保守力具有沿任意闭合路径做功不等于零的特点。非保守力包括耗散力和非耗散力两类。在力学范围内接触的非保守力大多数是耗散力，常见的摩擦力、碰撞时引起永久形变的冲击力、爆炸力等都属于耗散类的非保守力。而磁力是非耗散类的非保守力，我们将在电磁学中具体阐述。

例 4.1 质量为 10kg 的质点，在外力作用下做平面曲线运动，该质点的速度为 $\boldsymbol{v}=4t^2\boldsymbol{i}+$

$16\boldsymbol{j}$（m/s），开始时质点位于坐标原点。求在质点从 $y=16\text{m}$ 到 $y=32\text{m}$ 的过程中，外力做的功。

解：由题意可得：$v_x=\dfrac{\mathrm{d}x}{\mathrm{d}t}=4t^2$，$v_y=\dfrac{\mathrm{d}y}{\mathrm{d}t}=16$，所以 $\mathrm{d}x=4t^2\mathrm{d}t$，$y=16t$。则 $y=16\text{m}$ 时 $t=1\text{s}$；$y=32\text{m}$ 时 $t=2\text{s}$。

由牛顿第二定律，得

$$F_x=m\frac{\mathrm{d}v_x}{\mathrm{d}t}=80t,\ F_y=m\frac{\mathrm{d}v_y}{\mathrm{d}t}=0$$

代入功的计算式（4-4a），则

$$A=\int F_x\mathrm{d}x+F_y\mathrm{d}y=\int_1^2 320t^3\mathrm{d}t=1200\text{J}$$

例 4.2　如图 4-10 所示，一质量为 m 的物体在外力 $\boldsymbol{F}$ 的作用下沿圆弧形路面极缓慢地匀速移动。设圆弧路面的半径为 R，拉力总是平行于路面，物体与路面的滑动摩擦系数为 μ_k。当物体从底端拉上 θ 圆弧时，拉力做功多少？重力和摩擦力各做功多少？

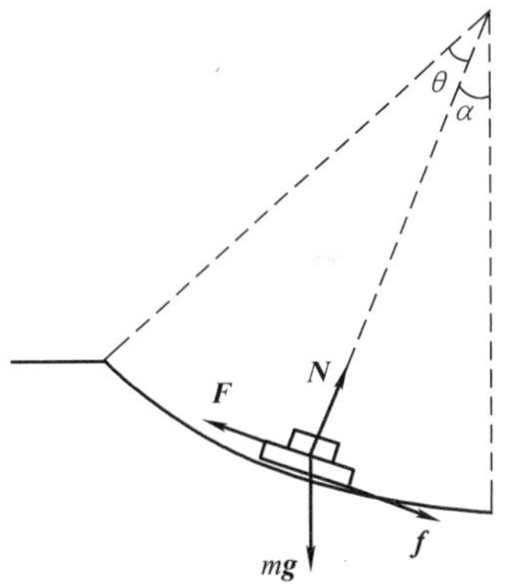

图 4-10　例题 4-2 用图

解：对物体进行受力分析，如图 4-10 所示，由牛顿第二定律可得

切向方向：　$F-mg\sin\alpha-f=0$

法向方向：　$N-mg\cos\alpha=0$

再由 $f=\mu_k N$，联立前面两个方程可解得

$$F=\mu_k mg\cos\alpha+mg\sin\alpha$$

由式（4-4c）$A=\int_{(L)A}^{B}F\cos\varphi\cdot\mathrm{d}s$，对于圆弧，这里 $\varphi=0°$，$\mathrm{d}s=R\mathrm{d}\alpha$。所以，拉力做功为

$$A_F=\int_0^\theta(\mu_k mg\cos\alpha+mg\sin\alpha)R\mathrm{d}\alpha=R[\mu_k mg\sin\theta-mg(\cos\theta-1)]$$

重力做的功为

$$A_g=\int_0^\theta -mg\sin\alpha R\mathrm{d}\alpha=mgR(\cos\theta-1)$$

摩擦力的功为

$$A_f=\int_0^\theta -mg\mu_k\cos\alpha R\mathrm{d}\alpha=-mg\mu_k\sin\theta R$$

4.2　动能定理

前面讨论了功的概念和计算，那么，力对物体做功会产生什么效果呢？实验证明，力对物体做功，物体的动能会发生变化。

4.2.1　质点的动能定理

设一质量为 m 的质点在合外力 $\boldsymbol{F}$ 的作用下从 A 点运动到 B 点，此过程合外力做功。由

功的定义式（4-4b），即

$$A = \int_{(L)A}^{B} \boldsymbol{F} \cdot \mathrm{d}\boldsymbol{r} = \int_{(L)A}^{B} F_{\mathrm{t}} \mathrm{d}s$$

合外力的功由合外力的切向分量决定，由牛顿第二定律得

$$F_{\mathrm{t}} = ma_{\mathrm{t}} = m\frac{\mathrm{d}v}{\mathrm{d}t}$$

则合外力的功为

$$A_{合AB} = \int_{A}^{B} F_{\mathrm{t}} \mathrm{d}s = \int_{A}^{B} m\frac{\mathrm{d}v}{\mathrm{d}t}\mathrm{d}s = \int_{A}^{B} m\frac{\mathrm{d}s}{\mathrm{d}t}\mathrm{d}v = \int_{v_A}^{v_B} mv\mathrm{d}v$$

这里，v_A、v_B 是初末位置 A 点和 B 点的速率，则上式积分得

$$A_{合AB} = \frac{1}{2}mv_B^2 - \frac{1}{2}mv_A^2 \tag{4-14}$$

令

$$E_{\mathrm{k}} = \frac{1}{2}mv^2 \tag{4-15}$$

代入式（4-14），则

$$A_{合AB} = E_{\mathrm{k}B} - E_{\mathrm{k}A} = \Delta E_{\mathrm{k}} \tag{4-16}$$

1. 质点的动能

式（4-15）定义的 E_{k} 就是**动能**。动能是机械能的一种形式，是由于物体运动而具有的一种能量。动能的单位与功相同，但意义不同，功是力的空间累积，是过程量，动能则取决于物体的运动状态，或者说是物体机械运动状态的一种表示，因此，**动能是状态量**。

动量与动能虽然都是描述机械运动状态的物理量，都与速度有关，但动能只与速度的大小有关。和速度、动量一样，动能也是一个相对量，与选择的参考系有关。在经典力学中，动能和动量满足如下关系：

$$E_{\mathrm{k}} = \frac{p^2}{2m} \tag{4-17}$$

但是动能和动量的意义又有所不同。动量是矢量，物体间可以通过相互作用实现机械运动的传递，可以说动量是物体机械运动的一种量度。动能是标量，动能可以转化为势能或其他形式（如热运动等）的能量，可以说动能是机械运动转化为其他运动形式能力的一种量度。

2. 质点的动能定理

式（4-16）说明：**合外力对质点所做的功（其他物体对它所做的总功）等于质点动能的增量**，这就是质点的**动能定理**。由质点的动能定理可知，合力做正功时，质点的动能增大；合力做负功时，质点的动能减小，这时质点依靠消耗自己的动能反抗外力做功；合力做功为零时，质点的动能保持不变，因此合外力的功是动能的量度！

需要注意的是，动能定理是从牛顿运动定律导出的，因此它只适用于惯性系。

动能定理只注重过程的始末状态，而不考虑过程中状态变化的细节，且又是一个标量方程，它为我们分析研究某些动力学问题提供了方便。

例 4.3　利用动能定理重解例 2.5 题。

解：如图 4-11 所示，取水面为坐标原点的一维坐标系，细棒下落过程中，从初始位置

刚好接触水面到刚好全部沉入水中，合外力对它做的功为

$$A = \int (m\boldsymbol{g} + \boldsymbol{f}) \cdot \mathrm{d}\boldsymbol{r} = \int_0^l (mg - f)\mathrm{d}x = \int_0^l (\rho l - \rho' x)sg\mathrm{d}x = \rho l^2 sg - \frac{1}{2}\rho' l^2 sg$$

这里 $m\boldsymbol{g}$ 与 $\mathrm{d}\boldsymbol{r}$ 方向相同，所以点积结果为正，而 $\boldsymbol{f}$ 与 $\mathrm{d}\boldsymbol{r}$ 方向相反，所以点积结果为负。应用动能定理，因初速率为 0，末速率设为 v，则

$$\rho l^2 sg - \frac{1}{2}\rho' l^2 sg = \frac{1}{2}mv^2 = \frac{1}{2}\rho l s v^2$$

解得

$$v = \sqrt{\frac{(2\rho l - \rho' l)}{\rho}g}$$

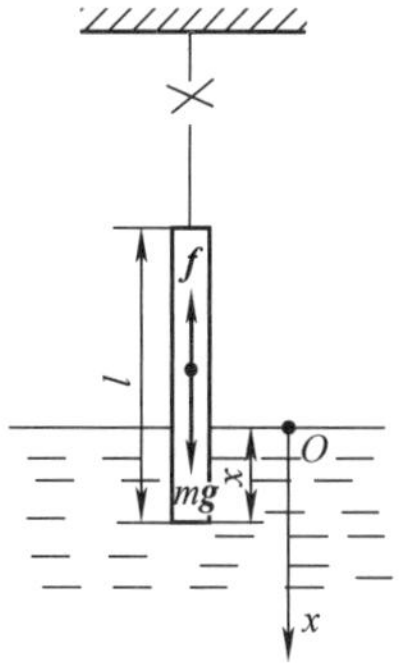

图 4-11 例题 4.3 用图

此结果和第 2 章例题 2.5 结果是一样的。大家可以比较一下，第 2 章中我们用牛顿第二定律求解，需要两边积分才可得到结果，而这里用动能定理求解我们只需要把一边（计算功）积分即可，从而简化了计算过程。

例 4.4 利用动能定理重解例 2.9 题，求线摆下 θ 角时小球的速率。

解：如图 4-12 所示，小球在下摆的过程中受到绳的张力和重力（$\boldsymbol{T} + m\boldsymbol{g}$），则合外力在从起始点 A（水平位置）到摆角是 θ 时的 B 点所做的功为

$$A_{AB} = \int_A^B (\boldsymbol{T} + m\boldsymbol{g}) \cdot \mathrm{d}\boldsymbol{r} = \int_A^B m\boldsymbol{g} \cdot \mathrm{d}\boldsymbol{r} = \int_A^B mg\cos\alpha \mathrm{d}s$$

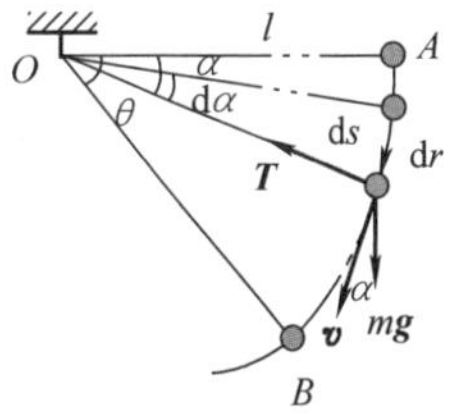

图 4-12 例题 4.4 用图

这里，绳的张力 $\boldsymbol{T}$ 始终与位移 $\mathrm{d}\boldsymbol{r}$ 方向垂直，所以张力做功为零，而 $\mathrm{d}s = l\mathrm{d}\alpha$，所以

$$A_{AB} = \int_0^\theta mg\cos\alpha l \mathrm{d}\alpha = mgl\sin\theta$$

因初速率为 0，末速率设为 v_θ，则由动能定理得

$$mgl\sin\theta = \frac{1}{2}mv_\theta^2$$

解得

$$v_\theta = \sqrt{2gl\sin\theta}$$

同样，用动能定理求解比用牛顿第二定律求解简便一些。

4.2.2 质点系的动能定理

1. 质点系的动能

质点系的动能就是质点系所有质点动能之和，即

$$E_\mathrm{k} = \sum_i \frac{1}{2}m_i v_i^2 \tag{4-18}$$

式中，v_i 是质点系中第 i 个质点相对于惯性系 S 的速率，式（4-18）就是质点系相对于惯性系的总动能。上一章中我们引入质心的概念，并且得到整个质点系的动量可以看成将质量全集中在质心上那一点的动量，那么质点系的动能是不是也可以用质心计算呢？下面我们再选择一个参考系——质心参考系 S' 系。设质心系相对于惯性系 S 的速度为 $\boldsymbol{v}_C$，而质点

系内任意质点 i 相对于质心参考系的速度为$\boldsymbol{v}'_i$，则由伽利略速度变换：$\boldsymbol{v}_i=\boldsymbol{v}_C+\boldsymbol{v}'_i$。代入式(4-18)，得

$$E_k=\sum_i\frac{1}{2}m_iv_i^2=\sum_i\frac{1}{2}m_i(\boldsymbol{v}_C+\boldsymbol{v}'_i)\cdot(\boldsymbol{v}_C+\boldsymbol{v}'_i)$$
$$=\frac{1}{2}\boldsymbol{v}_C\cdot\boldsymbol{v}_C\left(\sum_i m_i\right)+\boldsymbol{v}_C\cdot\left(\sum_i m_i\boldsymbol{v}'_i\right)+\sum_i\frac{1}{2}m_i\boldsymbol{v}'_i\cdot\boldsymbol{v}'_i$$
$$=\frac{1}{2}mv_C^2+\boldsymbol{v}_C\cdot m\boldsymbol{v}'_C+\sum_i\frac{1}{2}m_iv'^2_i$$

其中，$m\boldsymbol{v}'_C=\sum_i m_i\boldsymbol{v}'_i=0$，因为质心系是零动量参考系；$mv_C^2/2$ 表示质量等于质点系总质量的一个质点以质心速度运动时的动能（或说质点系质量全集中在质心处时质心的动能），称为质点系的**轨道动能**（用 E_{kC}表示）；而 $\sum_i m_iv'^2_i/2$ 是质点系相对于其质心参考系的总动能，称为质点系的**内动能**（用 $E_{k,int}$表示），这样质点系的总动能可写成

$$E_k=\frac{1}{2}mv_C^2+\sum_i\frac{1}{2}m_iv'^2_i=E_{kC}+E_{k,int}\tag{4-19}$$

这说明**质点系相对于某一惯性系的总动能等于该质点系的轨道动能和内动能之和**。这一关系称为**柯尼希定理**。

由此可见，质心虽然可以承载整个质点系的质量、动量、受力，但是不能代表整个质点系的动能！若质点系内部质点相对质心无相对运动，即相对于质心参考系动能为零，则质点系或物体的动能就等于质心动能。但是如果质点系内部质点相对质心有相对运动，如一个篮球在空中运动，其内部气体相对于地面的总动能等于气体分子的轨道动能和它们相对于气体系统质心的动能（内动能）之和。气体的内动能也就是我们以后将在热学中为大家介绍的所有分子无规则运动的动能之和（即内能）。

2. 质点系的动能定理

第 3 章中介绍过质点系的动量只由合外力决定，内力无贡献，那么质点系的动能是不是也只由外力决定呢?

设一质点系由 N 个质点组成，对系统中第 i 个质点，它所受的力包括来自系统外的所有外力，还包括来自系统内所有其他质点对它的所有内力，分别设所有外力做的功为 $A_{外i}$，所有内力做的功 $A_{内i}$，质点的动能从 E_{kiA}变化到 E_{kiB}，对第 i 个质点应用动能定理得

$$A_{外i}+A_{内i}=E_{kiB}-E_{kiA}$$

再对系统中所有质点求和，即

$$\sum_i A_{外i}+\sum_i A_{内i}=\sum_i E_{kiB}-\sum_i E_{kiA}\tag{4-20}$$

式中，$\sum_i A_{外i}=A_{外}$为所有外力对质点系做的功（外力的总功）；$\sum_i A_{内i}=A_{内}$为质点系内各质点间的内力做的功（内力的总功）；$\sum_i E_{kiA}=E_{kA}$，$\sum_i E_{kiB}=E_{kB}$ 分别为系统初态和末态的动能，这样式（4-20）可以表示为

$$A_{外}+A_{内}=E_{kB}-E_{kA}\tag{4-21}$$

这说明：**所有外力对质点系做的功和所有内力对质点系做的功之和等于质点系总动能的增**

量，这就是**质点系的动能定理**。

3. 一对力做功

由第 3 章我们知道，质点系所有内力的总冲量是为零的，那么，质点系所有内力做功之和是否也为零呢？质点系中的内力总是成对出现，并且大小相等、方向相反，使得系统内所有内力的矢量和为零，但内力做功的总和 $A_{内}$ 却不一定为零。下面以一对力做功为例进行讨论。

如图 4-13 所示，$\boldsymbol{f}_{21}$ 为 m_1 对 m_2 的作用力，$\boldsymbol{f}_{12}$ 为其反作用力，则 $\boldsymbol{f}_{21}=-\boldsymbol{f}_{12}$。设 m_1 和 m_2 相对某一参考系的位矢分别为 $\boldsymbol{r}_1$ 和 $\boldsymbol{r}_2$，元位移分别为 $\mathrm{d}\boldsymbol{r}_1$ 和 $\mathrm{d}\boldsymbol{r}_2$，这一对力所做的元功为

$$\mathrm{d}A=\boldsymbol{f}_{12}\cdot\mathrm{d}\boldsymbol{r}_1+\boldsymbol{f}_{21}\cdot\mathrm{d}\boldsymbol{r}_2=\boldsymbol{f}_{21}\cdot(\mathrm{d}\boldsymbol{r}_2-\mathrm{d}\boldsymbol{r}_1)=\boldsymbol{f}_{21}\cdot\mathrm{d}(\boldsymbol{r}_2-\boldsymbol{r}_1)$$

则

$$\mathrm{d}A=\boldsymbol{f}_{21}\cdot\mathrm{d}\boldsymbol{r}_{21} \tag{4-22}$$

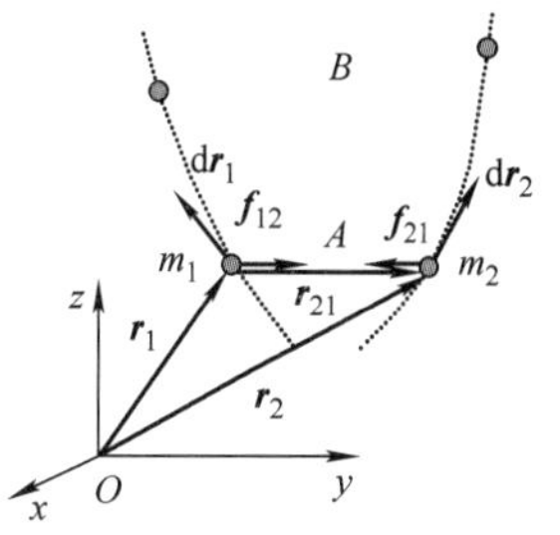

图 4-13　一对内力做功

式中，$\boldsymbol{r}_{21}=\boldsymbol{r}_2-\boldsymbol{r}_1$，是 m_2 相对 m_1 的位矢；而 $\mathrm{d}\boldsymbol{r}_{21}$ 则是 m_2 相对 m_1 的元位移。上式表明，一对力所做的元功等于其中一质点受的力和此质点相对于另一质点的元位移的点积，即只与两质点的相对位形有关。当两质点从相对位形 A 变到相对位形 B 时，则这一对力所做的总功为

$$A_{AB}=\int_A^B\boldsymbol{f}_{21}\cdot\mathrm{d}\boldsymbol{r}_{21} \tag{4-23}$$

由此可见，一对力所做的总功等于其中一个质点受的力沿该质点相对于另一个质点所移动的路径所做的功，或者说两质点间一对力的功等于一个质点受的力和该质点相对于另一质点的相对位移点积的线积分。

由上面的结果可得到几个结论：

1）**一对内力所做的功只与两质点的相对位移有关，与所选取的参考系无关**！这是一对力做功的特点。例如图 4-14 所示的一对摩擦力所做的总功：置于平板车上的小木块随着平板车一起向前运动，木块相对于平板车向后运动了 s 的距离，平板车相对于地面前进了 l 的距离。平板车和木块间的摩擦力为 $\boldsymbol{f}$，则相对于地面参考系摩擦力对小木块所做的功为 $A_f=f(l-s)$，摩擦力对平板车所做的功：$A_{f'}=-fl$，则这一对摩擦力对平板车和木块所做的总功为 $A_{一对摩擦力}=-fs$，这里的 s 是木块与平板车的相对位移，是与参考系的选择无关的。

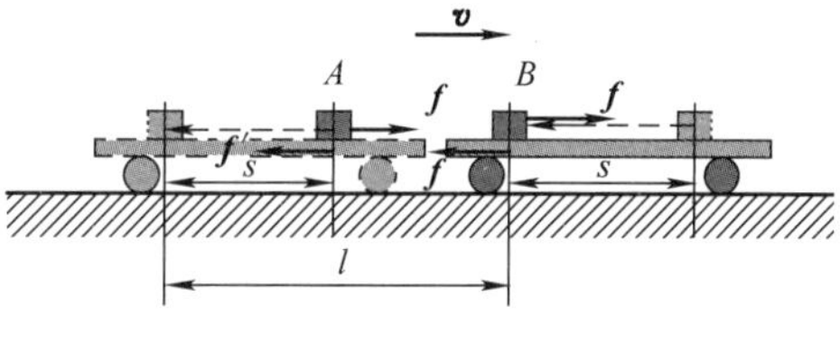

图 4-14　一对摩擦力做功

2）既然一对力做功与所选参考系无关而只与相对位置有关，则计算一对力的功的方法可为：**认为一个质点静止而以它所在的位置为坐标原点，再计算另一个质点在此坐标系中运动时它所受的力所做的功**。图 4-14 中计算摩擦力对平板车和木块做的总功，可以直接以平板车为参考系，计算摩擦力相对于平板车对木块所做的功为 $A_f=-fs$，这也是这一对摩擦力对平板车和木块所做的总功。其实我们经常也是这么处理的，只不过我们没有意识到其实这种方法计算的功也是一对相互作用力所做的总功。比如前面 4.1 节我们在讨论几个常

见力做的功，除了摩擦力以外，重力（重物与地球之间）、弹性力（弹性系统各质元之间）、万有引力（两质点之间）也都是相互作用力。计算它们的功时，我们分别是以地面、弹簧原长、质点 m_1 为坐标原点，即相互作用体系中的一方作为参考系，计算相互作用力对另一个质点所做的功。所以，前面的结论也是相互作用系统中一对相互作用力（一对内力）对系统的总功，这个功只与相对位置有关：重力做功结果中的 h 是重物和地面间的相对位置；弹力做功结果中 x 是弹簧伸长的长度，反映了弹力系统质元间的相对位置；引力做功结果中的 r 是两质元之间的相对位置；摩擦力做功结果中的 s 是质点与接触面之间的相对运动路径的总长度。所以，从系统角度说，内力对系统的总功是与参考系的选择没有关系的，只与系统的相对位置有关，只不过有些内力做的总功只与初末相对位置有关，即**保守内力**，而有些内力做的总功与各个时刻系统的相对路径有关，即**非保守内力**。当然，对单个质点而言，做功还是与参考系的选择有关的。

3）显然，**内力的总功并不一定为零**。只有当质点间无相对位移时，这一对内力做功之和才等于零。所以，质点系中质点间无相对运动，或不变形的物体（如刚体）内力的总功为零。因此，虽然对于单个质点各力做功之和等于合力做功，但是对于质点系，各力做功之和不一定等于合力的功。

所以，质点系的动能定理说明：**内力不能改变系统的总动量，但能改变系统的总动能**！例如炸弹爆炸过程内力和为零，但内力所做的功转化为弹片的动能。

例 4.5 如图 4-15 所示，一木块 M 静止在光滑水平面上。一子弹 m 沿水平方向以速度 $\boldsymbol{v}_0$ 射入木块内一段距离 s 而停在木块内。

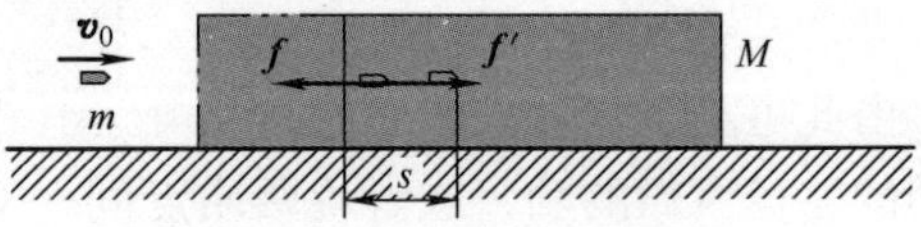

图 4-15 例题 4.5 用图

（1）估算子弹和木块间的摩擦力；

（2）子弹和木块间摩擦力分别对子弹和木块各做了多少功？

解：（1）将子弹和木块看成一个系统，以地面为参考系，以子弹刚开始射入木块到停在木块中为研究过程，子弹停在木块中后，便与木块具有相同的速度，设它们的共同速度为 V。由于木块是在光滑地面上，所以系统所受合外力为零，因而动量是守恒的，得

$$mv_0 = (m + M)V$$

子弹射入木块过程中，子弹和木块有相对位移，所以它们之间的内力（摩擦力）做的总功由相对位移 s 确定，则由质点系的动能定理得

$$-fs = \frac{1}{2}(m + M)V^2 - \frac{1}{2}mv_0^2$$

联立上面两式得

$$f = \frac{Mmv_0^2}{2(m + M)s}$$

（2）子弹和木块动能发生变化，是因为摩擦力分别对子弹和木块做功，所以可以分别用质点的动能定理求解。

对子弹，由动能定理得

$$A_f = \frac{1}{2}mV^2 - \frac{1}{2}mv_0^2 = \frac{1}{2}mv_0^2\left[\left(\frac{m}{m + M}\right)^2 - 1\right]$$

对木块，由动能定理得

$$A_{f'}=\frac{1}{2}MV^2=\frac{1}{2}M\left(\frac{m}{m+M}\right)^2v_0^2$$

例4.6 长为 l 的均质链条，部分置于水平桌面上，另一部分自然下垂，已知链条与水平桌面间静摩擦系数为 μ_0，滑动摩擦系数为 μ，求：

（1）满足什么条件时，链条将开始滑动；

（2）若下垂部分长度为 b 时，链条自静止开始滑动，当链条末端刚刚滑离桌面时，其速度等于多少？

解：（1）以链条的水平部分为研究对象，设链条每单位长度的质量为 λ，沿铅垂向下取 Oy 轴。设链条下落长度 $y=b_0$ 时，处于临界状态，此时下垂部分的链条所受重力应与桌上部分的链条所受摩擦力相等，则

$$\lambda b_0g-\mu_0\lambda(l-b_0)g=0$$

解得
$$b_0=\frac{\mu_0}{1+\mu_0}l$$

则当 $y>b_0$，拉力大于最大静摩擦力时，链条将开始滑动。

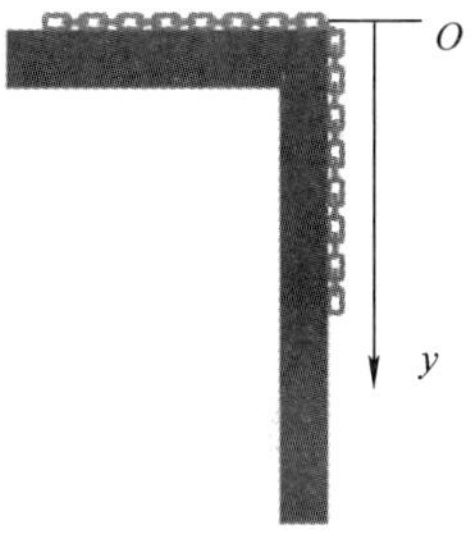

图4-16 例题4.6用图

（2）以整个链条为研究对象，链条在运动过程中各部分之间相互作用的内力的功之和为零，只有外力（重力和摩擦力）做功。

重力做功为

$$A=\int_b^l\lambda yg\mathrm{d}y=\frac{1}{2}\lambda g(l^2-b^2)$$

摩擦力做功为

$$A'=-\int_b^l\mu\lambda(l-y)g\mathrm{d}y=-\frac{1}{2}\mu\lambda g(l-b)^2$$

根据动能定理得

$$\frac{1}{2}\lambda g(l^2-b^2)-\frac{1}{2}\mu\lambda g(l-b)^2=\frac{1}{2}\lambda lv^2-0$$

解得

$$v=\sqrt{\frac{g}{l}(l^2-b^2)-\frac{\mu g}{l}(l-b)^2}$$

4.3 势能

4.3.1 三种势能

我们知道，保守力做功只与初末位置有关，与路径无关，4.1节结果总结如下：

重力的功：$A=-(mgh_B-mgh_A)$

弹力的功：$A=-\left(\frac{1}{2}kx_B^2-\frac{1}{2}kx_A^2\right)$

引力的功：$A = -\left[\left(-\dfrac{Gm_1m_2}{r_B}\right)-\left(-\dfrac{Gm_1m_2}{r_A}\right)\right]$

对于一个存在保守力的系统，当它从一种相对位置（位形）变到另一种相对位置（位形）时，系统内保守力做的总功，与路径无关，而只决定于系统的始末位形（h、x、r 都是反映系统位形的量）。功是能量变化的量度，所以对于这样的系统，存在着一个**由它们的位形决定的能量形式**，称为**势能（位能）**，用 E_p 表示。

势能不同于动能，它是一种潜在的能量。例如图 4-17 所示存在保守力的两质点系统，以引力为例（设只有这一种力）。当两质点由于引力作用从 A 位形变到 B 位形时，保守力做正功，质点的动能增加，也可以认为，系统不同位形都蕴藏着一种能量，就是我们所说的势能，当系统从 A 位形变到 B 位形，势能被释放出来，转化为动能，反之，从 B 位形变到 A 位形时，保守力做负功，质点动能减少，势能储藏起来。而不同位形的势能变化多少就用相应的保守力做功衡量。设初末状态系统的势能分别为 E_{pA}、E_{pB}，则系统由位形 A 到 B 的过程中，有

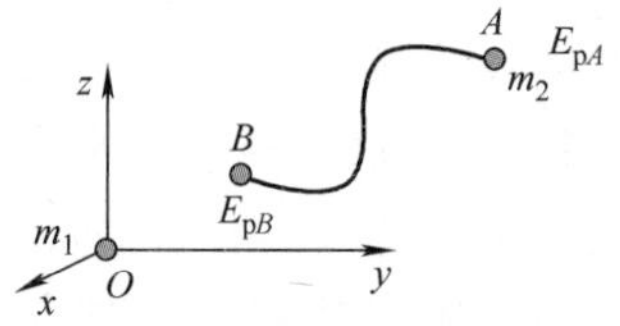

图 4-17　势能的变化

$$A_{AB} = \int_A^B \boldsymbol{f}_{保} \cdot d\boldsymbol{r} = -(E_{pB} - E_{pA}) = -\Delta E_p \qquad (4\text{-}24)$$

即：**保守力沿任意路径所做的功等于相应势能的减少**（或**势能的负增量**）。需要注意的是：这里的保守力做功是系统保守力做的总功，只与系统相对位形有关，与参考系无关，所以**势能差与参考系无关**！**是绝对量**。图 4-17 中 A、B 两位形的势能差无论在哪个参考系中观察都是一样的。

式（4-24）只给出了势能差，要确定某位形的势能值，还需选定一参考位形，规定此参考位形的势能为零。通常把这一参考位形就叫作**势能零点**。在上式中，如果我们取位形 B 为势能零点，即规定 $E_{pB}=0$，则任一位形 A 的势能为

$$E_{pA} = A_{AB} = \int_A^{B(\text{势能零点})} \boldsymbol{f}_{保} \cdot d\boldsymbol{r} \qquad (4\text{-}25)$$

所以，**系统在任一位形时的势能等于它从此位形沿任意路径改变至势能零点时保守力所做的功。**

根据势能定义式（4-25），选取势能零点之后，可以得到我们常用的三种势能：

（1）重力势能：（以某一高度上的点为势能零点）

$$E_p = mgh \qquad (4\text{-}26)$$

式中，h 为质点所在位置相对势能零点的竖直高度。质点位于势能零点以上时重力势能为正；位于势能零点以下时重力势能为负。

（2）弹性势能：（以弹簧原长为势能零点）

$$E_p = \frac{1}{2}kx^2 \qquad (4\text{-}27)$$

式中，x 为弹簧的形变量。无论弹簧被拉伸还是被压缩，弹簧的弹性势能均为正值。

（3）万有引力势能：（以 $r=\infty$ 处为势能零点）

$$E_p = -G\frac{Mm}{r} \qquad (4\text{-}28)$$

式中，r 为质点到引力中心的距离。由于选无穷远处为势能零点，使得质点在任意位置的引力势能均为负值。

根据式（4-26）、式（4-27）和式（4-28）可以画出势能与位置坐标的关系曲线图，称为势能曲线，如图 4-18 所示。

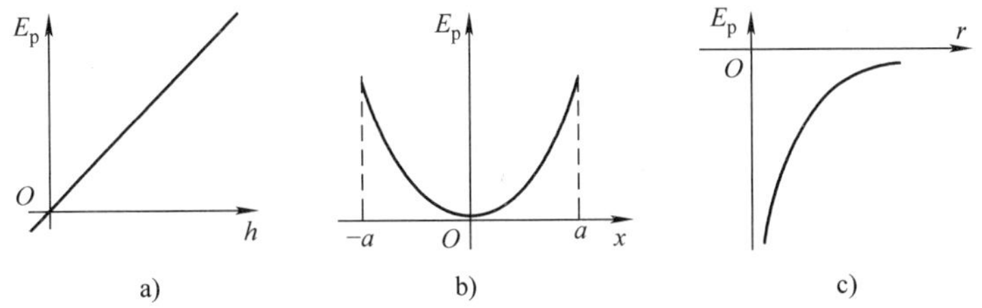

图 4-18　势能曲线

a）重力势能曲线　b）弹性势能曲线　c）引力势能曲线

对于势能应注意两点：

1）势能是**相对量**，是相对于势能零点的。势能零点不同，势能函数也不一样，比如竖直悬挂的弹簧振子，以平衡位置为势能零点与以原长为势能零点，各自的势能函数是不一样的。但是**势能与参考系选择无关**，比如电梯中一伸长 x 的弹簧，若都以原长为势能零点，则无论是在电梯中还是在地面上考察弹簧的弹性势能都是一样的。而势能零点的选择原则是任意的，根据需要方便即可，另外要注意零点的选择不能使势能函数发散（电磁学中有相关例子）。

2）势能是从系统保守内力引出的，所以注意势能是质点系所有具有相互作用的质点共有的，是系统量，**是相互作用能**。单独谈哪个物体的势能是没有意义的。例如重力势能就属于地球和物体组成的系统。平常说某物体的重力势能，只是为了叙述上的简便，其实它是属于地球和物体组成的系统，其他势能也可做类似的分析。在实际系统中，如果同时存在几种保守内力，那么系统的总势能就等于几种相关势能的代数和。

***引力势能与重力势能**

事实上重力势能是万有引力势能的一个特例，式（4-26）和式（4-28）不一样的原因在于选择了不同的势能零点。下面我们用引力去证明一下重力势能公式。

如图 4-19a 所示，地球上地面附近距离地面高度为 h 的质量为 m 的重物（图 4-19a 只是示意图，实际上重物的高度 h 要远远小于地球半径 R，即 $h \ll R$），以 M 表示地球的质量，r 表示重物到地心的距离。选地面为势能零点，即 $r=R$ 时；$E_p=0$，由式（4-25），则重物在（$R+h$）处时，系统的引力势能为

$$E_p = \int_{R+h}^{R} \boldsymbol{f} \cdot \mathrm{d}\boldsymbol{r} = \frac{GmM}{R} - \frac{GmM}{(R+h)} = GmM\left(\frac{1}{R} - \frac{1}{R+h}\right)$$

因为 $h \ll R$，所以 $R(R+h) \approx R^2$，所以

$$E_p = GmM\frac{h}{R(R+h)} \approx GmM\frac{h}{R^2}$$

地面附近 $g=\dfrac{GM}{R^2}$，所以地面上高度为 h 处时系统的引力势能为

$$E_p(h) = mgh$$

即重力势能函数（4-26），得证。

重力势能曲线和引力势能曲线不同，原因也是势能零点的选择不同，而且重力势能 h 只是地面附近，相对于引力势能到无穷远处，其取值范围很小。所以重力势能曲线相当于将引力势能曲线原点平移且局部放大，如图 4-19b 所示。

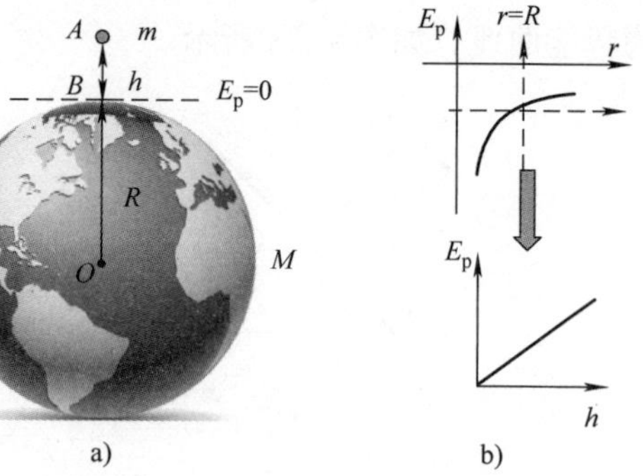

图 4-19　重力势能的推导用图

*保守力场和等势能面

物理学中把保守力存在的空间称为**保守力场**，如地球表面附近的空间存在保守的重力场、有质量物体周围存在的引力场、弹性系统的弹性力场，以及静止电荷产生的静电场（电磁学中介绍）等保守力场。质点处于保守力场不同的位置，就具有不同的势能（位能），但是势能是属于处于场中的质点和产生场的质点（或系统）所共有的。势能相等的点连成的曲面叫作**等势能面**，如重力场中的等势能面为一系列水平面（见图 4-20a），万有引力场中的等势能面是以引力中心为球心的一系列同心球面（见图 4-20b）。

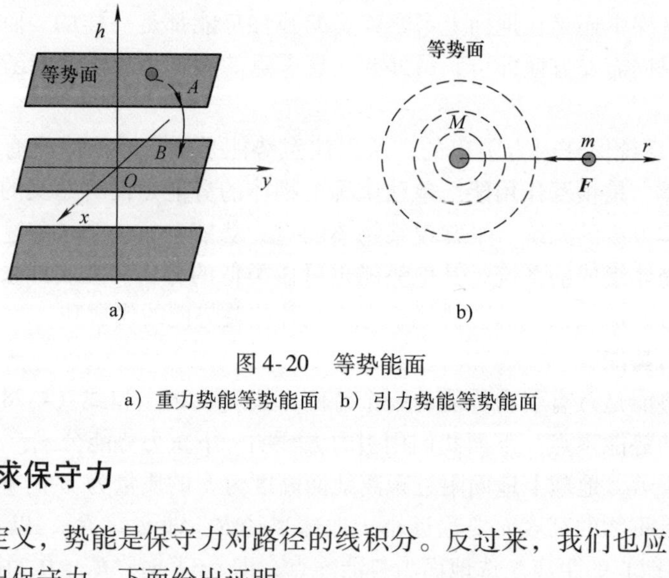

图 4-20　等势能面

a）重力势能等势能面　b）引力势能等势能面

4.3.2　由势能求保守力

根据势能的定义，势能是保守力对路径的线积分。反过来，我们也应该能从势能函数对路径的微分求出保守力。下面给出证明。

如图 4-21 所示，设一质点在保守力作用下沿 $\boldsymbol{l}$ 方向从 A 到 B 运动一微小位移，用 $\mathrm{d}\boldsymbol{l}$ 表示。从 A 到 B 过程中，势能的增量为 $\mathrm{d}E_p$，则由式（4-25）势能的负增量等于保守力做功，可以得到

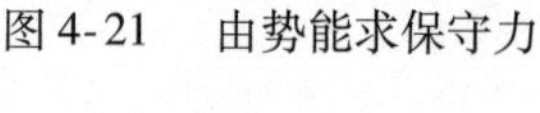

图 4-21　由势能求保守力

$$-\mathrm{d}E_p = \mathrm{d}A = \boldsymbol{f}_{保} \cdot \mathrm{d}\boldsymbol{l} = f_{保}\cos\varphi\mathrm{d}l$$

式中，$f_{保}\cos\varphi$ 为力 $\boldsymbol{f}_{保}$ 在 $\boldsymbol{l}$ 方向上的分量，用 $f_{保l}$ 表示，则

$$-\mathrm{d}E_p = f_{保l}\mathrm{d}l$$

所以得到

$$f_{保l} = -\frac{\mathrm{d}E_p}{\mathrm{d}l} \tag{4-29}$$

即保守力沿某一给定的 $\boldsymbol{l}$ 方向的分量等于与此保守力相应的势能函数沿 $\boldsymbol{l}$ 方向的空间变化率的负值。

可以用式（4-29）验证一下前面讨论的三种势能及对应的保守力：

重力势能：$E_p(h) = mgh$，重力：$f = -\frac{\mathrm{d}E_p}{\mathrm{d}h} = -mg$（$\boldsymbol{l}$ 指向竖直向上的方向）；

引力势能：$E_p(r) = -G\frac{m_1 m_2}{r}$，引力：$f = -\frac{\mathrm{d}E_p}{\mathrm{d}r} = -G\frac{m_1 m_2}{r^2}$（$\boldsymbol{l}$ 指向径向方向）；

弹性势能：$E_p(x) = \frac{1}{2}kx^2$，弹性力：$f = -\frac{\mathrm{d}E_p}{\mathrm{d}x} = -kx$（$\boldsymbol{l}$ 指向 $\boldsymbol{x}$ 伸长的方向）。

推广到一般情况，直角坐标系中势能一般是位置坐标（x、y、z）的函数，即 $E_p = E_p(x, y, z)$。若将式（4-29）中的 $\boldsymbol{l}$ 方向分别指向 x 轴、y 轴、z 轴方向，则保守力在 x、y、z 轴上的分量分别为

$$f_{保x} = -\frac{\partial E_p}{\partial x}, f_{保y} = -\frac{\partial E_p}{\partial y}, f_{保z} = -\frac{\partial E_p}{\partial z} \tag{4-30}$$

则保守力为

$$\boldsymbol{f}_{保} = f_{保x}\boldsymbol{i} + f_{保y}\boldsymbol{j} + f_{保z}\boldsymbol{k} = -\left(\frac{\partial}{\partial x}\boldsymbol{i} + \frac{\partial}{\partial y}\boldsymbol{j} + \frac{\partial}{\partial z}\boldsymbol{k}\right)E_p \tag{4-31}$$

数学上，求函数随空间的变化率，我们称之为**梯度**，引入梯度算子“∇”：

$$\nabla = \frac{\partial}{\partial x}\boldsymbol{i} + \frac{\partial}{\partial y}\boldsymbol{j} + \frac{\partial}{\partial z}\boldsymbol{k}$$

则式（4-31）可写成

$$\boldsymbol{f}_{保} = -\nabla E_p \tag{4-32}$$

式中，∇E_p 是势能函数随空间的变化率，叫作**势能梯度**。那么，**保守力等于相应的势能函数的负梯度。**

对函数求偏微分实际上是求此函数曲线的斜率，这样我们就可以用势能曲线分析保守力了，这是很有实际意义的。例如，我们已知弹簧的弹性势能曲线，如图4-22所示，根据式（4-29）可算出质点在各相应点所受弹性力的大小和方向，质点相对 O 点的位移在 $-a < x < 0$ 范围内时，$\mathrm{d}E_p/\mathrm{d}x < 0$，则 $F_x > 0$，表明弹性力指向 Ox 轴正向；质点相对 O 点的位移在 $0 < x < a$ 范围内时，$\mathrm{d}E_p/\mathrm{d}x > 0$，则 $F_x < 0$，表明弹性力指向 Ox 轴负方向。而且斜率越大的地方，弹性力也越大，$x = 0$ 处，$\mathrm{d}E_p/\mathrm{d}x = 0$，则 $F_x = 0$，该点称为平衡位置。当质点相对该位置稍有偏离时，弹性力总是力图使它回到平衡位置，该位置常称为稳定平衡位置。

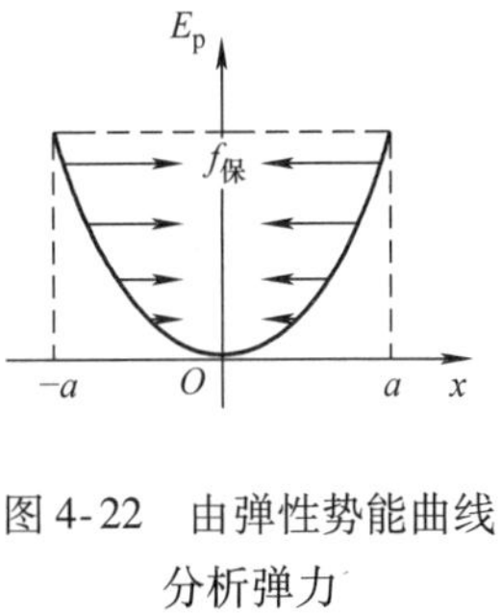

图4-22 由弹性势能曲线分析弹力

很多实际问题中，我们往往是先通过实验得到系统的势能曲线，再分析系统内部的受力情况。例如根据实验可得到双原子分子的势能曲线，如图4-23所示，r 表示两原子间的

距离，则由图可知：当 $r=r_0$，斜率为零，则 $F=0$，即这时两原子间没有相互作用力，斥力和引力平衡，称为平衡间距；当 $r>r_0$，斜率为正，则 $F<0$，即原子间作用力表现为引力，在随着 r 增大的一个小范围呢，引力增大，距离继续增大，引力不断减小。当 $r<r_0$，斜率为负，则 $F>0$，即原子间作用力表现为斥力，且距离越小，斥力越大。

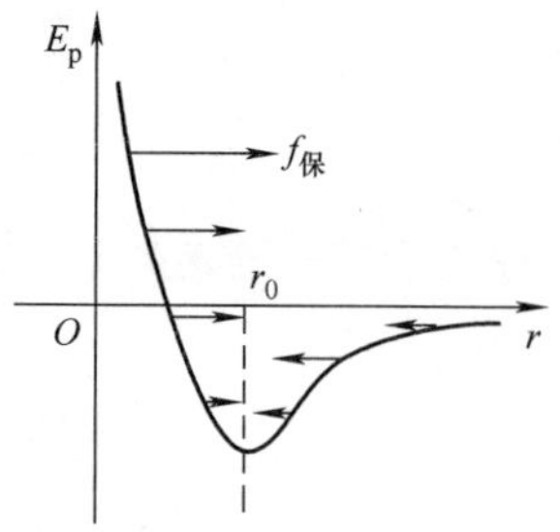

图 4-23　由双原子势能曲线分析双原子间内力

例 4.7　一竖直悬挂的轻质弹簧（劲度系数为 k）下端挂一物体，平衡时弹簧相对于原长伸长 y_0。若以物体的平衡位置为竖直 y 轴的原点，相应位形作为弹性势能和重力势能的零点。当物体的位置坐标为 y 时，弹性势能函数、重力势能函数以及二者之和分别是多少？

解：如图 4-24 所示。在平衡时弹簧已被拉长 y_0，则

$$mg=ky_0$$

当物体再下降一段距离 y 时，弹簧的弹力为

$$f_{弹}=-k(y+y_0)$$

则根据式（4-25），以 y_0 为弹簧弹性势能零点的弹性势能为

$$E_{p弹}=\int_A^{B(势能零点)}\boldsymbol{f}_{弹}\cdot d\boldsymbol{r}=\int_y^0-k(y+y_0)dy=\frac{1}{2}ky^2+ky_0y$$

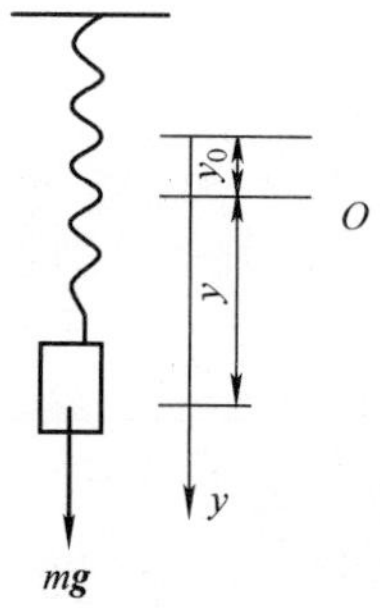

图 4-24　例题 4.7 用图

可见，弹性势能零点位置变化，势能函数也发生变化［比较前面弹性势能公式（4-27）］，式（4-27）是以原长为势能零点的。但是势能差是绝对的，所以 y 处势能和 y_0 处势能差与用原长为势能零点算出的结果是一样的，所以弹性势能也可以用下面的方法计算，即

$$E_{p弹}=\frac{1}{2}k(y+y_0)^2-\frac{1}{2}ky_0^2=\frac{1}{2}ky^2+ky_0y$$

以平衡位置为重力势能零点，则此时重力势能为

$$E_{p重}=-mgy=-ky_0y$$

此时弹性势能和重力势能的和为

$$E_p=E_{p弹}+E_{p重}=\frac{1}{2}ky^2+ky_0y-ky_0y=\frac{1}{2}ky^2$$

4.4　机械能守恒定律

4.4.1　质点系的功能原理

在 4.2 节我们已经得到了质点系的动能定理式（4-21），即

$$A_{外}+A_{内}=E_{kB}-E_{kA}$$

这里，$A_{内}$ 是质点系所有内力做功，而质点系的内力可分为保守内力和非保守内力，内力的功相应地分为保守内力的功 $A_{保内}$ 和非保守内力的功 $A_{非保内}$，则

$$A_{内}=A_{保内}+A_{非保内} \tag{4-33}$$

则有

$$A_{保内} + A_{非保内} + A_{外} = E_{kB} - E_{kA}$$

而保守力的功等于势能增量的负值，即

$$A_{保内} = -(E_{pB} - E_{pA}) = -\Delta E_p$$

上面三式联立得

$$A_{外} + A_{非保内} = \Delta E_k + \Delta E_p = \Delta(E_k + E_p) \tag{4-34}$$

系统的总动能和势能之和称为**系统的机械能**，用 E 表示，则

$$E = E_k + E_p \tag{4-35}$$

这样

$$A_{外} + A_{非保内} = \Delta E = E_B - E_A \tag{4-36}$$

所以，**质点系在运动过程中，它所受的外力的功和系统内非保守力的功的总和等于它的机械能的增量**，这就是**质点系的功能原理**。只有外力的功 $A_{外}$ 和非保守内力的功 $A_{非保内}$ 才会引起机械能的改变。

4.4.2　机械能守恒定律概述

由式（4-36）可知

若 $A_{外} + A_{非保内} > 0$，则质点系的机械能增加；

若 $A_{外} + A_{非保内} < 0$，则质点系的机械能减少；

若 $A_{外} + A_{非保内} = 0$，则质点系始末两状态的机械能保持不变。

现考虑一种情况：$A_{外} = 0$，即无外力对系统做功，一个系统，如果在其变化的过程中，没有任何外力对它做功（或者实际上外力对它做功可以忽略），这样的系统称为**封闭系统**（或**孤立系统**）。对于孤立系统：

若 $A_{非保内} > 0$，则系统的机械能增加。例如爆炸过程，这种过程伴随着其他形式的能转化为机械能。

若 $A_{非保内} < 0$，则系统的机械能减少。例如克服摩擦力做功，这种过程伴随着机械能转换为其他形式的能。

若 $A_{非保内} = 0$，则系统机械能守恒。

如果一个系统只有保守力，这种系统称为**保守系统**。从上面的分析可以看出：对于一个孤立**的保守系统**，或说**只有保守力做功的孤立系统**，其内进行的过程，**机械能保持不变**。即

$$若系统总是满足：A_{外} = 0 且 A_{非保内} = 0，则 E = C \tag{4-37}$$

这就是**机械能守恒定律**。在满足机械能守恒的系统中，系统的动能和势能可以互相转化，系统各组成部分的能量可以互相转移，但它们的总和不会变化。需要注意的是守恒是对整个过程而言的，不能只考虑始末两状态。当然在实际问题中，机械能守恒的条件是很难严格满足的。因为物体实际运动时，总要受到某些阻力和摩擦力等非保守力的作用，因而系统的机械能要变化。但是当这些非保守内力的功同系统的机械能相比小很多，可忽略不计时，仍可用机械能守恒定律来处理。

另外需要说明的是：机械能守恒定律只适用于惯性参考系，且物体的位移、速度必须相对同一惯性参考系。

由上面的讨论，当 $A_{外}=0$，$A_{非保内}\neq 0$ 时，系统虽未与外界进行机械能交换，但是系统的机械能也不守恒。但是能量既不能凭空地产生，也不能凭空地消失，它会和系统内的其他形式的能量进行相互转换，比如有摩擦力这样的耗散力做功时，机械能转化为内能，机械能减小，内能增加；再如爆炸过程，化学能转化为机械能，机械能增加，化学能减小。总之，大量实验证明：**在一个孤立系统中，无论发生何种变化，无论各种能量形式如何转换，系统的总能量总是一个常量**。这就是**能量守恒定律**。

能量守恒定律是自然界具有普适性的基本定律之一。它可以适用于任何变化的过程，不论是机械的、热的、电磁的、原子和原子核的、化学的以至生物的过程等。而机械能守恒定律仅是能量守恒定律的一个特例。

例 4.8　利用机械能守恒再解例 2.9 题，求线摆下 θ 角时小球的速率。

解：如图 4-25 所示，以小球和地球作为研究系统，选取地面参考系（或实验参考系）。小球在下摆的过程中只有重力做功，所以系统机械能守恒。选取水平位置为重力势能零点，则由机械能守恒得

$$0=-mgl\sin\theta+\frac{1}{2}mv_\theta^2$$

解得

$$v_\theta=\sqrt{2gl\sin\theta}$$

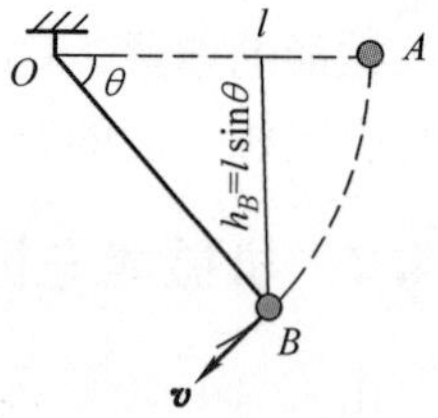

图 4-25　例题 4.8 用图

由此可见应用机械能守恒定律，解题步骤又进一步简化了。

这道题看似很简单，但请注意两个问题：首先机械能守恒定律是对一个系统而言的，此题的研究对象是地球和小球！那么在讨论系统机械能时，为什么只考虑了小球的动能，而不考虑地球的动能呢？其次，此处选择的参考系是：地面参考系。若以地球和小球为研究系统，还能以地面为参考系吗？这个地面参考系还是惯性系吗？严格来讲，仅考虑地球和小球这个系统的话，地球的运动状态也会改变，但是由于地球的质量远远大于小球的质量，所以在小球下落的时间内，它和小球的相互引力引起它的速度变化是非常小的。所以地面参考系仍可近似看成一个惯性系。而且由于动能是与速度的二次方成正比，则地球的动能变化就更小了，所以地球的动能变化可以忽略。可见，此题的解法包含了两个合理的近似，但是由于地球和地面物体相比差别非常大，所以这种近似是足够精确的，实际上我们在涉及地面物体和地球的系统机械能的问题时都做这样的近似。

例 4.9　一质量为 m 的物体从质量为 M 的圆弧形槽顶端由静止滑下，设圆弧形槽的半径为 R，如图 4-26 所示，如所有摩擦都可忽略，问物体刚离开槽底端时，物体和槽的速度各是多少？

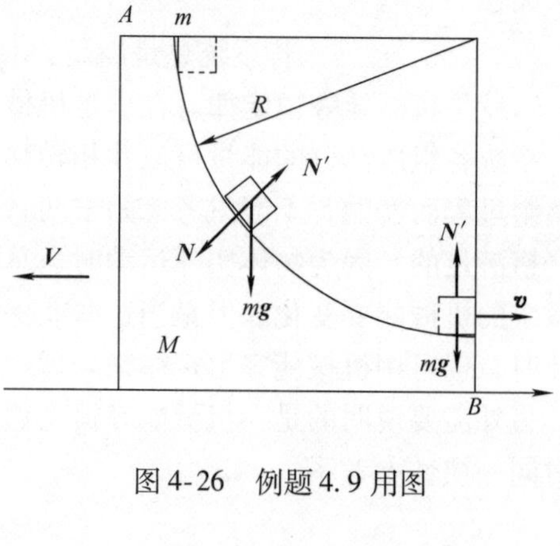

图 4-26　例题 4.9 用图

解：如图 4-26 所示，对物体、槽和地球系统，由于所有摩擦力都忽略，外力不做功，物体和槽的相互压力 $\boldsymbol{N}$ 和 $\boldsymbol{N}'$ 具有相同位移，所以做功之和为零。因此系统的机械能守恒。以 $\boldsymbol{v}$ 和 $\boldsymbol{V}$ 分别表示物体刚离开槽时物体和槽的

速度，则有

$$mgR=\frac{1}{2}mv^2+\frac{1}{2}MV^2$$

对物体和槽系统，水平方向受力为零，所以水平方向动量守恒。又由于$\boldsymbol{v}$和$\boldsymbol{V}$皆沿水平方向，设槽速度方向向左，物体的速度方向向右，所以有

$$mv-MV=0$$

联立以上两式可得

$$v=\sqrt{\frac{2MgR}{M+m}}$$

$$V=m\sqrt{\frac{2gR}{M(M+m)}}$$

例 4.10　用弹簧连接两个木板 m_1、m_2，弹簧压缩 x_0。问：给 m_2上加多大的压力能使 m_1离开桌面？

解：如图 4-27 所示，虚线处为弹簧原长位置。此题可分为三个过程，第一过程弹簧上仅放 m_2，弹簧压缩 x_0，受力平衡，有

$$m_2g=f_2=kx_0$$

第二个过程在 m_2上施加一压力，设此力大小为 F，这时弹簧又压缩 x_1，则有

$$F=kx_1$$

第三个过程弹簧往回弹一定高度，超过原长时，弹力向上，会拉动 m_1，而使 m_1离开桌面的临界条件是弹力与 m_1的重力相等，设此时弹簧拉长 x_2，则有

$$m_1g=f_1=kx_2$$

第二个过程到第三个过程只有保守力做功，所以机械能守恒，则有

$$\frac{1}{2}k(x_0+x_1)^2=\frac{1}{2}kx_2^2+m_2g(x_0+x_1+x_2)$$

前面几个方程联立解得

$$F=(m_1+m_2)g$$

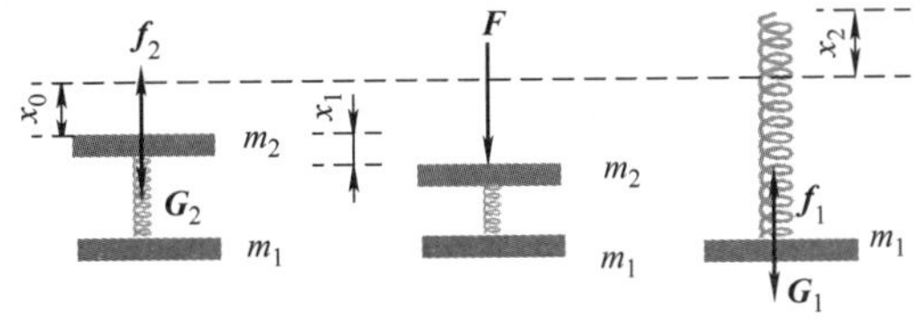

图 4-27　例题 4.10 用图

例 4.11　分析航天器三种宇宙速度。

解：(1) **第一宇宙速度** v_1　它是在地球上发射环绕地球运动的航天器时所需的最小发射速度（相对于地心参考系）。设航天器在距地心 r 处绕地球做圆周运动，则其向心力应等于地球对航天器的万有引力，即

$$G\frac{Mm}{r^2}=m\frac{v_1^2}{r}$$

式中，v_1 为环绕速度；G 为引力常数；M 为地球质量。通过上式解得

$$v_1=\sqrt{\frac{GM}{r}}$$

而根据地球表面处重力加速度与引力的关系 $mg=G\dfrac{Mm}{R^2}$，可知：$G=g\dfrac{R^2}{M}$，代入上式得

$$v_1=\sqrt{\frac{gR^2}{r}}$$

可见，环绕速度随 r 增加而减小，r 越大，卫星所需的发射速度也越大。显然，$r\approx R$ 时的发射速度最小，就是第一宇宙速度 v_1。代入地球半径 $R=6.37\times10^6\text{m}$，$g=9.80\text{m/s}^2$，得到 $v_1=7.9\times10^3\text{m/s}$。

（2）**第二宇宙速度** v_2　它是在地球上发射完全脱离地球吸引力成为太阳的行星的航天器所需的最小发射速度。

以航天器和地球为系统，忽略大气阻力，系统的机械能守恒。在 $r=\infty$处，航天器脱离地球的引力范围，引力势能为零，动能至少也为零。此时系统的机械能 $E=0$。因此，在地面发射航天器时系统的机械能为

$$\frac{1}{2}mv_2^2-G\frac{Mm}{R}=0$$

解得

$$v_2=\sqrt{\frac{2GM}{R}}=\sqrt{2Rg}=\sqrt{2}v_1$$

代入数据可得第二宇宙速度 $v_2=11.2\times10^3\text{m/s}$。

（3）**第三宇宙速度** v_3　它是使物体脱离太阳系所需的最小发射速度。要在地面上发射一个航天器，使之既要脱离地球引力场，又要脱离太阳引力场，所以分两步计算。第一步，先以地球为参考系，类似分析第二宇宙速度的方法，计算脱离地球的速度，不同的是，这时候航天器在无穷远处必须有剩余动能 $mv'^2/2$，则根据机械能守恒得

$$\frac{1}{2}mv_3^2-G\frac{Mm}{R}=\frac{1}{2}mv'^2$$

第二步，以太阳为参考系，设太阳的质量为 M_s，航天器脱离地球引力时，相对太阳的速度为$\boldsymbol{v}'_s$，与太阳之间的距离可近似为地球与太阳之间的距离 R_s。要想脱离太阳引力作用，航天器的机械能至少应为

$$\frac{1}{2}mv_s'^2-G\frac{M_s m}{R_s}=0$$

最后考虑地球绕太阳的公转。设地球公转速度为$\boldsymbol{v}_0$，据牛顿第二定律，有

$$M\frac{v_0^2}{R_s}=G\frac{M_s M}{{R_s}^2}$$

根据速度变换公式，航天器相对太阳的速度$\boldsymbol{v}'_s$等于航天器相对地球的速度$\boldsymbol{v}'$与地球相对太阳的速度$\boldsymbol{v}_0$ 之矢量和，即$\boldsymbol{v}'_s=\boldsymbol{v}'+\boldsymbol{v}_0$。为了充分利用地球公转，应使$\boldsymbol{v}'$与$\boldsymbol{v}_0$ 同方向，则$\boldsymbol{v}'_s$最大，此时 $v'_s=v'+v_0$，再联立以上两式，可得

$$v'=v'_s-v_0=(\sqrt{2}-1)\sqrt{G\frac{M_s}{R_s}}$$

代入 $M_s=1.99\times10^{30}$kg，$R_s=1.50\times10^{11}$m，$G=6.67\times10^{-11}\mathrm{m^3/kg\cdot s^2}$，得

$$v'=12.3\times10^3\mathrm{m/s}$$

这是第一步航天器所需的剩余动能所对应的速度，再代入第一步的机械能守恒公式得

$$v_3=\sqrt{v'^2+2G\frac{M}{R}}$$

将 v'、G、R 以及 $M=5.98\times10^{24}$kg，代入上式，即得第三宇宙速度为

$$v_3=16.6\times10^3\mathrm{m/s}$$

这里计算时做了如下近似处理：①不考虑其他星体的引力；②假设从地面发射到脱离地球引力的过程中，物体只受地球引力作用，脱离地球引力范围后，只受太阳引力作用。

另外以上三种宇宙速度仅是理论上的最小速度，没有考虑空气阻力的影响。三种速度是发射飞行器过程中的不同临界状态。如图 4-28 所示，当发射速度 v 与宇宙速度分别有不同关系时，会出现不同的情况：当 $v<v_1$ 时，被发射物体最终仍将落回地面；当 $v_1\leqslant v<v_2$ 时，发射器将环绕地球运动，成为地球卫星；当 $v_2\leqslant v<v_3$ 时，发射器将脱离地球束缚，成为环绕太阳运动的“人造行星”；当 $v\geqslant v_3$ 时，被发射物体将从太阳系中逃逸。

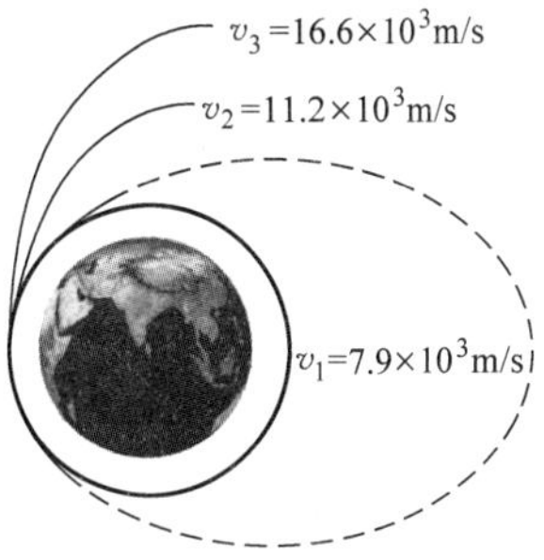

图 4-28 例题 4.11 用图，三种宇宙速度

4.5 碰撞

一般来说，当两个或两个以上物体相遇时，强烈而短暂的相互作用过程，称为碰撞。广义的碰撞种类是很多的，按碰撞方式分有接触碰撞和非接触碰撞。撞击、锻压、投掷、打击等是接触碰撞；有些是非接触碰撞，如微观带电粒子间通过库仑力作用的碰撞、天体之间通过万有引力作用的碰撞等。按碰撞角度分有正碰和斜碰。若两物体在碰撞前后的速度都在它们的连心线上，则称这种碰撞为对心碰撞，也称正碰。而两物体碰撞前后的速度不在其连心线上的碰撞称为非对心碰撞，也称斜碰。斜碰是二维或三维碰撞。此外除了常见的宏观上的碰撞，微观世界碰撞也是极其常见的，除了热运动中微观粒子频繁的碰撞，散射现象、反应碰撞（正负电子对的湮没、原子核的衰变等）也都是广义的碰撞过程。所有碰撞的明显特征是作用时间的短暂。若将发生碰撞的所有物体看作一个系统，由于作用时间短暂，外力的冲量一般可以忽略不计，因此动量守恒是一般碰撞过程的共同特点。系统视为孤立系统，能量也是守恒的，但机械能不一定守恒。在碰撞过程中常常发生物体的形变，并伴随着相应的能量转化。按照形变和能量转化的特征，碰撞可以分为三类：完全弹性碰撞、非完全弹性碰撞和完全非弹性碰撞。我们逐一对这三种碰撞加以简要说明：

1. 完全弹性碰撞

完全弹性碰撞过程中物体之间的作用力是弹性力，在碰撞压缩阶段，系统部分动能转变为弹性势能，碰撞完成之后物体的形变完全恢复，弹性势能又完全转变为动能，系统恢复原状。过程中没有能量的损耗，也没有机械能向其他形式的能量的转化，机械能守恒。因此，在完全弹性碰撞中，除了碰撞系统的动量守恒外，碰撞过程始末系统的动能也保持

不变。完全弹性碰撞是一种理想情况，如两个弹性较好的物体的相撞，微观中理想气体分子的碰撞等可以近似按完全弹性碰撞处理。

以两个物体发生正碰为例加以说明：

如图 4-29 所示：质量分别为 m_1、m_2 的两球发生完全弹性碰撞，设碰撞前、后的速度分别为$\boldsymbol{v}_{10}$、$\boldsymbol{v}_{20}$和$\boldsymbol{v}_1$、$\boldsymbol{v}_2$，由于速度都沿同一直线，则

$$m_1v_{10}+m_2v_{20}=m_1v_1+m_2v_2 \tag{4-38}$$

$$\frac{1}{2}m_1v_{10}^2+\frac{1}{2}m_2v_{20}^2=\frac{1}{2}m_1v_1^2+\frac{1}{2}m_2v_2^2 \tag{4-39}$$

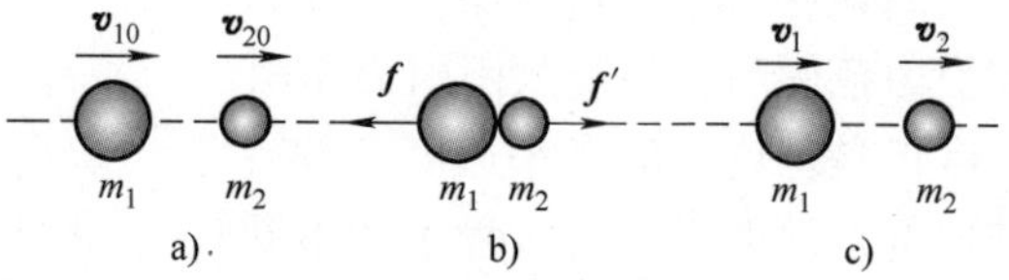

图 4-29 两球的完全弹性碰撞

联立以上两式解得

$$v_1=\frac{(m_1-m_2)v_{10}+2m_2v_{20}}{m_1+m_2} \tag{4-40}$$

$$v_2=\frac{(m_2-m_1)v_{20}+2m_1v_{10}}{m_1+m_2} \tag{4-41}$$

有如下几种弹性碰撞的特例：

1）两球质量相等，即 $m_1=m_2$，则有 $v_1=v_{20}$，$v_2=v_{10}$。

表明两球碰后彼此交换速度。若 m_2 原来静止，则碰后 m_1 静止，m_2 以 m_1 碰前的速度前进。打台球时常常会看到这种情况。同种气体分子碰撞也常假设为这种情况。

2）两球质量差别很大。

① 小球碰静止大球。如设 $m_2\gg m_1$，且 $v_{20}=0$，则有 $v_1\approx -v_{10}$，$v_2\approx 0$。

表明，一个原来静止且质量很大的球在碰后仍然静止，质量很小的球以原速率被弹回。比如乒乓球与铅球、网球与墙壁的碰撞等都属于这种情况。热学中，气体分子与容器壁的碰撞也是这么处理的。

② 大球碰静止小球。如设 $m_1\gg m_2$，且 $v_{20}=0$，则有 $v_1\approx v_{10}$，$v_2\approx 2v_{10}$。

表明，质量很大的球与质量很小的静止球碰撞后，大质量球的速度几乎不变，而小质量球的速度约为大质量球速度的 2 倍。可以想象一个铅球撞击一个静止的乒乓球。

2. 完全非弹性碰撞

完全非弹性碰撞之后物体的形变完全得不到恢复。常常表现为各个参与碰撞的物体在碰撞后合并在一起以同一速度运动。如黏土、油灰等物体的碰撞以及子弹射入木块并嵌入其中等都是典型的完全非弹性碰撞。在这种碰撞过程中，系统的动量仍守恒，但系统的动能要损失，所损失的动能一般转变为热能和其他形式的能。

以两个物体发生完全非弹性碰撞为例。设两物体质量分别为 m_1、m_2，碰撞前的速度分别为$\boldsymbol{v}_{10}$、$\boldsymbol{v}_{20}$，碰撞后的共同速度为$\boldsymbol{v}$；则由动量守恒得

$$m_1\boldsymbol{v}_{10} + m_2\boldsymbol{v}_{20} = (m_1 + m_2)\boldsymbol{v}$$

得

$$\boldsymbol{v} = \frac{m_1\boldsymbol{v}_{10} + m_2\boldsymbol{v}_{20}}{m_1 + m_2} \tag{4-42}$$

对于这两个物体组成的系统，这也是碰撞前后质心的速度$\boldsymbol{v}_C$。

碰撞系统损失的动能为

$$E_{k损} = \left(\frac{1}{2}m_1 v_{10}^2 + \frac{1}{2}m_2 v_{20}^2\right) - \frac{1}{2}(m_1 + m_2)v^2 \tag{4-43}$$

由柯尼希定理式（4-19），碰撞前总动能$\left(\frac{1}{2}m_1 v_{10}^2 + \frac{1}{2}m_2 v_{20}^2\right)$等于轨道动能$\frac{1}{2}(m_1 + m_2)\ v_C^2$即$\frac{1}{2}\ (m_1 + m_2)v^2$ 加上内动能$E_{k,int}$之和，则由式（4-43），得

$$E_{k损} = E_{k,int} \tag{4-44}$$

即完全非弹性碰撞中系统损失的动能等于系统的内动能，而轨道动能保持不变。所以，在完全非弹性碰撞中，损失的动能并没有凭空“消失”，而是转化为其他形式的能量了。

3. 非完全弹性碰撞

非完全弹性碰撞碰撞后两物体彼此分开，但由于压缩后的物体不能完全恢复原状而有部分形变被保留下来，因此，系统也只是动量守恒，而动能有损失。伴随有部分机械能向其他形式的能量如热能的转化，机械能不守恒。大量的实际碰撞过程属于这一类。工厂中气锤锻打工件就是典型的非完全弹性碰撞。

这种碰撞压缩后的恢复程度取决于碰撞物体的材料。牛顿总结实验结果，提出碰撞定律：碰撞后两球的分离速度 $v_2 - v_1$ 与碰撞前两球的接近速度 $v_{10} - v_{20}$之比为一定值，比值等于弹性恢复系数 e。即

$$e = \frac{v_2 - v_1}{v_{10} - v_{20}} \tag{4-45}$$

如果弹性恢复系数是已知的，就可以联立动量守恒方程求解所有碰撞问题。e 值可以由实验测定，从式（4-45）可得到：若 $e = 0$，则 $v_2 = v_1$，为完全非弹性碰撞；若 $e = 1$，则 $v_2 - v_1 = v_{10} - v_{20}$，为完全弹性碰撞；若$0 < e < 1$，则为非完全弹性碰撞。

例4.12 如图4-30 所示，用一个轻弹簧把一个金属盘悬挂起来，这时弹簧伸长了 $l_1 =$ 10cm。一个质量和盘相同的泥球，从高于盘 $h = 30\text{cm}$ 处由静止下落到盘上。求此盘向下运动的最大距离 l_2。若把泥球换成一个质量相同的弹性小球，并立即将碰后的弹性小球拿走，这时盘向下运动的最大距离又是多少?

解：本题可分为三个过程。

第一个过程：小球自由下落的过程。遵循机械能守恒，得到球落到盘上的速度为

$$v = \sqrt{2gh}$$

第二个过程：泥球和盘的碰撞过程。将球和盘看成一个系统，由于二者的冲力远远大于外力（包括弹簧的拉力和二者的重力），而且作用时间很短，所以动量守恒。又由于是泥球，它们碰撞后粘在一起具有共同的速度 V，即此碰撞过程是完全非弹性碰撞，所以可列动量守恒式，即

$$mv = (m + m)V$$

所以得
$$V = \frac{1}{2}v = \frac{1}{2}\sqrt{2gh}$$

第三步：泥球和盘共同下落的过程。以弹簧、泥球、盘和地球为系统，由于此时系统只有保守内力做功，所以此过程系统机械能守恒。以泥球和盘刚开始运动时作为系统的初态，二者达到最低点作为末态。以弹簧原长为弹性势能零点，初态位置为重力势能零点，则由机械能守恒得

$$\frac{1}{2}(2m)V^2 + \frac{1}{2}kl_1{}^2 = \frac{1}{2}k(l_1 + l_2)^2 - (2m)gl_2$$

而由只挂盘时弹簧伸长 l_1，可得 $k = mg/l_1$，将此式以及 V 和 $l_1 = 10\text{cm}$、$h = 30\text{cm}$ 代入上式，得到

$$l_2^2 - 20l_2 - 300 = 0$$

解方程得 $l_2 = 30$，-10。舍去 $l_2 = -10$，即得盘下落的最大距离为 30cm。

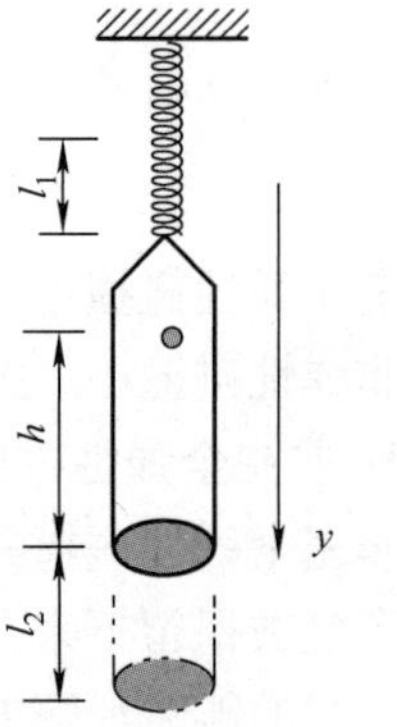

图 4-30 例题 4-12 用图

若把泥球换成弹性小球，则第二步弹性小球和盘的碰撞就是完全弹性碰撞，动量守恒，碰撞前后系统动能也相等。则由式（4-41）及后面的讨论。由于盘和小球的质量相等，这时球和盘交换速度。则盘的速度为 v，球静止。球被取走，这样第三步盘、弹簧和地球系统遵循机械能守恒，仍按前面势能零点和初末态位置的取法，得到

$$\frac{1}{2}mv^2 + \frac{1}{2}kl_1^2 = \frac{1}{2}k(l_1 + l_2)^2 - mgl_2$$

这里的 $\frac{1}{2}mv^2 = mgh$，同时代入数据得 $l_2^2 = 600$。舍去负数结果，解得 $l_2 = 24.5\text{cm}$。

小　结

1. 功

功：$A = \int_{(L)A}^{B} \boldsymbol{F} \cdot \mathrm{d}\boldsymbol{r}$

功率：$P = \frac{\mathrm{d}A}{\mathrm{d}t} = \boldsymbol{F} \cdot \boldsymbol{v}$

保守力：做功与路径无关的力，或沿任意闭合回路做功为零的力称为保守力

2. 动能定理

质点动能：$E_k = \frac{1}{2}mv^2$

质点动能定理：$A = E_{kB} - E_{kA} = \Delta E_k$

质点系动能：$E_k = E_{kC} + E_{k,\text{int}}$（柯尼希定理）

质点系动能定理：$A_{外} + A_{内} = \Delta E_k$，内力对质点系的动能有贡献。

一对内力做功：$A_{AB} = \int_A^B \boldsymbol{f}_{21} \cdot \mathrm{d}\boldsymbol{r}_{21}$，一对内力做功只与相对位移有关，与参考系无关。

3. 保守力 势能

势能差：$A_{AB} = \int_A^B \boldsymbol{f}_{保} \cdot \mathrm{d}\boldsymbol{r} = -(E_{pB} - E_{pA}) = -\Delta E_p$

势能：$E_{pA} = A_{AB} = \int_A^{B(势能零点)} \boldsymbol{f}_{保} \cdot \mathrm{d}\boldsymbol{r}$

重力势能：$E_p = mgh$（势能零点：某一水平面上的点）

弹性势能：$E_p = \frac{1}{2}kx^2$（势能零点：弹簧原长处）

万有引力势能：$E_p = -G\frac{Mm}{r}$（势能零点：$r=\infty$处）

由势能函数求保守力：$\boldsymbol{f}_{保} = -\nabla E_p$

4. 功能原理　机械能守恒定律

质点系功能原理：$A_{外} + A_{非保内} = \Delta E$

机械能守恒定律：对于一个孤立的保守系统，或说只有保守力做功的孤立系统，其内进行的过程，机械能保持不变。

能量守恒定律：在一个孤立系统中，无论发生何种变化，无论各种能量形式如何转换，系统的总能量总是一个常量。

5. 碰撞

完全弹性碰撞：动量守恒、机械能守恒。$e=1$。

完全非弹性碰撞：动量守恒、机械能不守恒，碰撞后各物体具有共同的速度。$e=0$。

非完全弹性碰撞：动量守恒、机械能不守恒，碰撞后各物体彼此分开。$0<e<1$。

弹性恢复系数：$e = \frac{v_2 - v_1}{v_{10} - v_{20}}$

思 考 题

4.1　滑动摩擦力都是对物体做负功吗？静摩擦力能否对物体做正功？

4.2　汽车的牵引力是静摩擦力，这是否意味着只要有静摩擦力就可使汽车前进呢？既然汽车是靠地面的摩擦力才能前进，但又说地面的摩擦力阻碍它的运动，这个矛盾如何解释？

4.3　如图 4-31 所示，在光滑水平地面上放着一辆小车，车上左端放着一只箱子，今用水平恒力 $\boldsymbol{F}$ 拉箱子，使它由小车的左端达到右端，一次是小车被固定在水平地面上，另一次是小车没有固定。试以水平地面为参考系，判断在两种情况下，$\boldsymbol{F}$ 的功是否相等？摩擦力对箱子做的功是否相等？箱子获得的动能是否相等？以及因摩擦而产生的热是否相等？

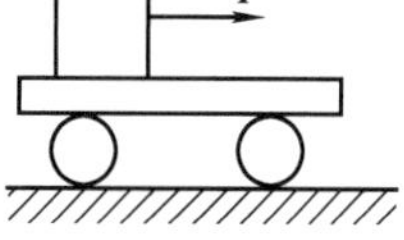

图 4-31　思考题 4.3 用图

4.4　功的概念有以下几种说法：（1）保守力做正功时，系统内相应的势能增加；（2）质点运动经一闭合路径，保守力对质点做的功为零；（3）作用力和反作用力大小相等、方向相反，所以两者所做功的代数和必为零。正确的是哪种说法？

4.5　如图 4-32 所示，子弹射入放在水平光滑地面上静止的木块而不穿出。此过程机械能守恒吗？以地面为参考系，子弹克服木块阻力所做的功是否等于这一过程中产生的热？

4.6　孤立系在某一过程中，作用于它的非保守力先做正功，后做负功，整个过程中做功总和为零，则此系统初末状态机械能相等吗？整个过程机械能守恒吗？

4.7　动量和动能都是描述物体运动状态的物理量，若物体的动量不变，动能也不变吗？若物体的动能不变，动量也不变吗？

4.8　如图4-33所示，一物块沿光滑曲面从A滑到B，再滑到C，最后滑到D，其中CD段是粗糙的。是分析各路段的动能、重力势能、机械能是如何变化的？并说明各路段上的能量转换情况。

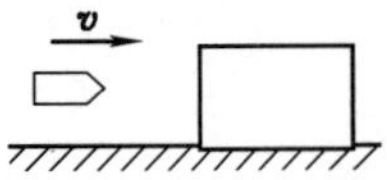

图4-32　思考题4.5用图

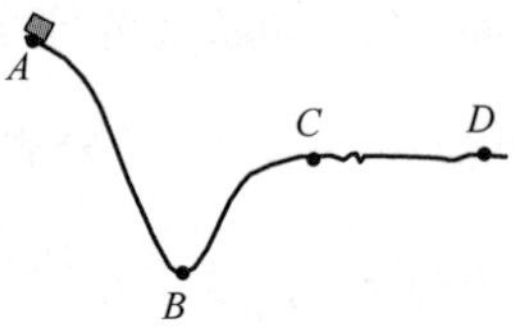

图4-33　思考题4.8用图

4.9　某一个力满足函数关系$\boldsymbol{F}=x^2y^2\boldsymbol{i}+x^2y^2\boldsymbol{j}$，试分析此力是否为保守力。

4.10　若人造卫星绕地球做圆周运动，卫星的动量是否守恒？角动量是否守恒？卫星绕地球这一系统的机械能是否守恒？若人造卫星绕地球做椭圆运动，卫星的动量是否守恒？角动量是否守恒？卫星绕地球做椭圆运动的动能是否守恒？

4.11　在一艘大轮船上进行网球比赛，球的动能是否与轮船的速率有关？参考系的选择是否影响动能的数值？

4.12　弹力是物体发生形变时弹簧系统的内力，为什么在计算弹力的功时，只考虑弹簧运动端弹力的功，却把与该力相关的势能说成是整个弹簧的势能？

4.13　物体所受地球的引力与物体到地心的距离的二次方成反比，物体到了地下的深洞里，所受地球的引力是不是比在地面上所受地球的引力大些？若将此物体从洞里移至地面上，引力做的功是多大？并比较深洞里和地面上物体的引力势能。

4.14　在正方形的顶点各有一个质量相等的星体，问把另一个质量为m的小星体放在什么位置时，它们的引力势能最小？

4.15　发射一颗在赤道平面里运行的卫星，请问向哪个方向发射可节省发射能量？说明原因。人造卫星能否在不通过地心的轨道平面上稳定地运行？

4.16　两物体做弹性碰撞，它们的总动量和总动能都是守恒的。这种说法对吗？为什么？

4.17　在核反应中利用中子和“减速剂”的原子核发生完全弹性碰撞而使中子减速。而“减速剂”一般选择与中子质量相近的物质粒子，如氘、石墨、水等。另一方面，选择重金属如铅、钍等作为反射层，以防止中子漏出堆外。试说明原因。

4.18　试分析例题4.12中将泥球换成弹性小球后，盘下落的距离反倒变小了。如果弹性小球没有被拿走，盘子下落的最大距离又是多少？球、盘子、弹簧、地球的系统机械能哪种情况更大？

习　题

4.1　质量为$m=2\text{kg}$的物体沿x轴做直线运动，所受合外力$F=10+6x^2$（SI）。如果在$x_0=0$处时速度$v_0=0$，试求该物体运动到$x_0=4\text{m}$处时速度的大小。

4.2　如图4-34所示，马拉爬犁，爬犁总质量3t，滑动摩擦系数为0.2，求马拉爬犁行走2km时摩擦力所做的功。

4.3　劲度系数为k、原长为l的弹簧，一端固定在圆周上的A点，圆周的半径$R=l$，弹簧的另一端从

距 A 点 $2l$ 的 B 点沿圆周移动$\frac{1}{4}$周长到 C 点，如图 4-35 所示。求弹性力在此过程中所做的功。

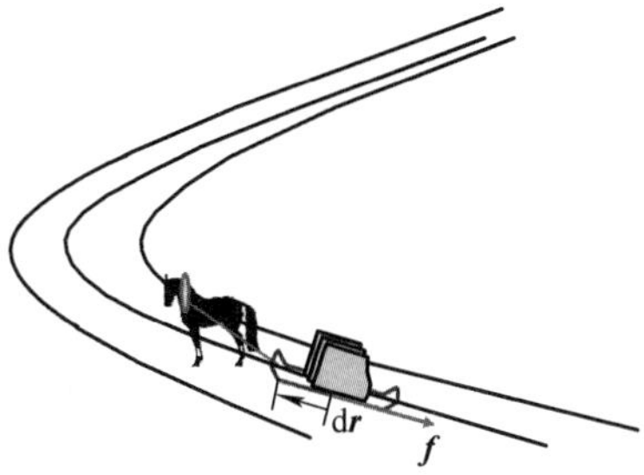

图 4-34　习题 4.2 用图

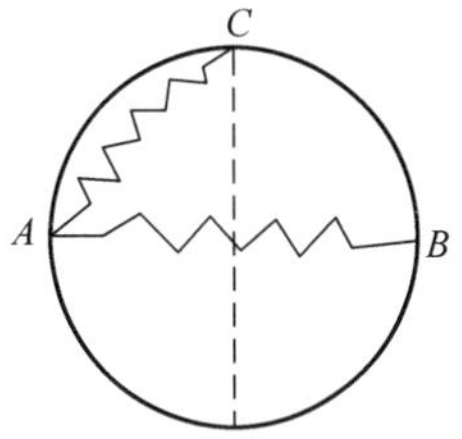

图 4-35　习题 4.3 用图

4.4　光滑圆盘上有一质量为 m 的物体 A，拴在一根穿过圆盘中心光滑小孔的细绳上，如图 4-36 所示。开始时，该物体距圆盘中心 O 的距离为 r_0，并以角速度 ω_0 绕盘心 O 做圆周运动。现向下拉绳，当质点 A 的径向距离由 r_0 减少到 $r_0/2$ 时，向下拉的速度恒为 v，求下拉过程中拉力所做的功。

4.5　在光滑的水平桌面上，平放有如图 4-37 所示的固定半圆形屏障。质量为 m 的滑块以初速度 $\boldsymbol{v}_0$ 沿切线方向进入屏障内，滑块与屏障间的摩擦系数为 μ。试求当滑块从屏障另一端滑出时，摩擦力所做的功。

4.6　图 4-38 中，一个固定的半圆柱体顶面的表面光滑，半径为 R。一根劲度系数为 k 的轻弹簧一端固定，另一端与一个质量为 m 的小物体相连。开始时物体位于 A 处，弹簧处于原长。物体在一个位于竖直平面内并且始终和圆柱面相切的拉力 $\boldsymbol{F}$ 作用下，极缓慢地从 A 处移到 B 处（弹簧形变在弹性限度内），已知 $\angle AOB = \theta$，分别求力 $\boldsymbol{F}$，以及重力、弹力对物体所做的功。

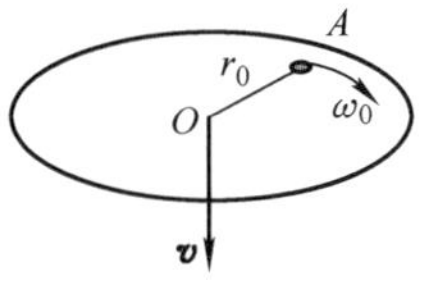

图 4-36　习题 4.4 用图

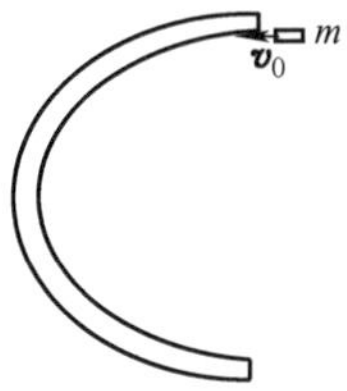

图 4-37　习题 4.5 用图

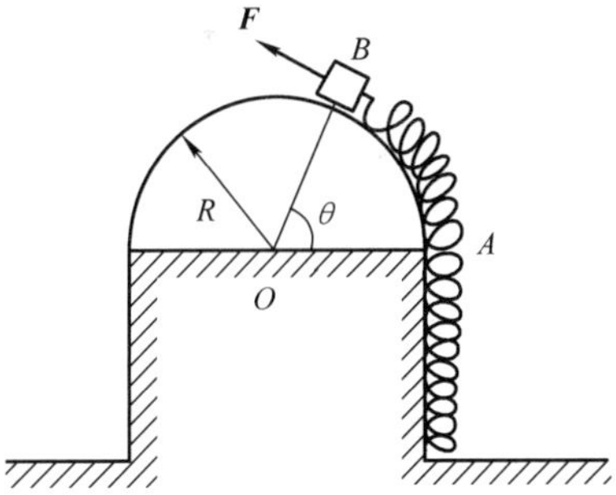

图 4-38　习题 4.6 用图

4.7　一质点沿如图 4-39 所示的路径运动，求力 $\boldsymbol{F} = (4-2y)\boldsymbol{i}$（SI）对该质点所做的功。（1）沿 ODC；（2）沿 OBC。

4.8　已知物体质量 $m = 2\text{kg}$，在 $F = 12t$（SI）作用下由静止做直线运动，求：$t = 0 \sim 2\text{s}$ 内 F 做的功及 $t = 2\text{s}$ 时的功率。

4.9　质量为 m 的质点在外力作用下，其运动方程为 $\boldsymbol{r} = A\cos\omega t\boldsymbol{i} + B\sin\omega t\boldsymbol{j}$，其中，$A$、$B$、$\omega$都是正的常量。由此可知外力在 $t = 0$ 到 $t = \pi/(2\omega)$ 这段时间内所做的功是多少？

4.10　一轻弹簧的劲度系数为 $k = 100\text{N/m}$，用手推一质量 $m = 0.1\text{kg}$ 的物体把弹簧压缩到离平衡位置为 $x_1 = 0.02\text{m}$ 处，如图 4-40 所示。放手后，物体沿水平面移动到 $x_2 = 0.1\text{m}$ 而停止。求物体与水平面间的滑动摩擦系数。

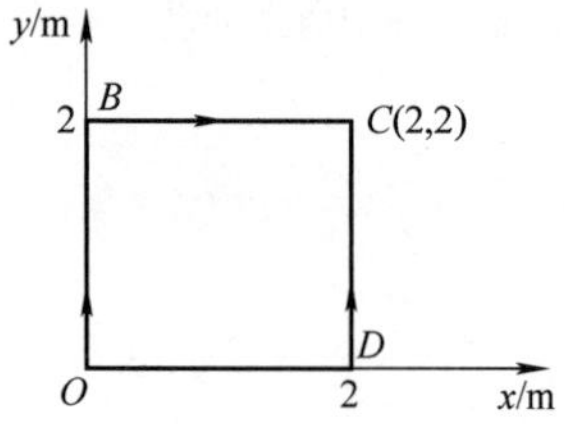

图4-39　习题4.7用图

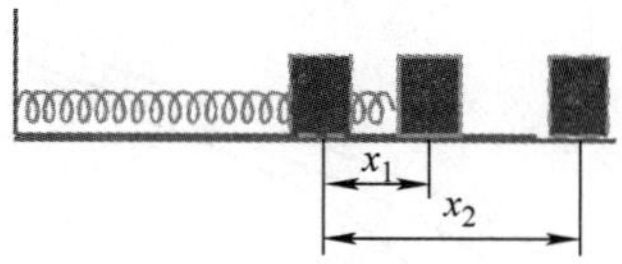

图4-40　习题4.10用图

4.11　速率为 $v_1=700\text{m/s}$ 的子弹，水平穿过第一块木板后速率降为 $v_2=500\text{m/s}$。若子弹接着穿过同样的第二块木板，速率降为多少？

4.12　用榔头把钉子水平敲进木板，木板对钉子的阻力与钉子进入木板的深度成正比。如果第一次敲进1cm，第二次敲击的力量与第一次相同，问第二次敲进多深？

4.13　质量为 m 的汽车，在水平面上沿 x 轴正方向运动，初始位置 $x_0=0$，从静止开始加速。在其发动机的功率 P 维持不变、且不计阻力的条件下，求 t 时刻汽车的速度和位置表达式。

4.14　处于保守力场中的某一质点被限制在 x 轴上运动，它的势能 $E_p(x)$ 是 x 的函数，它的总机械能 E 是一常数。设 $t=0$ 时，质点在坐标原点，求这一质点从原点运动到坐标 x 的时间。

4.15　一人从10m深的井中提水。起始时，桶中装有10kg的水，桶的质量为1kg，由于水桶漏水，每升高1m要漏去0.2kg的水。求水桶匀速地从井中提到井口，人所做的功。

4.16　一质点在几个外力作用下做匀速圆周运动，其中一力为 $\boldsymbol{F}=5t\boldsymbol{i}(\text{N})$，质点的运动学方程为 $x=\cos\left(\frac{1}{2}\pi t\right)$（m），$y=\sin\left(\frac{1}{2}\pi t\right)$（m）。求由 $t=0$ 到 $t=2\text{s}$ 的时间内，此力对该质点所做的功。（$\int x\sin x\text{d}x=-x\cos x+\sin x+C$）

4.17　一质量为 m 的物体从质量为 M 的圆弧形槽顶端由静止滑下，设圆弧形槽的半径为 R，如图4-41所示，如所有摩擦都可忽略，求：在物体从 A 滑到 B 的过程中，物体对槽所做的功 A 以及物体到达 B 时对槽的压力。

4.18　如图4-42所示，在水平光滑平面上有一轻质弹簧，一端固定，另一端系一质量为 m 的小球。弹簧劲度系数为 k，最初静止于其自然长度 l_0。今有一质量为 m_1 的子弹沿水平方向垂直于弹簧轴线以速度 $\boldsymbol{v}_0$ 射中小球而不复出，求此后当弹簧长度为 l 时，小球速度 $\boldsymbol{v}$ 的大小和它的方向与弹簧轴线的夹角 θ。

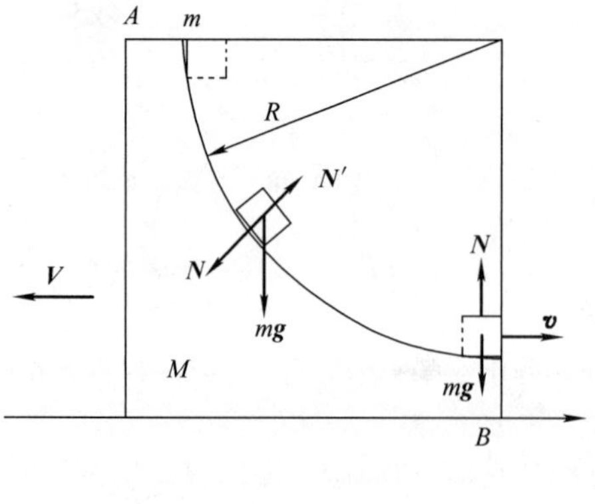

图4-41　习题4.17用图

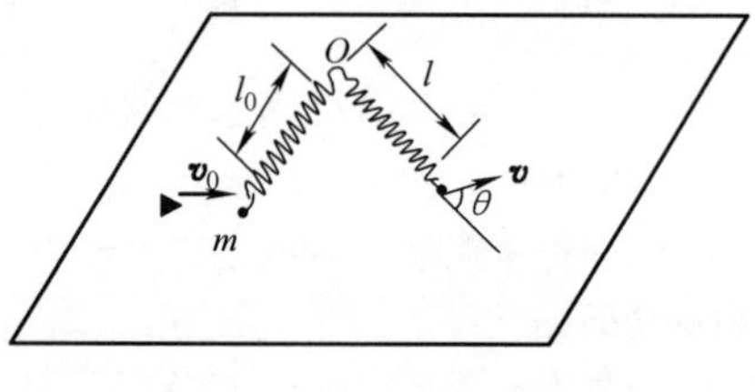

图4-42　习题4.18用图

4.19　如图4-43所示，一劲度系数为 k 的弹簧下面悬挂着质量分别为 m_1、m_2 的两个物体，其中 O 点为原长位置，开始它们都处于静止状态，y_0 为此时平衡态位置。现突然把 m_1 与 m_2 之间的连线剪断，y_1

为弹簧下只有 m_1 的平衡位置。求剪断后，弹簧从 y_0 到 y_1 过程中弹力所做的功，以及 m_1 的最大速率。

4.20　已知某双原子分子的势能函数为 $E_p(r)=\dfrac{A}{r^{12}}-\dfrac{B}{r^6}$，其中 A、B 为常量，r 为两原子间的距离，试求原子间作用力的函数式及原子间相互作用力为零时的距离。

4.21　弹簧原长 l_0 正好等于圆环半径 R，当弹簧下悬挂质量为 m 的小环时，弹簧的总长 $l=2R$，小环正好达到平衡状态。现将弹簧的一端悬挂于竖直放置的圆环上端 A 点，另一端的小环套在光滑圆环的 B 点，AB 长为 $1.6R$，如图 4-44 所示。放手后重物以初速度为零沿着圆环滑动。试求：

（1）放手后重物在 B 点处的加速度和对环的压力的大小；

（2）重物滑到最低点 C 时，重物的加速度和对圆环压力的大小。

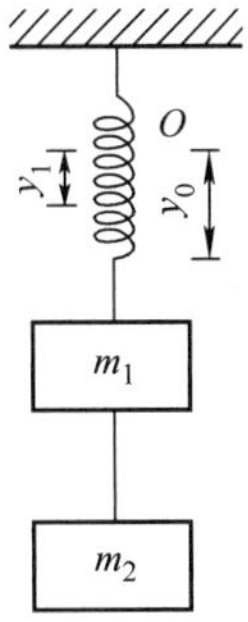

图 4-43　习题 4.19 用图

4.22　如图 4-45 所示，质量为 m 的滑块从 a 点由静止开始沿轨道下滑，在 b 点飞出。在从 a 到 b 的过程中，摩擦力对滑块做功为 A，滑块在 b 点飞出时的水平速率为 u。求 a 点与抛物线最高点 c 的高度差。

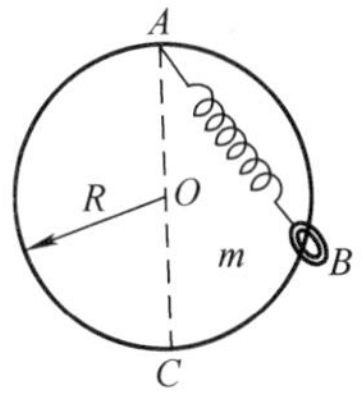

图 4-44　习题 4.21 用图

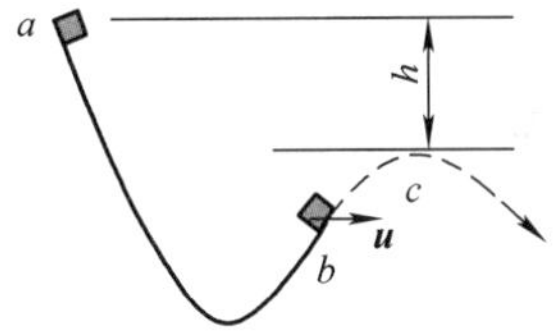

图 4-45　习题 4.22 用图

4.23　如图 4-46 所示，一轻绳跨过一个定滑轮，两端分别拴有质量为 m 及 M 的物体，M 离地面的高度为 h，若滑轮质量及摩擦力不计，m 与桌面的摩擦也不计，开始时两物体均为静止，求 M 落到地面时的速率 v_1（m 始终在桌面上）。若物体 m 与桌面的静摩擦系数与动摩擦系数均为 μ，结果又如何？

4.24　两个自由质点，其质量分别为 m_1 和 m_2，它们之间的相互作用符合万有引力定律。开始时，两质点间的距离为 l，它们都处于静止状态，试求当它们的距离变为 $l/2$ 时，两质点的速度各为多少？

4.25　质量 $M=10\text{kg}$ 的物体放在光滑的水平面上，并与一水平轻弹簧相连，如图 4-47 所示，弹簧的劲度系数 $k=1000\text{N/m}$。今有一质量 $m=1\text{kg}$ 的小球，以水平速率 $v_0=4\text{m/s}$ 滑过来，与物体 M 相碰后以 $v_1=2\text{m/s}$ 的速率弹回。

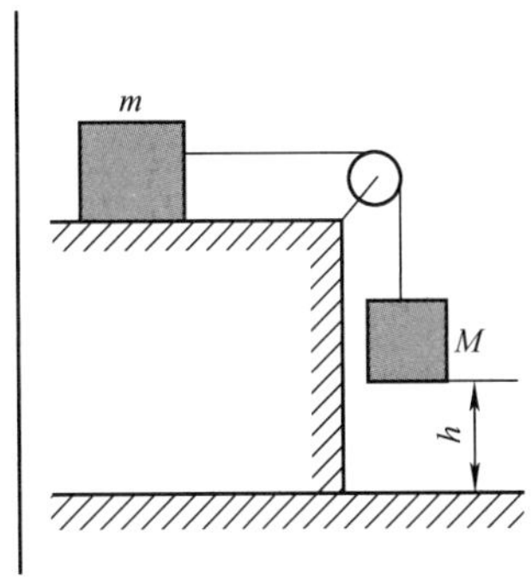

图 4-46　习题 4.23 用图

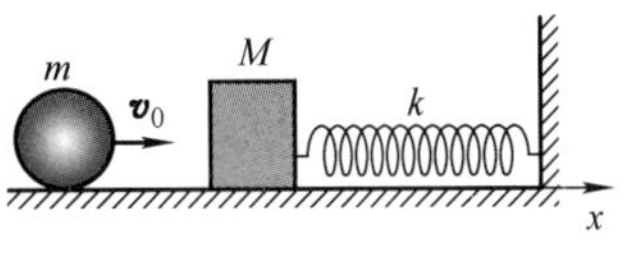

图 4-47　习题 4.25 用图

（1）求物体起动后，弹簧的最大压缩量。

（2）小球与物体的碰撞是否是弹性碰撞？恢复系数多大？

（3）如果物体上涂有黏性物质，相碰后与小球粘在一起，则弹簧的最大压缩量为多少？

习题答案

4.1　$v = 13\text{m/s}$

4.2　$-11.8\times10^{6}\text{J}$

4.3　$(\sqrt{2}-1)\ kl^2$

4.4　$A=\frac{3}{2}mr_0^2\omega_0^2+\frac{1}{2}mv^2$

4.5　$A=\frac{1}{2}mv_0^2\ (e^{-2\pi\mu}-1)$

4.6　拉力做功 $mgR\sin\theta+\frac{1}{2}kR^2\theta^2$，重力做功 $-mgR\sin\theta$，弹簧拉力做功 $-kR^2\theta^2/2$

4.7　（1）8J；（2）0

4.8　144J，288W

4.9　$\frac{1}{2}m\omega^2(A^2-B^2)$

4.10　0.20

4.11　100m/s

4.12　0.41cm

4.13　$v=\sqrt{2Pt/m}$，$x=\sqrt{8P/(9m)}t^{3/2}$

4.14　$t=\int_0^x\frac{dx}{\sqrt{2(E-E_p(x))/m}}$

4.15　980J

4.16　-10J

4.17　$A_N=\frac{1}{2}MV^2=\frac{m^2gR}{M+m}$，$N=N'=mg+m\frac{v'^2}{R}=\left(3+\frac{2m}{M}\right)mg$

4.18　$v=\left[v_0'^2-\frac{k(l-l_0)^2}{m+m_1}\right]^{1/2}=\left[\frac{m_1^2v_0^2}{(m+m_1)^2}-\frac{k(l-l_0)^2}{m+m_1}\right]^{1/2}$，

$\theta=\arcsin\frac{v_0'l_0}{vl}=\arcsin\frac{m_1v_0l_0}{[m_1^2v_0^2-k(m+m_1)(l-l_0)^2]^{1/2}l}$

4.19　$A_{弹}=\frac{1}{2}k(y_0^2-y_1^2)$，$v_m=\sqrt{\frac{1}{m_1}[k(y_0^2-y_1^2)-2m_1g(y_0-y_1)]}$

4.20　$F=\frac{12A}{r^{13}}-\frac{6B}{r^7}$，$r_0=\sqrt[6]{\frac{2A}{B}}$

4.21　（1）$0.6g$，$0.2mg$；（2）$0.8g$，$0.8mg$

4.22　$h=\frac{\frac{1}{2}mu^2-A}{mg}$

4.23　$v_1=\sqrt{\frac{2Mgh}{M+m}}$，$v_1=\sqrt{\frac{2(M-m\mu)gh}{M+m}}$

4.24　$v_1=m_2\sqrt{\frac{2G}{l(m_1+m_2)}}$，$v_2=m_1\sqrt{\frac{2G}{l(m_1+m_2)}}$

4.25　（1）$\Delta x=6\times10^{-2}$m；（2）$e=0.65$，非弹性碰撞；（3）$\Delta x=3.8\times10^{-2}$m

第 5 章 刚体的定轴转动

前几章介绍了力学的基本概念和原理，主要研究质点和质点系的动力学原理及应用。质点是忽略物体大小和形状的一种理想化模型。然而在实际生活中，很多物体的大小和形状是不能忽略的，物体运动是与它的形状有关的，这时物体就不能看成质点了，其运动规律的讨论就必须考虑形状的因素。例如，研究电机转子的转动、车轮的转动、星球的自转等就不能把这些运动物体作为质点处理，此时物体的大小和形状在运动中起着重要的作用。考虑形状的一般物体的运动规律是一个非常复杂的问题，为了抓住主要矛盾并使研究简化，物理学中建立了另一个理想化模型——刚体。刚体是一种特殊的质点系。本章将把前面介绍过的基本概念和原理应用在这种特殊的质点系（刚体）上，进而研究其转动所遵循的力学规律。实际上这一章可以说是前面知识的具体应用，既具有基本理论的一般性，又具有特定对象的特殊性，大家可以采用类比法和叠加法学习本章内容。5.1 节是第 1 章的应用：描述刚体的运动，特别是用角量来描述最简单的转动——定轴转动；5.2 节是第 2 章的应用：是牛顿定律在刚体定轴转动中的具体表现形式，力矩决定刚体的转动；5.3、5.4 节是第 3 章、第 4 章的应用：刚体定轴转动角动量、功和能以及相应的守恒定律；最后 5.5 节简单讨论一下刚体自转轴转动的规律——进动。

5.1 刚体的运动

刚体是一种特殊的质点系，无论多大的外力作用其上，系统内任意两质点间的距离始终保持不变，即受力时形状和体积不变化。实际上，无论多小的力作用在物体上，从微观上看物体中任意两质点间的距离或多或少有些变化，若力非常大，再硬的物体也会变形。比如，汽车过桥时坚硬的桥墩也会发生变形。所以刚体是一个理想化模型。对于一般的固体，在受到不是很大的力作用时，其形状或体积改变不大，是可以忽略的，所以都可以看成刚体处理。

5.1.1 刚体的基本运动

一般来说，刚体的运动形式是复杂而多样的，但是刚体基本的运动形式就是：**平动、转动**或是二者的结合。而最简单的运动形式是平动和定轴转动。

1. 平动

如果刚体在运动过程中，连接刚体内任意两点的直线在空间的指向总保持平行，这样的运动就叫作平动。如图 5-1 所示，虽然刚体做的是曲线运动，但是刚体中任意两点 AB 在运动过程中始终保持着平行运动，所以在任一段时间内，固体中任意两点的位移都是平行的，都是相等的，任意瞬时，刚体内各质点的速度、加速度也都是相同的，刚体内各质点的运动轨迹也都是相同的。所以，刚体中任意一点的运动情况都是相同的，也就是说，刚体中任意一个质元的运动都可以代表整个物体的运动。而刚体中一个比较特殊的点就是质心，所以做平动运动的刚体通常用质心代表整个刚体的运动，用质心运动定理处理其动力学问题。这时的刚体可以使用质点模型，属于质点运动学和动力学范畴，用前面质点力学中的知识去分析即可。

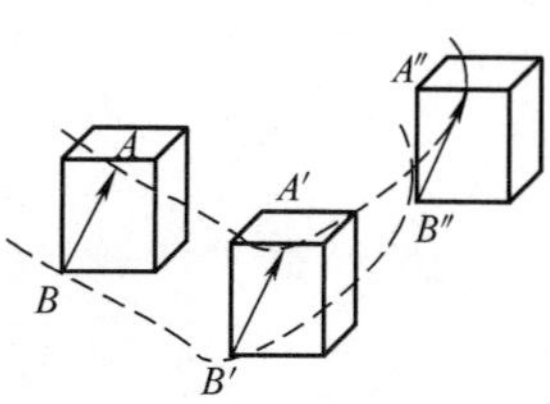

图 5-1　刚体平动示意图

2. 转动

刚体运动时，如果刚体中的各个质点都绕同一直线做圆周运动，这种运动就叫作**转动**，这一直线就叫作**转轴**。图 5-2 所示为刚体的转动。若刚体转动时这个转轴是不动的，那么称为**定轴转动**，如转动的摩天轮、螺旋桨、齿轮、电机转子等。定轴转动是最简单的转动。而垂直于转轴的平面称为**转动平面**。

若在刚体转动过程中转轴也在运动，则称为**非定轴转动**，如旋转陀螺、运动的车轮、摆头的电风扇等。这个转轴称为**瞬时转轴**。本章主要介绍定轴转动。

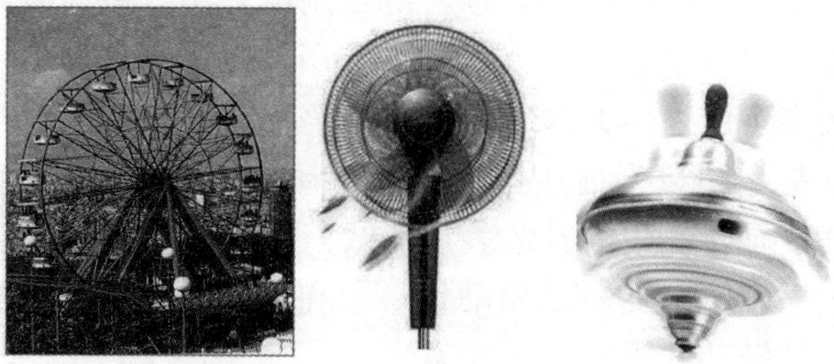
a)　b)　c)

图 5-2　刚体的转动

5.1.2　定轴转动的描述

做定轴转动的刚体中各质元的线速度和线加速度一般都不一样，但是角位移、角速度、角加速度都是一样的，因此用角量描述刚体转动更为方便。

1. 角坐标 角位移

如图 5-3 所示，设一刚体绕 Oz 轴转动。通过 z 轴作一固定平面 I 作为参考面，再过 z 轴和刚体上一点 P 作动平面 II。动平面 II 随着刚体一同转动。以 θ 表示这两个平面的夹角。θ 角自平面 I 算起，若从 z 轴正端（图 5-3 自上而下）看，规定 θ 角沿逆时针方向为正（右手螺旋法则）。这样 θ 角就完全确定做定轴转动的刚体转动时的空间位置，θ 角称为转动刚体的**角坐标**，它是时间 t 的函数，即

$$\theta=\theta(t) \tag{5-1}$$

这就是刚体定轴转动的运动学方程。

若经过 Δt，动平面 II 从 θ_1 改变到 θ_2，则刚体转过的角度 $\Delta\theta$ 为

$$\Delta\theta=\theta_2-\theta_1 \tag{5-2}$$

这就是刚体在 Δt 时间内的**角位移**。这一角位移的定义不仅适用于整个刚体，而且适用

于该刚体内的每一个质点，因为这些点是牢固地固定在一起的。角位移 $\Delta\theta$ 是标量，但可以是正的或负的，当逆着 z 轴方向观察时，逆时针方向的角位移可取正值，顺时针方向的角位移是取负值的。

2. 角速度

刚体在时刻 t 的角速度等于刚体旋转角坐标对时间的一阶导数，即

$$\omega = \frac{\mathrm{d}\theta}{\mathrm{d}t} \tag{5-3}$$

ω 是描述转动刚体转动快慢和转动方向的物理量。角速度是矢量，式（5-3）可确定角速度的大小，它的方向由右手螺旋定则确定：四指指向转动方向，大拇指指向就是角速度的方向（见图 5-3）。对于非定轴转动角速度的方向是变化的。但是对于定轴转动，角速度的方向是沿轴的，所以可以用正负表示方向。如果刚体沿 θ 角正方向转动，角速度方向沿 z 轴正方向，则角速度 ω 为正；反之为负。

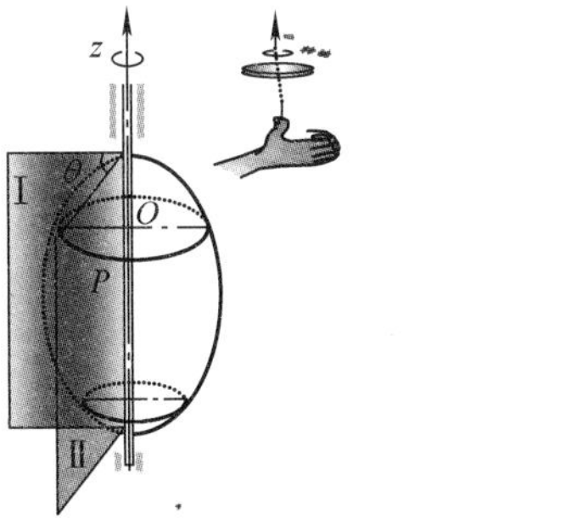

图 5-3 刚体定轴转动的角量

工程上还常用每分钟转过的圈数 n（简称转速）来描述刚体转动的快慢，其单位为 r/min。角速度和转速满足的关系是

$$\omega = \frac{\pi n}{30} \tag{5-4}$$

3. 角加速度

刚体在时刻 t 的角加速度等于刚体旋转角速度 ω 对时间的一阶导数，即

$$\alpha = \frac{\mathrm{d}\omega}{\mathrm{d}t} = \frac{\mathrm{d}^2\theta}{\mathrm{d}t^2} \tag{5-5}$$

α 是描述转动刚体的角速度随时间变化快慢的物理量。角加速度也是矢量，式（5-5）确定角加速度的大小，方向与角速度增量的方向相同。在定轴转动中，角加速度与角速度或同向或反向，也用正负号表示方向；二者同向时，α 取正，刚体加速转动；二者反向时，α 取负，刚体减速转动。

4. 线量和角量的关系

定轴转动显著的特点是：转动过程中刚体上所有质点的角位移、角速度和角加速度相同，但是每一点的线速度和线加速度都不一样，但是我们可以通过二者的关系来确定各个线量。

如图 5-4 所示，绕定轴转动的刚体内任意一点 P 在转动平面内绕 O 点做圆周运动。其位置可由旋转径矢 $\boldsymbol{r}$（大小为质元到轴的垂直距离）确定。则在 $\mathrm{d}t$ 时间内 P 点旋转的角位移微元 $\mathrm{d}\theta$ 与路程微元 $\mathrm{d}s$ 的关系为

$$\mathrm{d}s = r\mathrm{d}\theta \tag{5-6}$$

根据第 1 章式（1－52）可以得到线速度和角速度大小的关系 $v = r\omega$，考虑方向由右手螺旋定则（见图 5-4）不难分析出它们的矢量关系为

$$\boldsymbol{v} = \boldsymbol{\omega} \times \boldsymbol{r} \tag{5-7}$$

将上式代入加速度的定义式，得

$$\boldsymbol{a} = \frac{\mathrm{d}\boldsymbol{v}}{\mathrm{d}t} = \frac{\mathrm{d}(\boldsymbol{\omega} \times \boldsymbol{r})}{\mathrm{d}t} = \frac{\mathrm{d}\omega}{\mathrm{d}t} \times \boldsymbol{r} + \boldsymbol{\omega} \times \frac{\mathrm{d}\boldsymbol{r}}{\mathrm{d}t} = \boldsymbol{\alpha} \times \boldsymbol{r} + \boldsymbol{\omega} \times \boldsymbol{v} = \boldsymbol{a}_{\mathrm{t}} + \boldsymbol{a}_{\mathrm{n}}$$

则

$$a_t = \alpha \times r \tag{5-8}$$

$$a_n = \omega \times v \tag{5-9}$$

这是切向加速度、法向加速度与角量的关系，对于定轴转动，它们的大小关系为：$a_t = r\alpha$，$a_n = r\omega^2$，这和第1章的结论是一样的。

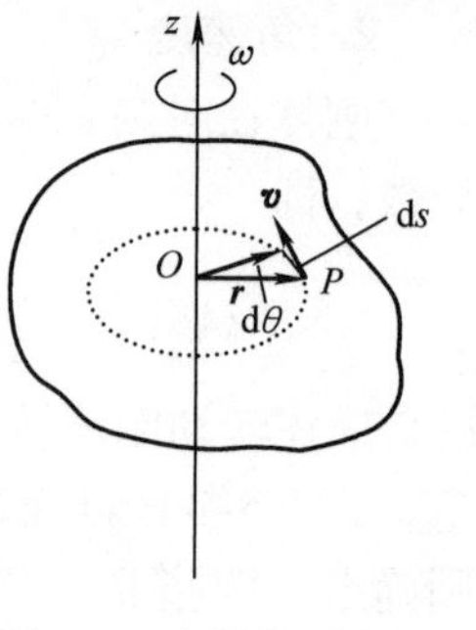

图5-4　定轴转动角量和线量关系用图

5. 刚体绕定轴匀速和匀变速转动

当刚体绕定轴转动时，如果角加速度 $\alpha = 0$，ω 为一常量，则为匀速转动；如果角加速度 α 为一常量，则刚体做匀变速转动。由式（5-3）和式（5-5）可得刚体绕定轴做匀速转动和匀变速转动时角位移、角速度、角加速度与时间之间的关系式如表5-1所示。这些关系的推导与匀速、匀变速直线运动的推导相类似，这里就不再给出了。为便于对比和记忆，现将这些公式与质点的直线运动公式列于表5-1中。

表5-1　刚体定轴转动与质点直线运动的对比

质点直线运动	刚体定轴转动
运动方程 $x = x(t)$ 速度 $v = \frac{dx}{dt}$ 加速度 $a = \frac{dv}{dt} = \frac{d^2x}{dt^2}$	运动方程 $\theta = \theta(t)$ 角速度 $\omega = \frac{d\theta}{dt}$ 角加速度 $\alpha = \frac{d\omega}{dt} = \frac{d^2\theta}{dt^2}$
质点匀速直线运动 $x = x_0 + vt$	刚体匀速定轴转动 $\theta = \theta_0 + \omega t$
质点匀变速直线运动 $v = v_0 + at$ $x = x_0 + v_0 t + \frac{1}{2}at^2$ $v^2 - v_0^2 = 2a(x - x_0)$	刚体匀变速定轴转动 $\omega = \omega_0 + \alpha t$ $\theta = \theta_0 + \omega_0 t + \frac{1}{2}\alpha t^2$ $\omega^2 - \omega_0^2 = 2\alpha(\theta - \theta_0)$

例5.1　一大型摩天轮如图5-5所示。圆盘的半径 $R = 25\text{m}$，供人乘坐的吊箱高度 L。若大圆盘绕水平轴匀速转动，角速度为 ω。求相对于旋转中心 O 点、吊箱底部 A 点的轨迹及 A 点的速度和加速度的大小。

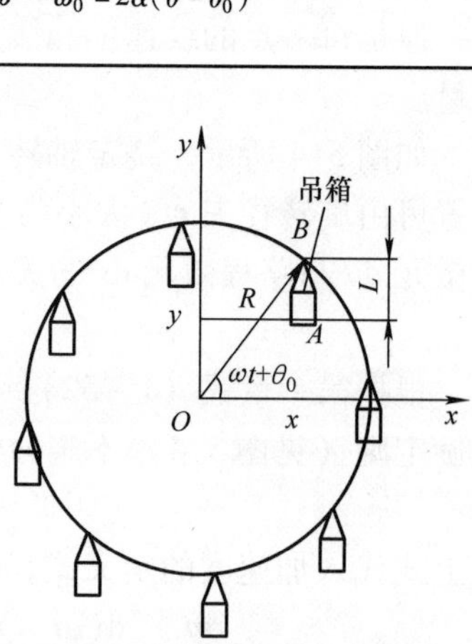

图5-5　例题5.1用图

解：建立如图5-5所示的坐标系，坐标原点为圆盘旋转的中心 O，由于吊箱是挂在圆盘上的，所以箱顶固定点 B 的运动就是随圆盘同角速度的圆周运动。而吊箱在运动过程中始终保持竖直向下的，所以箱底 A 点在竖直 y 方向与 B 点保持高度差 L，而 A、B 两点位置坐标在 x 方向上总是相等的，所以可以得到 A 点在任意时刻 t 的坐标分量分别为

$$x_A = x_B = R\cos(\omega t + \theta_0)$$

$$y_A = y_B - L = R\sin(\omega t + \theta_0) - L$$

两式联立得 A 点的轨迹方程为

$$x_A^2 + (y_A + L)^2 = R^2$$

可见也是一个圆。对位置求导可得速度为

$$v_{Ax} = \frac{\mathrm{d}x_A}{\mathrm{d}t} = -R\omega\sin(\omega t + \theta_0)$$

$$v_{Ay} = \frac{\mathrm{d}y_A}{\mathrm{d}t} = R\omega\cos(\omega t + \theta_0)$$

所以 A 点的速度大小为

$$v_A = \sqrt{v_{Ax}^2 + v_{Ay}^2} = R\omega$$

可见，与圆盘上的 B 点的速度是一样的。再对速度求导得到加速度为

$$a_{Ax} = \frac{\mathrm{d}v_{Ax}}{\mathrm{d}t} = -R\omega^2\cos(\omega t + \theta_0)$$

$$a_{Ay} = \frac{\mathrm{d}v_{Ay}}{\mathrm{d}t} = -R\omega^2\sin(\omega t + \theta_0)$$

A 点的加速度大小为

$$a_A = \sqrt{a_{Ax}^2 + a_{Ay}^2} = R\omega^2$$

加速度的大小也和 B 点的加速度大小是一样的。可见，A、B 点的运动状态是完全相同的。实际上吊箱的运动是平动，它在运动过程中任意两点（如 AB 两点）连线始终保持平行，所以吊箱上任意一点的速度加速度都是相等的。

例 5.2　一飞轮的转速为 $n = 1500\mathrm{r/min}$，受到制动而均匀地减速，经 $t = 50\mathrm{s}$ 后静止。

（1）求角加速度 α 和从制动开始到静止飞轮的转数 N；

（2）求制动开始后 $t = 25\mathrm{s}$ 时飞轮的角速度；

（3）设飞轮的半径 $r = 1\mathrm{m}$，求 $t = 25\mathrm{s}$ 时飞轮边缘上一点的速度和加速度。

解：（1）初角速度 $\omega_0 = 2\pi n = \left(2\pi \times \frac{1500}{60}\right)\mathrm{rad/s} = 50\pi\mathrm{rad/s}$；当 $t = 50\mathrm{s}$ 时，$\omega = 0$。代入 $\omega = \omega_0 + \alpha t$，求得

$$\alpha = \frac{\omega - \omega_0}{t} = \frac{-50\pi}{50\mathrm{s}}\mathrm{rad/s} = -\pi\ \mathrm{rad/s^2} = -3.14\mathrm{rad/s^2}$$

从制动开始到静止，飞轮的角位移及转数分别为

$$\Delta\theta = \omega_0 t + \frac{1}{2}\alpha t^2 = \left[50\pi \times 50 - \frac{1}{2}\pi \times (50)^2\right]\mathrm{rad} = 1250\pi\mathrm{rad}$$

$$N = \frac{1250\pi}{2\pi} = 625\ 转$$

（2）$t = 25\mathrm{s}$ 时飞轮的角速度为

$$\omega = \omega_0 + \alpha t = (50\pi - \pi \times 25)\mathrm{rad/s} = 25\pi\mathrm{rad/s} = 78.5\mathrm{rad/s}$$

（3）$t = 25\mathrm{s}$ 时飞轮边缘上的一点的速度为

$$v = \omega r = (25\pi \times 1)\mathrm{m/s} = 78.5\mathrm{m/s}$$

切向加速度和向心加速度为

$$a_t = R\alpha = (-\pi \times 1)\text{m/s}^2 = -3.14\text{m/s}^2$$

$$a_n = \omega^2 r = [(25\pi)^2 \times 1]\text{m/s}^2 = 6.16 \times 10^3\text{m/s}^2$$

则合加速度大小为

$$a = \sqrt{a_t^2 + a_n^2} = 6.16 \times 10^3\text{m/s}^2$$

速度、加速度的方向如图 5-6 所示，$\boldsymbol{a}$ 与 $\boldsymbol{a}_t$ 夹角 θ 为

$$\theta = \arctan\frac{a_n}{a_t} = \arctan\frac{6.162 \times 10^3}{-3.14} = 90.03°$$

此题中，相比于法向加速度，切向加速度要小很多，所以总加速度近似为法向加速度，法向和切向加速度夹角也近似直角。

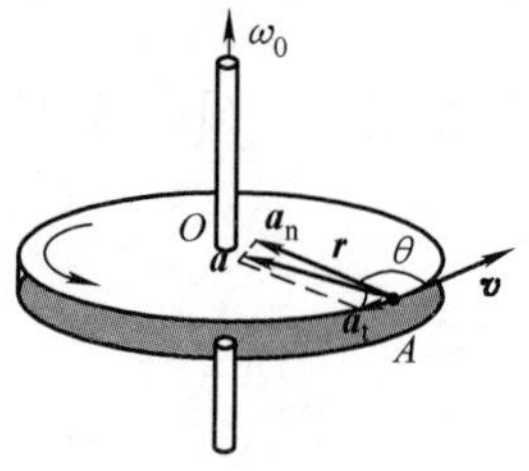

图 5-6　例题 5.2 用图

5.2 定轴转动定律

质点动力学的基本方程是牛顿第二定律，在解决质点运动问题时，$\boldsymbol{F} = m\boldsymbol{a}$ 非常方便有效。而在研究刚体转动问题时，用角量描述更为方便，那么牛顿第二定律对刚体定轴转动是否有相应的角量表达式呢?

5.2.1　对转轴的力矩

力矩分为对点的力矩和对轴的力矩。第 3 章 3.3 节定义了对点的力矩式（3-33）。设一力 $\boldsymbol{F}$ 作用在一个质量为 m 的质点上，则该力对某一固定点 O 的力矩为

$$\boldsymbol{M} = \boldsymbol{r}_O \times \boldsymbol{F} \tag{5-10}$$

式中，$\boldsymbol{r}_O$ 是质元到 O 点的径矢。这是一个矢量式，在直角坐标系可以写出力矩在各坐标轴上的分量 M_x、M_y、M_z，即为对各坐标轴的力矩。我们以 z 轴为例说明对轴的力矩。如图 5-7 所示，z 轴通过 O 点，平面 S 过力 $\boldsymbol{F}$ 的作用点垂直于 z 轴。现在我们要讨论对 z 轴的力矩，即 M_z。我们可以将 $\boldsymbol{r}_O$ 分解成沿 z 轴方向 $\boldsymbol{r}_z$ 和垂直于 z 轴方向的分量 $\boldsymbol{r}$，并将 $\boldsymbol{F}$ 分解成沿 z 轴的分量 $\boldsymbol{F}_z$ 和垂直于 z 轴的分量 $\boldsymbol{F}_\perp$，代入式（5-10）得

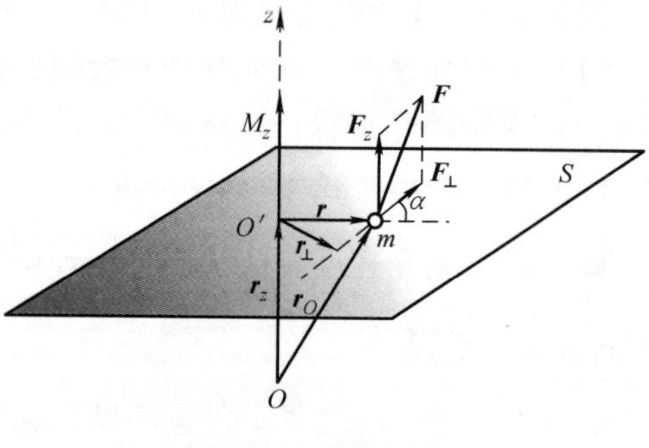

图 5-7　对轴的力矩

$$\boldsymbol{M} = (\boldsymbol{r} + \boldsymbol{r}_z) \times (\boldsymbol{F}_\perp + \boldsymbol{F}_z) = \boldsymbol{r} \times \boldsymbol{F}_\perp + \boldsymbol{r}_z \times \boldsymbol{F}_\perp + \boldsymbol{r} \times \boldsymbol{F}_z + \boldsymbol{r}_z \times \boldsymbol{F}_z$$

其中，$\boldsymbol{r}_z \times \boldsymbol{F}_z = 0$，而 $\boldsymbol{r}_z \times \boldsymbol{F}_\perp$、$\boldsymbol{r} \times \boldsymbol{F}_z$ 的方向都垂直于 z 轴，只有 $\boldsymbol{r} \times \boldsymbol{F}_\perp$ 是沿 z 轴上的分量，所以该力矩沿 z 轴的分量为

$$M_z = rF_\perp \sin\alpha = r_\perp F_\perp \tag{5-11}$$

可见，对 z 轴的力矩只与垂直于 z 轴的分力 $F_\perp$ 以及作用点到转轴的垂直距离 r 有关，与固定点的位置无关。同理，对 x、y 轴也会得到同样的结果。而在本章中，我们往往把坐标轴建立在转轴上（S 平面就是刚体上质元的转动平面），所以本章主要讨论对**转轴的力**

矩。同样，对转轴的力矩也取决于作用点到轴的垂直距离和力在转动平面内的分量以及二者的夹角。所以，对转轴的力矩为零有两种情况：一是力的作用线与轴平行；二是力的作用线（或其延长线）与轴相交。可见，只有在转动平面内的力（或分力）才有可能产生对轴的力矩。

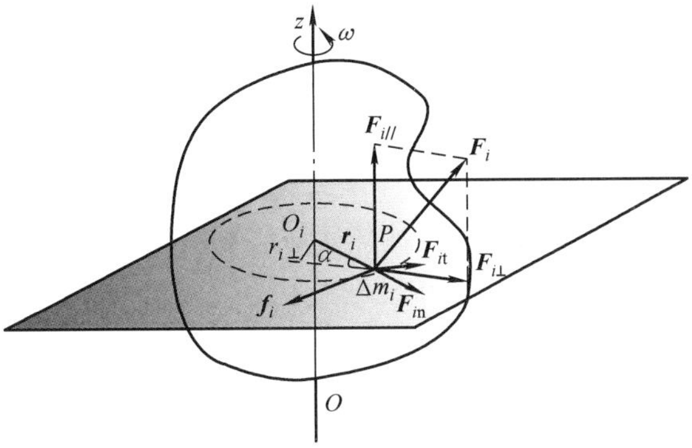

图 5-8　刚体定轴转动定律的推导用图

5.2.2　刚体定轴转动定律

设一刚体绕固定轴 z 轴转动，如图 5-8 所示。刚体可看成由许许多多个质元组成，刚体上每一个质元都在绕 Oz 轴做圆周运动。在刚体上任取一点 P，其质量为 Δm_i，半径为 r_i（相应的位矢为 $\boldsymbol{r}_i$）。质元 P 受到两类力的作用：一类是来自刚体以外的力，即外力，设其合力为 $\boldsymbol{F}_i$；另一类是来自刚体内的各质元间相互作用，即内力，设其合力为 $\boldsymbol{f}_i$。根据牛顿第二定律，质元 P 的运动方程为

$$\boldsymbol{F}_i + \boldsymbol{f}_i = \Delta m_i \boldsymbol{a}_i \tag{5-12}$$

式中，$\boldsymbol{a}_i$ 是质元 P 的加速度。因为 P 做圆周运动，所以可以采用自然坐标系，将上式写成法向和切向方向上的分量式，其中切向上分量式为

$$F_{it} + f_{it} = \Delta m_i a_{it} = \Delta m_i r_i \alpha \tag{5-13}$$

式中，F_{it}和f_{it}分别表示外力 $\boldsymbol{F}_i$ 和内力 $\boldsymbol{f}_i$ 在切向的分力大小，如图 5-8 所示（图中略去内力 $\boldsymbol{f}_i$ 的分解图）。$\boldsymbol{F}_i$ 和 $\boldsymbol{f}_i$ 在法向以及平行轴方向上的分力对 Oz 轴力矩为零，所以法向方程我们不予考虑。$\boldsymbol{a}_{it}$为质点 P 的切向加速度。

将式（5-13）两边同乘以 r_i，并对整个刚体求和，则

$$\sum_i F_{it} r_i + \sum_i f_{it} r_i = \left(\sum_i \Delta m_i r_i^2 \right) \alpha$$

式中，$F_{it} r_i = F_{i\perp} r_i \sin\alpha_i$ 为 $\boldsymbol{F}_i$ 对转轴（z 轴）的力矩，或说是质元 Δm_i 所受的合外力矩，所以等式左边第一项 $\sum\limits_i F_{it} r_i$，为所有作用在刚体上的外力对 Oz 轴力矩的总和，称为合外力矩，用 M 表示；第二项为所有内力对 Oz 轴力矩的总和，因为内力总是成对出现，每对作用力和反作用力总是大小相等、方向相反，且在一条作用线上，所以内力矩之和恒为零，则其在 z 轴上的分量也为零，即 $\sum\limits_i f_{it} r_i = 0$。这样，式（5-13）简化为

$$M = \left(\sum_i \Delta m_i r_i^2\right)\alpha \tag{5-14}$$

式中，$\sum_i \Delta m_i r_i^2$ 仅与刚体的性质（形状、质量分布及转轴的位置）有关，令

$$J = \sum_i \Delta m_i r_i^2 \tag{5-15}$$

称为**转动惯量**。对绕定轴转动的刚体，它是一恒量。这样，式（5-14）进一步变为

$$M = J\alpha \tag{5-16}$$

式（5-16）表明，**刚体绕定轴转动时，刚体所受的对转轴的合外力矩等于刚体对此轴的转动惯量和角加速度的乘积**。这个关系叫作**刚体定轴转动定律**。

刚体定轴转动定律是求解刚体定轴转动问题的基本方程，其地位相当于牛顿定律在质点力学中的地位，或说是牛顿定律针对定轴转动的角量描述。二者可类比：

（1）$M = J\alpha$ 与 $\boldsymbol{F} = m\boldsymbol{a}$ 具有相似的形式　外力矩 M 与外力 $\boldsymbol{F}$ 相对应，角加速度 α 与加速度 $\boldsymbol{a}$ 相对应，转动惯量 J 与质量 m 相对应。另外需要提醒的是两式都是矢量式，对于定轴转动力矩和角加速度的方向不是沿 z 轴就是沿 z 轴反方向，所以类似一维情况的牛顿定律，用正负表示方向。

（2）物理意义　牛顿第二定律说明力 F 使质点运动状态改变，产生加速度；定轴转动定律说明力矩 M 使刚体转动状态改变，产生角加速度。

（3）二者都是瞬时性的关系。

定轴转动定律说明沿轴方向的力矩产生沿轴方向的角加速度。而对于定轴转动，其角速度、角加速度都是沿轴向的，所以垂直轴方向的力矩必为零，刚体所受的合力矩就是沿轴方向。因此，式（5-16）也不能简单理解为一个沿轴方向的分量式。

5.2.3　转动惯量及其计算

1. 转动惯量

牛顿第二定律说明质量 m 是质点运动惯性大小的量度，而转动定律说明转动惯量 J 是刚体转动惯性大小的量度。根据式（5-16），当以相同的力矩分别作用于两个定轴转动的不同刚体上时，转动惯量大的刚体所获得的角加速度小，转动惯量小的刚体所获得的角加速度大。即转动惯量越大的刚体绕定轴转动的运动状态越难以改变。由此可见，转动惯量是描述刚体定轴转动惯性大小的物理量。

式（5-15）给出了离散质点系的转动惯量为

$$J = \sum_i \Delta m_i r_i^2$$

对于质量连续分布的刚体，可将其看成是无数小质元 $\mathrm{d}m$ 的集合，所以只需将上式中的求和用积分代替，即

$$J = \int r^2 \mathrm{d}m \tag{5-17}$$

在国际单位制中，转动惯量的单位是 $\mathrm{kg \cdot m^2}$。

由定义式可见，刚体对轴的转动惯量大小取决于三个因素：

（1）与刚体的体密度有关　形状、大小相同的均匀刚体总质量越大（即密度越大），转动惯量越大。所以，为了提高仪器灵敏度减小转动惯量，各种指针仪表的指针都采用密度小的轻型材料制成。

（2）与刚体的质量对轴的分布情况有关　总质量相同的刚体，质量分布离轴越远，转动惯量越大。如图 5-9 所示，总质量相等的哑铃结构的刚体 a 和质量均匀分布的杆 b，若都绕中心轴转动，它们的转动惯量前者要大于后者，所以后者更容易被转起来。

a)　　　　b)

图 5-9　质量均匀分布的哑铃结构刚体和质量均匀分布的杆

（3）与刚体转轴的位置有关　对同一刚体，转轴不同，质量对轴的分布不同，转动惯量就不同。

2. 转动惯量的计算

对形状复杂的刚体，用理论计算方法求转动惯量是很困难的，实际中多用实验方法测定。但是对于质量均匀分布的简单形状的刚体，我们可以用式（5-17）计算。

例 5.3　一长为 l，质量为 m 的均质细杆，试分别求对下列两种轴的转动惯量：

（1）轴 Z_1 过棒的中心且垂直于细杆（见图 5-10a）；

（2）轴 Z_2 过棒一端且垂直于细杆（见图 5-10b）。

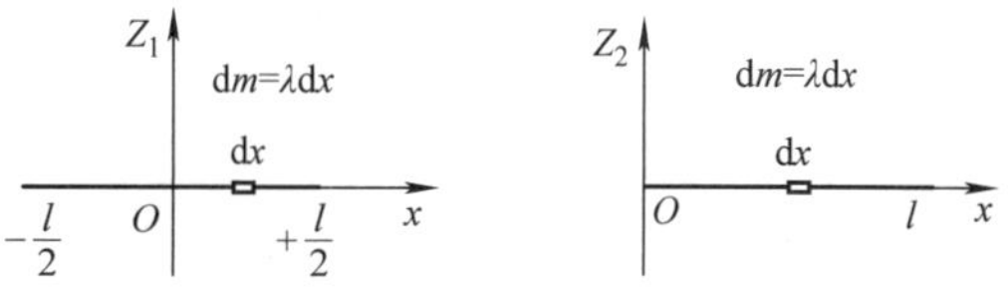

a)　　　　b)

图 5-10　例题 5.3 用图

解：细杆是线分布的刚体，设线密度为 λ，则 $\lambda = \frac{m}{l}$。建立一维坐标系，如图 5-10 所示。在杆上取线元 dx，则其质量元 $dm = \lambda dx = \frac{m}{l}dx$。

（1）以杆的中心 O 为坐标原点。质量元 dm 距 O 为 x 处，由式（5-17）可得

$$J_{Z_1} = \int_{-\frac{l}{2}}^{+\frac{l}{2}} x^2 \lambda dx = \int_{-\frac{l}{2}}^{+\frac{l}{2}} x^2 \frac{m}{l} dx = \frac{1}{12}ml^2$$

（2）以杆的端点 O 为坐标原点。质量元 dm 距 O 仍为 x 处，但这时积分上下限有所不同，即

$$J_{Z_2} = \int_0^l x^2 \lambda dx = \int_0^l x^2 \frac{m}{l} dx = \frac{1}{3}ml^2$$

由此可见，同一个刚体，转轴不一样，转动惯量也不同。只有指出刚体对某轴的转动惯量才有意义。

例 5.4　求质量为 m、半径为 R 的均匀薄圆环的转动惯量。轴与圆环平面垂直并通过其圆心。

解：如图 5-11 所示，在环上任取一质量为 dm 的质元，它对轴的转动惯量 $dJ = R^2 dm$，故圆环的转动惯量为

$$J = \int dJ = \int R^2 dm = R^2 \int dm = mR^2$$

由上述计算过程可以看出，无论细圆环上质量分布是否均匀，转动惯量均为 $J=mR^2$。

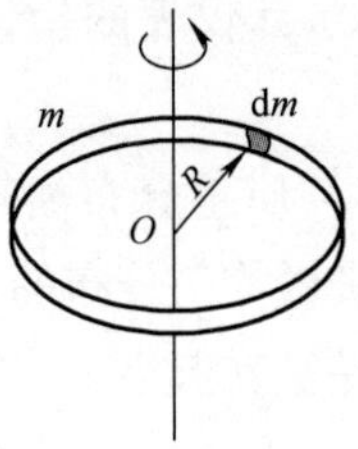

图 5-11　例题 5.4 用图

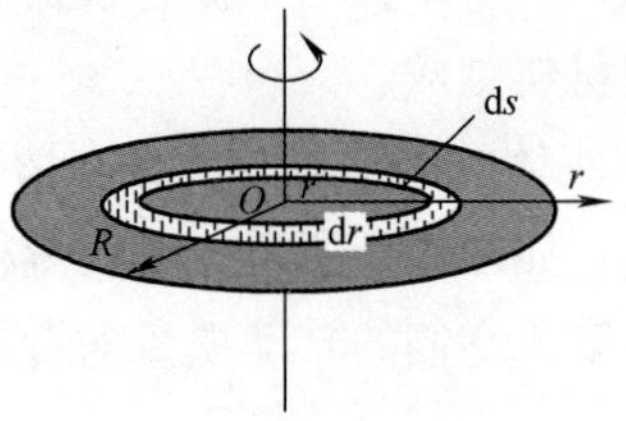

图 5-12　例题 5.5 用图

例 5.5　一质量为 m、半径为 R 的均质圆盘，求通过盘中心 O 并与盘面垂直的轴的转动惯量。

解：设圆盘的质量面密度为 $\sigma=m/(\pi R^2)$，如图 5.12 所示，在圆盘上取一半径为 r，宽为 $\mathrm{d}r$ 的圆环，圆环的面积为 $\mathrm{d}S=2\pi r\mathrm{d}r$，此圆环质量元 $\mathrm{d}m=\sigma\cdot 2\pi r\mathrm{d}r$，由式（5-17）可得

$$J=2\pi\sigma\int_0^R r^3\mathrm{d}r=\frac{\pi\sigma R^4}{2}=\frac{1}{2}mR^2$$

用积分法可以计算出其他常见刚体的转动惯量，表 5-2 给出了几种常用均质刚体的转动惯量。

表 5-2　几种常用均质刚体的转动惯量

刚体	转轴	转动惯量
细杆	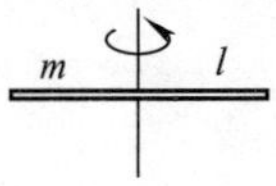 通过中点垂直于杆	$\frac{1}{12}ml^2$
	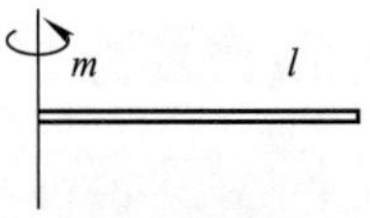 通过一端垂直于杆	$\frac{1}{3}ml^2$
圆环	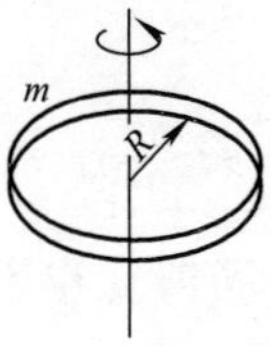 中心轴	mR^2
	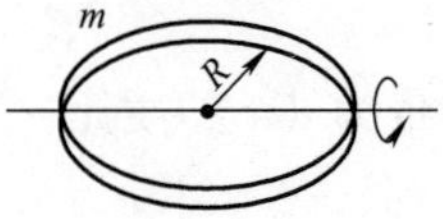 直径轴	$\frac{1}{2}mR^2$

（续）

刚体	转轴	转动惯量
圆盘	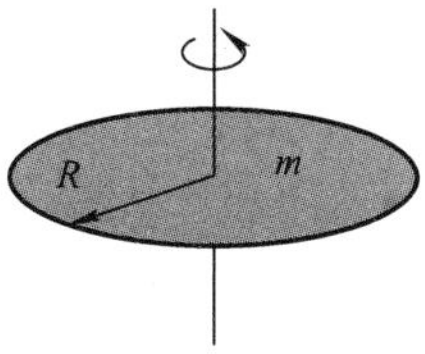 中心轴	$\frac{1}{2}mR^2$
	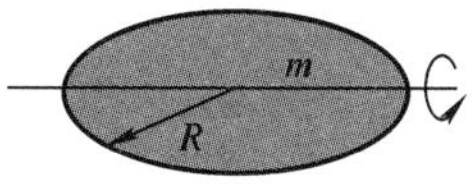 直径轴	$\frac{1}{4}mR^2$
薄圆筒	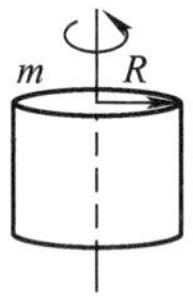 中心轴	mR^2
圆柱体	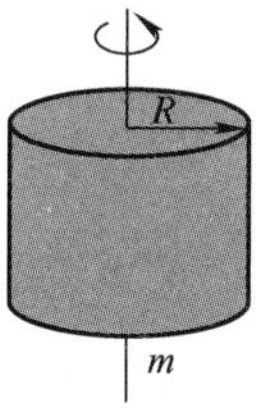 中心轴	$\frac{1}{2}mR^2$
薄球壳	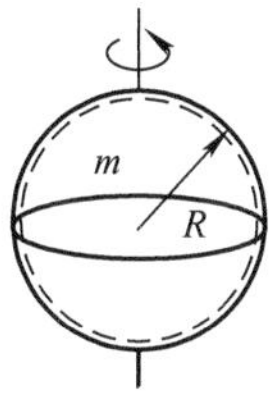 直径轴	$\frac{2}{3}mR^2$
球体	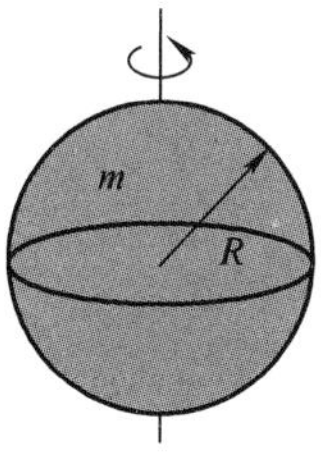 直径轴	$\frac{2}{5}mR^2$

另外，介绍几个有关转动惯量计算的定理：

1. 平行轴定理

如图 5-13 所示，任一质量为 m 的刚体，若 J_C 是通过质心轴的转动惯量，J_z 是平行于

质心轴的一个轴的转动惯量，两轴之间的间距为 d，则

$$J_z = J_C + md^2 \tag{5-18}$$

证明：如图 5-13 设刚体内任意质元 Δm_i，它到质心轴的距离为 $\boldsymbol{r}_i'$ 和到 z 轴的距离为 $\boldsymbol{r}$，则 $\boldsymbol{r}_i = \boldsymbol{r}_i' - \boldsymbol{d}$，所以

$$\Delta m_i\ (r_i)^2 = \Delta m_i\ (\boldsymbol{r}_i' - \boldsymbol{d}) \cdot (\boldsymbol{r}_i' - \boldsymbol{d})$$

对刚体内所有质元求和，得

$$\sum_i \Delta m_i\, r_i^2 = \sum_i \Delta m_i (r_i'^2 - 2\boldsymbol{r}_i' \cdot \boldsymbol{d} + d^2)$$

这就是对 z 轴的转动惯量，所以

$$J_z = \sum_i \Delta m_i\, r_i'^2 - 2\left(\sum_i \Delta m_i \boldsymbol{r}_i'\right) \cdot \boldsymbol{d} + \sum_i \Delta m_i d^2$$

根据质心的定义，$\left(\sum_i \Delta m_i \boldsymbol{r}_i'\right)\Big/ m$ 是质心到质心轴的距离，显然是为零的。而 $\sum_i \Delta m_i\, r_i'^2$ 为对质心轴的转动惯量 J_C，所以 $J_z = J_C + md^2$，得证。

可以用平行轴定理验证一下例 5.3，Z_1 轴实际上是质心轴，Z_2 与 Z_1 平行，且二者间距为 $l/2$，则

$$J_{Z2} = \frac{1}{12}ml^2 + m\left(\frac{l}{2}\right)^2 = \frac{1}{3}ml^2$$

可见，与用定义式的计算结果相同。

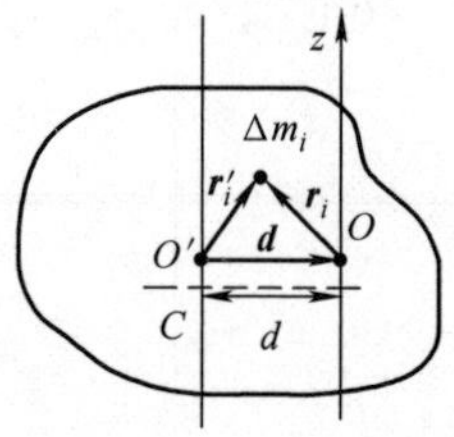

图 5-13 平行轴定理

2. 垂直轴定理

如图 5-14 所示，对于薄板刚体，在其上建立直角坐标系，z 轴垂直于薄板平面，则薄板刚体对 z 轴的转动惯量 J_z 等于对 x 轴的转动惯量 J_x 与对 y 轴的转动惯量 J_y 之和，即

$$J_z = J_x + J_y \tag{5-19}$$

此处略去证明，读者可自行证明。并可用此定理验证表 5-2 中薄圆盘对中心轴和直径轴转动惯量。

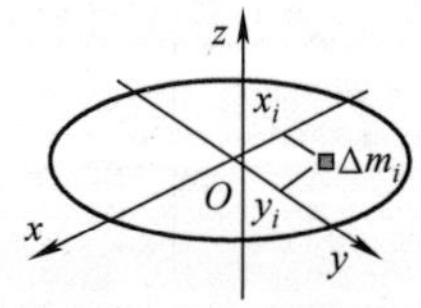

图 5-14 垂直轴定理

3. 转动惯量叠加

如图 5-15 所示，设一复合刚体由 A、B、C 三部分组成，各部分相对于同一个轴的转动惯量分别为 J_A、J_B、J_C，则此复合刚体的总转动惯量为

$$J_z = J_A + J_B + J_C \tag{5-20}$$

表 5-2 中薄圆柱筒对中心轴的转动惯量可以看成一系列薄圆环对中心轴的转动惯量的叠加，而圆柱体对中心轴的转动惯量则可以看成是薄圆盘对中心轴的转动惯量的叠加。

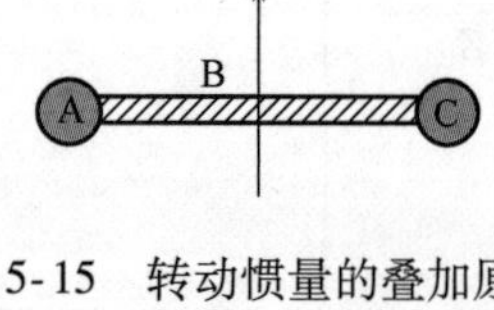

图 5-15 转动惯量的叠加原理

5.2.4 定轴转动定律的应用

应用定轴转动定律解题的步骤和牛顿定律的解题步骤差不多，但是也有自身的特点，这里我们主要关注的是对轴的力矩，同时注意，力矩和转动惯量必须是对同一个轴。另外，

力矩、角速度、角加速度都是矢量，是有方向的，只不过对定轴转动，它们的方向都是沿轴方向的，可以用正负表示它们的方向。所以我们首先要规定一个正方向，一般取角速度的方向为正方向。

例 5.6　如图 5-16 所示，相同质量 m、半径 R 的两均质定滑轮，滑轮边缘缠有细绳，一个滑轮直接用恒力 $\boldsymbol{F}$ 拉细绳（见图 5-16a），另一个滑轮绳端挂一质量为 m_1 的重物（见图 5-16b）。若 $F = m_1 g$，比较两种情况下滑轮角加速度 α 和细绳线加速度 a 的大小是否相等。

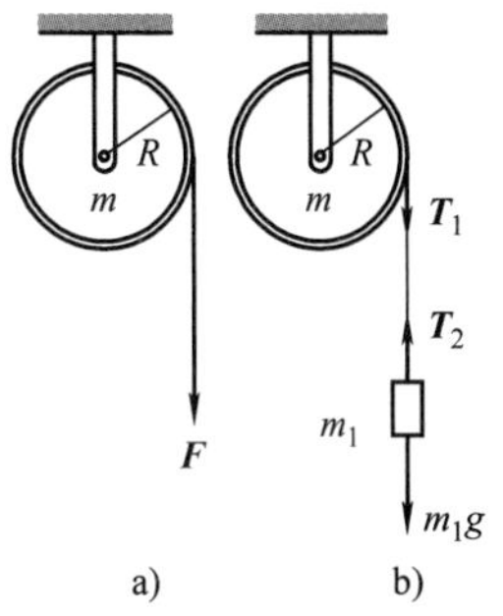

图 5-16　例题 5.6 用图

解：（1）图 5-16a 中情况：以定滑轮研究对象，定滑轮只受力 $\boldsymbol{F}$ 的作用，当然还有固定滑轮的力，但是这个力是过滑轮旋转轴的，此力对轴的力矩为零，所以定滑轮只受到 $\boldsymbol{F}$ 对轴的力矩 FR，方向垂直纸面向里。由定轴转动定律式（5-16），得

$$\alpha = \frac{M}{J} = \frac{FR}{\frac{1}{2}mR^2} = \frac{2F}{mR} = \frac{2m_1 g}{mR}$$

而细绳线加速度就等于定滑轮边缘的线加速度，所以

$$a = R\alpha = 2F/m = 2m_1 g/m$$

（2）图 5-16b 中情况：此种情况我们不能只以定滑轮为研究对象，因为拉定滑轮的绳子的张力需要通过 m_1 来讨论。且由于细绳质量不计，所以 $T_1 = T_2$，记为 T。

对重物 m_1，由牛顿第二定律得

$$m_1 g - T = m_1 a$$

对定滑轮：

$$TR = J\alpha = \frac{1}{2}mR^2\alpha$$

而重物下落的加速度即绳端的线加速度，所以

$$a = R\alpha$$

三式联立，解得

$$\alpha = \frac{m_1}{\left(m_1 + \frac{1}{2}m\right)R}g，\ a = \frac{m_1}{\left(m_1 + \frac{1}{2}m\right)}g$$

由此可见，虽然 $F = m_1 g$，但是二者得到的结果还是不一样。

例 5.7　如图 5-17 所示，一定滑轮（看成均质圆盘）质量为 M、半径 R，滑轮两侧用轻质绳子连接物体 m_1、m_2。设 $m_1 > m_2$，求 m_1 下落的加速度大小 a（轮轴无摩擦；轻绳不伸长；滑轮与绳之间不打滑）。

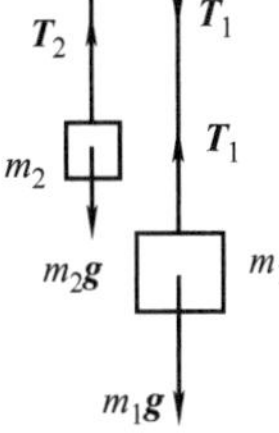

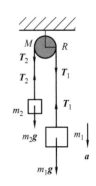

图 5-17　例题 5.7 用图

解：如图 5-17 所示，对每一个物体进行受力分析，由于绳不可伸长，所以 m_1、m_2 运动的加速度大小相等，都为 a，对 m_1、m_2 由牛顿第二定律得

$$m_1 g - T_1 = m_1 a$$

$$T_2 - m_2 g = m_2 a$$

对定滑轮：因为 $m_1>m_2$，所以滑轮顺时针转动，角速度方向垂直纸面向里，规定向里为正，所以 T_1 对轴的力矩为正，T_2 对轴的力矩为负，由定轴转动定律得

$$T_1 R - T_2 R = J\alpha = \frac{1}{2}MR^2\alpha$$

因为滑轮和绳不打滑，所以绳子的线加速度（即 m_1、m_2 的加速度）和滑轮边缘的线加速度相等，所以

$$a = R\alpha$$

四个方程联立，解得

$$a = \frac{m_1 - m_2}{m_1 + m_2 + \frac{1}{2}M}g$$

此题，需要注意的是滑轮两端的力是不相等的，即 $T_1 \neq T_2$，由定轴转动定律，二者若相等，滑轮将不转动。若滑轮为轻质滑轮，即不计质量的话，$T_1 = T_2$。中学物理中经常遇到的就是这种情况。

例 5.8　如图 5-18 所示：均匀细直棒质量为 m，长为 l。一端固定在光滑的水平轴上，可在竖直平面内转动，最初棒静止在水平位置，求：

（1）下摆 θ 角时的角加速度和角速度；

（2）此时棒受轴的力的大小、方向如何？

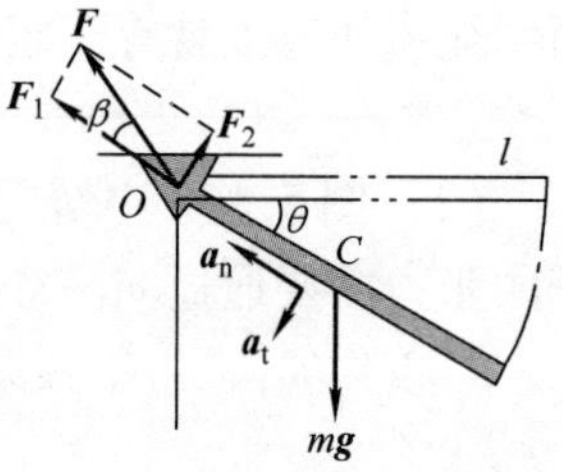

图 5-18　例题 5.8 用图

解：（1）以棒为研究对象，受力分析：轴和棒之间没有摩擦力，棒只受重力 $\boldsymbol{G}$ 和轴对它的支承力 $\boldsymbol{F}$，在棒的下摆过程中，力 $\boldsymbol{F}$ 的方向和大小是随时间改变的，但是此力通过轴，所以只有重力对 O 点产生力矩。重力是作用在物体的各个质点上的，但对于刚体，可以看作是合力作用于重心，即棒的中心。所以重力对 O 点的力矩为

$$M = \frac{1}{2}mgl\cos\theta$$

方向垂直纸面向里，规定向里的方向为正方向，由转动定律得

$$\alpha = \frac{M}{J} = \frac{\frac{1}{2}mgl\cos\theta}{\frac{1}{3}ml^2} = \frac{3g\cos\theta}{2l}$$

由

$$\alpha = \frac{\mathrm{d}\omega}{\mathrm{d}t} = \frac{\mathrm{d}\omega}{\mathrm{d}\theta}\frac{\mathrm{d}\theta}{\mathrm{d}t} = \omega\frac{\mathrm{d}\omega}{\mathrm{d}\theta}$$

所以

$$\omega\mathrm{d}\omega = \alpha\mathrm{d}\theta = \frac{3g\cos\theta}{2l}\mathrm{d}\theta$$

考虑到初始条件 $\theta=0$ 时，$\omega=0$，而夹角为任意角 θ 时，棒的角速度为 ω，由此确定积分上下限，并对上式两边积分，有

$$\int_0^{\omega}\omega \mathrm{d}\omega = \int_0^{\theta}\frac{3g\cos\theta}{2l}\mathrm{d}\theta$$

解得

$$\omega = \sqrt{3g\sin\theta/l}$$

（2）为求出棒受轴的力，需考虑质心 C 的运动而应用质心运动定理，质心做圆周运动，其法向、切向加速度分别为

$$a_n = \omega^2\frac{l}{2}$$

$$a_t = \alpha\frac{l}{2}$$

将轴上力分解为沿轴方向的力 $\boldsymbol{F}_1$ 和垂直轴方向的力 $\boldsymbol{F}_2$（见图 5-18），由质心运动定理可得

法向：
$$F_1 - mg\sin\theta = ma_n = \frac{3}{2}mg\sin\theta$$

切向：
$$mg\cos\theta - F_2 = ma_t = \frac{3}{4}mg\cos\theta$$

解方程得

$$F_1 = \frac{5}{2}mg\sin\theta,\ F_2 = \frac{1}{4}mg\cos\theta$$

所以棒受轴的力大小为

$$F = \sqrt{F_1^2 + F_2^2} = \frac{1}{4}mg\ \sqrt{99\ \sin^2\theta + 1}$$

此时刻力与棒的夹角为

$$\beta = \arctan\frac{F_2}{F_1} = \arctan\frac{\cos\theta}{10\sin\theta}$$

由此题可见，求解通过轴的力往往需要利用质心运动定理求解。

例 5.9　如图 5-19 所示，一棒长为 l，质量为 m，两端用同样长度的绳子系于顶棚上，现剪断其中一根绳子，则绳剪断瞬间，另一根绳子所受张力是多少？

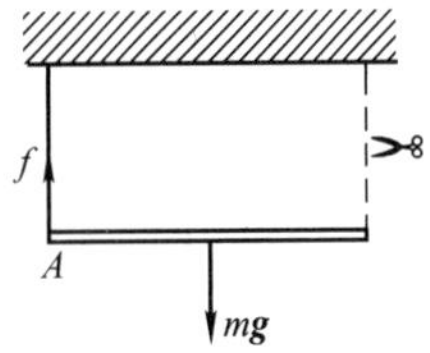

图 5-19　例题 5.9 用图

解：剪断绳子的瞬间，棒在重力矩作用下绕其末端转动，如图 5-19 所示，在剪断瞬间，棒绕 A 点做瞬时定轴转动。以棒为研究对象对其进行受力分析，则由定轴转动定律得

$$mg\frac{l}{2} = \left(\frac{1}{3}ml^2\right)\alpha$$

又由质心运动定理得

$$mg - f = ma_C$$

而

$$a_C = \alpha\frac{l}{2}$$

三式联立，解得

$$f=\frac{1}{4}mg$$

可见，这一瞬时作用力不等于绳端开始的张力 $mg/2$。

例 5.10　圆盘以 ω_0 的初角速度在桌面上绕中心轴转动，因受摩擦力而静止，设其与桌面的滑动摩擦系数为 μ_k，圆盘半径为 R。求圆盘从开始到静止所需时间。

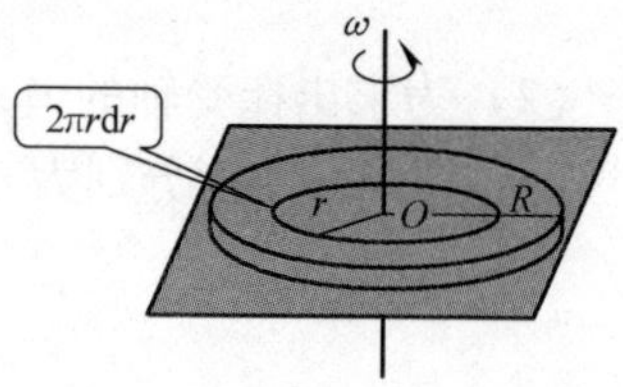

图 5-20　例题 5.10 用图

解：如图 5-20 所示，在圆盘上选一内半径为 r 宽度为 $\mathrm{d}r$ 的窄圆环质量元，设圆盘的面密度为 σ，则圆环的质量为 $\mathrm{d}m=\sigma\cdot 2\pi r\mathrm{d}r$，圆环所受的摩擦力大小为 $\mathrm{d}f=\mu_k g\mathrm{d}m$，方向是沿着切向方向，且与圆环各点的速度方向相反。设角速度的方向（向上）为正，则圆环所受摩擦阻力的力矩为

$$\mathrm{d}M=-r\mathrm{d}f=-r\cdot\mu_k g\mathrm{d}m$$

则整个圆盘所受的摩擦阻力力矩为

$$M=\int_0^R \mathrm{d}M=-\frac{2}{3}\mu_k mgR$$

且圆盘对中心轴的转动惯量：$J=\frac{1}{2}mR^2$，代入定轴转动定律得

$$-\frac{2}{3}\mu_k mgR=J\alpha=\frac{1}{2}mR^2\frac{\mathrm{d}\omega}{\mathrm{d}t}$$

圆盘角速度从 ω_0 减速到 $\omega=0$，所用时间为 t，则对上式积分，得

$$\int_0^t \mathrm{d}t=-\int_{\omega_0}^0 \frac{3R}{4\mu_k g}\mathrm{d}\omega$$

解得

$$t=\frac{3R\omega_0}{4\mu_k g}$$

5.3　对轴的角动量　角动量守恒定律

5.3.1　定轴转动刚体的角动量定理和对轴的角动量

由质点系的角动量定理微分式（3-35），即

$$\boldsymbol{M}=\frac{\mathrm{d}\boldsymbol{L}}{\mathrm{d}t}$$

质点系的总角动量随时间的变化率等于质点系的合外力矩。刚体作为一个特殊的质点系，也是满足此定理的。把此矢量式投影到刚体转轴上，有

$$M_{轴}=\frac{\mathrm{d}L_{轴}}{\mathrm{d}t}$$

即绕定轴转动的刚体对转轴的角动量随时间的变化率等于刚体所受的对轴的合外力矩，这就是**刚体定轴转动的角动量定理**。本章主要讨论定轴转动，约定各力矩和角动量都是对轴的，故可略去角标，写为

$$M = \frac{\mathrm{d}L}{\mathrm{d}t} \tag{5-21}$$

根据定轴转动定律得

$$M = J\alpha = J\frac{\mathrm{d}\omega}{\mathrm{d}t} = \frac{\mathrm{d}(J\omega)}{\mathrm{d}t}$$

比较上两式可得

$$L = J\omega \tag{5-22}$$

说明：**绕定轴转动的刚体对轴的角动量等于对轴的转动惯量与角速度的乘积**，方向与角速度的方向相同。

对照式（5-21）和定轴转动定律式（5-16），可以看出式（5-21）是转动定律的另一表达方式，但其意义更加普遍。这与质点动力学中的表达式 $\boldsymbol{F} = \frac{\mathrm{d}\boldsymbol{p}}{\mathrm{d}t}$ 比 $\boldsymbol{F} = m\boldsymbol{a}$ 更普遍是类似的。

设在 $t_1 \sim t_2$ 时间内，刚体角动量由 L_1 变为 L_2，对式（5-21）积分，得

$$\int_{t_1}^{t_2} M\mathrm{d}t = \int_{L_1}^{L_2} \mathrm{d}L = L_2 - L_1 = (J\omega)_2 - (J\omega)_1 \tag{5-23}$$

式中，$\int_{t_1}^{t_2} M\mathrm{d}t$ 是合外力矩与作用时间的乘积，叫作力矩对给定轴的**冲量矩**。冲量矩表示力矩在一段时间间隔内的累积效应。式（5-23）说明**合外力矩对轴的冲量矩等于刚体对轴的角动量的增量**，此为刚体定轴转动的角动量定理的积分式。

5.3.2　对轴的角动量守恒定律

根据角动量定理式（5-21），当作用在绕定轴转动刚体上的合外力矩为零时，刚体在转动过程中角动量保持不变，即

$$\text{当 } M = 0 \text{ 时，} L = J\omega = C \tag{5-24}$$

式（5-24）表明，**如果刚体所受的合外力矩为零，刚体的角动量保持不变**。这个结论叫作**角动量守恒定律**。

关于守恒条件合外力矩为零有两种情况：一是无外力作用；二是外力的作用线都通过轴或平行于轴。

生产、生活中涉及轴的角动量守恒的现象和应用是非常广泛的，角动量守恒的表现可分为以下几类：

（1）刚体在转动过程中转动惯量保持不变，物体以恒定的角速度转动。

常平架回转仪是此类刚体角动量守恒定律的一种重要应用。如图 5-21 所示，常平架回转仪由框架、常平架和回转体三部分组成。回转仪核心部件为中心的回转体（转子），其质量较大且呈轴对称分布；常平架（也称万向支架）由内外两个分别具有竖直轴和水平轴的两个圆环构成，回转体装在内环上，其轴与内环的轴垂直。回转体是精确地对称于其转轴的圆柱，三个轴彼此垂直，并且都通过回转仪的质心。这样回转体的轴在空间中可取任何方

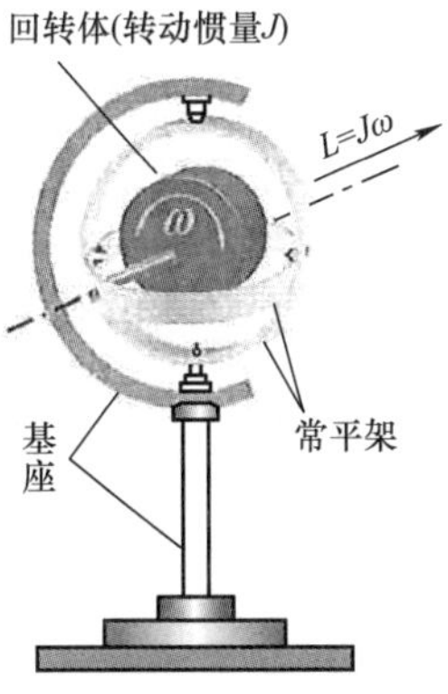

图 5-21　常平架回转仪

位。且各轴承均高度润滑，轴摩擦及空气阻力很小可忽略，所以受合外力矩为零。因此当回转体绕自转轴高速转动时，角动量守恒。由于转子的转动惯量是不变的，则转子的角速度守恒，其大小和方向都不变。若将回转体转轴指向任一方向，使其以角速度 ω 高速旋转，则转轴将保持该方向不变，而不会受基座改向的影响。此特性可用作定向装置，特别是其定向作用不受地磁及周围磁场的影响，因此广泛应用于飞机自动驾驶及导弹、火警、舰船的导航等。回转仪是现代航空、航海、航天和国防工业中广泛使用的一种惯性导航仪器。

（2）如果刚体在转动过程中转动惯量发生改变，则刚体的角速度也随之改变，但二者之积保持不变。

此类角动量守恒定律可以用图5-22所示的实验演示。一人站在能够绕竖直光滑轴转动的转盘中心上（摩擦忽略不计），两手各握一个很重的哑铃。当平举双臂时，外力使人和转盘一起以一定角速度旋转，撤去外力，然后此人在转动中收回双臂，由于在水平面内没有外力矩作用，人和转盘的角动量应保持不变，所以当收回双臂时，转动惯量变小，导致角速度增大，因而比平举双臂时要转得快一些。

在日常生活中，有许多利用角动量守恒定律的例子。例如，花样滑冰运动员在旋转的时候（见图5-23），往往先把双臂张开旋转，然后迅速将双臂靠拢身体，使自己对身体中央竖直轴的转动惯量迅速减小，因而旋转角速度加快，若要旋转速度慢下来，又将手臂张开增大转动惯量。舞蹈演员、跳水运动员等在做旋转动作时都是通过这种方法来改变旋转速度。

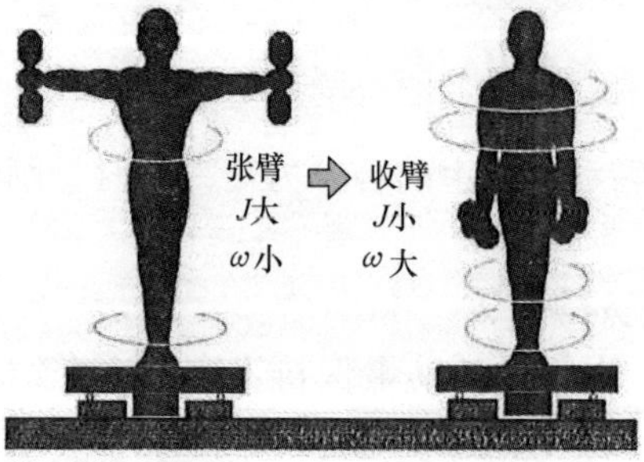

图5-22　角动量守恒演示

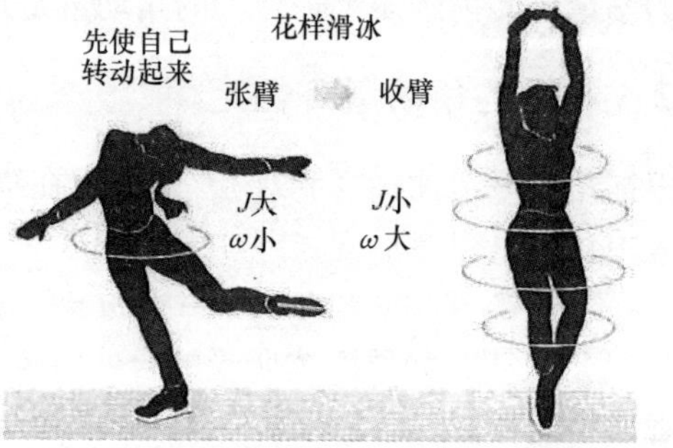

图5-23　花样滑冰中的角动量守恒

（3）角动量守恒定律对多个刚体组成的体系也适用，但各刚体必须对同一固定轴转动，即必须是一个共轴系统。

此类角动量守恒定律可以用图5-24所示的实验演示。一人站在能够绕竖直光滑轴转动的转盘上，转盘中心固定一竖直杆，杆端固定一光滑轴承，轴承上装有一轮子。轮、转台与人构成共轴系统，忽略所有摩擦力，合外力矩为零，系统对轴的角动量守恒。初始，整个系统静止，初始系统角动量为零。然后，若人拨动轮子，使之从上往下看逆时针旋转起来，则人和转台会向相反的方向旋转，从而保证系统的角动量始终等于初始的角动量（即系统总角动量始终为零）。相同原理，直升飞机如果只有顶部一个螺旋桨的话，机身必然也向反方向旋转起来，所以，为了克服这种作用，平衡机身来自空气的反作用力矩，有两种常见的办法布局：一是单旋翼带尾桨布局（见图5-25a），由尾桨产生的拉力（或推力）平衡相对于机身重心形成的偏转力矩；二是双旋翼式布局（见图5-25b），通过传动装置使两副旋翼彼此向相反方向转动，那么，空气对其中一副旋翼的反作用力矩，正好和另一副旋翼的反作用力矩平衡。

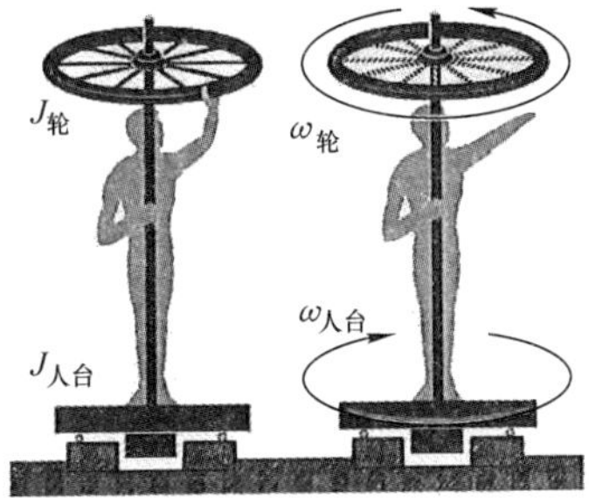

图 5-24　共轴系统中的角动量守恒演示

图 5-25　直升飞机防止机身旋动的措施

与前面介绍的动量守恒定律和能量守恒定律一样，角动量守恒定律是自然界中的普遍规律，尽管都是在不同的理想化条件（如质点、刚体……）下，用经典的牛顿力学原理“推证”出来的，但它们的使用范围，却远远超出原有条件的限制。无论宏观世界还是微观世界发生的过程都严格遵从这三条定律。

例 5.11　长为 L、质量为 M 的细棒，可绕垂直于一端的水平轴自由转动。棒原来处于平衡状态，如图 5-26 所示。一质量为 m 的子弹，子弹沿水平方向以速度 $\boldsymbol{v}_0$ 射入棒下端距轴 l 处（并嵌入其中），求杆和子弹开始一起运动瞬时杆的质心速度。

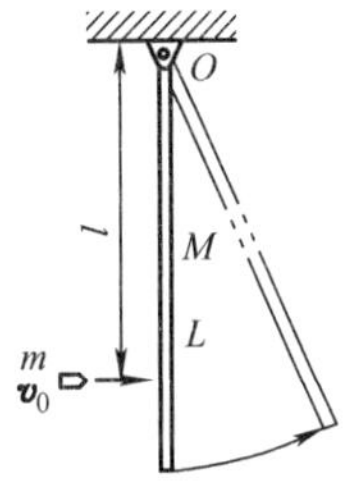

图 5-26　例题 5.11 用图

解：将子弹和杆看成一个系统，子弹和杆的碰撞过程非常短暂，碰撞过程中杆的位置基本不变，所以，系统所受的外力（端点固定轴的力和重力）都是通过轴的，则合外力矩为零，因此碰撞过程系统角动量守恒。初态：子弹入射前对固定轴的角动量 $L_0 = mv_0 l$；末态：碰撞结束子弹和杆一起运动，具有相同的角速度，此时系统对轴的角动量为

$$L = (J_m + J_M)\omega = \left(ml^2 + \frac{1}{3}ML^2\right)\omega$$

则由角动量守恒得

$$mv_0 l = \left(ml^2 + \frac{1}{3}ML^2\right)\omega$$

故子弹和杆开始一起转动时的瞬时角速度为

$$\omega = \frac{mv_0 l}{\left(ml^2 + \frac{1}{3}ML^2\right)}$$

此时质心处的速度为

$$v_C = \omega \frac{L}{2} = \frac{mv_0 lL}{2\left(ml^2 + \frac{1}{3}ML^2\right)}$$

此题需要注意的是碰撞过程角动量守恒，但是动量在水平方向上不一定守恒。因为一

般情况下，固定轴的力在水平方向上有分力。

例 5.12　如图 5-27a 所示，一个质量为 M、半径为 R 的水平均匀圆盘可绕通过中心的光滑竖直轴自由转动。在盘边缘上站着一个质量为 m 的人，盘和人最初都相对地面静止。当人在盘上沿盘边走一圈时，盘对地面转过的角度多大?

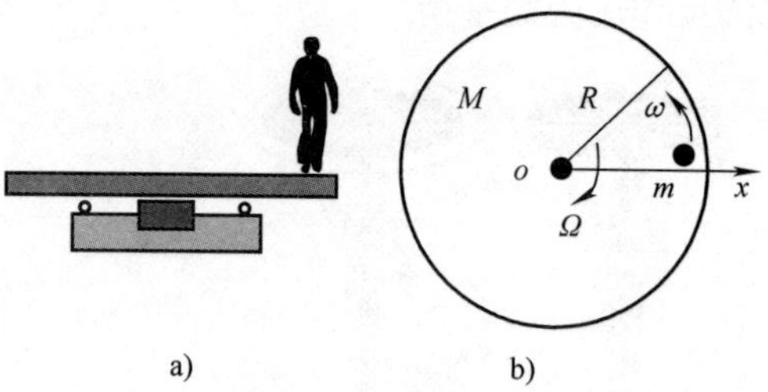

图 5-27　例题 5.12 用图

解：对盘和人组成的系统，竖直轴的外力矩为零，角动量定恒。如图 5-27b 所示，设 ω 和 Ω 分别表示任一时刻人和盘绕轴的角速度，以 j 和 J 表示人和盘对轴的转动惯量。初始状态系统角动量为零，所以有

$$j\omega - J\Omega = 0$$

其中，$j = mR^2$，$J = \dfrac{1}{2}MR^2$，用 θ 和 Θ 分别表示人和盘相对地面的角位移，则：$\omega = \dfrac{\mathrm{d}\theta}{\mathrm{d}t}$，$\Omega = \dfrac{\mathrm{d}\Theta}{\mathrm{d}t}$，代入上式得

$$mR^2\,\frac{\mathrm{d}\theta}{\mathrm{d}t} = \frac{1}{2}MR^2\,\frac{\mathrm{d}\Theta}{\mathrm{d}t}$$

人走一圈时：$\Theta + \theta = 2\pi$，则将上式积分得

$$\int_0^{2\pi-\Theta} mR^2\,\mathrm{d}\theta = \int_0^{\Theta} \frac{1}{2}MR^2\,\mathrm{d}\Theta$$

解得

$$\Theta = \frac{4\pi m}{2m + M}$$

5.4　转动中的功和能

刚体在转动过程中也有能量的积累和转化，本节讨论刚体定轴转动中力矩的功、转动动能以及相应的关系定理与守恒定律。

5.4.1　力矩的功

当刚体转动时，作用在其上的力所做的功仍是力和位移的点积，但是对于刚体这个特殊的质点系，它在转动过程中的功也有其特殊的表达形式。

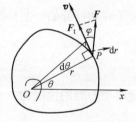

图 5-28　外力矩的功

设一刚体绕 O 轴（垂直于纸面的轴）做定轴转动（图 5-28 是其剖视面图），则刚体各点绕 O 点做圆周运动。因为刚体做定轴转动，所以对刚体转动有作用的、产生对轴的力矩的是在转动平面上的分力，而垂直于位移的力是不做功的，因此我们只关心在转动平面的力做功。设一个力在垂直于轴上的分量为 F，作用在刚体上的 P 点，求它在转动过程中对刚体做的功。先设刚体转动一微小角位移，相对应线位移为 $\mathrm{d}\boldsymbol{r}$，则此力的元功为

$$dA = \boldsymbol{F} \cdot d\boldsymbol{r} = F\cos\varphi \cdot ds = F_t r d\theta$$

式中，$F_t r$ 是力在切向上的分量与作用点到轴的距离乘积，它实际上是力 F 对轴的力矩 M，所以

$$dA = M d\theta \tag{5-25}$$

因此，对于绕定轴转动的刚体某一外力做功就等于此力对轴的**力矩所做的功**。这样在刚体定轴转动中力做功转化成力矩做功的形式。式（5-25）是力矩做功的微分形式，对一有限过程，刚体从角位置 θ_1 变到 θ_2，此力矩做的总功为

$$A = \int_{\theta_1}^{\theta_2} M d\theta \tag{5-26}$$

关于力矩做功讨论以下几个问题：

1. 合力矩的功

如果刚体同时受到几个力矩 M_1，M_2，…，M_i，…，M_N 的作用，则合力矩为得 $M = \sum M_i$，则合力矩所做的功为得

$$A = \int_{\theta_1}^{\theta_2} M d\theta = \int_{\theta_1}^{\theta_2} \sum M_i d\theta = \sum \int_{\theta_1}^{\theta_2} M_i d\theta = \sum A_i$$

由于做定轴转动的刚体各质元的角位移都是一样的，所以合力矩的功等于各个力矩做功之和。

2. 内力矩的总功

因为刚体的总内力矩为零（由 3.3.4 节可知所有质点系的内力矩之和为零），所以内力矩的总功为零。

3. 力矩的功率

由功率的定义得，力矩的功率为

$$P = \frac{dA}{dt} = \frac{M d\theta}{dt} = M\omega \tag{5-27}$$

即力矩的功率等于力矩和刚体角速度的乘积，当力矩与角速度同向时功率为正，反之为负。力矩的功率实际上就是力的功率，其形式与力的功率 $P = Fv$ 相似。当功率一定时，转速越低，力矩越大；转速越高，力矩越小。

5.4.2　定轴转动刚体的转动动能及动能定理

1. 转动动能

刚体作为一个特殊的质点系，绕定轴转动的刚体的动能为组成刚体的各质点动能之和。设第 i 个质点质量为 Δm_i，速率为 v_i，则刚体的动能为

$$E_k = \sum E_{ki} = \sum \frac{1}{2}\Delta m_i v_i^2$$

由角线量关系 $v_i = r_i\omega$，其中 r_i 为质点 m_i 到轴的距离，ω 为刚体转动的角速度，则

$$E_k = \sum \frac{1}{2}\Delta m_i v_i^2 = \frac{1}{2}\left(\sum \Delta m_i r_i^2\right)\omega^2$$

式中，$\sum \Delta m_i r_i^2 = J$，为刚体对定轴的转动惯量，所以有

$$E_k = \frac{1}{2}J\omega^2 \tag{5-28}$$

式（5-28）即是绕定轴转动的刚体的动能，简称为**刚体的转动动能**。

2. 动能定理

功是能的量度。设绕定轴转动的刚体，在合外力矩 M 的作用下，从初态到末态合外力矩对刚体所做的功为

$$A = \int_{\theta_1}^{\theta_2} M\mathrm{d}\theta$$

由转动定律 $M = J\alpha = J\dfrac{\mathrm{d}\omega}{\mathrm{d}t}$，上式可写成

$$A = \int_{\theta_1}^{\theta_2} J\frac{\mathrm{d}\omega}{\mathrm{d}t}\mathrm{d}\theta = \int J\omega\mathrm{d}\omega$$

对于绕定轴转动的刚体，设 J 为常量，积分变量从角位置 θ_1 变到 θ_2，设在合外力矩作用下刚体的角速率从 ω_1 变到 ω_2，则合外力矩对刚体所做的功为

$$A = J\int_{\omega_1}^{\omega_2} \omega\mathrm{d}\omega$$

即

$$A = \frac{1}{2}J\omega_2^2 - \frac{1}{2}J\omega_1^2 = E_{\mathrm{k2}} - E_{\mathrm{k1}} \tag{5-29}$$

式（5-29）表明，**合外力矩对定轴转动的刚体所做的功等于刚体转动动能的增量**。这就是刚体绕定轴转动的**动能定理**。它是动能定理在刚体定轴转动中的具体表现形式。

5.4.3　刚体的重力势能及机械能守恒定律

刚体的重力势能为组成刚体各个质元的重力势能之和。如图 5-29 所示，设刚体中任意质元 Δm_i 距重力势能零点的高度为 h_i，则整个刚体的重力势能为

$$E_{\mathrm{p}} = \sum \Delta m_i g h_i = g\sum \Delta m_i h_i$$

根据质心的定义，刚体质心距重力势能零点的高度为

$$h_C = \frac{\sum \Delta m_i h_i}{m}$$

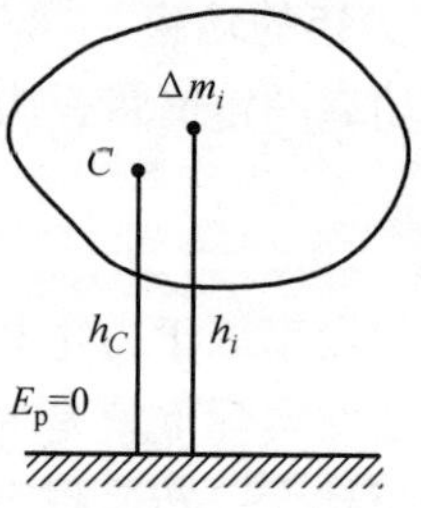

图 5-29　刚体的重力势能

所以，上式可以写成

$$E_{\mathrm{p}} = mgh_C \tag{5-30}$$

由此可见，**一个不太大的刚体的重力势能与它的质量集中在质心时所具有的势能一样**。

因为刚体没有形变，所以没有内部的弹性势能。所以，一个转动中的刚体的机械能为其转动动能和重力势能之和，即

$$E = \frac{1}{2}J\omega^2 + mgh_C \tag{5-31}$$

刚体作为质点系，必然遵从一般质点系的功能原理和机械能守恒定律。**对几个刚体组成的系统，只有保守力做功时，系统的机械能守恒**。这里机械能守恒定律与第 4 章介绍的质点系机械能守恒定律本质是一样的。

例 5.13　分别用动能定理和机械能守恒定律重解例题 5.8，求解下摆 θ 角时的角加速度。

解：（1）用动能定理求解：

此杆只受重力矩作用，其大小为

$$M = mg\frac{l}{2}\cos\theta$$

杆转过一极小的角位移 $\mathrm{d}\theta$ 时，重力矩所做的元功是

$$\mathrm{d}A = M\mathrm{d}\theta = mg\frac{l}{2}\cos\theta\mathrm{d}\theta$$

则它摆到 θ 角度时重力矩所做的总功为

$$A = \int \mathrm{d}A = \int_0^\theta \frac{l}{2}mg\cos\theta\mathrm{d}\theta = \frac{l}{2}mg\sin\theta$$

此过程初态 $\theta=0$ 时，$\omega=0$，末态 θ 时，棒的角速度为 ω，所以由动能定理得

$$\frac{l}{2}mg\sin\theta = \frac{1}{2}J\omega^2 - 0$$

将 $J = ml^2/3$ 代入上式得

$$\omega = \sqrt{3g\sin\theta/l}$$

（2）用机械能守恒求解：

以杆和地球为系统，因为只有保守力重力做功，所以杆下落过程机械能守恒。取杆的初始位置为势能零点。则初态时系统的机械能为零，设杆下摆 θ 角度时，质心高度为 h_C，如图 5-30 所示，则由机械能守恒得

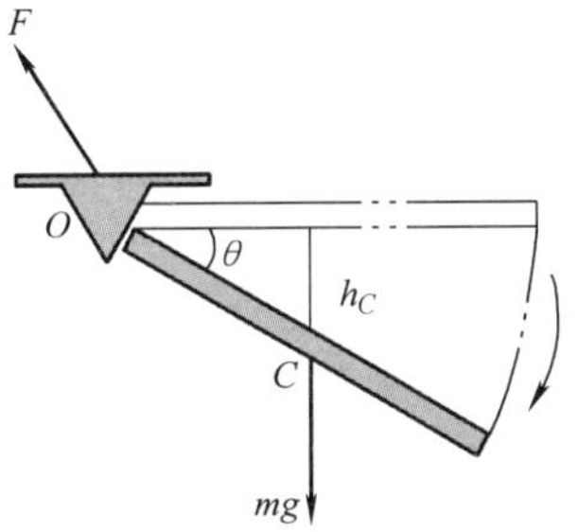

图 5-30　例题 5.13 用图

$$0 = \frac{1}{2}J\omega^2 + mg(-h_C)$$

又因为 $h_C = l\sin\theta/2$，$J = ml^2/3$，代入上式解得

$$\omega = \sqrt{3g\sin\theta/l}$$

可见，三种方法的计算结果相同。

例 5.14　如图 5-31，一均质细棒长为 l，质量为 m，可绕通过其端点 O 的水平轴转动。当棒从水平位置自由释放后，它在竖直位置与放在地面上的物体相撞。该物体的质量也为 m，它与地面的摩擦系数为 μ。相撞后物体沿地面滑行一距离 s 而停止。求相撞后棒的质心 C 上升的最大高度 h。

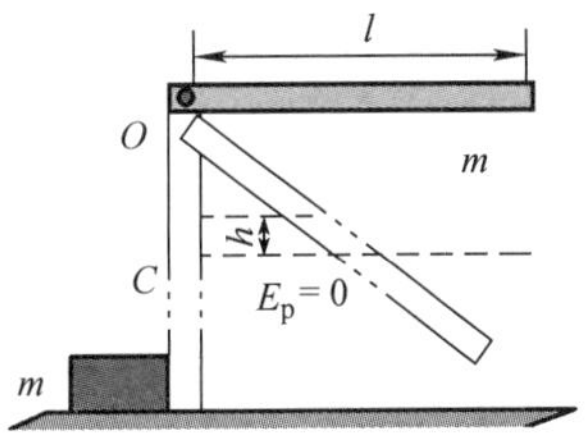

图 5-31　例题 5.14 用图

解：此问题可分三个阶段分析。

第一阶段是细棒自由下摆的过程，这时除细棒自身重力外，其他力都不做功，所以机械能守恒。设 ω 为此阶段末状态细棒的角速度，棒竖直时质心的位置高度为势能零点，则由机械能守恒定律得

$$mg\frac{l}{2} = \frac{1}{2}J\omega^2 = \frac{1}{2}\left(\frac{1}{3}ml^2\right)\omega^2$$

第二阶段是碰撞过程。系统受的外力对悬挂轴的力矩为零，故系统对 O 轴的角动量守恒，设碰撞结束时细棒的角速度为 ω'，物体的速度为 v，则有

$$\left(\frac{1}{3}ml^2\right)\omega = mvl + \left(\frac{1}{3}ml^2\right)\omega'$$

ω'取正值，表示碰后棒向左摆；反之，表示向右摆。

第三阶段是碰撞后细棒和物体分开各自运动。物体由摩擦力的作用做匀减速直线运动，根据质点的动能定理有

$$-mg\mu s=0-\frac{1}{2}mv^2$$

而棒继续上摆，上摆过程仍遵守机械能守恒，设细棒质心上升的最大高度为 h，则有

$$\frac{1}{2}\left(\frac{1}{3}ml^2\right)\omega'^2=mgh$$

以上四个方程联立解得

$$h=\frac{l}{2}+3\mu s-\sqrt{6\mu sl}$$

例 5.15 如图 5-32 所示装置可用来测量物体的转动惯量。待测物体 A 装在转动架上，转轴 Z 上装一半径为 r 的轻鼓轮，绳的一端缠绕在鼓轮上，另一端绕过定滑轮悬挂一质量为 m 的重物。重物下落时，由绳带动被测物体 A 绕 Z 轴转动。今测得重物由静止下落一段距离 h，所用时间为 t，求物体 A 对 Z 轴的转动惯量 J_Z。设绳子不可伸缩，绳子、各轮质量及轮轴处的摩擦力矩忽略不计。

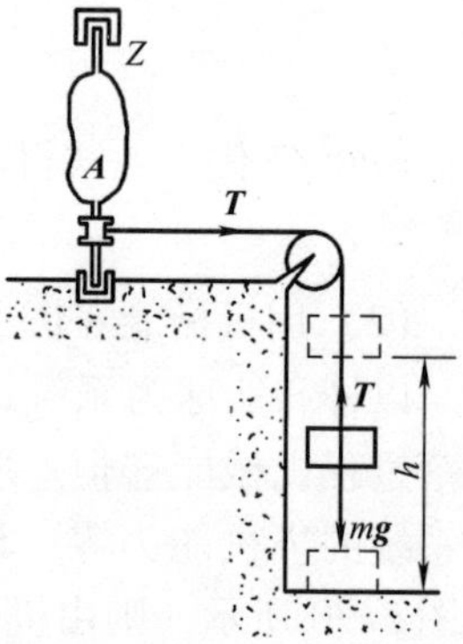

图 5-32 例题 5.15 用图

解：因为各轮及绳子质量都不计，所以以待测物体 A 和重物以及地球构成的系统为研究对象。系统只有重力做功，所以机械能守恒。设重物的初始位置为重力势能零点，末状态的重力势能为重物的重力势能：$E_{p2}=-mgh$，末状态的动能为重物的动能和待测物体 A 的动能，设重物的速率和 A 的角速度分别为 v、ω，则系统动能为 $E_{k2}=mv^2/2+J_Z\omega^2/2$，所以由机械能守恒定律得

$$\frac{mv^2}{2}+\frac{J_Z\omega^2}{2}-mgh=0$$

而重物的速率和鼓轮边缘的线速度相等，所以 $v=r\omega$，代入上式得

$$mgh=\frac{v^2}{2r^2}(mr^2+J_Z)$$

将上式对时间求导得

$$mg\frac{\mathrm{d}h}{\mathrm{d}t}=2v\frac{\mathrm{d}v}{\mathrm{d}t}\frac{1}{2r^2}(mr^2+J_Z)$$

其中，$\frac{\mathrm{d}h}{\mathrm{d}t}=v$ 和 $\frac{\mathrm{d}v}{\mathrm{d}t}=a$ 分别为重物下降的速度和加速度。代入上式解得

$$a=\frac{mgr^2}{mr^2+J_Z}$$

式中各量都是确定的值，所以这个加速度是一个常量。可见，重物匀加速下降，其下降的高度满足：

$$h=\frac{1}{2}at^2=\frac{1}{2}\frac{mgr^2}{mr^2+J_Z}t^2$$

解得

$$J_Z=mr^2\left(\frac{gt^2}{2h}-1\right)$$

*5.5 进动

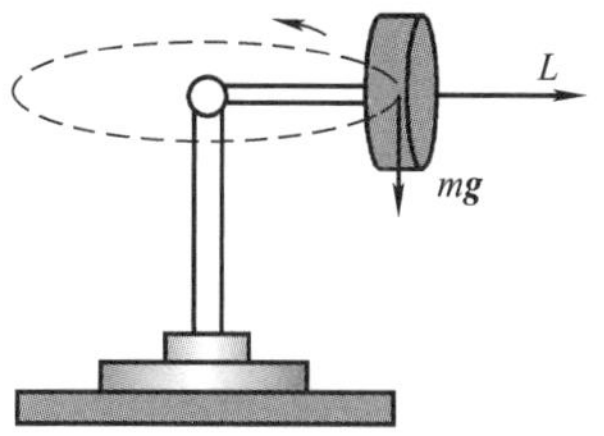

图 5-33　回转仪的进动

前面我们介绍的常平架回转仪中心的转子，也称回转仪，也是我们平常所说的“陀螺”。回转仪有两个重要特性：一是定轴性，就是前面角动量守恒中介绍的性质；二是进动性，在外力矩作用下，旋转的转子力图使其旋转轴沿最短的路径趋向外力矩的作用方向。图 5-33 中陀螺仪转子在重力作用下不从支点掉下，而以角速度 $\boldsymbol{\omega}$ 绕垂线不断转动，这种高速自旋物体的轴在空间转动的现象称为**进动**。

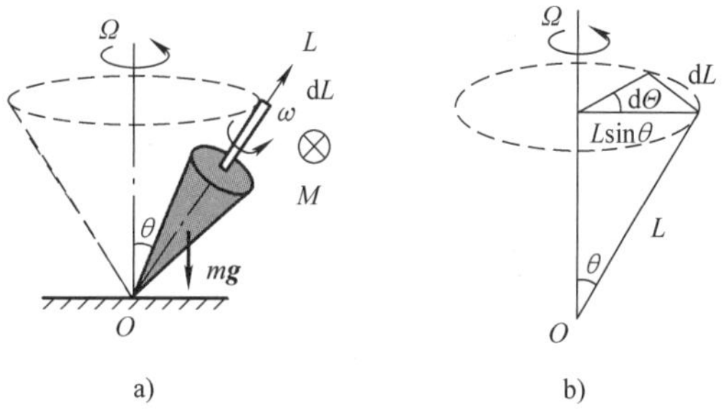

图 5-34　陀螺的进动

可用角动量定理解释进动，以任意倾角的陀螺进动为例。如图 5-34a 所示，旋转的陀螺受到重力作用，由图示的自转方向可知自旋运动对 O 点的角动量 $\boldsymbol{L}$，而外力即重力对 O 点的力矩 $\boldsymbol{M}$ 的方向却是垂直纸面朝里，即 $\boldsymbol{M}$ 垂直于 $\boldsymbol{L}$。根据角动量定理有 $\mathrm{d}\boldsymbol{L}=\boldsymbol{M}\mathrm{d}t$，即角动量增量 $\mathrm{d}\boldsymbol{L}$ 与外力矩 $\boldsymbol{M}$ 同向，如图 5-34 所示，所以 $\mathrm{d}\boldsymbol{L}$ 也与 $\boldsymbol{L}$ 垂直，并且在水平面内，这意味着 $\boldsymbol{L}$ 的大小不变，而方向要改变。所以，当 $\boldsymbol{M}$ 垂直于 $\boldsymbol{L}$ 时，$\boldsymbol{L}$ 只改变方向，不改变大小。这一转动的连续进行就形成了进动。

由于重力矩大小是不变的，方向也总是垂直于角动量，所以进动的方向改变也是匀速的。由图 5-34b 可知，$\mathrm{d}t$ 时间里角动量旋转的角度 $\mathrm{d}\Theta$ 为

$$\mathrm{d}\Theta=\frac{|\mathrm{d}\boldsymbol{L}|}{L\sin\theta}$$

这里，θ 是自旋轴线与圆锥轴线间的夹角。而根据角动量定理：$|\mathrm{d}\boldsymbol{L}|=M\mathrm{d}t$，代入上式得

$$\mathrm{d}\Theta=\frac{|\mathrm{d}\boldsymbol{L}|}{L\sin\theta}=\frac{M\mathrm{d}t}{L\sin\theta}=\frac{M\mathrm{d}t}{J\omega\sin\theta}$$

所以，**进动角速度**为

$$\Omega=\frac{\mathrm{d}\Theta}{\mathrm{d}t}=\frac{M}{J\omega\sin\theta}\tag{5-32}$$

由此看见，自旋角速度越大，进动角速度越小。另外，需要指出的是以上只是近似讨论，只适用高速自转。

进动在军事技术上也有广泛的应用。例如炮弹（或子弹）在空中飞行的过程中，受到空气阻力的作用，这个阻力方向不一定通过质心，所以产生空气阻力矩，此阻力矩会使得炮弹在空中翻转，如图 5-35a 所示。在这种情况下，弹道无法预料，也就无法瞄准，而当炮弹击中目标时，也有可能是弹尾先触目标而不引爆，从而失去攻击力。为避免这种情况发生，制造炮筒时，在其内壁刻出螺旋线，这种螺旋线称为来复线。当炮弹由于发射火药的爆炸被强力推出炮筒时，受热变软的炮弹外缘就嵌入来复线，并绕其对称轴高速自旋。由于这种自旋的存在，阻力对炮弹质心 C 的力矩只能使炮弹绕飞行方向进动，使弹头与飞行方向不致有过大的偏离，并且弹道稳定，如图 5-35b 所示，从而保证了炮弹攻击力的发挥。

生活中还有些进动的应用，如进动能使负荷着巨大扭矩的系结物自己旋松或旋紧。自行车踏板的曲柄在左手位置是左旋的，因此进动能使它旋紧，而不是旋松。当然有时进动是有害的。如当舰艇转弯时，由于进动，透平机、内燃机等机器的轴承将会受到附加的压力，若压力过大，轴承就有损坏的危险。另外，在天体运动和微观领域里也广泛存在着进动现象。例如，地球的进动产生的岁差现象，绕核运动的电子在外磁场中将产生以外磁场方向为轴线的进动等。

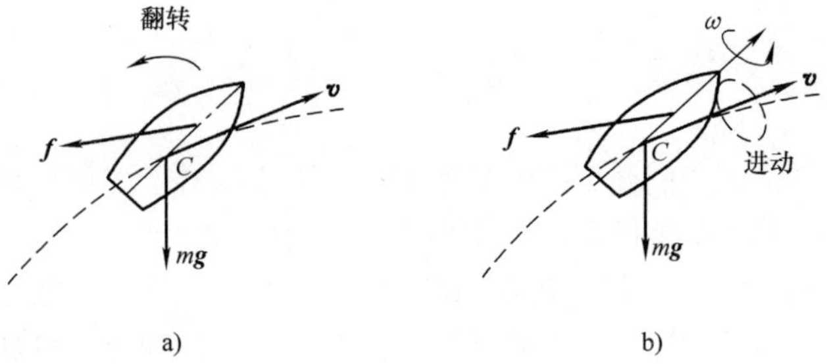

图 5-35　炮弹飞行的进动

小　结

1. 刚体的运动

角坐标：$\theta=\theta(t)$

角位移：$\Delta\theta=\theta_2-\theta_1$

角速度：$\omega=\dfrac{\mathrm{d}\theta}{\mathrm{d}t}$

角加速度：$\alpha=\dfrac{\mathrm{d}\omega}{\mathrm{d}t}=\dfrac{\mathrm{d}^2\theta}{\mathrm{d}t^2}$

角量与线量关系：$v=r\omega$，$a_\mathrm{t}=r\alpha$，$a_\mathrm{n}=r\omega^2$

2. 转动定律

对转轴的力矩：$M_z=rF_\perp\sin\alpha_i=r_\perp F_\perp$

定轴转动定律：$M=J\alpha$

转动惯量：$J=\int r^2\mathrm{d}m$

平行轴定理：$J=J_C+md^2$

垂直轴定理：$J_z=J_x+J_y$

叠加原理：$J_z=J_\mathrm{A}+J_\mathrm{B}+J_\mathrm{C}$

3. 角动量 角动量守恒定律

对轴的角动量：$L=J\omega$

定轴转动刚体的角动量定理：$\int_{t_1}^{t_2}M\mathrm{d}t=\int_{L_1}^{L_2}\mathrm{d}L=J_2\omega_2-J_1\omega_1$

定轴转动刚体的角动量守恒定律：$M=0$ 时，$J\omega=$ 恒量

4. 转动中的功和能

力矩的功：$A=\int_{\theta_0}^{\theta}M\mathrm{d}\theta$

力矩的功率：$P=\dfrac{\mathrm{d}A}{\mathrm{d}t}=M\omega$

转动动能：$E_k = \frac{1}{2}J\omega^2$

定轴转动的动能定理：$A = \frac{1}{2}J\omega_2^2 - \frac{1}{2}J\omega_1^2$

刚体的重力势能：$E_p = mgh_C$

***5. 进动**

进动角速度为：$\Omega = \frac{d\Theta}{dt} = \frac{M}{J\omega\sin\theta}$

6. 规律对比

刚体定轴转动的规律和质点直线运动的规律相类似，现对比列于表 5-3 中，便于读者理解和记忆。

表 5-3　直线运动与定轴转动规律对照

质点的直线运动	刚体的定轴转动
$v = \frac{dx}{dt}$，$a = \frac{dv}{dt} = \frac{d^2x}{dt^2}$	$\omega = \frac{d\theta}{dt}$，$\alpha = \frac{d\omega}{dt} = \frac{d^2\theta}{dt^2}$
$P = mv$，$E_k = \frac{1}{2}mv^2$	$L = J\omega$，$E_k = \frac{1}{2}J\omega^2$
F，m	$M(M = r_\perp F_\perp)$，$J(J = \int r^2 dm)$
$dA = Fdx$	$dA = Md\theta$
$F = ma$	$M = J\alpha$
$\int Fdt = P - P_0$	$\int Mdt = L - L_0$
$\int Fdx = \frac{1}{2}mv^2 - \frac{1}{2}mv_0^2$	$\int Md\theta = \frac{1}{2}J\omega^2 - \frac{1}{2}J\omega_0^2$
$E_p = mgh$	$E_p = mgh_C$

思　考　题

5.1　判断下列说法是否正确：

（1）刚体转动时，若它的角速度很大，那么作用在它上面的力一定很大；

（2）刚体转动时，若它的角速度很大，作用在它上面的力矩一定很大；

（3）刚体转动时，若它的角速度变化很大，作用在它上面的力矩一定很大；

（4）作用在定轴转动刚体上的两个力的合力为零时，合力矩也一定为零，总功也一定为零；

（5）作用在定轴转动刚体上的两个力的合力矩为零时，合力也一定为零，总功也一定为零；

（6）一物体可绕定轴无摩擦匀速转动，当它热胀冷缩时，其角速度保持不变；

（7）已知刚体质心 C 距离转轴为 r_C，则刚体对该轴的转动惯量为 $J = mr_C{}^2$；

（8）刚体所受合外力为零时，它一定不能转动起来。

5.2　要使一条长铁棒保持水平，握住它的中点比握住它的端点容易，试解释其中的原因。

5.3　为了使机器工作时运行平稳，常在回转轴上安装飞轮，飞轮的质量一般较大且主要分布在边缘上，请解释其中的原因。

5.4 在质点系力学中，用以表达力矩和角动量关系的公式 $\boldsymbol{M}=\frac{\mathrm{d}\boldsymbol{L}}{\mathrm{d}t}$中，$\boldsymbol{M}$、$\boldsymbol{L}$ 都是关于点定义的矢量，在刚体定轴转动中的角动量定理 $M=\frac{\mathrm{d}L}{\mathrm{d}t}$中，$M$、$L$ 又都是关于转轴定义的。$\boldsymbol{M}=\frac{\mathrm{d}\boldsymbol{L}}{\mathrm{d}t}$和 $M=\frac{\mathrm{d}L}{\mathrm{d}t}$之间有什么联系？能不能说后者只是前者的一个轴向分量式？

5.5 一把斧子和一根质量相等长度相等的金属棒，抓住它们的一端将它们抡起来，请问哪个更容易？说明原因。

5.6 如图 5-36 所示，走钢丝表演时，为什么表演者手里都要握一根长直杆？

5.7 如图 5-37 所示的杂技表演，请问杆子长些还是短些上面的人更安全？说明原因。

图 5-36 思考题 5.6 用图

图 5-37 思考题 5.7 用图

5.8 例题 5.11 子弹射入杆中，碰撞过程角动量守恒，但是动量不一定守恒。但是在 $l=2L/3$ 处，不仅角动量守恒，动量也守恒，试从理论上分析原因。

5.9 小朋友玩皮球，分别接住来势不同的两个球：一个球在空中飞来（无转动）；另一个球在地面滚来，两个球的质量和前进的速度均相同，请问他要接住这两个球，所做的功是否相同？为什么？

5.10 将一个生蛋与一个熟蛋放在桌面上旋转，能否判断出哪个是生的、哪个是熟的？试说明理由。

5.11 已知银河系中有一天体是均匀球体，现在的半径为 R，绕对称轴自转的周期为 T，由于引力凝聚，它的体积不断收缩，假定一万年后它的半径缩小为 r，试问一万年后此天体绕对称轴自转的周期和动能与现在相比是增加还是减少？

5.12 将棒的一端固定，但可在竖直平面内自由转动。一次把棒拉至与竖直方向成 θ 角（小于 $\pi/2$），另一次拉至水平位置（$\pi/2$）。问在这两种情况中：（1）放手的那一瞬间，棒的角加速度是否相同？（2）棒转动过程中质心的加速度是否相等？

5.13 有人说："一圆柱沿光滑斜面滚下……"，这种说法是否正确？为什么？

5.14 两个均匀圆柱，对各自中心轴的转动惯量分别为 J_1 和 J_2，两轴平行，两圆柱沿同一方向分别以角速度 ω_{10} 和 ω_{20} 绕各自中心轴匀速转动，平移两轴使其边缘相接触，当接触处无相对滑动时，两个圆柱的角速度分别为 ω_1 和 ω_2。有人认为此过程两圆柱系统的角动量守恒，即 $\omega_{10}J_1+\omega_{20}J_2=\omega_1 J_1+\omega_2 J_2$，你认为这个方程成立吗？

5.15 一质量为 m 的小球系在轻绳的一端，绳穿过一竖直的管子，先使小球在水平面内做匀速圆周运动，然后手拉绳子，使绳子的半径从 r_1 缩短到 r_2，根据角动量守恒，小球的速度要增大，因此小球的动能增加，那么小球所增加的动能是从哪里来的？有人说是由手的拉力通过绳子张力提供能量的。但张力与小球运动的速度的方向相垂直，怎么能对小球做功呢？

5.16 一车轮可绕通过轮心 O 且与轮面垂直的水平光滑固定轴在竖直面内转动，轮的质量为 M，可以认为均匀分布在半径为 R 的圆周上，绕 O 轴的转动惯量 $J=MR^2$。车轮原来静止，一质量为 m 的子弹，以速度$\boldsymbol{v}_0$沿与水平方向成α角度射中轮心O正上方的轮缘A处，并留在A处，如图5-38所示，设子弹与轮撞击时间极短。以车轮、子弹为研究系统，撞击前后系统的动量是否守恒？为什么？动能是否守恒？为什么？角动量是否守恒？为什么？

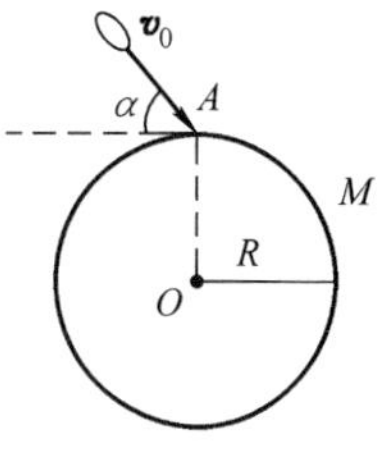

图5-38　思考题5.16用图

5.17　设均匀圆盘的转动惯量为J_0，今在圆盘上沿一条半径加固一质量为m、长为圆盘半径R的均匀细杆，请问对盘心竖直轴的转动惯量变为多少？若改为在圆盘上挖去同样的细杆，转动惯量又是多少？

5.18　质点系的动量等于其质心的动量，质点系对定点的角动量是否也等于质心的角动量？刚体对轴的角动量是否也等于质心对轴的角动量？

5.19　一圆平台可绕中心轴无摩擦地转动，有一玩具汽车相对台面由静止起动，（1）绕轴做圆周运动；（2）沿半径方向运动。分析运动过程中上述两种情况下，小车－平台系统的转动惯量、机械能、动量和角动量如何变化。

习　题

5.1　一飞轮在时间t内转过角度$\theta = a + bt^2 + ct^3$，其中a、b、c都是常量。求它的角速度和角加速度。

5.2　在高速旋转的微型电动机里，有一圆柱形转子可绕垂直其横截面通过中心的轴转动。开始时其角速度$\omega_0 = 0$，经过300s后，其转速达到18000r/min。已知转子的角加速度α与时间t成正比，问在这段时间内，转子转过多少转？

5.3　如图5-39所示，一正方形边长为a，它的四个顶点各有一个质量为m的质点，求此系统对（1）z_1轴的转动惯量；（2）z_2轴的转动惯量；（3）过正方形中心且垂直于纸面的z_3轴的转动惯量。

5.4　如图5-40所示，一均质细杆长为l，质量为m，在摩擦系数为μ的水平桌面上转动，求摩擦力的力矩$M_{阻}$。

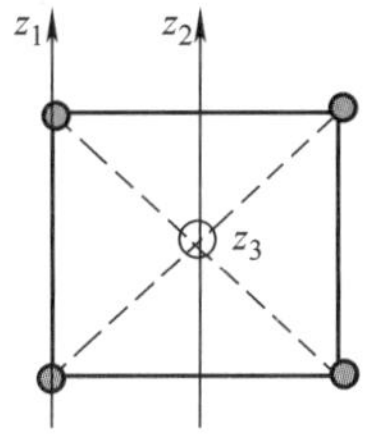

图5-39　习题5.3用图

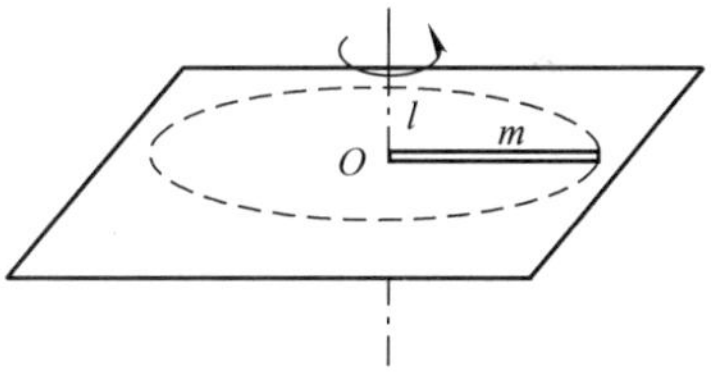

图5-40　习题5.4用图

5.5　如图5-41所示，质量为$m = 1\text{kg}$的物体悬挂在定滑轮上，滑轮的半径$R = 0.2\text{m}$，物体距地面的高度为$h = 1.5\text{m}$，由静止（$v_0 = 0$）下落到达地面所用的时间为$t = 3\text{s}$。设绳轮间无相对滑动，绳不可伸长，求轮对O轴的转动惯量。

5.6　如图5-42所示，一质量为m的均质圆盘，边缘缠绕着细线，先用拉力f拉细线，请问以多大加速度a拉细线，圆盘的质心相对地面静止。

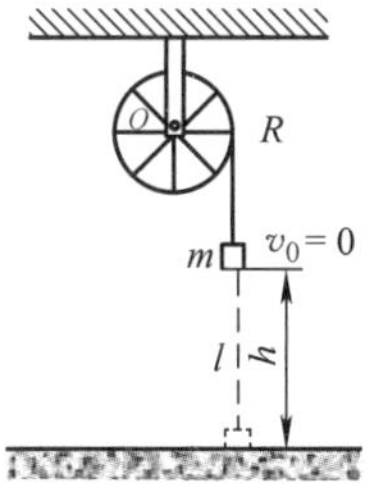

图5-41　习题5.5用图

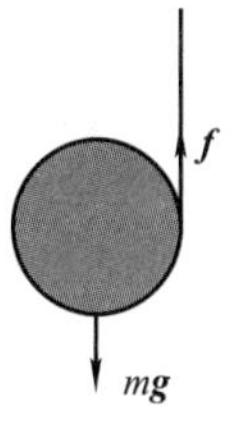

图5-42　习题5.6用图

5.7　长为 l 质量为 m 均质细杆可绕通过其上端的水平固定轴 O 转动，另一质量也为 m 的小球，用长为 l 的轻绳系于 O 轴上，如图 5-43 所示。开始时杆静止在竖直位置，现将小球在垂直于轴的平面内拉开一定角度，然后使其自由摆下与杆端发生弹性碰撞，结果使杆的最大摆角为 $\pi/3$，求小球最初被拉开的角度 θ。

5.8　一个质量为 M 半径为 R 的均质球壳可绕一光滑竖直中心轴转动。轻绳绕在球壳的水平最大圆周上，又跨过一质量为 m 半径为 r 的均质圆盘，此圆盘具有光滑水平轴，然后在下端系一质量也为 m 的物体，如图 5-44 所示。求当物体由静止下落 h 时的速度 v。

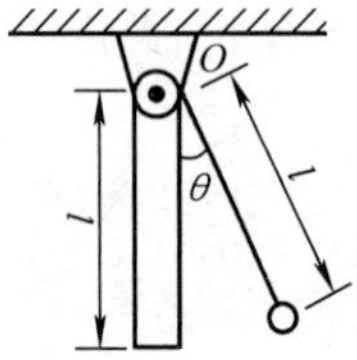

图 5-43　习题 5.7 用图

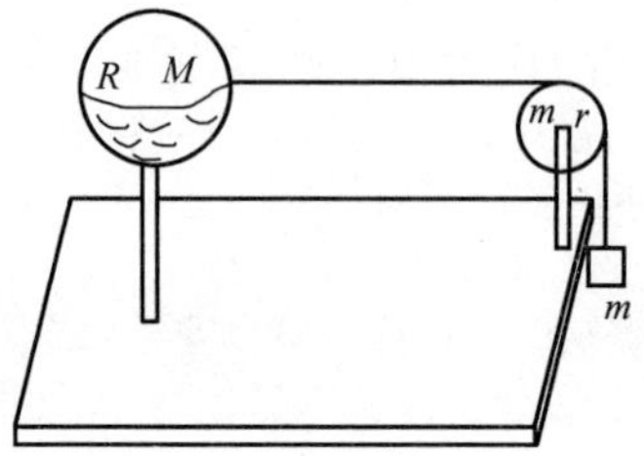

图 5-44　习题 5.8 用图

5.9　有一转台，质量为 M 半径为 R，可绕光滑竖直中心轴转动，初始角速度为 ω_0，一质量为 m 的人站在转台中心。若人相对转台以恒定速率 u 沿半径向边缘走去，求人走了时间 t 后，转台的角速度 ω 及转过的角度 θ。

5.10　如图 5-45 所示，一质量为 M、长度为 L 的均质细棒，在棒 $L/4$ 处固定一光滑轴，将棒拉直水平位置从静止释放，求细棒摆至垂直位置时重力矩对 a、b 段做的功分别为多少以及杆的角速度。

5.11　如图 5-46 所示，一长为 L，质量为 M 的均质细杆竖直放置，其下端与一固定铰链 O 相接，并可绕其转动。当其受到微小扰动时，细杆将在重力作用下由静止开始绕铰链 O 转动。试计算细杆转到与竖直线成 θ 角时的角加速度和角速度以及重力所做的功。

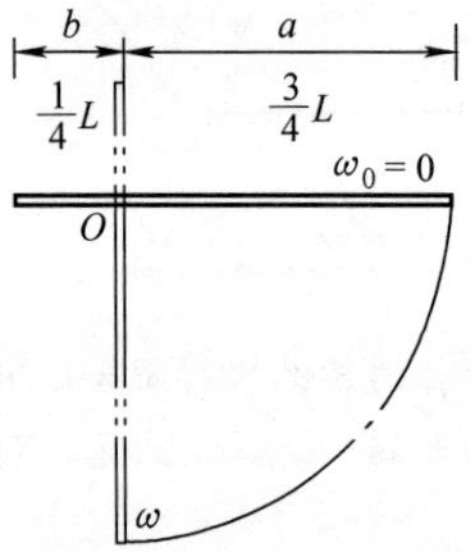

图 5-45　习题 5.10 用图

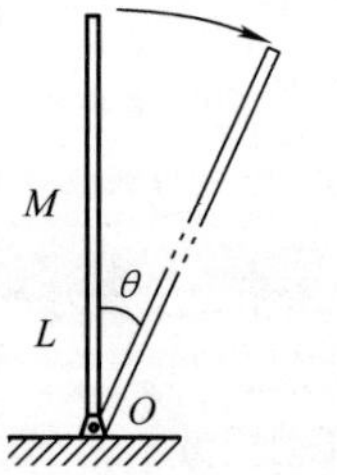

图 5-46　习题 5.11 用图

5.12　如图 5-47 所示，物体 M 由距水平跷板高度为 h 处自由下落到跷板的一端 A，并把跷板另一端的物体 N 弹了起来。设跷板是长为 l、质量为 m'的均质板，支撑点在板的中部点 C，跷板可绕点 C 在竖直平面内转动，物体 M、N 的质量都是 m，假定物体 M 落在跷板上 A 处，与跷板的碰撞是完全非弹性碰撞。问物体 N 可弹起多高？

5.13　质量分别为 m_1 和 m_2 的两个物体跨在定滑轮上，m_2 放在光滑的桌面上，如图 5-48 所示，滑轮半径为 R，质量为 M。滑轮可以看作均质圆盘，转动惯量为 $J=MR^2/2$，绳子不可伸长且为轻绳，绳与滑轮之间无相对滑动，且滑轮轴所受摩擦力不计。求 m_1 下落的加速度，拉 m_1 的绳子张力 T_1 和拉 m_2 的绳子张力 T_2。

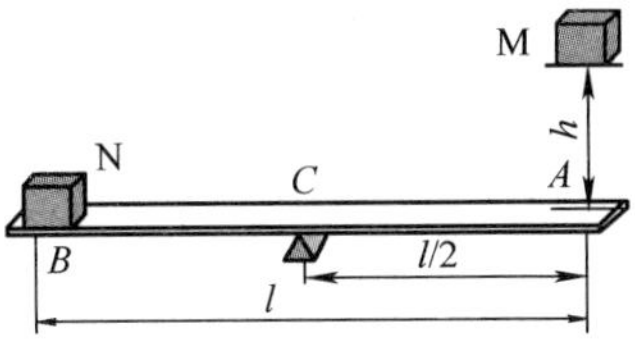

图 5-47　习题 5.12 用图

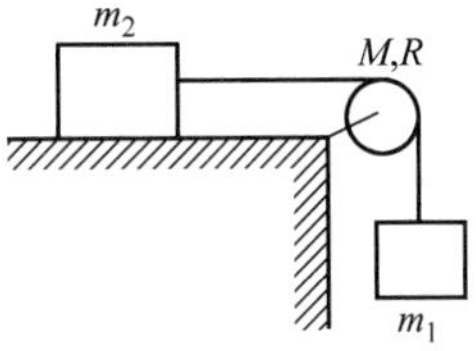

图 5-48　习题 5.13 用图

5.14　如图 5-49 所示，定滑轮 A 绕有轻绳（不计质量），绳绕过另一定滑轮 B 后挂一物体 C。A、B 两轮可看作均质圆盘，半径分别为 R_1、R_2，质量分别为 m_1、m_2，物体 C 质量为 m_3。忽略轮轴的摩擦，轻绳与两个滑轮之间没有滑动。求物体 C 由静止下落 h 处的速度。

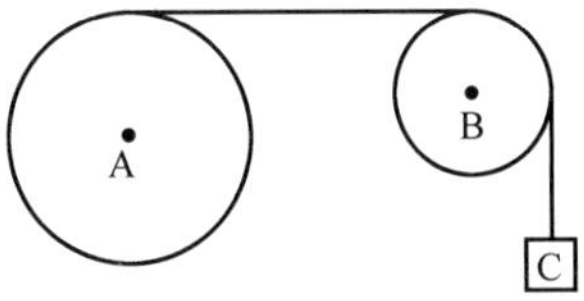

图 5-49　习题 5.14 用图

5.15　如图 5-50 所示，在一个固定轴上有两个飞轮，其中 A 轮是主动轮，转动惯量为 J_1，正以角速度 ω_1 旋转。B 轮是从动轮，转动惯量为 J_2，处于静止状态。若将从动轮与主动轮啮合后一起转动，它们的角速度有多大?

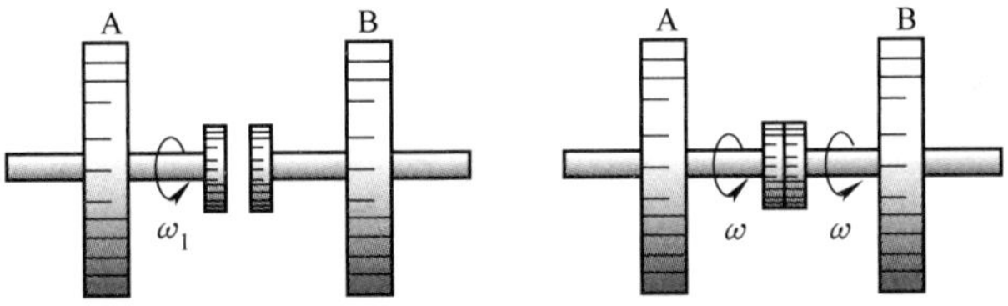

图 5-50　习题 5.15 用图

5.16　如图 5-51 所示，一质量均匀分布的圆盘质量为 M，半径为 R，放在一粗糙水平面上（圆盘与水平面之间的摩擦系数为 μ），圆盘可绕通过其中心 O 的竖直固定光滑轴转动。开始时，圆盘静止，一质量为 m 的子弹以水平速度 $\boldsymbol{v}_0$ 打入圆盘并嵌在圆盘边缘上，$\boldsymbol{v}_0$ 所在方向与圆盘圆心的垂直距离为 $d=R/2$，求：

（1）子弹击中圆盘后，盘所获得的角速度；

（2）子弹和圆盘一起旋转的角加速度；

（3）经过多少时间后，圆盘停止转动。

5.17　如图 5-52 所示，长度为 L 的均匀细棒，可绕中心 O 点且与纸面垂直的轴在竖直平面内转动。当棒静止于水平位置时，有一只小虫以速率 v_0 垂直落在距点 O 为 $L/4$ 处，并背离 O 点向细棒的 A 端方向爬行。设小虫、细棒的质量均为 m。试求小虫以多大速率向棒的 A 端爬行，才能确保细棒以恒定的角速度旋转。

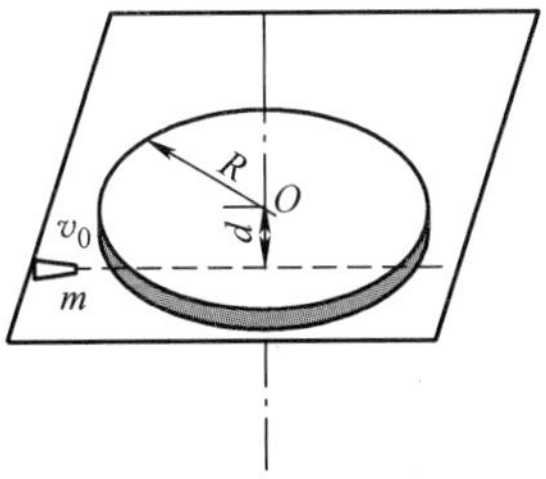

图 5-51　习题 5.16 用图

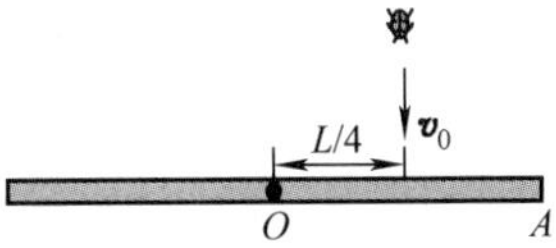

图 5-52　习题 5.17 用图

5.18　一个内壁光滑的圆环形细管，正绕竖直光滑固定轴 OO' 自由转动。管是刚性的，转动惯量为 J_0，环的半径为 R，初角速度为 ω_0，一质量为 m 的小球静止于管的最高点 A 处，如图 5-53 所示，由于微小干扰，小球向下滑动。问小球滑到点 B 与点 C 时，小球相对于环的速率各为多少？

5.19　如图 5-54 所示，宇宙飞船对其中心轴的转动惯量为 $J=2\times10^3\text{kg}\cdot\text{m}^2$，它以 $\omega=0.2\text{rad/s}$ 的角速度绕中心轴旋转。宇航员想用两个切向的控制喷管使飞船停止旋转。每个喷管的位置与轴线距离都是 $r=1.5\text{m}$。两喷管的喷气量恒定，共是 $\text{d}m/\text{d}t=2\text{kg/s}$。喷气的喷射速率（相对于飞船周边）$u=50\text{m/s}$，并且恒定。问喷管应喷射多长时间才能使飞船停止旋转。

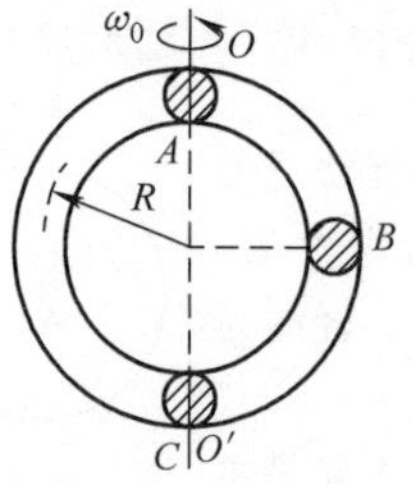

图 5-53　习题 5.18 用图

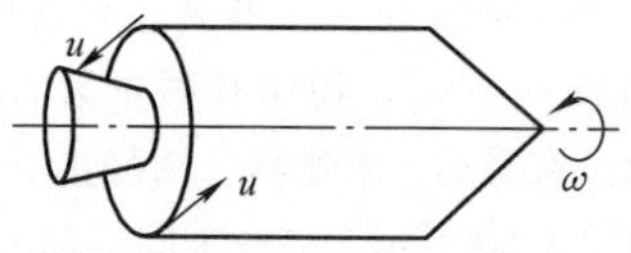

图 5-54　习题 5.19 用图

5.20　如图 5-55 所示，一质量为 m 的黏土块从高度 h 处自由下落，黏于半径为 R，质量为 $M=2m$ 的均质圆盘的 P 点，并开始转动。已知 $\theta=60°$，设转轴 O 光滑，求：

（1）碰撞后的瞬间盘的角速度 ω_0；

（2）P 转到 x 轴时，盘的角速度 ω 和角加速度 α。

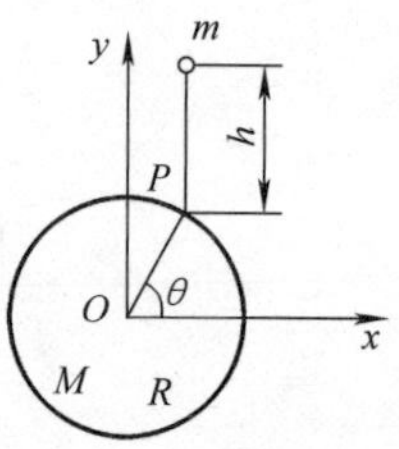

图 5-55　习题 5.20 用图

5.21　一长为 L 的轻质细杆如图 5-56 所示，两端分别固定质量为 m 和 $2m$ 的小球，此系统在竖直平面内可绕过中点 O 且与杆垂直的水平光滑固定轴（O 轴）转动。开始时杆与水平成 60°角，处于静止状态。无初转速地释放以后，杆球这一刚体系统绕 O 轴转动。求系统绕 O 轴的转动惯量以及释放后，当杆转到水平位置时，刚体受到的合外力矩和角加速度。

5.22　在一水平放置的质量为 m、长度为 l 的均匀细杆上，套着一质量也为 m 的套管 B（可看作质点），套管用细线拉住，它到竖直的光滑固定轴 OO'的距离为 $l/2$，杆和套管所组成的系统以角速度 ω_0 绕 OO'轴转动，如图 5-57 所示。若在转动过程中细线被拉断，套管将沿着杆滑动。求：在套管滑动过程中，该系统转动的角速度与套管离轴的距离 x 的函数关系。

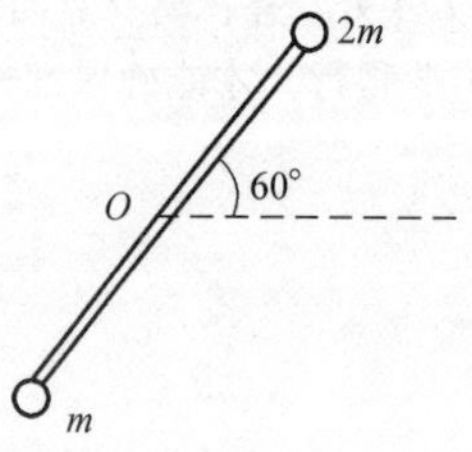

图 5-56　习题 5.21 用图

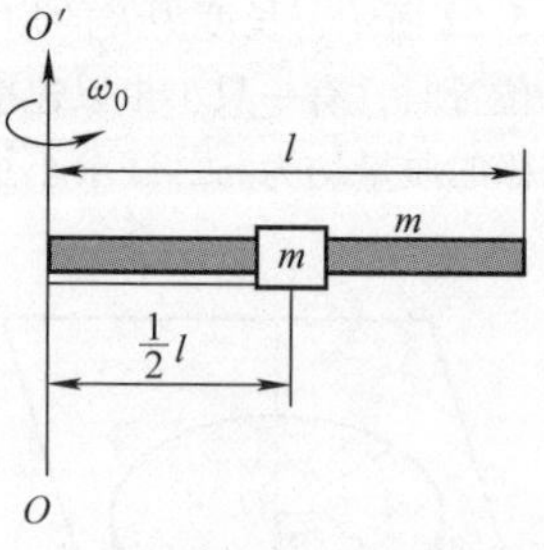

图 5-57　习题 5.22 用图

5.23　一均质细棒长为 $2L$，质量为 m，以与棒长方向相垂直的速度 v_0 在光滑水平面内平动时，与前方一固定的光滑支点 O 发生完全非弹性碰撞。碰撞点位于棒中心的一侧 $L/2$ 处，如图 5-58 所示。求棒在碰撞后的瞬时绕 O 点转动的角速度。

*5.24　如图 5-59 所示，地球的自转轴与它绕太阳的轨道平面的垂线间的夹角为 $\theta=23.5°$，由于太阳和月球对地球的引力产生力矩，地球的自转轴绕轨道平面的垂线进动，进动周期 $T_1=27725$ 年。已知地球

的质量 m 为 5.98×10^{24}kg，地球的半径 R 为 6.378×10^{6}m。试求：(1) 地球的自转轴绕轨道平面的垂线进动的角速度；(2) 太阳和月球的合力矩的大小。

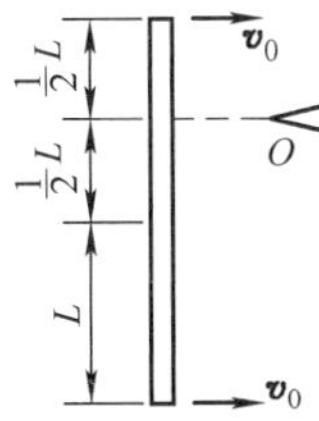

图 5-58　习题 5.23 用图

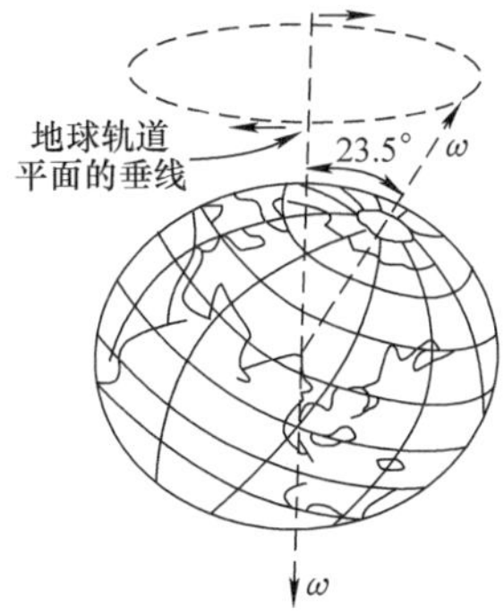

图 5-59　习题 5.24 用图

习题答案

5.1　$\omega=2bt+3ct^2$，$\alpha=2b+6ct$

5.2　3×10^4 转

5.3　(1) $J=2ma^2$；(2) $J=ma^2$；(3) $J=2ma^2$

5.4　$M_{阻}=-\frac{1}{2}\mu mgl$

5.5　$J=\left(\frac{gt^2}{2h}-1\right)mR^2=1.14\text{kg}\cdot\text{m}^2$

5.6　$a=2g$

5.7　$\theta=\arccos 2/3$

5.8　$v=\left(\frac{12mgh}{4M+9m}\right)^{1/2}$

5.9　$\omega=\frac{\omega_0}{1+\frac{2mu^2t^2}{MR^2}}$，$\theta=\frac{R\omega_0}{u\left(\frac{2m}{M}\right)^{\frac{1}{2}}}\arctan\left[\frac{ut}{R}\left(\frac{2m}{M}\right)^{\frac{1}{2}}\right]$

5.10　$\frac{9mgL}{32}$，$-\frac{mgL}{32}$，$\omega=\sqrt{\frac{24g}{7L}}$

5.11　$\alpha=\frac{3g}{2L}\sin\theta,\omega=\sqrt{\frac{3g}{L}(1-\cos\theta)},A=\frac{mgL}{2}(1-\cos\theta)$

5.12　$\left(\frac{3m}{m'+6m}\right)^2h$

5.13　$a=\frac{m_1g}{m_1+m_2+M/2},T_1=\frac{m_1(m_2+M/2)g}{m_1+m_2+M/2},T_2=\frac{m_1m_2g}{m_1+m_2+M/2}$

5.14　$v=2\sqrt{\frac{m_3gh}{m_1+m_2+2m_3}}$

5.15　$\omega=\frac{J_1\omega_1}{J_1+J_2}$

5.16　(1) $\omega=\frac{mv_0}{(M+2m)R}$；(2) $\alpha=-\frac{2(2M+3m)\mu g}{3(M+2m)R}$；(3) $\Delta t=\frac{3mv_0}{(4M+6m)\mu g}$

5.17 $\dfrac{7Lg\cos(12v_0t/7L)}{24v_0}$

5.18 $v_B=\sqrt{2gR+\dfrac{J_0\omega_0^2R^2}{J_0+mR^2}}$，$v_C=2\sqrt{gR}$

5.19 $t=2.67\text{s}$

5.20 （1）$\omega_0=\dfrac{\sqrt{2gh}}{4R}$；（2）$\omega=\dfrac{1}{2R}\sqrt{\dfrac{g}{2}(h+4\sqrt{3}R)}, \alpha=\dfrac{g}{2R}$

5.21 $3mL^2/4$，$mgL/2$，$\dfrac{2g}{3L}$

5.22 $\dfrac{7l^2\omega_0}{4(l^2+3x^2)}$

5.23 $6v_0/(7L)$

5.24 （1）$7.27\times10^{-12}\text{rad/s}$；（2）$1.67\times10^{22}\text{N}\cdot\text{m}$

第 6 章 狭义相对论基础

牛顿力学形成于 17 世纪，在 19 世纪得到了极大的发展。20 世纪，物理学深入扩展到微观高速领域，这时发现牛顿力学在这些领域不再适用，物理学的发展要求对牛顿力学的一些基本概念做出根本性的改革。标志性的成果就是相对论和量子力学的建立。相对论的发现不但彻底地改变了人类的时空观念，而且已成为发现新能源，研究宇宙星体、粒子物理以及一系列工程物理等问题的理论基础。相对论是 20 世纪初物理学上出现的伟大成就之一。本章将介绍相对论的基础知识。

6.1 从经典到狭义相对论时空观

6.1.1 牛顿相对性原理、绝对时空观和伽利略变换

1. 牛顿相对性原理

力学就是研究物体机械运动规律的学科。为了描述一个物体的运动，总要选取适当的参考系。选取的参考系不同，对物体运动情况的描述也就不同，所以，力学概念，如速度、加速度等，以及力学规律都是对一定的参考系才有意义的。这里就出现了一个问题，对于不同的参考系，基本力学定律的形式是完全一样的吗?

机械运动是物体位置随时间的变化，那么，无论是运动的描述或是运动定律的说明，都离不开长度和时间的测量。因此，和上述问题紧密联系而又更根本的问题是：相对于不同的参考系，长度和时间的测量结果是一样的吗?

物理学对于这些根本问题的解答，经历了从牛顿力学到相对论的发展。下面先说明牛顿力学是怎样理解这些问题的，然后再着重介绍狭义相对论的基本内容。

伽利略用“萨尔维亚蒂”大船做比喻，生动地回答了上面的第一个问题。他指出：在“以任何速度前进，只要运动是匀速的，同时也不这样那样摆动”的大船船舱内，观察各种力学现象，如人的跳跃、抛物、水滴的下落、烟的上升、鱼的游动，甚至蝴蝶和苍蝇的飞行等，你会发现，它们都会和船静止不动时一样地发生。人们并不能从这些现象来判断大船是否在运动。只有打开舷窗向外看，当看到岸上灯塔的位置相对于船不断地在变化时，才能判定船相对于地面是在运动的，并由此确定航速。即使这样，也只能做出相对运动的结论，并不能肯定“究竟”是地面在运动，还是船在运动。只能确定两个惯性系的相对运动速度，谈论某一惯性系的绝对运动（或绝对静止）是没有意义的。也就是说，在任何惯性系中观察，同一力学现象将按同样的形式发生和演变，即，**对于任何惯性参考系，力学的基本定律——牛顿定律，其形式都是一样的**。这个结论叫作**牛顿相对性原理**或**力学相对性原理**，也叫作**伽利略不变性**。

2. 牛顿的绝对时空观

绝对时空观认为时间和空间是两个独立的观念，彼此之间没有联系，分别具有绝对性。牛顿在《自然哲学的数学原理》一书中，对时间和空间给出了如下定义："绝对的、真正的和数学的时间自身在流逝着，而且由于其本性而在均匀地、与任何其他外界事物无关地流逝着，它又可以名之为'延续性'。""绝对的空间，就其本性而言，是与外界任何事物无关而永远是相同的和不动的。相对空间是绝对空间的可动部分或者量度。"也就是说，时间在宇宙中均匀流逝着，而空间好像一个容器，两者之间是彼此相互独立没有任何联系的，也不与物质运动发生关系，即时间和空间的度量与观测者的运动状态无关，也就是与惯性参考系的运动状态无关。同样两点间的距离或同样前后两个事件的时间，无论在哪个惯性系中测量都是一样的，这就是**牛顿的绝对时空观**。实际上，绝对时空观是人们在低速状态下的经验总结，例如我国唐代大诗人李白的著名诗句："夫天地者，万物之逆旅；光阴者，百代之过客"，就是对绝对空间和绝对时间的形象比喻。

3. 伽利略坐标变换

如图 6-1 所示，假定 S'系相对于 S 系沿 x 轴的正方向以速度 u 做匀速直线运动，两者的坐标轴分别相互平行，而且 x 轴和 x'轴重合在一起。

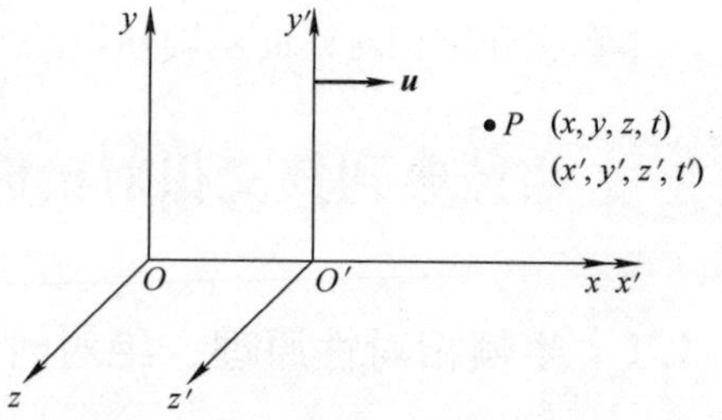

图 6-1　两个参考系：S'系和 S 系

为了测量时间，设想在 S 和 S'系中各处各有自己的时钟，所有的钟结构完全相同，而且同一参考系中的所有时钟都是校准好而同步的，它们分别指示 t 和 t'。并且假定在 $t'=t=0$ 的初始时刻，S'系的原点与 S 系的原点重合。

由于时间度量的绝对性，质点到达 P 点时，两个参考系中 P 点附近的钟给出的时刻数值一定相等，即

$$t' = t \tag{6-1}$$

由于空间度量的绝对性，由 P 点到 xz（亦即 $x'z'$）平面的距离，由两个参考系测出的数值一定相等，即

$$y' = y \tag{6-2}$$

同理

$$z' = z \tag{6-3}$$

至于 x 和 x'的数值，由 S 系测量，x 应等于此时刻两原点之间的距离 ut 加上 $y'z'$平面到 P 点的距离，根据绝对空间的概念，该距离应该和由 S'系测得的 x'相等。所以，在 S 系中测量应该有

$$x = x' + ut$$

或

$$x' = x - ut \tag{6-4}$$

将式（6-1）~式（6-4）放在一起，即得到下面公式：

$$\begin{cases} x' = x - ut \\ y' = y \\ z' = z \\ t' = t \end{cases} \tag{6-5}$$

变形得

$$\begin{cases} x = x' + ut' \\ y = y' \\ z = z' \\ t = t' \end{cases} \tag{6-6}$$

式（6-5）和式（6-6）分别叫作**伽利略坐标变换式**和**伽利略坐标逆变换式**，它是绝对时空概念的直接反映。

把式（6-5）中的前三式对时间 t 求一阶导数，考虑到 $t = t'$，可得

$$\begin{cases} v'_x = v_x - u \\ v'_y = v_y \\ v'_z = v_z \end{cases} \tag{6-7}$$

式中，v'_x、v'_y、v'_z 是质点 P 对坐标系 S'的速度分量；v_x、v_y、v_z 是质点 P 对坐标系 S 的速度分量。将式（6-7）中的三个式子合并成一个矢量式，有

$$\boldsymbol{v}' = \boldsymbol{v} - \boldsymbol{u} \tag{6-8}$$

这就是第 1 章中介绍的**伽利略速度变换式**。

把式（6-7）对时间 t 再求一阶导数，得经典力学中的加速度变换关系式为

$$\begin{cases} a'_x = a_x \\ a'_y = a_y \\ a'_z = a_z \end{cases} \tag{6-9}$$

式中，a'_x、a'_y、a'_z 是质点 P 对坐标系 S'的加速度分量；a_x、a_y、a_z 是质点 P 对坐标系 S 的加速度分量。写成矢量式，有

$$\boldsymbol{a}' = \boldsymbol{a} \tag{6-10}$$

这说明同一质点的加速度在不同惯性参考系内测量的结果是一样的。

在牛顿力学中，质点质量是恒量，与质点的速度无关，即质点 P 在坐标系 S'中的质量 m'等于质点 P 在坐标系 S 中的质量 m，所以有

$$m'\boldsymbol{a}' = m\boldsymbol{a}$$

对坐标系 S'来说，质点 P 受的合外力为 $\boldsymbol{F}'$，对坐标系 S 来说，质点 P 受的合外力为 $\boldsymbol{F}$，牛顿力学中的力只跟质点的相对位置或相对运动有关，而与参考系无关，即 $\boldsymbol{F}' = \boldsymbol{F}$，所以，只要 $\boldsymbol{F} = m\boldsymbol{a}$ 在参考系 S 中成立，则在参考系 S'中，必然有

$$\boldsymbol{F}' = m'\boldsymbol{a}'$$

即在参考系 S'中，牛顿定律也是成立的。可见，在相互做匀速直线运动的惯性系中，牛顿运动定律的形式是相同的。这说明牛顿运动方程对伽利略变换是不变式，即对任意惯性系，牛顿运动方程具有相同的形式。这就是**牛顿的力学相对性原理**。它是以牛顿的绝对时空概念和绝对质量概念为基础推导出来的。

6.1.2　狭义相对论的基本原理

1. 牛顿力学遇到的困难

（1）速度合成律中的问题　设想两个人玩排球，甲击球给乙。乙看到球，是因为球发

出的（实际上是反射的）光到达了乙的眼睛。设甲乙两人之间的距离为 l，球发出的光相对于它的传播速度是 c，在甲即将击球之前，球暂时处于静止状态，球发出的光相对于地面的传播速度就是 c，乙看到此情景的时刻比实际时刻晚 $\Delta t = l/c$，在极短冲击力作用下，球出手时速度达到 V，按经典的速度合成律，此刻由球发出的光相对于地面的速度为 $c+V$，乙看到球出手的时刻比它实际时刻晚 $\Delta t' = l/(c+V)$。显然 $\Delta t' < \Delta t$，这就是说，乙先看到球出手，后看到甲即将击球！这种先后颠倒的现象谁也没有看到过。那为什么会得出这种匪夷所思的结论呢？恐怕问题出现在光速的速度合成。

（2）以太风实验的零结果　19 世纪，经过麦克斯韦、赫兹等人的努力，建立了成熟的电磁理论，认为光是一定频率范围内的电磁波，电磁学和光学发展的巨大成就，使物理学家特别关注电磁波，包括光的传播问题。由于机械波只能在弹性媒质中传播（如声音的传播媒质有空气、水、铁轨等），那么电磁波在什么媒质中传播呢？当时的一些物理学家借用了法国哲学家笛卡儿曾经提出过一种宇宙模型中的"以太"一词，假设宇宙间充满一种无色透明、密度均匀、渗透到一切物质内部的特殊介质，称为"以太"，它是绝对静止的；电磁波（包括光）在"以太"中的传播速度与真空中的传播速度相同。

为了验证以太的存在，人们做了许多实验，其中最著名的就是迈克耳孙－莫雷实验。该实验的原理如图 6-2 所示，将迈克耳孙干涉仪固定在地球上，整个装置可绕垂直于图面的轴线转动。假定 $PM_1 = PM_2$，以太坐标系用 S 表示，地球坐标系用 S'表示，设地球以速度 u 由左向右匀速相对以太运动。

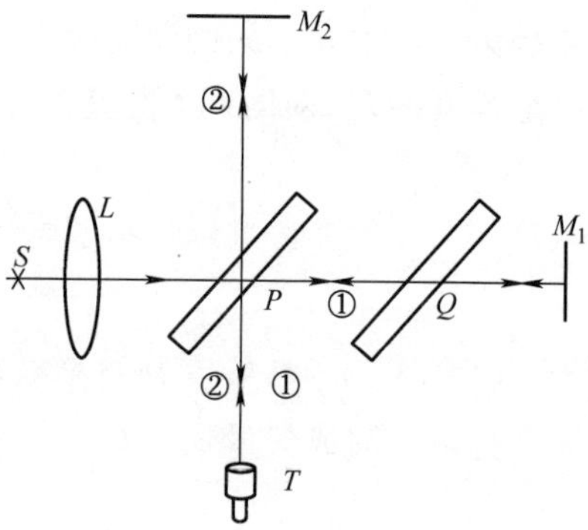

图 6-2　迈克耳孙－莫雷实验

从光源发出一列单色光，被 P 分为传播方向互相垂直的两束光，分别用①光和②光表示。在 S 系看来，以太静止，光沿各方向的传播速度均为 c，地球和干涉仪相对以太运动的速度为 u。在 S'系看来，地球和干涉仪静止，感到有一速度为 $-u$ 的"以太风"存在。根据伽利略速度变换，光沿各方向传播速度不同，逆着以太风的光速为 $c-u$，顺着以太风的光速为 $c+u$。①光在 PM_1 之间往返一次所用的时间为

$$t_1 = \frac{L}{c-u} + \frac{L}{c+u} = \frac{2L/c}{1-\dfrac{u^2}{c^2}} \approx \frac{2L}{c}\left(1+\frac{u^2}{c^2}\right)$$

而垂直于以太风的光速为 $\sqrt{c^2-u^2}$。②光在 PM_2 之间往返一次所用时间为

$$t_2 = \frac{2L}{\sqrt{c^2-u^2}} = \frac{2L/c}{\sqrt{1-\dfrac{u^2}{c^2}}} \approx \frac{2L}{c}\left(1+\frac{u^2}{2c^2}\right)$$

以上两式的近似是由于 $u \ll c$。

两束光到达观察者处的时间差为

$$\Delta t = t_1 - t_2 = \frac{2L}{c}\left(1+\frac{u^2}{c^2}\right) - \frac{2L}{c}\left(1+\frac{u^2}{2c^2}\right) = \frac{Lu^2}{c^3}$$

干涉仪再旋转 90°，两臂互换位置。这时①光的方向垂直于以太风，②光的方向平行于以太

风。两束光到达观察者处的时间差为

$$\Delta t' = t_1' - t_2' = \frac{2L/c}{\sqrt{1-\frac{u^2}{c^2}}} - \frac{2L/c}{1-\frac{u^2}{c^2}} \approx -\frac{Lu^2}{c^3}$$

即旋转干涉仪前后光程差的改变为

$$c(\Delta t - \Delta t') = \frac{2Lu^2}{c^2}$$

在旋转过程中由于光程差的改变，必将引起干涉条纹的移动，移动条纹数为

$$\Delta N = \frac{2Lu^2}{c^2\lambda} \tag{6-11}$$

出乎意料的是，尽管他们反复观察，实验结果都未发现条纹移动。这一实验结果从根本上否定了以太的存在，也说明了经典物理学的伽利略速度变换不适用于光速，暴露出了绝对时空观的局限性。

(3) 电磁现象不服从伽利略相对性原理 在萨尔维亚蒂大船里，按照伽利略的描述，只要船保持匀速直线运动，你就在这条封闭的大船里观察不到任何能判断船是否行进的现象。但是伽利略提到的都是力学现象，若涉及电磁现象，情况就不一样了。如图 6-3 所示，设想在一刚性短棒两端有一对异号点电荷 $\pm q$，与船行进的方向成倾角 θ 放置。在船静止时，两电荷间只有静电吸引力 $\boldsymbol{f}_{\mathrm{E}}$ 和 $\boldsymbol{f}'_{\mathrm{E}}$，它们沿二者的连线，对短棒没有力矩作用，如图 6-3a。如果大船以速度 $\boldsymbol{v}$ 匀速前进，正、负电荷的运动分别在对方所在处形成磁场 $\boldsymbol{B}$ 和 $\boldsymbol{B}'$，方向如图 6-3b 所示，垂直于纸面向里，使对方受到一个磁力（洛伦兹力）$\boldsymbol{f}_{\mathrm{M}}$ 和 $\boldsymbol{f}'_{\mathrm{M}}$，方向如图 6-3b 所示。这一对磁力对短棒有力矩作用，使之逆时针转动。这样一来，我们不就能够判断大船是否在行进了吗？这就是说，用电磁理论与经典力学来分析，伽利略相对性原理本应对电磁现象失效，但实际上实验表明，利用电磁现象仍无法判断萨尔维亚蒂大船是否行进，说明电磁现象所遵从的规律和力学规律一样对所有的惯性系都是一样的。

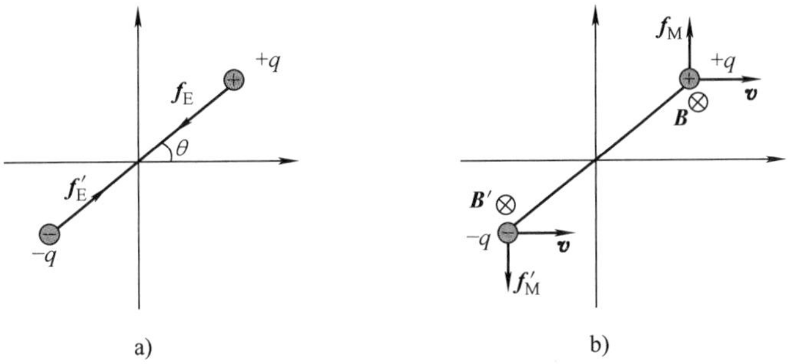

图 6-3 电磁现象与伽利略相对性原理相抵触

(4) 质量随速度增加 按照牛顿力学，物体的质量是常量。但 1901 年考夫曼（W. Kaufmann）在确定镭 C 发出的 β 射线（高速运动的电子束）荷质比 e/m 的实验中首先观察到，电子的荷质比 e/m 与速度有关。他假设电子的电荷 e 不随速度而改变，则它的质量 m 就要随速度的增加而增大。这类实验后来为更多人用越来越精密的测量不断地重复着。

2. 狭义相对论的基本原理

解决上述旧理论与实验的矛盾召唤着新理论。爱因斯坦说“相对论的兴起是由于实际

需要，是由于旧理论中的矛盾非常严重和深刻，而看来旧理论对这些矛盾已经没法避免了。新理论的好处在于它解决这些困难时，很一致，很简单，只应用了很少几个令人信服的假定。”当别人忙着在经典物理的框架内用形形色色的理论来修补“以太风”的学说时，爱因斯坦另辟蹊径，提出两个重要假设。

牛顿力学方程经过伽利略变换后其形式保持不变，而麦克斯韦方程组在伽利略变换下并不是保持不变形式。爱因斯坦坚信电磁理论是完全正确的，他相信世界的统一性和逻辑的一致性。相对性原理已经在力学中被广泛应用，但在电磁学中却无法成立，对于物理学这两个理论体系在逻辑上的不一致，爱因斯坦提出了怀疑。认为伽利略变换有问题，于是他把伽利略变换加以推广，或者说把力学相对性原理加以推广，提出了**狭义相对论相对性原理**的假设：**在所有惯性系中，一切物理定律都是相同的，即所有惯性系都是等价的**。这意味着，用任何物理实验都不能确定某一惯性系相对另一惯性系是否运动以及运动速度大小，对运动的描述只有相对意义，绝对静止的参考系是不存在的。

爱因斯坦在看到牛顿力学以及电磁学（特别是与光有关的现象）中暴露出的诸多矛盾，经过多年的思考，提出了**光速不变原理**的假设：**在相对于光源做匀速直线运动的一切惯性参考系中，所测得的真空的光速都相同**。真空的光速与光源或接收器的运动无关，在各个方向都等于一个恒量 c。这就是说，光或电磁波的运动不服从伽利略变换。

6.1.3 狭义相对论的时空观

爱因斯坦对物理规律和参考系的关系进行考察时，不仅注意到了物理规律的具体形式，而且注意到了更根本、更普遍的问题——时间和长度的测量问题。爱因斯坦根据他提出的光速不变原理，得出了异乎寻常的违反“常识”的结论：时间和长度的度量是相对的。同样的先后两个事件之间的时间间隔以及同一个物体的长度在不同的参考系中测量是不同的。

1. 同时性的相对性

爱因斯坦对时间的论述是从讨论“同时性”概念开始的。在他发表的《论动体的电动力学》那篇著名论文中，他写道：“如果我们要描述一个质点的运动，我们就以时间的函数来给出它的坐标值。现在我们必须记住，这样的数学描述，只有在我们十分清楚地懂得‘时间’在这里指的是什么之后才有物理意义。我们应当考虑到：当时间在里面起作用时，我们做的一切判断，总是关于同时的事件的判断。比如我说，‘那列火车 7 点钟到达这里’，这大概是说：‘我的表的短针指到 7 同火车的到达是同时的事件。’”

关于同时性，牛顿绝对时空观认为，在某个惯性系中观测，任意两个同时发生的事件，在其他所有惯性系中观测也必然是同时发生的。但有了光速不变原理，这一结论不再成立。这可以由下面的理想实验看出来。

仍假定惯性系 S' 相对于 S 系沿 x 轴的正方向以速度 u 做匀速直线运动。设在 S' 系的 x' 轴上 A'、B' 两点各放一个光电探测器和一个相对于 S' 系静止的时钟，在 $A'B'$ 的中点 M' 处有一盏闪光灯，如图 6-4 所示。某时刻打开闪光灯，根据光速不变原理，光向各个方向传播的速度是一样的，由于 $M'A'=M'B'$，则 A'、B' 处的光电探测器将同时接收到光信号，或者说光到达 A' 和到达 B' 这两个事件在 S' 系中是同时发生的。

但在 S 系中来观察，如图 6-5 所示，在光从 M' 处发出以后，A' 探测器迎着光的传播方向走了一段距离，而 B' 探测器却沿着光的传播方向走了一段距离。显然，光从 M' 处发出到达A'所走的距离比到达B'所走的距离要短，由于光沿两个方向传播的速度是一样的，所以光必定先到达A'而后到达B'，或者说，光到达A'和到达B'这两个事件在S系中观察并不是同时发生的。这就说明，在S'系中异地同时发生的两个事件，在S系看来并不同时；反过来，也可以证明，在S系中异地同时发生的两个事件，在S'系看来也不同时。分析这两种情况的结果还可以得出以下结论：**沿两个惯性系相对运动方向发生的两个事件，在其中一个惯性系中表现为同时的，在另一个惯性系中观察，则总是在前一惯性系运动的后方的那一事件先发生。**可见“同时性”概念已不再像在经典力学中那样具有绝对意义了。**“同时性”具有相对性。**

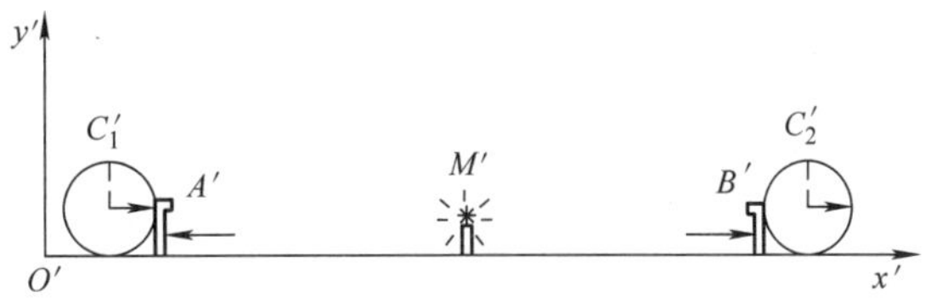

图6-4 在S'系中观察，光同时到达A'和B'

需要说明的是，在一个惯性系同一地点同时发生的两个事件，对其他惯性系也是同时的，也就是说，同地发生的事件，“同时性”具有绝对意义。产生“同时性”相对性的原因是，光在不同惯性系中具有相同的速率。“同时性”的相对性是狭义相对论时空观的核心，也是狭义相对论时空观与绝对时空观的原则区别所在。

2. 时间延缓

由图6-5也很容易了解，S'系相对于S系的速度越大，在S系中所测得的沿相对速度方

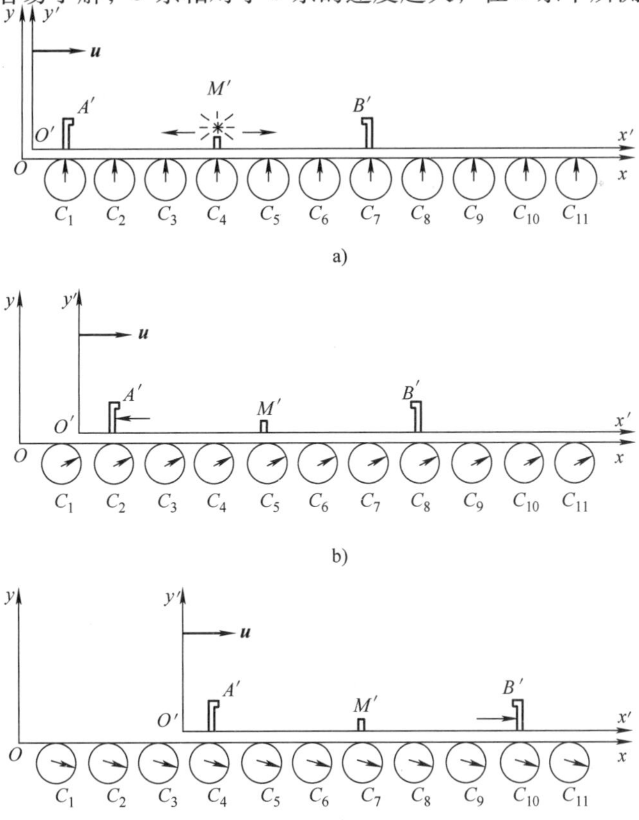

图6-5 在S系中观察

a）光由M'发出 b）光到达A' c）光到达B'

向发生的两事件之间的时间间隔就越长。这就是说，对不同的参考系，沿相对速度方向发生的同样两个事件之间的时间间隔是不同的。即**时间的测量是相对的**。

下面仍以理想实验为例，对时间测量的相对性问题进行讨论。

如图6-6a所示，设在S'系中A'点有一闪光光源，它近旁放置一光电探测器和一只钟C'。在平行于y'轴方向离A'距离为d处放置一反射镜M'，镜面向A'。今令光源从A'点发出一闪光（事件1），并射向镜面M'，然后又反射回A'点，A'点的光电探测器接收到反射光信号（事件2），在S'系中，由于事件1和事件2发生在同一地点，所以S'系的观测者只需要放置在同一地点的相对于S'系静止的时钟C'即可测得这两个事件之间的时间间隔，它应该是

$$\Delta t' = \frac{2d}{c} \tag{6-12}$$

对S系的观测者来说，这两个事件之间光脉冲的轨迹是总长为$2l$的等腰三角形的两个腰，由于两个事件不是发生在同一地点，因此，它必须用分别放置在两事件发生地的相对于S系静止的经过校准而同步的两只时钟C_1和C_2才能测得这两个事件之间的时间间隔Δt，如图6-6b、c所示。

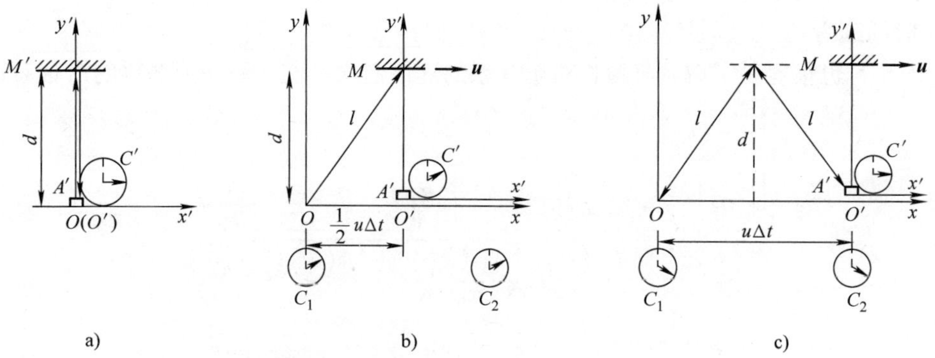

图6-6　光由A'到M'，再返回发出A'

a）在S'系中测量　b）、c）在S系中测量

由于在S系和在S'系测得的沿y'轴方向的距离d是一样的（在后面长度收缩一节会有说明），故

$$l = \sqrt{d^2 + \left(\frac{u\Delta t}{2}\right)^2} \tag{6-13}$$

根据光速不变原理，有

$$\Delta t = \frac{2l}{c} = \frac{2}{c}\sqrt{d^2 + \left(\frac{u\Delta t}{2}\right)^2}$$

由此式可以解出

$$\Delta t = \frac{2d}{c}\frac{1}{\sqrt{1 - u^2/c^2}}$$

与式（6-12）比较得

$$\Delta t = \frac{\Delta t'}{\sqrt{1 - u^2/c^2}} \tag{6-14}$$

在一个惯性系中测得的、发生在该惯性系中同一地点的两个事件之间的时间间隔，称为**固有时**或**原时**；固有时为相对于事件发生地点静止的一只时钟测得的时间间隔。同样的两个事件，在另一个参考系看来是异地事件，该两个事件之间的时间间隔是由相对这个参考系静止的两个地点的同步的两只时钟测得的，该两事件的时间间隔叫**运动时**。

式（6-14）表明，在 S'系中时钟测出的 $\Delta t'$是固有时，S 系的时钟测出的 Δt 是运动时，**固有时**最短。与 S'系的钟比较，S 系的钟走慢了，在 S'系看来 S 系的钟是运动的，所以称这个效应为**运动的时钟变慢或时间延缓效应**。例如，一宇宙飞船以速度 $0.8c$ 相对于地球匀速前进，在宇宙飞船上测得宇航员过了 6 天时间，则在地球上的人测得，宇航员经历了 10 天时间。

时钟变慢效应是相对的，S 系的观察者也认为 S'系的钟是运动的，比自己参考系的钟走很慢。时钟变慢或时间延缓效应说明时间间隔的测量是相对的，与参考系有关，这在现代粒子物理的研究中得到了大量的实验证明。

从上述公式可知，物体运动速度接近光速时，其变化才明显。以十分之一的光速运行，时钟的计时只减慢 5%，以光速的八分之七的速度运行，时钟的计时将减少一半，以光速运行，时间计时减为零。目前世界上飞得最快的宇宙飞船，其计时只减慢亿分之二，即在一年半多的时间里，时间减慢还不到 1 秒钟。可见人们在日常生活中接触到的现象，其速度都远比光速小，因此上述“相对论效应”几乎是观测不出来的。

由式（6-14）还可以看出，当 $u \ll c$ 时，$\Delta t' = \Delta t$，同样两个事件的时间间隔在各参考系中测得的结果相同，与参考系无关，这就是牛顿的绝对时间概念。由此可知，绝对时间的概念是相对论时间概念在低速情况下的近似。

例 6.1　飞船以 $u = 9 \times 10^3 \mathrm{m/s}$ 的速率相对于地面匀速飞行。问飞船上的钟走了 10min，地面上的钟经过了多少时间？若 $u = 0.95c$ 结果又如何？

解：设火箭为 S'系，地球为 S 系，则

在 $\Delta t' = 10\mathrm{min}$，$u = 9 \times 10^3 \mathrm{m/s}$ 时，有

$$\Delta t = \frac{\Delta t'}{\sqrt{1 - u^2/c^2}} = \frac{10}{\sqrt{1 - \left(\frac{9 \times 10^3}{3 \times 10^8}\right)^2}}\mathrm{min} = 10.000000004\mathrm{min}$$

在低速情况下，时间延缓效应很难测出。

在 $u = 0.95c$ 时，有

$$\Delta t = \frac{\Delta t'}{\sqrt{1 - u^2/c^2}} = \frac{10}{\sqrt{1 - 0.95^2}}\mathrm{min} = 32.01\mathrm{min}$$

在高速情况下，时间延缓效应非常明显。

例 6.2　在距地面 8.00km 的高空，由 π 介子衰变产生出一个 μ 子，它相对地球以 $u = 0.998c$ 的速度飞向地面，已知 μ 子的固有寿命平均值 $\tau_0 = 2 \times 10^{-9}\mathrm{s}$，试问该 μ 子能否到达地面？

解：在地面测 μ 子的寿命为

$$\tau=\frac{\tau_0}{\sqrt{1-(u/c)^2}}$$

μ 子自产生到衰变的飞行距离为

$$L=u\tau=\frac{u\tau_0}{\sqrt{1-(u/c)^2}}=9.47\text{km}$$

可见 $L>8.00\text{km}$，故 μ 子能到达地面。

3. 长度收缩

“同时性”具有相对性，时间测量也具有相对性，那么长度测量是否也具有相对性呢？下面以一细棒的长度为例来加以讨论。

如果在 S' 系中沿 x' 轴放置一细棒 $A'B'$，如图 6-7 所示，细棒相对于 S' 系静止，则在 S' 系中对静止细棒进行测量的长度叫**静止长度**或**固有长度**，记为 l'。而在 S 系中，由于棒是运动的，测量的长度称为**运动长度**，记为 l。应该明确的是，长度测量是和同时性概念密切相关的。对细棒的两端位置进行测量可视为两个事件，在某一参考系中测量棒的长度，就是要测量它的两个端点在同一时刻的位置之间的距离。棒相对于观察者静止时，即在 S' 系中观察时，观察者对静止物体两个端点坐标的测量，不论同时与否，结果总是一样的。但如果在 S 系中观察，棒是运动的，要测量棒的长度，必须在同一时刻（$t_1=t_2=t$）测出运动棒两端的坐标（x_1，x_2），否则，由先后测得的两端点坐标之差是不能代表运动物体的长度的。

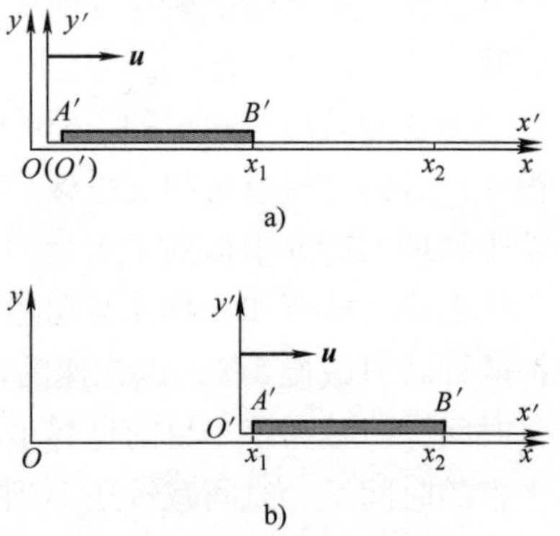

图 6-7 在 S 系中测量运动的棒 $A'B'$ 长度
a）在 t_1 时刻 $A'B'$ 的位置
b）在 $t_1+\Delta t$ 时刻 $A'B'$ 的位置

为了求出棒在 S 系中的长度 l，我们假想在 S 系中某一时刻 t_1，B' 端经过 x_1，如图 6-7a 所示，在其后 $t_1+\Delta t$ 时刻 A' 端经过 x_1。由于棒的运动速度为 u，在 $t_1+\Delta t$ 这一时刻 B' 端的位置一定在 $x_2=x_1+u\Delta t$ 处，如图 6-7b 所示。则在 S 系中，在同一时刻 $t_1+\Delta t$ 测得的棒的两端 B'、A' 的位置坐标之差即为棒长 l，即

$$l=x_2-x_1=u\Delta t \tag{6-15}$$

式中，Δt 是在 S 系中 B' 端和 A' 端相继通过同一地点 x_1 处这两个事件的时间间隔，显然是这两个事件的固有时。

从 S' 系来看，棒是静止的，由于 S 系向左运动，x_1 这一点相继通过 B' 端和 A' 端，如图 6-8 所示。由于棒长为 l'，所以 x_1 通过 B' 端和 A' 端这两个事件的时间间隔 $\Delta t'$，在 S' 系中测量为

$$\Delta t'=\frac{l'}{u} \tag{6-16}$$

Δt 和 $\Delta t'$ 是同样两个事件分别在 S 和 S' 系测得的时间间隔。Δt 是在 S 系中 B' 端和 A' 端相继通过同一地点 x_1 处这两个事件的时间间隔，显然是这两个事件的固有时，而 $\Delta t'$ 是在 S' 系中在 B' 端和 A' 端两个地点发生的这两个事件的时间间隔，故为运动时。根据时间延缓关系，有

$$\Delta t=\Delta t'\sqrt{1-u^2/c^2}=\frac{l'}{u}\sqrt{1-u^2/c^2}$$

将此式代入式（6-15）即可得

$$l=l'\sqrt{1-u^2/c^2} \qquad (6\text{-}17)$$

此式说明，从对于物体有相对速度 u 的坐标系测得的沿速度方向的物体长度 l 比与物体相对静止的坐标系中测得的固有长度 l'短，这个效应叫作**长度收缩**。该效应说明，长度的测量也是相对的。长度缩短纯粹是一种相对论效应，与物体内部结构无关。例如，一宇宙飞船以速度 0.8c 相对于地球匀速前进，在相对速度方向上宇航员测得飞船的长度为 20m，而地球上的观察者观察到的长度则是 12m。但是，在日常生活中，由于物体运动速度远远小于光速，洛伦兹收缩很小。例如，目前最快的宇宙飞船速度还不到光速的五千分之一。因此，以这样的速度运行，其缩短程度几乎微不足道。地球绕太阳公转的速度只有光速的万分之一，所以地球的赤道直径只缩短了 62.5m，只有一个足球场长度的三分之二，而地球赤道的直径有 14 万个足球场的长度那么大。

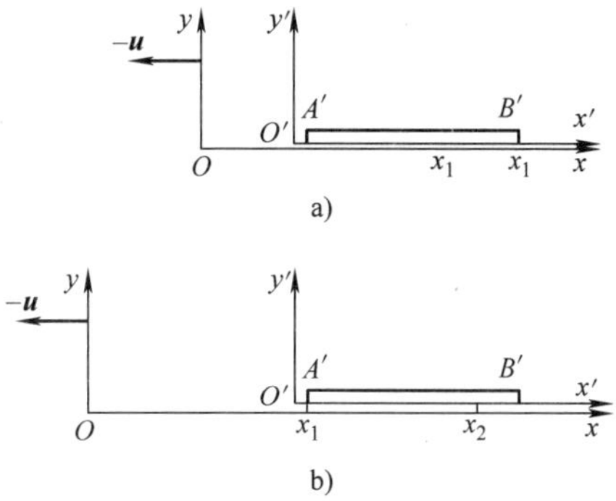

图 6-8 在 S'系中测量运动的棒 $A'B'$长度

a）x_1 经过 B'的位置；b）x_1 经过 A'的位置

运动物体长度缩短只在运动的方向上产生，这个事实产生了有趣的结果，如果一个 1.8m 高的人站在一个以接近光速做水平运动的平台上，这个人会不断变得苗条，但其身高仍然是 1.8m。而如果这个人沿身高方向以接近光速运动，则他的身高就会变得很小。

由式（6-17）可以看出，当 $u \ll c$ 时，$l=l'$，这又回到牛顿的绝对空间概念，长度的测量与参考系无关，这说明牛顿的绝对空间概念是相对论空间概念在低速情况下的近似。

例 6.3 原长为 15m 的飞船以 $u=9\times10^3$m/s 的速率相对地面匀速飞行时，从地面上测量，它的长度是多少？

解：

$$l=l'\sqrt{1-u^2/c^2}=\left[15\times\sqrt{1-\left(\frac{9\times10^3}{3\times10^8}\right)^2}\,\right]\text{m}$$

$$\approx 14.9999999998\text{m}$$

在低速情况下，长度收缩效应很小，难以测出。

例 6.4 设想有一光子火箭，相对于地球以速率 $u=0.95c$ 直线飞行，若以火箭为参考系测得火箭长度为 15m，问以地球为参考系，此火箭有多长？

解：

$$l=l'\sqrt{1-u^2/c^2}=(15\times\sqrt{1-0.95^2})\text{m}=4.68\text{m}$$

在高速情况下，长度收缩效应非常明显。

例 6.5 长为 1m 的棒静止地放在 $x'O'y'$平面内，如图 6-9 所示，在 S'系的观察者测得此棒与 $O'x'$轴成 45°角，试问从 S 系的观察者来看，此棒的长度以及棒与 Ox 轴的夹角是多少？设 S'系相对 S 系的运动速度 $u=\sqrt{3}c/2$。

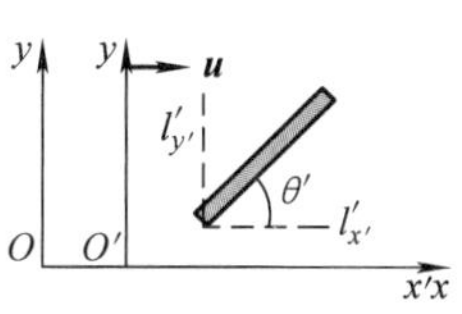

图 6-9 例题 6.5 用图

解：在 S'系，$\theta'=45°$，$l'=1\text{m}$，$l'_{x'}=l'_{y'}=\sqrt{2}/2\text{m}$。

在 S 系，有

$$l_y=l'_{y'}=\frac{\sqrt{2}}{2}\text{m}$$

$$l_x=l'_{x'}\sqrt{1-u^2/c^2}=\frac{\sqrt{2}}{4}\text{m}$$

$$l=\sqrt{l_x{}^2+l_y{}^2}=0.79\text{m}$$

$$\theta=\arctan(l_y/l_x)=63.43°$$

例 6.6　静止长度为 1200m 的火箭车，相对车站以匀速 u 直线运动，已知车站站台长 900m，站上观察者看到车尾通过站台进口时，车头正好通过站台出口。试问车的速度是多少？车上乘客看车站是多长？

解：在车站站台上观察火箭车时，固有长度 $l'=1200\text{m}$，运动长度 $l=900\text{m}$，由 $l=l'\sqrt{1-u^2/c^2}$可得 $u=2\times10^8\text{m/s}$。

车上乘客观察站台时，固有长度 $l'=900\text{m}$，运动长度 $l=l'\sqrt{1-u^2/c^2}=671\text{m}$。

6.2　洛伦兹坐标与速度变换

6.2.1　洛伦兹坐标变换

1. 洛伦兹坐标变换

如前所述，在不同惯性系中观察同一事件发生的位置坐标和时间的关系，在经典力学中用伽利略变换确定，在狭义相对论中，则需要用洛伦兹变换来确定。下面我们根据狭义相对论的时空概念，导出洛伦兹坐标变换式。为了简便，仍假定惯性系 S'相对于 S 系沿 x 轴的正方向以速度 u 做匀速直线运动，二者原点 O 和 O'在 $t=t'=0$ 时重合，如图 6-1 所示。

假设发生在位置 P 的某一事件在惯性系 S 中的时刻为 t，空间坐标为（x，y，z），在惯性系 S'中的时刻为 t'，空间坐标为（x'，y'，z'），如图 6.10 所示。

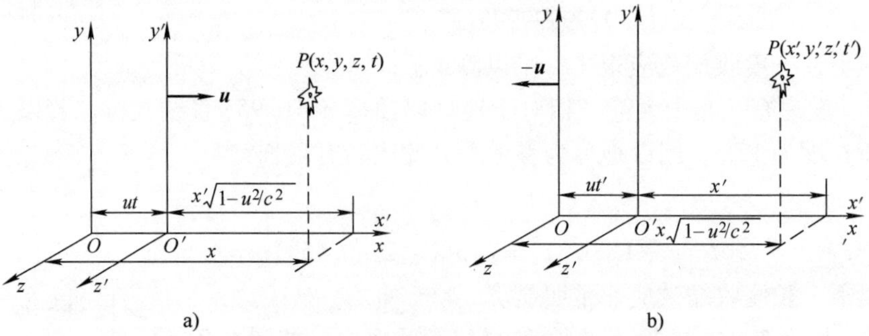

图 6-10　洛伦兹坐标变换的推导

a）在 S 系中测量；b）在 S'系中测量

在某时刻 t，在 S 系中测得两原点的距离为 ut。在 S'系中，长度 x'是固有长度，由长度

收缩公式，在 S 系中测得的长度为 $x'\sqrt{1-u^2/c^2}$，所以 P 到 y 轴的距离为

$$x=ut+x'\sqrt{1-u^2/c^2} \tag{6-18}$$

因而有

$$x'=\frac{x-ut}{\sqrt{1-u^2/c^2}} \tag{6-19}$$

这实际上就是 x' 与 x 之间的变换关系，下面再来推导一下 t' 和 t 之间的变换关系。在 S 系中，长度 x 是固有长度，由长度收缩公式，在 S' 系中测得的长度为 $x\sqrt{1-u^2/c^2}$，所以 P 到 y' 轴的距离为

$$x'=x\sqrt{1-u^2/c^2}-ut'=\frac{x-ut}{\sqrt{1-u^2/c^2}}$$

由此可得

$$t'=\frac{t-\frac{u}{c^2}x}{\sqrt{1-u^2/c^2}} \tag{6-20}$$

在长度收缩一节中已经指出，垂直于相对运动方向的长度测量与参考系无关，即 $y'=y$，$z'=z$，将上述变换式列在一起，有

$$x'=\frac{x-ut}{\sqrt{1-u^2/c^2}},\quad y'=y,\quad z'=z,\quad t'=\frac{t-\frac{u}{c^2}x}{\sqrt{1-u^2/c^2}} \tag{6-21}$$

式（6-21）称为**洛伦兹坐标变换式**，简称为**洛伦兹变换**。

由洛伦兹变换可以看到，当物体运动速度远远小于光速 $u\ll c$ 时，洛伦兹变换转化为伽利略变换。可见，伽利略变换是洛伦兹变换在低速情况（$u\ll c$）下的近似。在低速情况下，牛顿力学仍然能精确地反映物体的运动规律，牛顿力学应是相对论力学在低速情况下的近似，这成为后来爱因斯坦建立相对论动力学的基本出发点。

与伽利略坐标变换相比，洛伦兹坐标变换中的时间坐标明显地和空间坐标有关。这说明，在相对论中，时间和空间是不可分割的一个整体，因此，在相对论中常把一个事件发生时的位置和时刻联系起来称为它的**时空坐标**。

在相对论文献中，常用下面两个符号

$$\beta=\frac{u}{c},\quad \gamma=\frac{1}{\sqrt{1-\beta^2}} \tag{6-22}$$

这样，洛伦兹坐标变换就可写成

$$x'=\gamma(x-ut),y'=y,z'=z,t'=\gamma\left(t-\frac{\beta}{c}x\right) \tag{6-23}$$

如果改变相对速度的符号，则可得出洛伦兹坐标的逆变换式为

$$x=\gamma(x'+ut'),y=y',z=z',t=\gamma\left(t'+\frac{\beta}{c}x'\right) \tag{6-24}$$

应该指出的是，在 $t=0$ 时，如果 $u\geqslant c$，则对于各 x 值，x' 值将只能以无穷大值或虚数值和它对应，这显然是没有物理意义的。因而两参考系的相对速度不可能等于或大于光速。由于参考系总是借助于一定的物体（或物体组）而确定的，所以我们也可以说，根据狭义

相对论的基本假设，任何物体相对于另一物体的速度不能等于或者超过真空中的光速，即在真空中的光速 c 是一切实际物体运动速度的极限。其实这一点我们从式（6-14）已经可以看出了。

这里可以指出，洛伦兹坐标变换式（6-21）在理论上具有根本性的重要意义，这就是，基本的物理定律，包括电磁学和量子力学的基本定律，都在而且应该在洛伦兹坐标变换下保持不变。这种不变显示出物理定律对匀速直线运动的对称性，这种对称性也是自然界的一种基本的对称性——**相对论性对称性**。

2. 洛伦兹坐标时空间隔变换公式

由洛伦兹变换式（6-21）和式（6-24）很容易得到两个事件在不同惯性系中的时间间隔和空间间隔之间的变换关系。

设有任意两个事件 1 和 2，事件 1 在惯性系 S 和 S' 中的时空坐标分别为（x_1，y_1，z_1，t_1）和（x'_1，y'_1，z'_1，t'_1），事件 2 的时空坐标分别为（x_2，y_2，z_2，t_2）和（x'_2，y'_2，z'_2，t'_2），则这两个事件在 S 和 S' 系中沿两惯性系相对运动方向的空间间隔和时间间隔之间的变换关系为

$$\Delta x' = \frac{\Delta x - u\Delta t}{\sqrt{1-u^2/c^2}},\quad \Delta t' = \frac{\Delta t - \dfrac{u}{c^2}\Delta x}{\sqrt{1-u^2/c^2}} \tag{6-25}$$

和

$$\Delta x = \frac{\Delta x' + u\Delta t'}{\sqrt{1-u^2/c^2}},\quad \Delta t = \frac{\Delta t' + \dfrac{u}{c^2}\Delta x'}{\sqrt{1-u^2/c^2}} \tag{6-26}$$

其中 $\Delta x = x_2 - x_1$，$\Delta t = t_2 - t_1$，$\Delta x' = x'_2 - x'_1$，$\Delta t' = t'_2 - t'_1$，都是代数量。式（6-25）和式（6-26）表明，事件发生地的空间距离将影响不同惯性系上的观测者对时间间隔的测量，也就是说，空间间隔和时间间隔是紧密联系着的。这也是狭义相对论时空观与经典时空观的区别所在。

例 6.7　在地面参考系 S 中，在 $x = 1.0\times10^6\text{m}$ 处，于 $t = 0.02\text{s}$ 时刻爆炸了一颗炸弹，如果有一沿 x 轴正方向以 $u = 0.75c$ 速率运动的飞船经过。试求在飞船参考系 S' 中的观察者测得的这颗炸弹爆炸的地点（空间坐标）和时间。若按伽利略变换，结果如何？

解：由（6-21）得

$$x' = \frac{x - ut}{\sqrt{1-u^2/c^2}} = -5.29\times10^6\text{m}$$

$$t' = \frac{t - \dfrac{u}{c^2}x}{\sqrt{1-u^2/c^2}} = 0.026\text{s}$$

若按伽利略变换，有

$$x' = x - ut = -3.5\times10^6\text{m}$$

$$t' = t = 0.02\text{s}$$

例 6.8　用洛伦兹变换验证同时性的相对性。

解：同时性的相对性：在 S' 系中，$\Delta t' = 0$（同时发生），$\Delta x' \neq 0$（不同地点）；在 S 系

中，由式（6-26）得

$$\Delta t=\frac{\Delta t'+\frac{u}{c^2}\Delta x'}{\sqrt{1-u^2/c^2}}=\frac{\frac{u}{c^2}\Delta x'}{\sqrt{1-u^2/c^2}}\neq 0\text{（不同时发生）}$$

例 6.9　用洛伦兹变换**验证时钟延缓效应**。

解：时钟延缓效应：在 S' 系，$\Delta x'=0$（同一地点测得的时间 $\Delta t'$ 为静止时间），由式（6-26）得

$$\Delta t=\frac{\Delta t'+\frac{u}{c^2}\Delta x'}{\sqrt{1-u^2/c^2}}=\frac{\Delta t'}{\sqrt{1-u^2/c^2}}\text{（运动时间延缓了）}$$

例 6.10　用洛伦兹变换**验证长度收缩效应**。

解：长度收缩效应：在 S 系中测运动长度 $l=\Delta x$ 时，$\Delta t=0$，由式（6-25）得在 S' 系测得的静止长度为

$$l'=\Delta x'=\frac{\Delta x-u\Delta t}{\sqrt{1-u^2/c^2}}=\frac{\Delta x}{\sqrt{1-u^2/c^2}}=\frac{l}{\sqrt{1-u^2/c^2}}$$

即

$$l=l'\sqrt{1-u^2/c^2}\text{（运动的长度缩短了）}$$

例 6.11　在惯性系 S 中，有两个事件同时发生在 x 轴上相距 1000m 的两点，而在另一惯性系 S'（沿 x 轴方向相对于 S 系运动）中测得这两个事件发生的地点相距 2000m。求在 S' 系中测得这两个事件的时间间隔。

解：在 S 系，两事件同时发生，$\Delta t=t_2-t_1=0$，$\Delta x=x_2-x_1=1000\text{m}$；在 S' 系中，$\Delta x'=x'_2-x'_1=2000\text{m}$，则根据式（6-25），有

$$\Delta x'=\frac{\Delta x-u\Delta t}{\sqrt{1-u^2/c^2}}=\frac{\Delta x}{\sqrt{1-u^2/c^2}}$$

$$\sqrt{1-(u/c)^2}=(x_2-x_1)/(x'_2-x'_1)=\frac{1}{2}$$

解得

$$u=\sqrt{3}c/2$$

在 S' 系上述两事件不同时发生，由式（6-25），有

$$\Delta t'=t'_2-t'_1=\frac{\Delta t-\frac{u}{c^2}\Delta x}{\sqrt{1-u^2/c^2}}=\frac{-\frac{u}{c^2}\Delta x}{\sqrt{1-(u/c)^2}}=-5.77\times 10^{-6}\text{s}$$

例 6.12　坐标轴相互平行的两惯性系 S、S'，S' 相对 S 沿 x 轴匀速运动。现有两事件发生，在 S 中测得其空间间隔为 $\Delta x=5.0\times 10^6\text{m}$，时间间隔为 $\Delta t=0.010\text{s}$。而在 S' 中观测二者却是同时发生，那么其空间间隔 $\Delta x'$ 是多少？

解：设 S' 相对 S 的速度为 u。

在 S' 中，$\Delta t'=0$，即

$$\Delta t'=0=\frac{\Delta t-u\Delta x/c^2}{\sqrt{1-(u/c)^2}}$$

所以

$$\Delta t - u\Delta x/c^2 = 0$$

即

$$u = \Delta t c^2/\Delta x$$

在 S 中，

$$\Delta x = \frac{\Delta x' + u\Delta t'}{\sqrt{1-(u/c)^2}} = \frac{\Delta x'}{\sqrt{1-(u/c)^2}}$$

所以

$$\Delta x' = \Delta x\sqrt{1-(u/c)^2} = \Delta x\sqrt{1-\frac{\Delta t^2 c^4}{c^2\Delta x^2}}$$
$$= \sqrt{\Delta x^2 - c^2\Delta t^2} = 4\times10^6\text{m}$$

例 6.13　假设北京、上海相距 1000km，北京站的甲车先于上海站的乙车 1.0×10^{-3}s 发车。现有一艘飞船沿从北京到上海的方向从高空掠过，速率恒为 $u=0.6c$。求飞船系中测得两车发车的时间间隔，哪一列先开？

解：在地面参考系 S 中，设北京站的甲车发车为事件 1，上海站的乙车发车为事件 2，$\Delta t = t_2 - t_1 = 1.0\times10^{-3}\text{s} > 0$（甲车先于乙车发车），$\Delta x = x_2 - x_1 = 1000\text{km}$。

则根据式（6-25），在飞船系 S' 中，有

$$\Delta t' = t'_2 - t'_1 = \frac{\Delta t - \dfrac{u}{c^2}\Delta x}{\sqrt{1-u^2/c^2}} = -1.25\times10^{-3}\text{s} < 0 \text{（甲车迟于乙车发车）}$$

在飞船系中观察，上海站的乙车先发车，这两个事件的时间顺序发生了颠倒！

3. 关于事件发生的时间顺序

由例 6.13 可知，两个事件发生的时间顺序，在不同的参考系中观察，有可能颠倒。这也可由式（6-25）看出，如果 $t_2 > t_1$，即在 S 系中观察，事件 2 迟于事件 1 发生，则对于不同的 $\Delta x = x_2 - x_1$ 值，$\Delta t' = t'_2 - t'_1$ 可以大于、等于或小于零，即在 S' 系中观察，事件 2 可能迟于、同时或先于事件 1 发生。不过，应该注意的是，在不同的参考系中，两个事件发生的时间顺序发生颠倒，只限于两个互不相关的事件。在例 6.13 中，北京站的甲车发出和上海站的乙车发出就是两个不相关的时间。

对于有因果关系的两个事件，它们发生的顺序，在任何惯性系中观察，都是不应该颠倒的。所谓的事件 1、事件 2 有因果关系，就是说事件 2 是事件 1 引起的。例如，某时刻在某处的枪口发出子弹算作事件 1，子弹在另一处另一时刻击中小鸟算作事件 2，这事件 2 当然是事件 1 引起的。一般地说，事件 1 引起事件 2 的发生，必然是从事件 1 向事件 2 传递了一种“作用”或“信号”，例如上例中的子弹。这种“信号”在 t_1 时刻到 t_2 时刻这段时间内，从 x_1 到达 x_2 处，因而传递的速度是

$$v_s = \frac{x_2 - x_1}{t_2 - t_1}$$

这个速度就叫“信号速度”。由于信号实际上是一些物体或无线电波、光波等，因而信号速度总不能大于光速。对于这种有因果关系的两个事件，式（6-25）可改写成

$$\Delta t' = \frac{\Delta t}{\sqrt{1-u^2/c^2}}\left(1 - \frac{u}{c^2}\frac{x_2 - x_1}{t_2 - t_1}\right) = \frac{\Delta t}{\sqrt{1-u^2/c^2}}\left(1 - \frac{u}{c^2}v_s\right)$$

由于 $u<c$，$v_s\leqslant c$，所以 uv_s/c^2 总小于 1。这样，$\Delta t'=t'_2-t'_1$ 就总跟 $\Delta t=t_2-t_1$ 同号。这就是说，在 S 系中观察，如果事件 1 先于事件 2 发生（即 $t_2>t_1$），则在任何其他参考系 S' 中观察，事件 1 也总是先于事件 2 发生（即 $t'_2>t'_1$），时间顺序不会颠倒。狭义相对论在这一点上是符合因果关系的要求的。

6.2.2 相对论速度变换

对洛伦兹坐标变换式（6-23）两边求微分得

$$\begin{cases}\mathrm{d}x'=\gamma(\mathrm{d}x-u\mathrm{d}t)\\ \mathrm{d}y'=\mathrm{d}y\\ \mathrm{d}z'=\mathrm{d}z\\ \mathrm{d}t'=\gamma\left(\mathrm{d}t-\dfrac{\beta}{c}\mathrm{d}x\right)\end{cases}$$

用上式中的最后一式的两边分别除前三式的两边，并考虑到 $v_x=\dfrac{\mathrm{d}x}{\mathrm{d}t}$，$v_y=\dfrac{\mathrm{d}y}{\mathrm{d}t}$，$v_z=\dfrac{\mathrm{d}z}{\mathrm{d}t}$和 $v'_x=\dfrac{\mathrm{d}x'}{\mathrm{d}t'}$，$v'_y=\dfrac{\mathrm{d}y'}{\mathrm{d}t'}$，$v'_z=\dfrac{\mathrm{d}z'}{\mathrm{d}t'}$，得到

$$\begin{aligned}v'_x&=\frac{v_x-u}{1-\dfrac{v_xu}{c^2}}\\ v'_y&=\frac{v_y\sqrt{1-\beta^2}}{1-\dfrac{v_xu}{c^2}}\\ v'_z&=\frac{v_z\sqrt{1-\beta^2}}{1-\dfrac{v_xu}{c^2}}\end{aligned}\tag{6-27}$$

其逆变换式为

$$\begin{aligned}v_x&=\frac{v'_x+u}{1+\dfrac{v'_xu}{c^2}}\\ v_y&=\frac{v'_y\sqrt{1-\beta^2}}{1+\dfrac{v'_xu}{c^2}}\\ v_z&=\frac{v'_z\sqrt{1-\beta^2}}{1+\dfrac{v'_xu}{c^2}}\end{aligned}\tag{6-28}$$

这就是**洛伦兹速度变换式**，也叫狭义相对论的**速度合成公式**。由此可知，当 $u\ll c$ 时，狭义相对论的速度变换转化为伽利略速度变换。

对于光，设在 S 系中一束光沿 x 轴传播，其速率为 c，即 $v_x=c$，$v_y=v_z=0$，则在 S' 系中，按式（6-27），光的速率应该为

$$v' = v'_x = \frac{c-u}{1-\frac{cu}{c^2}} = c$$

仍然是 c。这一结果和相对速度 u 无关。也就是说，光在任何惯性系中速率都是 c。就应该这样，因为这是相对论的一个出发点。

当这些速度中有一个是光速时，合速度均为光速。这保证了光速作为极限速度的地位，即任何速度不可能超过光速。

例 6.14　两个电子 e_1 和 e_2 沿相反方向飞离放射性样品时，每个电子相对于样品的速度都是 $0.67c$，求两个电子的相对速度。

解：以电子 e_1 为参考系 S，样品为运动参考系 S'，电子 e_2 为运动物体。则 $v'_x = 0.67c$，$u = 0.67c$，e_2 相对于 e_1 的速度由洛伦兹速度逆变换式计算

$$v_x = \frac{v'_x + u}{1+\frac{v'_x u}{c^2}} = \frac{0.67c + 0.67c}{1+\frac{(0.67c)^2}{c^2}} = 0.92c$$

讨论：若采用伽利略速度逆变换式 $v_x = v'_x + u$，可得

$$v_x = v'_x + u = 0.67c + 0.67c = 1.34c$$

显然伽利略变换式在高速情况下不成立。

6.3　狭义相对论质点动力学初步

6.3.1　狭义相对论质量和动量

1. 狭义相对论质量和动量

上面讲了相对论运动学，现在开始介绍相对论动力学。在经典力学中，质点动力学的基本方程是牛顿第二定律

$$\boldsymbol{F} = \frac{\mathrm{d}\boldsymbol{p}}{\mathrm{d}t} = m\frac{\mathrm{d}\boldsymbol{v}}{\mathrm{d}t} = m\boldsymbol{a}$$

其中物体的质量是一个与物体运动速度无关的常量。这个方程具有伽利略变换的不变性，但是可以证明，$\boldsymbol{F} = m\frac{\mathrm{d}\boldsymbol{v}}{\mathrm{d}t} = m\boldsymbol{a}$ 不具有洛伦兹变换的不变性，因而该方程在相对论中已不再成立，不成立的原因是由于在高速情况下把质量看成了一个与物体运动速度无关的常量，实际上在前面 6.1.2 节讲牛顿力学遇到的困难中已提到，近代物理实验发现做高速运动的物体，其质量是随速率的增大而增大的。如果相对论中仍然定义质点的动量 $\boldsymbol{p} = m\boldsymbol{v}$的话，则在低速情况下，质点的动量是与其质量成正比的，在高速情况下，实验发现质点的动量也随其速率的增大而增大，但比正比增大要快得多。这说明，在高速情况下，物体的质量是随速率而变化的。可以证明，虽然 $\boldsymbol{F} = m\boldsymbol{a}$ 不具有洛伦兹变换的不变性，但 $\boldsymbol{F} = \frac{\mathrm{d}\boldsymbol{p}}{\mathrm{d}t}$可以具有洛伦兹变换的不变性，这时物体的质量 m 与运动速度 v 之间应满足下面关系：

$$m(v) = \frac{m_0}{\sqrt{1-v^2/c^2}} \tag{6-29}$$

式中，m_0 是质点静止时的质量，即由相对该质点静止的观察者测得的质量，称为物体的**静止质量**。式（6-29）称为相对论中**质速关系**。由该公式可以看到：在物体的速率不大，即 $v \ll c$时，$m(v) \approx m_0$，运动质量 $m(v)$ 和静质量 m_0 差不多，质量基本上可以看作是常量。只有当速率接近光速 c 时，物体的质量才明显地迅速增大。物体的速率越接近光速，它的质量就越大，因而就越难加速。当物体的速率趋于光速时，质量趋于无穷大。所以光速 c 是一切物体速率的上限。如果 v 超过 c ，质速公式给出虚质量，这在物理上是没有意义的，也是不可能的。

由式（6-29）可以算出，为了使物体质量增加 1 倍，其运动速度必须达到光速的 7/8。目前任何飞行器或者宏观物体都无法达到这一速度，但是亚原子粒子能够达到这一速度。粒子加速器已将电子的速度加速到光速的 99% 以上，它们的质量为原来的 4 万多倍，以光速运动的电子，其质量将无穷大。图 6-11 中给出了电子质量随速率变化的实验曲线。

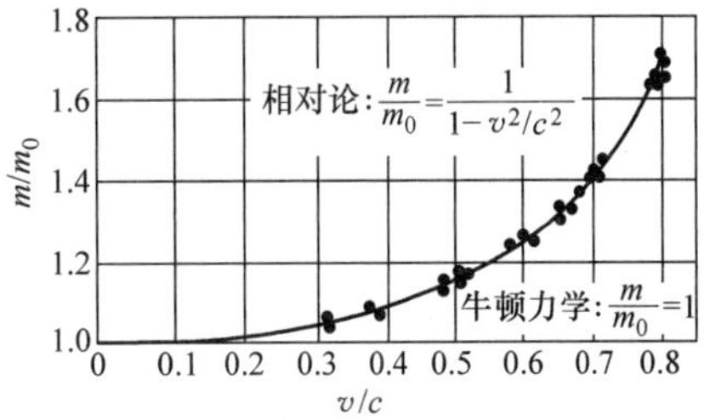

图 6-11　电子质量随速率变化的实验曲线

在狭义相对论中，动量的数学表达式为

$$\boldsymbol{p} = m\boldsymbol{v} = \frac{m_0}{\sqrt{1 - v^2/c^2}}\boldsymbol{v} \tag{6-30}$$

2. 动力学基本方程

在狭义相对论中，动力学基本方程的数学表达式为

$$\boldsymbol{F} = \frac{\mathrm{d}\boldsymbol{p}}{\mathrm{d}t} = \frac{\mathrm{d}(m\boldsymbol{v})}{\mathrm{d}t} = m\frac{\mathrm{d}\boldsymbol{v}}{\mathrm{d}t} + \boldsymbol{v}\frac{\mathrm{d}m}{\mathrm{d}t} \tag{6-31}$$

该方程满足洛伦兹变换的不变性。当 $v \ll c$ 时，$m \approx m_0$，质量可以看作是常量，式（6-31）可以写成

$$\boldsymbol{F} = \frac{\mathrm{d}\boldsymbol{p}}{\mathrm{d}t} = \frac{\mathrm{d}(m\boldsymbol{v})}{\mathrm{d}t} = m\frac{\mathrm{d}\boldsymbol{v}}{\mathrm{d}t} = m\boldsymbol{a}$$

这就是经典力学中的牛顿第二定律。

例 6.15　一个立方物体静止时体积为 V_0，质量为 m_0，当该物体沿其一棱以速率 u 运动时，试求其运动时的体积、密度。

解：当物体运动时测得立方体的长宽高分别为

$$x = x_0\sqrt{1 - (u/c)^2},\ y = y_0,\ z = z_0$$

相应的体积为

$$V = xyz = x_0 y_0 z_0\sqrt{1 - (u/c)^2} = V_0\sqrt{1 - \beta^2}$$

相应的密度为

$$\rho = \frac{m}{V} = \frac{m_0/\sqrt{1-\beta^2}}{V_0\sqrt{1-\beta^2}} = \frac{m_0}{V_0}\frac{1}{\left(\sqrt{1-\beta^2}\right)^2} = \frac{\gamma^2 m_0}{V_0}$$

其中，$\beta = \dfrac{u}{c}$，$\gamma = \dfrac{1}{\sqrt{1-\beta^2}}$。

6.3.2 相对论动能

在惯性系 S 中，设有一自由质点在合外力 F 作用下沿 x 轴正向运动，合外力对质点所做的元功由质点动能定理求得，即

$$\mathrm{d}E_\mathrm{k}=\mathrm{d}A=F\mathrm{d}x=\frac{\mathrm{d}(mv)}{\mathrm{d}t}\mathrm{d}x=v\mathrm{d}(mv)=v^2\mathrm{d}m+mv\mathrm{d}v \tag{6-32}$$

将 $m(v)=\dfrac{m_0}{\sqrt{1-v^2/c^2}}$平方，得 $m^2(c^2-v^2)=m_0^2c^2$，对其微分得

$$mv\mathrm{d}v=(c^2-v^2)\mathrm{d}m$$

代入式（6-32），得到

$$\mathrm{d}E_\mathrm{k}=c^2\mathrm{d}m \tag{6-33}$$

当质点的速度由 0 增加到 v 时，质点的动能由 $E_\mathrm{k}=0$ 变化到 E_k，质点的质量由 m_0 变化到 m，对式（6-33）两边求积分，得

$$\int_0^{E_\mathrm{k}}\mathrm{d}E_\mathrm{k}=\int_{m_0}^{m}c^2\mathrm{d}m$$

$$E_\mathrm{k}=mc^2-m_0c^2 \tag{6-34}$$

这就是狭义相对论中的**动能公式**。相对论中的动能公式与经典力学的动能公式形式完全不同，但是当 $v\ll c$ 时，狭义相对论的动能表达式就转化为经典力学中动能的表达式。下面做简单推导。

$$E_\mathrm{k}=mc^2-m_0c^2=m_0c^2\left[\frac{1}{\sqrt{1-(v/c)^2}}-1\right]$$

因为

$$\left(1-\frac{v^2}{c^2}\right)^{-\frac{1}{2}}=1+\frac{1}{2}\cdot\frac{v^2}{c^2}+\frac{3}{8}\cdot\frac{v^4}{c^4}+\cdots$$

所以

$$E_\mathrm{k}=\frac{1}{2}m_0v^2+\frac{3}{8}m_0\cdot\frac{v^4}{c^2}+\cdots$$

当物体的速率远小于光速时，即 $v\ll c$ 时，有

$$E_\mathrm{k}=\frac{1}{2}m_0v^2$$

上式与经典力学中的动能公式的形式完全一样。

6.3.3 相对论能量

由相对论动能公式（6-34）出发，爱因斯坦在进行了更深入的研究之后，提出了一个新概念。他把公式（6-34）中物体静止时具有的能量 m_0c^2 叫作物体的**静止能量**或**固有能**，简称**静能**，用 E_0 表示。把相对论动能公式中的 mc^2 叫作物体**运动时的能量**或**总能量**，用 E 表示。二者之差即为质点由于运动而增加了的能量，也就是动能 E_k。这显然是一个合乎逻辑的推论。因此有

$$E_0=m_0c^2 \tag{6-35}$$

$$E = mc^2 \tag{6-36}$$

式（6-36）称为**质能关系式**。

爱因斯坦提出的这些能量概念与经典力学中不同，被认为是对狭义相对论最有意义的贡献。在经典力学中，质量守恒定律和能量守恒定律是两个基本定律，二者是完全独立的。然而，质能关系却表明，一个孤立体系的总能量守恒，其总质量必然守恒；反之，体系的总质量守恒，其总能量也必然守恒。

质量和能量是物质的两个基本属性，它揭示了二者内在的不可分割的联系。宇宙间既没有脱离质量的能量，也没有脱离能量的质量，质量和能量的统一，是物质客观存在的集中体现。可以说，质能关系是狭义相对论动力学中最重要的基本关系式。

质能关系在原子核反应等过程中得到了证实。在核反应中，以 m_{01} 和 m_{02} 分别表示反应粒子和生成粒子的总的静质量，以 E_{k1} 和 E_{k2} 分别表示反应前后它们的总动能。由能量守恒及式（6-34）得

$$mc^2 = E_{k1} + m_{01}c^2 = E_{k2} + m_{02}c^2$$

所以有

$$E_{k2} - E_{k1} = (m_{01} - m_{02})c^2 \tag{6-37}$$

$E_{k2} - E_{k1}$ 表示核反应后与前相比，粒子总动能的增量，也就是核反应所释放出的能量，通常以 ΔE 表示；$m_{01} - m_{02}$ 表示经过反应后粒子的总的静质量的减少，叫质量亏损，以 Δm_0 表示。这样式（6-37）即可表示为

$$\Delta E = \Delta m_0 c^2 \tag{6-38}$$

这说明核反应中释放一定的能量相应于一定的质量亏损。这个公式是关于原子能的一个基本公式。

例 6.16 设快速运动的介子的能量约为 $E = 3000\text{MeV}$，而这种介子在静止时的能量为 $E_0 = 100\text{MeV}$。若这种介子的固有寿命为 $\tau_0 = 2\times10^{-6}\text{s}$，求它运动的距离。（真空中光速 $c = 2.9979\times10^8\text{m/s}$）

解：根据 $E = mc^2 = m_0c^2/\sqrt{1-v^2/c^2} = E_0/\sqrt{1-v^2/c^2}$ 可得

$$1/\sqrt{1-v^2/c^2} = E/E_0 = 30$$

解得

$$v \approx 2.996\times10^8\text{m}\cdot\text{s}^{-1}$$

介子运动的时间为

$$\tau = \tau_0/\sqrt{1-v^2/c^2} = 30\tau_0$$

因此它运动的距离

$$l = v\tau = v\cdot30\tau_0 \approx 1.798\times10^4\text{m}$$

例 6.17 （1）如果粒子的动能等于静能的一半，求该粒子的速度；（2）如果总能量是静能的 k 倍，求该粒子的速度。

解：（1）由题意，粒子的动能为

$$E_k = mc^2 - m_0c^2 = \frac{1}{2}m_0c^2$$

所以

$$m=\frac{3}{2}m_0=\frac{m_0}{\sqrt{1-(v/c)^2}}$$

解得

$$v=\frac{\sqrt{5}}{3}c=0.75c=2.24\times10^8\text{m/s}$$

（2）粒子总能量为

$$E=mc^2=km_0c^2$$

所以

$$m=km_0=\frac{m_0}{\sqrt{1-(v/c)^2}}$$

解得

$$v=\frac{\sqrt{k^2-1}}{k}c=\frac{c}{k}\sqrt{k^2-1}$$

例 6.18　在热核反应中，${}_1^2\text{H}+{}_1^3\text{H}\rightarrow{}_2^4\text{He}+{}_0^1\text{n}$，如果反应前粒子动能相对较小，试计算反应后粒子所具有的总动能。各种粒子的静止质量为

$$m_0({}_1^2\text{H})=3.3437\times10^{-27}\text{kg},\ m_0({}_1^3\text{H})=5.0049\times10^{-27}\text{kg}$$

$$m_0({}_2^4\text{H})=6.6425\times10^{-27}\text{kg},\ m_0({}_0^1\text{n})=1.6750\times10^{-27}\text{kg}$$

解：反应前、后的粒子静止质量之和分别为

$$m_{10}=m_0({}_1^2\text{H})+m_0({}_1^3\text{H})=8.3486\times10^{-27}\text{kg}$$

$$m_{20}=m_0({}_2^4\text{H})+m_0({}_0^1\text{n})=8.3175\times10^{-27}\text{kg}$$

反应后粒子所具有的总动能为

$$\begin{aligned}\Delta E_\text{k}&=(m_{10}-m_{20})c^2=0.0311\times10^{-27}\times9\times10^{16}\text{J}\\&=2.80\times10^{-12}\text{J}=17.5\text{MeV}\end{aligned}$$

17.5MeV 是在上述反应过程中释放出来的能量。

6.3.4　动量与能量的关系

对质能关系式

$$E=\frac{m_0c^2}{\sqrt{1-\beta^2}}$$

两边平方后，得到

$$\frac{E^2}{m_0^2c^4}=\frac{1}{1-\beta^2}\tag{6-39}$$

又由动量定义式

$$p=\frac{m_0v}{\sqrt{1-\beta^2}}$$

两边平方后，得到

$$\frac{p^2}{m_0^2c^2}=\frac{1}{1-\beta^2}\frac{v^2}{c^2}$$

整理上述几个公式得

$$E^2=p^2c^2+m_0^2c^4 \tag{6-40}$$

式（6-40）为狭义相对论中**总能量与动量的关系式**。在微观领域中，能量和动量是描述粒子运动的两个最基本的物理量，粒子常常又是高能的。因此上述关系式在粒子物理中占有很重要的地位。如果以 E、pc、m_0c^2 分别表示一个三角形三边的长度，则它们正好构成一个直角三角形，如图 6-12 所示。

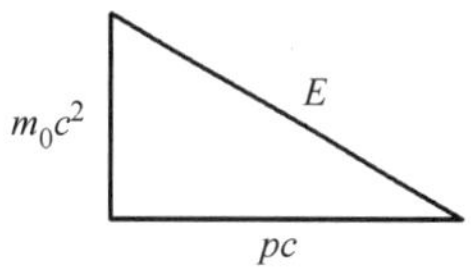

图 6-12　相对论动量能量三角形

对动能是 E_k 的粒子，将公式 $E=E_k+m_0c^2$ 代入能量与动量的关系式（6-40），可得

$$E_k^2+2E_km_0c^2=p^2c^2$$

当 $v \ll c$ 时，粒子的动能 E_k 比其静能 m_0c^2 小得多，因而上式中第一项与第二项相比，可以略去，于是得

$$E_k=\frac{p^2}{2m}$$

这就又回到了经典力学中动能和动量的关系式。

由于光在真空中运动的速度为 c，频率为 ν 的光子的能量为

$$E=mc^2=h\nu \tag{6-41}$$

式中，h 为普朗克常量。由式（6-41）得到光子的质量为

$$m=\frac{h\nu}{c^2} \tag{6-42}$$

由质速关系式 $m=\dfrac{m_0}{\sqrt{1-v^2/c^2}}$可知，如果光子有恒定的静质量 m_0，由于光的速度为 $v=c$，代入后得到，光子的质量 $m\to\infty$，这显然是不可能的。所以，爱因斯坦认为，光子的静质量应当为零，即光子的 $m_0=0$。

将 $m_0=0$ 代入能量与动量的关系式 $E^2=p^2c^2+m_0^2c^4$，得到

$$E=pc \tag{6-43}$$

由此得到光子动量为

$$p=\frac{E}{c}=\frac{h\nu}{c}=\frac{h}{\lambda} \tag{6-44}$$

式中，λ 为光的波长。

在经典力学中，静质量为零的粒子，意味着它既不具有动量又不具有动能，它的存在是不可思议的。然而在狭义相对论中，静质量为零的粒子，虽然静能为零，但由能量和动量的关系式可知，它既具有能量 $E=pc$（即总能量等于动能），又具有动量 $p=\dfrac{E}{c}$。光子就是客观存在的静质量为零的粒子。由于光子具有质量，它途经大星体附近时，在万有引力作用下光线会弯曲；由于光子具有动量，它遇到物体表面就会产生光压。

例 6.19　质子以速度 $v=0.8c$ 运动，求质子的总能量、动能和动量。($m_0=1.672\times10^{-27}$kg)

解：因为质子的静止能量为

$$E_0 = m_0c^2 = 938\text{MeV}$$

总能量为

$$E = mc^2 = \frac{m_0c^2}{(1 - v^2/c^2)^{1/2}} = 1563\text{MeV}$$

动能为

$$E_k = E - m_0c^2 = 1563\text{MeV} - 938\text{MeV} = 625\text{MeV}$$

动量为

$$p = mv = \frac{m_0v}{(1 - v^2/c^2)^{1/2}} = 6.68 \times 10^{-19}\text{kg} \cdot \text{m/s}$$

或

$$cp = \sqrt{E^2 - (m_0c^2)^2} = 1250\text{MeV}$$

故

$$p = 1250\text{MeV}/c$$

MeV/c 是核物理中的动量单位。

6.4 广义相对论简介

爱因斯坦为了说明时间膨胀的效果，提出了一个相对论中很著名的想象实验——孪生子佯谬。该实验说的是：有一对孪生兄弟，哥哥乘宇宙飞船以接近光速的速度做宇宙航行，根据相对论效应，高速运动的时钟变慢，等哥哥转了几天回来时，弟弟已经变得很老了，因为地球上已经历了几十年。按照相对性原理，飞船相对于地球高速运动，地球相对于飞船也高速运动，弟弟看哥哥变年轻了，哥哥也应该看弟弟年轻了，等他们相聚到一起会怎么样呢？这个问题简直没法回答，即很难解释双生子佯谬。实际上，狭义相对论只处理匀速直线运动，而哥哥要想回来必须经过一个变速（至少要改变运动方向）运动过程，在这个变速过程中的相对论效应，狭义相对论无法处理。狭义相对论只涉及做匀速直线运动的参考系（惯性系），由于存在万有引力，自然界没有严格的惯性系，所以狭义相对论不能处理涉及引力的问题。爱因斯坦认为时空的性质与引力密切相关。1916 年，爱因斯坦将他的狭义相对论推广到任意参考系，建立了广义相对论。

6.4.1 广义相对论的基本原理和时空弯曲

1. 等效原理

爱因斯坦在分析惯性质量等于引力质量这一早已熟知的实验事实的基础上，指出引力场就相当于一个非惯性系，人们对一个物体是正在被加速，还是正处在引力场中无法做出区分，提出引力场和加速度的效应等价，并称之为**等效原理**。譬如，有一个密封舱，将它静止放在地球表面时，它是一个处于引力场中的惯性舱，在舱内观察，任一自由的物体由于受地球引力作用而相对于舱底做自由落体运动。若将此密封舱放在一个没有引力场的地方，让舱向上做加速度为 $\boldsymbol{g}$ 的运动（此时舱为非惯性系），则在舱内观察，任一自由的物体由于不受引力的作用仍然都相对于舱以加速度 g 向舱底运动。此例说明，观察者根据他在舱内观察物体的运动情况，无法判断他所处的密封舱是处于引力场中的惯性系还是无引力场的具有向上加速度 g 的非惯性系，即任何物理实验都无法把这两个参考系区分开来，在密封舱内，引力与加速度等效。

2. 广义相对性原理

非惯性系相对于惯性系有加速度，而引力与加速度等效，这意味着非惯性系与引力场等效。因此，非惯性系与惯性系没有本质的区别。爱因斯坦认为，在描述所有物理规律时，所有的参考系都是等价的，相对于狭义相对论相对性原理，这叫作**广义相对性原理**。等效原理和广义相对性原理是广义相对论所依据的两条基本假设。

3. 非惯性系中的时空特点——时空弯曲

广义相对论认为，由于有物质的存在，空间和时间会发生弯曲，而引力场实际上是一个弯曲的时空。没有引力场的时空是平直的。所谓空间平直是指空间的几何为欧几里得几何；两点间直线距离最短，三角形内角和等于 180°，两条平行线永不相交，圆周率等于 π 等。所谓时间平直是指在同一参考系中放在各处的已经校准的时钟都可以同步。但实验表明，引力使时空弯曲：欧几里得几何失效，引力使时钟变慢。引力越强，时空弯曲得越厉害。

1915 年，爱因斯坦和希尔伯特几乎同时得到一组表达时空的几何结构与物质及其运动关系的方程，称为引力场方程。按照这组方程，物质越密的地方，时空的曲率越大，弯曲得越厉害。在聚集大量物质的黑洞附近，时空弯曲极其强烈。

6.4.2　广义相对论的可观测效应

由等效原理可以推导出一个在星球引力场中自由降落的宇宙飞船在引力场中发生的物理过程：在远处观察，其时间节奏比当地的固有时慢，其空间距离比当地的固有长度短。简称为时缓尺缩。把这两个效应综合起来，就会得到这样的结论：从远处观测，引力场中的光速变慢，简称为光速减小。

1. 光线的引力偏转

在星球的引力场中时缓尺缩和光速减小的第一个推论，就是光线在经过星球表面附近时会发生偏转。时缓尺缩效应使星球附近的“四维”时空变弯。在平直的时空里最短的路线是直线，在弯曲的时空里没有直线，最短的路线叫作“测地线”或“短程线”，光线将按短程线行进。从远处看来，光线在它附近发生了偏转。

可见光在太阳附近偏转，如图 6-13 所示，只能在日全食时观察到。1919 年，两组英国科学家分别在巴西和非洲实地观测到的结果是偏转了 1.5″~2.0″，二组平均值与爱因斯坦的预言值相符，引起了举世轰动。以后，射电天文学家观测到在太阳附近的无线电波偏转角是 1.76″±0.16″，这和广义相对论的理论计算值 1.75″符合得相当好。

2. 雷达回波延迟

引力场中时缓尺缩、光速减小的另一个可观测效应是雷达回波延迟。即由地球发射雷达脉冲，到达行星后再返回地球，测量雷达往返的时间。比较雷达波远离太阳和靠近太阳两种情况下，回波时间的差异。太阳引力将使回波时间加长，称为雷达回波延迟。广义相对论理论预言，雷达回波将延迟一定时间 Δt。对于发射到金星的雷达回波，理论计算的结果是 $\Delta t = 2.05 \times 10^{-4}$ s。1971 年，夏皮罗等人的测量结果对此的偏离不到 2%。这个测量是相当困难的，要达到10^{-4}s的精度，就要求距离的精度达到几千米。金星表面山峦起伏，相差也达到了这个数量级，能做到以上的精确程度，应当说，理论与实测符合得相当不错了。之后，利用固定在火星和水手号、海盗号等人造天体上的应答器来代替反射的主动型实验，已将回波延迟测量的不确定度从5%减小到0.1%，大大提高了检测精度。这类测量是目前对广义相对论中空间弯曲的最好检验。

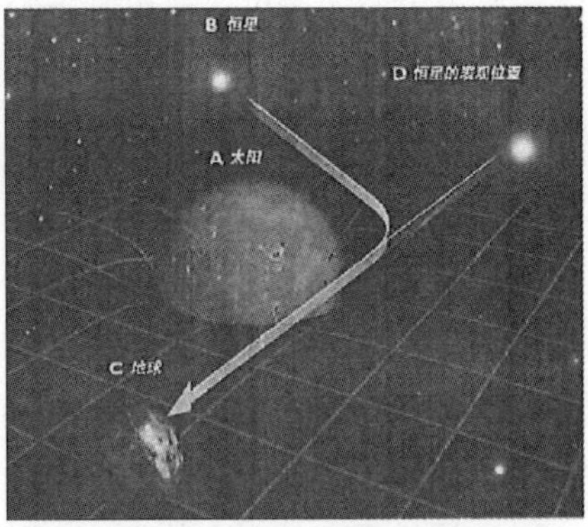

图6-13　可见光在太阳附近偏转

3. 引力红移

每种物质的谱线用固有时来衡量是确定的，从星球表面处的物质发出固有周期的光，从远处看（即光由引力强处传向弱处），它的周期变长，该光的频率变短，这便是引力产生的“红移”效应。反之，光由引力弱处传向强处，发生引力紫移（或蓝移）。

质量大、半径小的星体红移效应较大。对于太阳，红移量$z=2.12\times10^{-6}$，可见，引力红移效应是非常小的，测量起来很难。1961年观测了太阳光谱中的钠589.6nm谱线的引力红移，结果是与理论偏离小于5%；1971年观测了太阳光谱中的钾769.9nm谱线的引力红移，结果是与理论偏离小于6%；1971年对天狼星伴星（白矮星）的测量得到的结果$z=(30\pm5)\times10^{-5}$，偏离小于7%。

地面上的引力红移效应更为微弱。对于几十米的高度差，红移只有10^{-15}的数量级，为了测出这样精细的效应，谱线本身的自然宽度、发光原子的热运动和反冲所引起的多普勒平移都得比此效应更小才行。1958年发现的穆斯堡尔效应提供了消除发光原子反冲的有效方法，导致次年庞德等人完成了第一个地面上的引力红移实验。他们用^{57}Co放射性衰变发出的γ射线从高度为22.6m的哈佛塔顶射向塔底，在塔底测量频率的增加（确切地说，他们做的是“引力蓝移”实验）。按理论计算，$z=-2.46\times10^{-15}$，测得的结果是$z=-(2.57\pm0.26)\times10^{-15}$，二者符合得相当好。

4. 水星近日点的进动

水星在太阳引力的作用下，按牛顿力学推算，其轨道应该是以太阳为焦点的椭圆形闭合曲线。但由于太阳以外其他行星的吸引，实际的天文观测发现，水星的轨道并不是严格闭合的，它在近日点或远日点有进动，如图6-14所示。按牛顿力学对水星进动的计算，其结果比实验观测值每百年要慢43.11″。根据广义相对论，由于太阳附近引力较强，所以太阳周围的空间发生了弯曲。除了太阳和其他行星的吸引，空间弯曲使水星进一步弯向太阳。1915年，爱因斯坦计算了由太阳引力使空间弯曲所引起的水星近日点的进动，结果为每百年43.03″，从而解决了天文学中的一大疑难问题。由于此数值与观测结果（每百年43.11″）十分接近，被看作广义相对论初期重大验证之一。

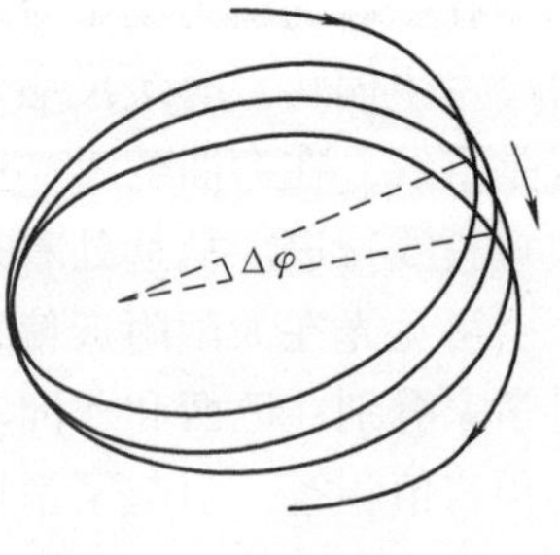

图6-14　水星近日点的进动

小 结

1. 牛顿绝对时空观

长度和时间的测量与参考系无关。

伽利略坐标变换式： $x' = x - ut$，$y' = y$，$z' = z$，$t' = t$

伽利略速度变换式： $v'_x = v_x - u$，$v'_y = v_y$，$v'_z = v_z$

2. 狭义相对论基本假设

爱因斯坦相对性原理：在所有惯性系中，一切物理定律都是相同的，即所有惯性系都是等价的。

光速不变原理：在相对于光源做匀速直线运动的一切惯性参考系中，所测得的真空的光速都相同。

3. 同时性的相对性

时间延缓： $\Delta t = \dfrac{\Delta t'}{\sqrt{1 - u^2/c^2}}$ （$\Delta t'$为固有时）

长度收缩： $l = l'\sqrt{1 - u^2/c^2}$ （l'为固有长度）

4. 洛伦兹变换

坐标变换式： $x' = \dfrac{x - ut}{\sqrt{1 - u^2/c^2}}$，$y' = y$，$z' = z$，$t' = \dfrac{t - \dfrac{u}{c^2}x}{\sqrt{1 - u^2/c^2}}$

速度变化式： $v'_x = \dfrac{v_x - u}{1 - \dfrac{v_x u}{c^2}}$，$v'_y = \dfrac{v_y\sqrt{1 - \beta^2}}{1 - \dfrac{v_x u}{c^2}}$，$v'_z = \dfrac{v_z\sqrt{1 - \beta^2}}{1 - \dfrac{v_x u}{c^2}}$

5. 相对论质量

$$m(v) = \frac{m_0}{\sqrt{1 - v^2/c^2}}$$

6. 相对论动量

$$\boldsymbol{p} = m\boldsymbol{v} = \frac{m_0}{\sqrt{1 - v^2/c^2}}\boldsymbol{v}$$

7. 相对论能量

$$E = mc^2$$

8. 相对论动能

$$E_{\mathrm{k}} = mc^2 - m_0c^2$$

9. 相对论动量能量关系式

$$E^2 = p^2c^2 + m_0^2c^4$$

思　考　题

6.1　能否在一个惯性系中用力学实验确定该惯性系是静止还是在做匀速直线运动？为什么？如果在不同的惯性系中电磁运动规律不同，能否通过电磁实验来达到这一目的？

6.2　根据力学相对性原理，描述力学规律的数学方程应满足什么要求？在伽利略坐标变换下，牛顿运动方程满足这个要求吗？

6.3　在伽利略坐标变换下，一质点的位置、速度、加速度矢量，它的质量和它所受到的作用力，两质点间的相对位置、相对速度和它们之间的相互作用力，两个事件之间的时间间隔、空间间隔，一物体的长度等物理量中，哪些量与惯性系的选择有关，哪些量与之无关？

6.4　前进中的一列火车的车头和车尾各遭到一次闪电轰击，据车上的观察者测定这两次轰击是同时发生的。试问，据地面上的观察者测定它们是否仍然同时？如果不同时，何处先遭到轰击？

6.5　列车穿过一条隧道，在地面系中，列车和隧道等长，当列车完全处在隧道内时，在隧道的出口和入口同时遭遇两道闪电，躲在隧道内的列车安然无恙。如果变换到与列车相对静止的参考系中去看，发现隧道的长度因长度收缩而变得比列车短一些，列车还会安然无恙吗？为什么？

6.6　如果在一个参考系当中，两个事件是同时同地发生的，则在另外一个相对运动的参考系中观察，这两个事件是否也同时发生？

6.7　长度的量度和同时性有什么关系？为什么长度的量度会和参考系有关？长度收缩效应是否因为棒的长度受到了实际的压缩？

6.8　相对论的时间和空间概念与牛顿力学有何不同？有何联系？

6.9　在垂直于两个参考系的相对速度方向的长度的量度与参考系无关，而为什么在这方向上的速度分量却又和参考系有关？

6.10　总能量相同的电子和质子，哪个动能大？为什么？

6.11　能把一个粒子加速到光速吗？为什么？

6.12　在某些核反应过程中，会发生质量亏损现象，在这种情况下，反应前后系统的静止质量和相对论质量是否都守恒？为什么？

习　　题

6.1　π^-介子是一种不稳定的粒子，从它产生到它衰变为μ^-介子经历的时间即为它的寿命，已测得静止π^-介子的平均寿命$\tau_0=2\times10^{-8}$s。某加速器产生的π^-介子以速率$u=0.98c$相对实验室运动。试求π^-介子衰变前在实验室中通过的平均距离。

6.2　静止时边长为a的正立方体。当它以速率u沿与它的一个边平行的方向相对于S'系运动时，在S'系中测得它的体积将是多大？

6.3　身高$l_0=1.70$m的宇航员躺在床上休息，床与飞船底板的夹角为45°。飞船相对地面以速度$u=(\sqrt{3}/2)c$向右飞行，在地面系中测得的宇航员的身高以及床与飞船底板的夹角各是多少？

6.4　一根米尺静止在S'系中，与$O'x'$轴成30°角。如果在S系中测得该米尺与Ox轴成45°角，试求S'系的速度u，又在S系中测得米尺的长度是多少？

6.5　一宇宙飞船沿x方向离开地球（S系，原点在地心），以速率$u=0.8c$航行，宇航员观察到在自己的参考系（S'系，原点在飞船上）中，在时刻$t'=-6.0\times10^8$s，$x'=1.8\times10^{17}$m，$y'=1.2\times10^{17}$m，$z'=0$处有一超新星爆发，他把这一观测通过无线电发回地球，在地球参考系中，该超新星爆发事件的时空坐标如何？假定飞船飞过地球时其上的钟与地球上的钟的示值都指零。

6.6　在惯性系 S 中，两事件发生在同一时刻，沿 x 轴相距 1km，若在以恒速度沿 x 轴运动的惯性系 S' 中，测得此两事件沿 x 轴相距 2km，试问在 S' 系中测得它们的时间间隔是多少？

6.7　在 S 系中观察到在同一地点发生两个事件，第二事件发生在第一事件之后 2s。在 S' 系中观察到第二事件在第一事件后 3s 发生。求在 S' 系中这两个事件的空间距离。

6.8　地面观测者测得地面上甲、乙两地相距 8.0×10^6m，设测得做匀速直线运动的一列假想火车，由甲地到乙地历时 2.0s。在一与列车同方向相对地面运行、速度 $u=0.6c$ 的宇宙飞船中观测，试求该列车由甲地到乙地运行的路程、时间和速度。

6.9　一装有无线电发射和接收装置的飞船，正以 $0.8c$ 速度飞离地球。当宇航员发射一无线电信号后，信号经地球反射，60s 后宇航员才收到返回信号。

（1）在地球反射信号的时刻，从飞船上测得的地球离飞船多远？

（2）当飞船接收到反射信号时，地球上测得的飞船离地球多远？

6.10　地球上的观察者发现一只以速度 $0.6c$ 向东航行的宇宙飞船将在 5s 后同一个以速度 $0.8c$ 向西飞行的彗星相撞。

（1）飞船中的人们看到彗星以多大速率向他们接近；

（2）按照他们的钟，还有多少时间允许他们离开原来航线避免碰撞。

6.11　地面上 A、B 两点相距 100m，一短跑选手由 A 跑到 B 历时 10s，试问在运动员同方向运动、飞行速度为 $0.6c$ 的飞船系 S' 系中观测，这选手由 A 到 B 跑了多少路程？经历多长时间？速度的大小和方向如何？

6.12　飞船 A、B 相对于地面分别以 $0.6c$ 和 $0.8c$ 的速度相向飞行，求在飞船 A 上测得飞船 B 的速度。

6.13　在北京正负电子对撞击中，电子可以被加速到动能为 $E_k=2.8\times10^9$eV。这种电子的速率和光速相差多少？这样的一个电子动量多大？

6.14　设火箭的静止质量为 100t，当它以第二宇宙速度飞行时，它的质量增加了多少？

6.15　最强的宇宙射线具有 50J 的能量，如果这一射线是由一个质子形成的，这样一个质子的速率和光速差多少？

6.16　要使电子的速率从 1.2×10^8m/s 增加到 2.4×10^8m/s，必须做多少功？

6.17　一个质子的静止质量为 $m_p=1.67265\times10^{-27}$kg，一个中子的静止质量为 $m_n=1.67495\times10^{-27}$kg，一个质子和一个中子结合成的氘核的静止质量为 $m_D=3.34365\times10^{-27}$kg。求结合过程中放出的能量是多少 MeV？这能量称为氘核的结合能，它是氘核静能量的百分之几？

一个电子和一个质子结合成一个氢原子，结合能为 13.58eV，这一结合能是氢原子静能量的百分之几？已知氢原子的静质量为 $m_H=1.67323\times10^{-27}$kg。

6.18　粒子的静止质量为 m_0，当其动能等于其静能时，其质量和动量各等于多少？

6.19　太阳发出的能量是由质子参与一系列反应产生的，其总结果相当于下述热核反应：

$$^1_1H+^1_1H+^1_1H+^1_1H\rightarrow^2_4H_e+2^0_1e$$

已知一个质子（^1_1H）的静质量是 $m_p=1.6726\times10^{-27}$kg，一个氦核（^2_4He）的静质量是 $m_{He}=6.6425\times10^{-27}$kg，一个正电子（$^0_1e$）的静质量是 $m_e=0.0009\times10^{-27}$kg。

（1）这一反应释放多少能量？

（2）这一反应的释能效率多大？

（3）消耗 1kg 质子可以释放多少能量？

（4）目前太阳辐射的总功率为 $P=3.9\times10^{26}$W，它一秒钟消耗多少千克质子？

（5）目前太阳约含有 $m_p=1.5\times10^{30}$kg 的质子，假定它继续以上述（4）求得的速率消耗质子。这些质子可供消耗多长时间？

6.20　假设有一个静止质量为 m_0、动能为 $2m_0c^2$ 的粒子同一个静止质量为 $2m_0$、处于静止状态的粒子相碰撞并结合在一起，试求碰撞后的复合粒子的静止质量。

6.21　两个质子以$\beta=0.5$的速率从一共同点反向运动，求：

（1）每个质子相对于共同点的动量和能量；

（2）一个质子在另一个质子处于静止的参考系中的动量和能量。

习题答案

6.1　29.55m

6.2　$a^3\sqrt{1-\frac{u^2}{c^2}}$

6.3　1.34m，$63°26'$

6.4　$0.816c$，0.707m

6.5　$t=-2.0\times10^8$s，$x=6.0\times10^{16}$m，$y=1.2\times10^{17}$m，$z=0$

6.6　5.77×10^{-6}s

6.7　6.71×10^8m

6.8　-4.40×10^8m，2.48s，$-0.59c$

6.9　（1）30cm；（2）90cm

6.10　（1）$0.95c$；（2）4.00s

6.11　2.25×10^9m，12.5s，$0.6c$，沿x'轴负方向

6.12　$0.95c$

6.13　5.02m/s，1.49×10^{-18}kg·m/s

6.14　0.07g

6.15　1.36×10^{-15}m/s

6.16　4.7×10^{-14}J或2.95×10^5eV

6.17　2.22MeV，0.12%，1.45×10^{-6}%

6.18　$2m_0$，$\sqrt{3}m_0c$

6.19　（1）4.15×10^{-12}J；（2）0.69%；（3）6.20×10^{14}J；（4）6.29×10^{11}kg/s；（5）7.56×10^{10}a

6.20　$\sqrt{17}m_0$

6.21　（1）$0.58m_0c$，$1.15m_0c^2$；（2）$1.33m_0c$，$1.67m_0c^2$

第2篇 PART

电 磁 学

第 7 章 静 电 场

大量实验事实证明，物体间相互作用不是超距发生的，而是由场传递的，例如电场力就是由电场传递的。正是场与实物间的相互作用，才导致了实物间的相互作用。电磁学的主要内容是研究物质间电磁相互作用，电磁场的产生、变化和运动的规律。本章主要讨论静电场，即相对于观察者静止的电荷所激发的电场，以及静止电荷之间相互作用的规律。

7.1 电荷 库仑定律

7.1.1 电荷

通常用摩擦或其他方法可使物体带电，我们把带电体所带的电称为电荷。自然界中存在两种电荷，分别称为正电荷和负电荷。它们之间存在相互作用力，同种电荷相互排斥，异种电荷相互吸引。带电体所带电荷的多少叫电量，单位用库仑（C）表示。

实验证明，在自然界中电荷总是以一个基本单元的整数倍出现，即

$$Q = ne(n = \pm 1, \pm 2, \pm 3, \cdots) \tag{7-1}$$

电荷的这种只能取分立的、不连续量值的特性叫作**电荷的量子性**。电荷的基本单元就是一个电子所带电量的绝对值 $e = 1.602 \times 10^{-19}$C。1890 年，乔治·斯通尼引入了“电子”这一名称来表示带有负的基元电荷的粒子。1913 年，密立根设计了著名的油滴试验，直接测定了此基元电荷的量值。

由摩擦生电的实验可见，当一种电荷出现时，必然有相等量值的异号电荷同时出现；一种电荷消失时，必然有相等量值的异号电荷同时消失。因此，在孤立系统中不管其中的电荷如何迁移，系统的电荷的代数和保持不变，这就是**电荷守恒定律**。此外，电荷还具有相对论不变性，即一个电荷的电量与它的运动状态无关，即系统所带电荷与参考系的选取无关。精确的实验表明：一个电子以兆电子伏特的动能运动时（速度接近光速），其电量依然等于 e。

7.1.2 库仑定律与叠加原理

当一个带电体本身的线度比所研究的问题中所涉及的距离小得多时，该带电体的形状与电荷在其上的分布状况均可忽略，该带电体就可看作一个带电的点，叫作**点电荷**。

两点电荷之间的相互作用是库仑（C. A. Coulomb，1736—1806）通过扭秤实验于 1785 年总结出来的，其内容为：**真空中两静止点电荷之间的相互作用力的大小与它们所带电量的乘积成正比，与它们之间距离的二次方成反比；作用力的方向沿着两电荷的连线，同号电荷相斥，异号电荷相吸**。这一结论称为**库仑定律**，其数学表达式为

$$\boldsymbol{F}=k\frac{q_1q_2}{r^2}\boldsymbol{e}_r \tag{7-2}$$

式中，q_1 和 q_2 分别表示两个点电荷的电量；r 表示两点电荷之间的距离；$\boldsymbol{e}_r$ 表示沿径向方向的单位矢量；k 为比例系数，在国际单位制中，实验测得其数值为

$$k=8.9875518\times10^9\mathrm{N\cdot m^2\cdot C^{-2}}\approx9\times10^9\mathrm{N\cdot m^2\cdot C^{-2}} \tag{7-3}$$

为使由库仑定律导出的其他公式具有较简单的形式，通常将库仑定律中的比例系数写为

$$k=\frac{1}{4\pi\varepsilon_0} \tag{7-4}$$

式中，$\varepsilon_0=\frac{1}{4\pi k}\approx8.85\times10^{-12}\mathrm{C^2\cdot m^{-2}\cdot N^{-1}}$，称为**真空介电常数**或**真空电容率**。于是库仑定律又可写为

$$\boldsymbol{F}=\frac{1}{4\pi\varepsilon_0}\frac{q_1q_2}{r^2}\boldsymbol{e}_r \tag{7-5}$$

图7-1a表示两个同号电荷的作用力是排斥力；图7-1b表示两个异号电荷的作用力是吸引力。

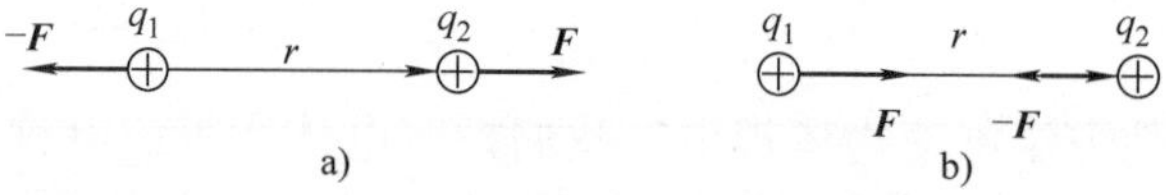

图7-1　两个点电荷之间的库仑力

a）同种电荷相互排斥　b）异种电荷相互吸引

在库仑定律表达式中引入真空电容率和"4π"因子的做法，称为单位制的有理化。从式（7-5）可见，当 q_1 和 q_2 同号时，$\boldsymbol{F}>0$，即表现为排斥力；当 q_1 和 q_2 异号时，$\boldsymbol{F}<0$，即表现为吸引力。静止电荷间的电作用力又称为**库仑力**，其遵守牛顿第三定律。

库仑定律是直接由实验总结出来的规律，它是静电场理论的基础，以它为基础将导出其他重要的电场方程，其中 r 在 $10^{-15}\sim10^7\mathrm{m}$ 广大范围内正确有效。实验证明，若空间存在 n 个点电荷，在它们的电场中任一点 P 处电荷 q_0 所受的电场力 $\boldsymbol{F}$ 等于各点电荷分别单独存在时 q_0 所受电场力的矢量和。即两个以上的静止的点电荷之间的作用力遵循电场力的**叠加原理**，也就是两个以上的点电荷对一个点电荷的作用力等于各个点电荷单独存在时对该点电荷的作用力的矢量和。

7.2　电场　电场强度

关于电荷之间如何进行相互作用，历史上曾经有过两种不同的观点。一种观点认为这种相互作用不需要媒质，也不需要时间，而是直接从一个带电体作用到另一个带电体上的，即电荷之间的相互作用是一种"超距作用"。这种作用方式可表示为

电荷⇔电荷

另一种观点认为任一电荷都在自己的周围空间产生电场，并通过电场对其他电荷施加作用力。这种作用方式可表示为

电荷⇔电场⇔电荷

大量事实证明，电场的观点是正确的。电场是一种客观存在的特殊物质。

7.2.1 电场和电场强度

在物理学中，“场”是指物质的一种特殊形态。实物和场是物质的两种存在形态，它们具有不同的性质、特征和不同的运动规律。场的物质性表现在场是一种客观实在，不以人的意识而转移，而且与实物一样，场也有质量、能量、动量和角动量。

相对于观察者静止的电荷周围所存在的场称为**静电场**（该电荷称为场源电荷）。运动的电荷在其周围空间不仅激发电场，还会激发磁场。本章我们主要研究静电场，静电场的主要表现为对引入其中的电荷有力的作用；电荷在其中运动时，电场力要对它做功；使引入其中的导体或电介质分别产生静电感应现象和极化现象。

电场的一个重要性质，就是对置于其中的电荷施加作用力。为此，在电场中引入电量为 q_0 的试探电荷来研究电场的性质。所谓试探电荷是指点电荷且所带电量足够小，以致将其放进电场中不会影响原有的电场的分布。

通过实验证明，q_0 在场中不同点，受力 $\boldsymbol{F}$ 的大小、方向均不同；不同 q_0 在场中确定点其受力 $\boldsymbol{F}$ 的方向确定，大小与 q_0 成正比；但 $\boldsymbol{F}$ 与 q_0 的比值与 q_0 无关，仅由电场本身的性质决定。所以我们可将这一比值定义为**电场强度**，简称**场强**，用 $\boldsymbol{E}$ 表示，即

$$\boldsymbol{E}=\frac{\boldsymbol{F}}{q_0} \tag{7-6}$$

在国际单位制中，电场强度的单位为牛顿每库仑（$\mathrm{N\cdot C^{-1}}$），或伏特每米（$\mathrm{V\cdot m^{-1}}$）；$\boldsymbol{E}$ 是空间坐标的一个矢量点函数，其方向与正试探电荷所受力 $\boldsymbol{F}$ 的方向相同；在已知电场强度分布的电场中，电荷 q 在场中某点处所受的力为 $\boldsymbol{F}=q_0\boldsymbol{E}$。

7.2.2 静止的点电荷的电场及其叠加

考虑真空中的静电场是由电量为 q 的点电荷产生的，试探电荷 q_0 在其中的 P 点所受的电场力可由库仑定律式（7-5）得

$$\boldsymbol{F}=\frac{q_0 q}{4\pi\varepsilon_0 r^2}\boldsymbol{e}_r \tag{7-7}$$

式中，r 是点 P 相对于点电荷的位置矢量的大小，由电场强度的定义式（7-6）则得 P 点处的电场强度为

$$\boldsymbol{E}=\frac{\boldsymbol{F}}{q_0}=\frac{q}{4\pi\varepsilon_0 r^2}\boldsymbol{e}_r \tag{7-8}$$

由式（7-8）可以发现，当 $q>0$ 时，$\boldsymbol{E}$ 的方向与 $\boldsymbol{e}_r$ 的方向相同；当 $q<0$ 时，$\boldsymbol{E}$ 的方向与 $\boldsymbol{e}_r$ 的方向相反。并且在以 q 为原点，r 为半径所作的球面上，各处 $\boldsymbol{E}$ 的大小相等，方向沿径向，具有球对称性，即真空中点电荷的电场是非均匀场，但具有对称性。

若空间存在 n 个点电荷，考虑试探电荷受到的电场力为多个点电荷的电场力叠加，并利用电场强度的定义得点电荷系在任意点处的电场强度为

$$\boldsymbol{E}=\frac{1}{4\pi\varepsilon_0}\sum_i \frac{q_i}{r_i^2}\boldsymbol{e}_{r_i} \tag{7-9}$$

式（7-9）表明，在点电荷系的电场中，任意一点的电场强度等于每个点电荷单独存在时在

该点所产生的电场强度的矢量和，这就是**场强的叠加原理**。

任意带电体的电荷可以看成是很多极小的电荷元 dq 的集合，每一个电荷元 dq 在空间任意一点 P 所产生的电场强度，与点电荷在同一点产生的电场强度相同。整个带电体在 P 点产生的电场强度就等于带电体上所有电荷元在 P 点电场强度的矢量和。如果点 P 相对于电荷元 dq 的位置矢量为 $\boldsymbol{r}$，则电荷元 dq 在 P 点产生的电场强度为

$$d\boldsymbol{E}=\frac{1}{4\pi\varepsilon_0}\frac{dq}{r^2}\boldsymbol{e}_r \tag{7-10}$$

进而整个带电体在 P 点产生的电场强度为

$$\boldsymbol{E}=\frac{1}{4\pi\varepsilon_0}\int\frac{dq}{r^2}\boldsymbol{e}_r \tag{7-11}$$

实际带电体的电荷连续分布的具体形式大致有三种：

如图 7-2 所示，体电荷分布 $dq=\rho dV$（ρ 为电荷体密度，即单位体积内的电荷）

如图 7-3 所示，面电荷分布 $dq=\sigma dS$（σ 为电荷面密度，即单位面积上的电荷）

如图 7-4 所示，线电荷分布 $dq=\lambda dl$（λ 为电荷线密度，即单位长度上的电荷）

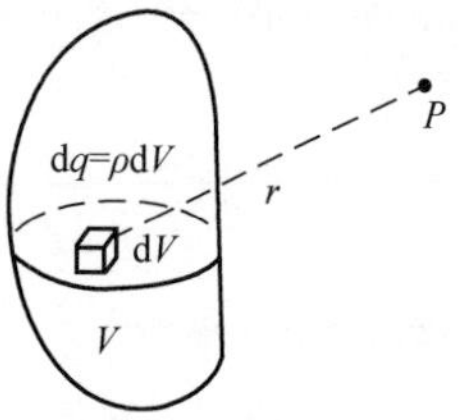

图 7-2　体电荷分布

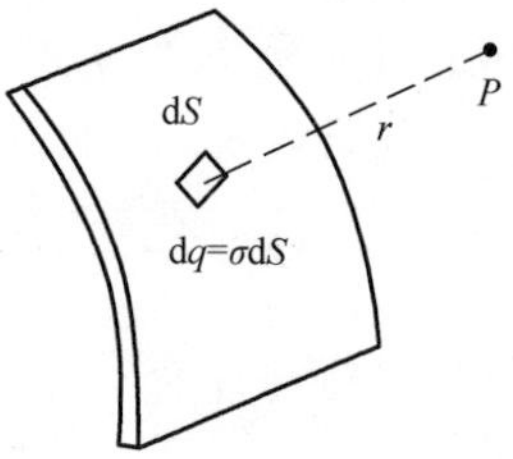

图 7-3　面电荷分布

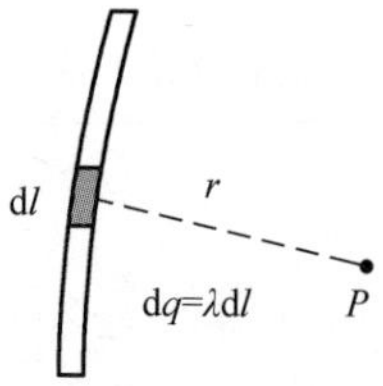

图 7-4　线电荷分布

应该注意，式（7-11）为矢量式，而在实际应用中多用标量式（投影式），如 $\boldsymbol{E}$ 沿 x 轴的投影式为

$$E_x=\int dE_x=\int\frac{dq}{4\pi\varepsilon_0 r^2}\cos\alpha \tag{7-12}$$

式中，α 表示 $\boldsymbol{r}$ 与 x 轴正向的夹角。

下面计算几种常见的带电体产生的电场。

例 7.1　电偶极子：两个电荷相等符号相反，相距为 r_0 的点电荷 $+q$ 和 $-q$，当场点 P 到这两个点电荷的距离比 r_0 大得多时，这两个点电荷构成的电荷系称为**电偶极子**，从 $-q$ 指向 $+q$ 的矢量 $\boldsymbol{r}_0$ 称为电偶极子的轴。定义电偶极矩 $\boldsymbol{p}=q\boldsymbol{r}_0$，如图 7-5 所示。

已知电偶极子电矩为 $\boldsymbol{p}$，求：

（1）电偶极子在它轴线的延长线上一点 A 的 $\boldsymbol{E}_A$；

（2）电偶极子在它轴线的中垂线上一点 B 的 $\boldsymbol{E}_B$。

解：（1）如图 7-6 所取坐标，原点为电偶极子中心，令 $l=r_0$。

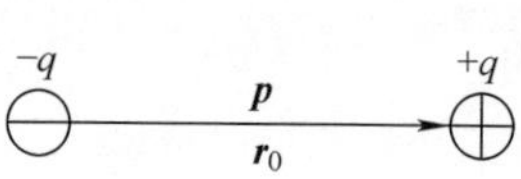

图 7-5　电偶极子例题 7.1 用图

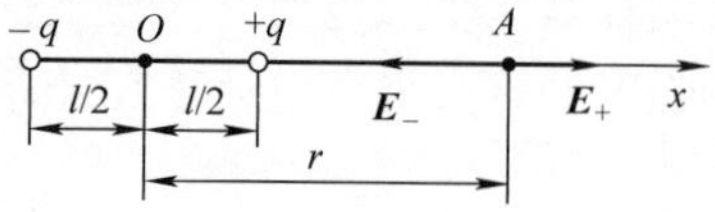

图 7-6　例题 7.1 用图

根据电场强度叠加原理，A 点的电场强度为正负电荷在 A 点电场强度的叠加结果，即 $\boldsymbol{E}_A=\boldsymbol{E}_++\boldsymbol{E}_-$，其中正电荷产生的电场强度大小为

$$E_+=\frac{q}{4\pi\varepsilon_0\left(r-\frac{l}{2}\right)^2}$$

负电荷产生的电场强度大小为

$$E_-=\frac{q}{4\pi\varepsilon_0\left(r+\frac{l}{2}\right)^2}$$

由于 $r>>l$，所以 A 点电场强度大小为

$$E_A=E_+-E_-=\frac{q_0}{4\pi\varepsilon_0}\left[\frac{1}{\left(r-\frac{l}{2}\right)^2}-\frac{1}{\left(r+\frac{l}{2}\right)^2}\right]\approx\frac{2ql}{4\pi\varepsilon_0 r^3}$$

A 点电场强度方向沿 x 轴正向。

（2）如图7-7所取坐标。

根据电场强度叠加原理，B 点的电场强度为正负电荷在 B 点电场强度的叠加结果，即 $\boldsymbol{E}_A=\boldsymbol{E}_++\boldsymbol{E}_-$，其中，正电荷产生的电场强度大小为

$$E_+=\frac{q}{4\pi\varepsilon_0\left(r^2+\frac{l^2}{2^2}\right)}$$

负电荷产生的电场强度大小 $E_-=E_+$。

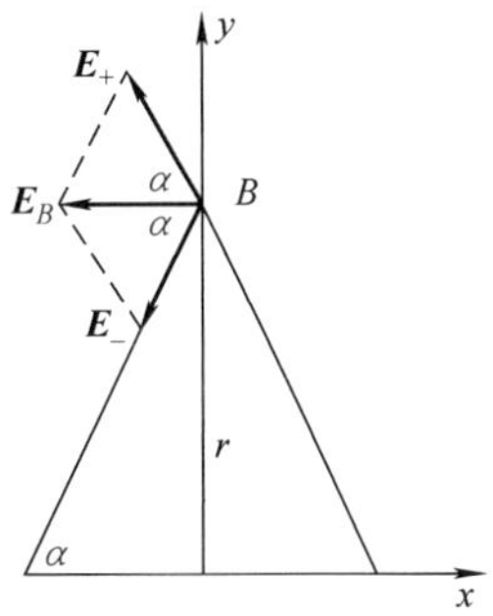

图7-7 例题7.1用图

与前面不同的是，E_- 与 E_+ 不在同一直线上，不能进行直接大小相加。注意到 $\boldsymbol{E}_-$ 与 $\boldsymbol{E}_+$ 在 y 方向的分量相互抵消，故 B 点电场强度的大小为

$$E_B=-(E_+\cos\alpha+E_-\cos\alpha)=-2E_+\cos\alpha\approx\frac{-p}{4\pi\varepsilon_0 r^3}\quad(p=qr_0=ql)$$

点 B 电场强度的方向沿 x 轴负方向。

该题为分立电荷产生电场强度的叠加问题。此外还有连续带电体产生的电场强度，其方法将由求和改为积分。

例7.2 设电荷 q 均匀分布在半径为 R 的圆环上，计算在环的轴线上与环心相距 x 的 P 点的电场强度。

解：如图7-8所取坐标，x 轴在圆环轴线上，把圆环分成一系列点电荷，$\mathrm{d}l$ 部分在 P 点产生的电场为

$$\mathrm{d}E=\frac{\lambda\mathrm{d}l}{4\pi\varepsilon_0 r^2}=\frac{\lambda\mathrm{d}l}{4\pi\varepsilon_0(x^2+R^2)}$$

其中，$\lambda=\frac{q}{2\pi R}$为电荷线密度。

将该电场强度在坐标系中分解，沿 x 轴的分量为

$$\mathrm{d}E_{//}=\mathrm{d}E\cos\theta=\frac{\lambda x\mathrm{d}l}{4\pi\varepsilon_0(x^2+R^2)^{\frac{3}{2}}}$$

积分可得

$$E_{//}=\int_0^{2\pi R}\frac{\lambda x\mathrm{d}l}{4\pi\varepsilon_0\left(x^2+R^2\right)^{\frac{3}{2}}}=\frac{(\lambda\cdot 2\pi R)x}{4\pi\varepsilon_0\left(x^2+R^2\right)^{\frac{3}{2}}}=\frac{qx}{4\pi\varepsilon_0\left(x^2+R^2\right)^{\frac{3}{2}}}$$

根据对称性可知，电场强度垂直 x 轴的分量 $E_{\perp}=0$。所以

$$E=E_{//}=\frac{qx}{4\pi\varepsilon_0\left(x^2+R^2\right)^{\frac{3}{2}}}$$

若 $q>0$，$\boldsymbol{E}$ 沿 x 轴正向；$q<0$，$\boldsymbol{E}$ 沿 x 轴负向，说明 $\boldsymbol{E}$ 与圆环平面垂直，环中心处 $\boldsymbol{E}=0$，也可用对称性判断。在远离带电圆环处的电场相当于一个点电荷的电场，即

$$E=\frac{q}{4\pi\varepsilon_0x^2}\quad(x>>R)$$

例 7.3　半径为 R 的均匀带电圆盘，电荷面密度为 σ，计算轴线上与盘心相距 x 的 P 点的电场强度。

解：如图 7-9 所示，x 轴在圆盘轴线上，把圆盘分成一系列的同心圆环，半径为 r，宽度为 $\mathrm{d}r$ 的圆环在 P 点产生的电场强度为（利用均匀带电圆环结果）：

$$\begin{aligned}\mathrm{d}E&=\frac{x\mathrm{d}q}{4\pi\varepsilon_0\left(x^2+r^2\right)^{\frac{3}{2}}}\\&=\frac{x\cdot\sigma\cdot 2\pi r\mathrm{d}r}{4\pi\varepsilon_0\left(x^2+r^2\right)^{\frac{3}{2}}}=\frac{\sigma}{2\varepsilon_0}\cdot\frac{xr\mathrm{d}r}{\left(x^2+r^2\right)^{\frac{3}{2}}}\end{aligned}$$

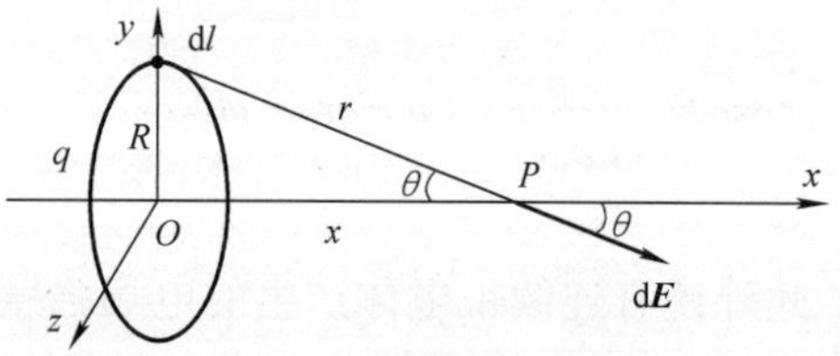

图 7-8　例题 7.2 用图

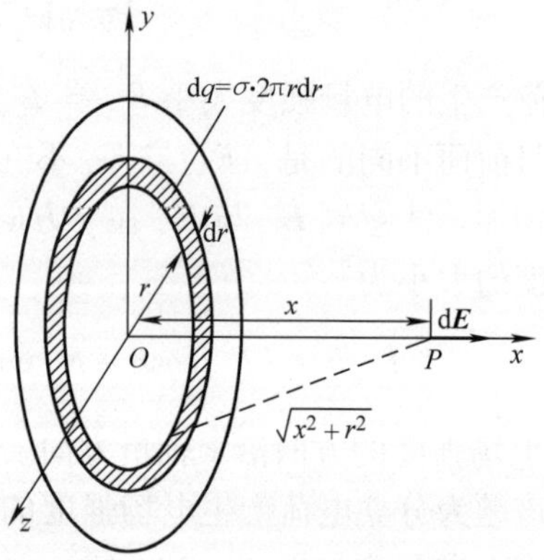

图 7-9　例题 7.3 用图

因为各环在 P 点产生电场强度方向均相同，所以整个圆盘在 P 点产生电场强度大小为

$$\begin{aligned}E&=\int\mathrm{d}E=\int_0^R\frac{\sigma}{2\varepsilon_0}\cdot\frac{xr\mathrm{d}r}{\left(x^2+r^2\right)^{\frac{3}{2}}}\\&=\frac{\sigma x}{2\varepsilon_0}\int_0^R\frac{r\mathrm{d}r}{\left(x^2+r^2\right)^{\frac{3}{2}}}\\&=\frac{\sigma}{2\varepsilon_0}\left(1-\frac{x}{\sqrt{x^2+R^2}}\right)\end{aligned}$$

电场强度方向：$\sigma>0$，背离圆盘；$\sigma<0$，指向圆盘，即 $\boldsymbol{E}$ 与盘面垂直（$\boldsymbol{E}$ 关于盘面对称）。

讨论：$R\to\infty$ 时，变成无限大带电平面，$E=\dfrac{\sigma}{2\varepsilon_0}$，方向与带电平板垂直。

例 7.4　有一均匀带电直线，长为 l，电量为 q，求距它为 r 处 P 点电场强度。

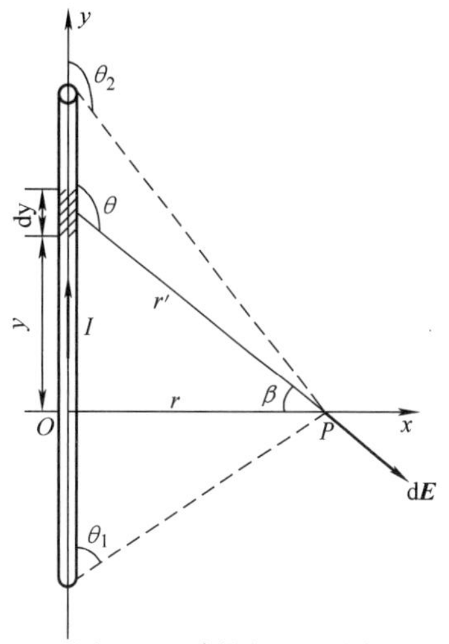

图 7-10　例题 7.4 用图

解：如图 7-10 所取坐标，把带电体分成一系列点电荷，$\mathrm{d}y$ 段在 P 处产生电场强度大小为

$$\mathrm{d}E=\frac{\mathrm{d}q}{4\pi\varepsilon_0 r'^2}=\frac{\lambda\mathrm{d}y}{4\pi\varepsilon_0(y^2+r^2)}$$

其中，$\lambda=\dfrac{q}{l}$表示单位长度的电量（或称为电荷线密度）。

由图知
$$y=r\tan\beta=r\tan\left(\theta-\frac{\pi}{2}\right)=-r\tan\left(\frac{\pi}{2}-\theta\right)=-r\mathrm{ctan}\theta$$

所以
$$\mathrm{d}y=r\csc^2\theta\mathrm{d}\theta$$

代入 $\mathrm{d}E$ 表达式中有
$$\mathrm{d}E=\frac{\lambda\mathrm{d}\theta}{4\pi\varepsilon_0 r}$$

其中，电场强度 $\mathrm{d}\boldsymbol{E}$ 在 x 方向的分量为

$$\mathrm{d}E_x=\mathrm{d}E\cos\beta=\frac{\lambda\mathrm{d}\theta}{4\pi\varepsilon_0 r}\sin\theta$$

积分可得

$$E_x=\int\mathrm{d}E_x=\int_{\theta_1}^{\theta_2}\frac{\lambda\sin\theta\mathrm{d}\theta}{4\pi\varepsilon_0 r}=\frac{\lambda}{4\pi\varepsilon_0 r}(\cos\theta_1-\cos\theta_2)$$

同理，电场强度 $\mathrm{d}\boldsymbol{E}$ 在 y 方向的分量为

$$\mathrm{d}E_y=-\mathrm{d}E\sin\beta=\mathrm{d}E\cos\theta$$

积分可得

$$E_y=\int\mathrm{d}E_y=\int_{\theta_1}^{\theta_2}\frac{\lambda\cos\theta}{4\pi\varepsilon_0 r}\mathrm{d}\theta=\frac{\lambda}{4\pi\varepsilon_0 r}(\sin\theta_2-\sin\theta_1)$$

P 点电场强度的大小 $E=\sqrt{E_x^2+E_y^2}$；方向 $\tan\alpha=\dfrac{E_y}{E_x}$，$\alpha$ 为电场强度沿 x 轴的夹角。最后的结果请读者练习得出。

讨论：若为无限长均匀带电直线，则 $\theta_1=0$，$\theta_2=\pi$，P 点电场强度 x，y 方向的分量为

$$E_x=\frac{\lambda}{2\pi\varepsilon_0 r},\quad E_y=0$$

电场方向垂直带电直线，当 $\lambda>0$ 时，$\boldsymbol{E}$ 背离直线；当 $\lambda<0$ 时，$\boldsymbol{E}$ 指向直线。

7.3 电通量 高斯定理

7.3.1 电场线和电通量

为形象地描述电场，法拉第首先引入电场线这一工具，如图 7-11 所示。定义电场中描述电场强度大小和方向的曲线簇为电场线。规定曲线上每一点的切线方向表示该点电场强度的方向；曲线的疏密表示该点电场强度的大小，即该点附近垂直于电场方向的单位面积所通过的电场线条数满足

$$E=\frac{\mathrm{d}\Phi_e}{\mathrm{d}S_{\perp}}\text{（电场线密度）} \quad (7\text{-}13)$$

式中，$\mathrm{d}S_{\perp}$ 为垂直于电场方向上的面积元；$\mathrm{d}\Phi_e$ 为通过面积元 $\mathrm{d}S_{\perp}$ 的电场线条数。

电场线总是始于正电荷，终止于负电荷，在真空中和无电荷处不中断，也不会形成闭合曲线；因为静电场中的任一点，只有一个确定的电场强度方向，任何两条电场线都不能相交。电场线密集处，电场强；电场线稀疏处，电场弱。匀强电场的电场线是一些方向一致，距离相等的平行线。

通过电场中某一个面的电场线总数叫作通过这个面的**电场强度通量**（简称**电通量**），用 Φ_e 表示，电通量的单位是韦伯（Wb）。

对于匀强电场中的电通量，如图 7-12 所示，若 $\boldsymbol{E}$ 方向与平面 S 垂直，即 $\boldsymbol{E}$ 的方向与 S 法线方向相同，则

$$\Phi_e=ES \quad (7\text{-}14)$$

若 $\boldsymbol{E}$ 方向与平面 S 不垂直，设与法线方向夹角为 θ，则

$$\Phi_e=ES\cos\theta=\boldsymbol{E}\cdot\boldsymbol{S} \quad (7\text{-}15)$$

这里 $\boldsymbol{S}$ 为矢量，规定其方向为它的法线方向。

对于非匀强电场的电通量，如图 7-13

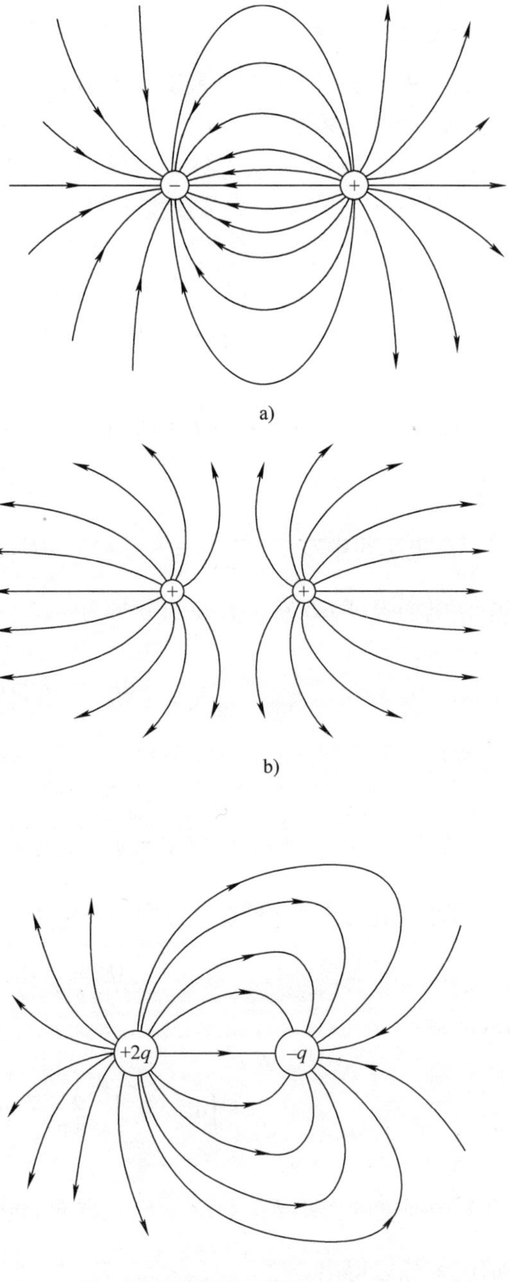

图 7-11 电场线图例

a）电偶极子 b）等量同性点电荷

c）$+2q$ 和 $-q$，不等量不同性点电荷

所示，可以取某一小面积元 d$\boldsymbol{S}$，因其所在处可以近似为匀强电场，则电通量为

$$d\Phi_e = EdS\cos\theta = \boldsymbol{E}\cdot d\boldsymbol{S} \tag{7-16}$$

把 $\boldsymbol{S}$ 分成无限多个面积元 d$\boldsymbol{S}$，通过任意曲面 $\boldsymbol{S}$ 的电通量为

$$\Phi_e = \int d\Phi_e = \int_S EdS\cos\theta = \int_S \boldsymbol{E}\cdot d\boldsymbol{S} \tag{7-17}$$

若为闭合曲面

$$\Phi_e = \oint_S EdS\cos\theta = \oint_S \boldsymbol{E}\cdot d\boldsymbol{S} \tag{7-18}$$

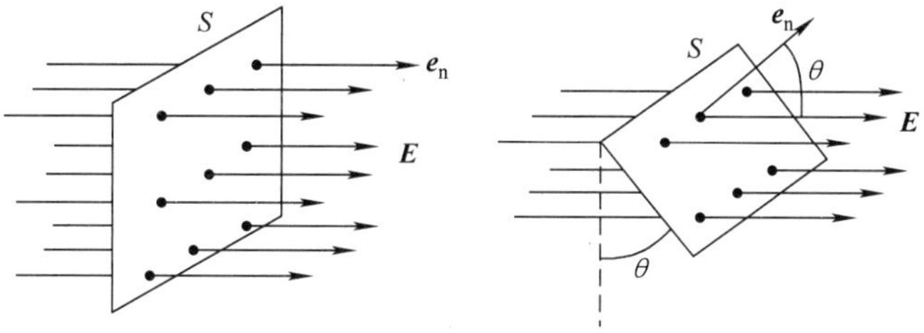

图 7-12　匀强电场的电通量

由 $d\Phi_e = EdS\cos\theta = \boldsymbol{E}\cdot d\boldsymbol{S}$ 可知，电通量是标量，电通量的正、负是由面元的法线正方向和电场强度矢量的夹角决定。对闭合曲面规定自内向外的方向为面元的法线正方向。如果电场线从闭合曲面之内向外穿出，电通量为正；如果电场线从外部穿入闭合曲面，电通量为负；穿过一个闭合曲面的电通量为穿出、穿入该曲面电通量的代数和。对不闭合曲面，习惯中又以凹侧指向凸侧为面元的法线正方向，则电通量的正负根据所设的面元正方向而定。

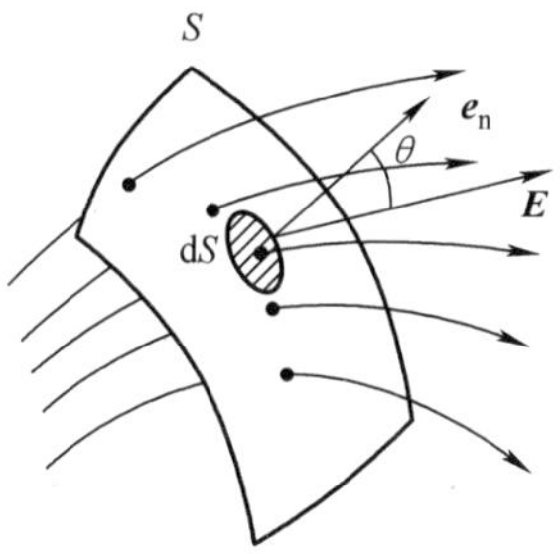

图 7-13　非匀强电场的电通量

7.3.2　高斯定理

高斯（K. F. Gauss，1777—1855 年）是德国物理学家和数学家，他在实验物理和理论物理以及数学方面都做出了很多贡献，他导出的高斯定理是电磁学的一条重要规律。定理反映了静电场中任一闭合曲面电通量和这闭合曲面所包围的电荷之间的确定数量关系。下面在电通量概念的基础上，利用场的叠加原理推导高斯定理。

以点电荷 q 所在点为中心，计算包围点电荷 q 的球面的电通量。取任意长度 r 为半径，作一球面 S 包围这个点电荷 q，如图 7-14a 所示，据点电荷电场的球对称性知，球面上任一点的电场强度 $\boldsymbol{E}$ 的大小为$\dfrac{q}{4\pi\varepsilon_0 r^2}$，方向都是以 q 为原点的径向，则电场通过这球面的电通量为

$$\Phi_e = \oint_S \boldsymbol{E}\cdot d\boldsymbol{S} = \oint_S \frac{q}{4\pi\varepsilon_0 r^2}dS = \frac{q}{4\pi\varepsilon_0 r^2}\oint_S dS = \frac{q}{\varepsilon_0} \tag{7-19}$$

此结果与球面的半径 r 无关，只与它包围的电荷有关。即通过以 q 为中心的任意球面的电通量都一样，均为 q/ε_0。

现在设想另一任意的闭合曲面 S'，S'与球面 S 包围同一个点电荷 q，由于电场线的连续性，可以得出通过闭合面 S 和 S'的电场线数目是一样的，仍有

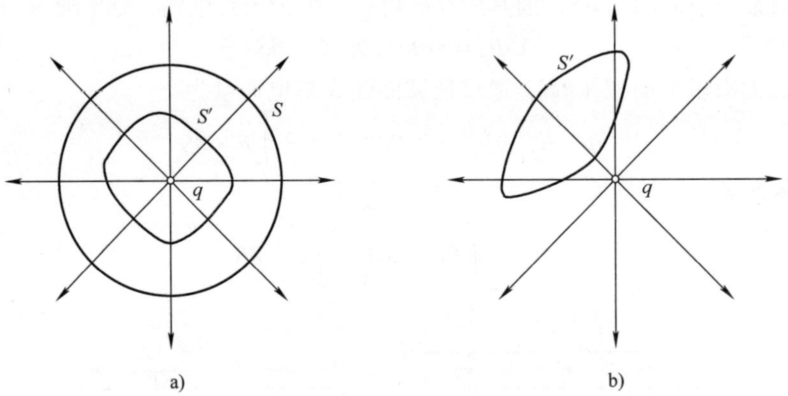

图 7-14　高斯定理的证明

$$\Phi_e = \oint_S \boldsymbol{E} \cdot d\boldsymbol{S} = \frac{q}{\varepsilon_0} \tag{7-20}$$

将正电荷 $+q$ 换成负电电荷 $-q$，则有

$$\Phi_e = \oint_S \boldsymbol{E} \cdot d\boldsymbol{S} = \frac{-q}{\varepsilon_0} \tag{7-21}$$

如图 7-14b 所示，如果闭合面 S'不包围点电荷 q，则由电场线的连续性可得，由一侧穿入 S'的电场线数就等于从另一端穿出 S'的电场线数，所以净穿出 S'的电场线数为零。即

$$\Phi_e = \oint_S \boldsymbol{E} \cdot d\boldsymbol{S} = 0 \tag{7-22}$$

以上只讨论了单个点电荷的电场中，通过任一封闭曲面的电通量。我们把上述结果推广到任意带电系统的电场中，把其看成是点电荷的集合。设点电荷系中各点电荷所带电量为 q_1，q_2，…，q_n，q_{n+1}，…，q_s，取一闭合面 S，其中 q_1，q_2，…，q_n 被 S 包围，其他电荷在 S 面外，则通过任一闭面 S 的电通量为

$$\begin{aligned}\Phi_e &= \oint_S \boldsymbol{E} \cdot d\boldsymbol{S} = \oint_S \left(\sum_{i=1}^{n} \boldsymbol{E}_i + \sum_{i=n+1}^{s} \boldsymbol{E}_i\right) \cdot d\boldsymbol{S} \\ &= \sum_{i=1}^{n} \oint_S \boldsymbol{E}_i \cdot d\boldsymbol{S} + \sum_{i=n+1}^{s} \oint_S \boldsymbol{E}_i \cdot d\boldsymbol{S}\end{aligned}$$

由于 q_{n+1}，…，q_s 在 S 面外，所以上式第二项为零，则

$$\Phi_e = \sum_{i=1}^{n} \oint_S \boldsymbol{E}_i \cdot d\boldsymbol{S} = \frac{1}{\varepsilon_0} \sum_{i=1}^{n} q_i \tag{7-23}$$

若电荷连续分布，则

$$\oint_S \boldsymbol{E} \cdot d\boldsymbol{S} = \frac{1}{\varepsilon_0} \int_V \rho dV \tag{7-24}$$

综上可得如下结论：**在真空中，通过任一闭合曲面的电场强度通量，等于该曲面所包围的所有电荷的代数和除以 ε_0，这就是真空中的高斯定理**。其数学表达式为

$$\oint_S \boldsymbol{E} \cdot d\boldsymbol{S} = \frac{\sum q_{in}}{\varepsilon_0} \tag{7-25}$$

应当注意，高斯定理说明了通过封闭面的电通量，只与该封闭面所包围的电荷有关，并没

有说封闭曲面上任一点的电场强度只与所包围的电荷有关。封闭面上任一点的电场强度应该由激发该电场的所有场源电荷（包括封闭面内、外所有的电荷）共同决定。

高斯定理表明通过闭合曲面的电通量与闭合曲面所包围的电荷之间的量值关系，而非闭合曲面上的电场强度与闭合面包围的电荷之间的关系。若闭合曲面内存在正（负）电荷，则通过闭合曲面的电通量为正（负），表明有电场线从面内（面外）穿出（穿入）；若闭合曲面内没有电荷，则通过闭合曲面的电通量为零，意味着有多少电场线穿入就有多少电场线穿出，说明在没有电荷的区域内电场线不会中断；若闭合曲面内电荷的代数和为零，则有多少电场线进入面内终止于负电荷，就会有相同数目的电场线从正电荷发出穿出面外。可见，高斯定理说明正电荷是发出电场线的源头，负电荷是电场线终止会聚的归宿，表明了**静电场是有源场**，这是静电场的基本性质之一。

高斯定理与库仑定律并不是互相独立的规律，而是用不同形式表示的电场与源电荷关系的同一客观规律：库仑定律把电场强度和电荷直接联系起来，而高斯定理将电场强度的通量和某一区域内的电荷联系在一起。而且高斯定理的应用范围比库仑定律更广泛：库仑定律只适用于静电场，而高斯定理不仅适用于静电场，也适用于变化的电场。因此高斯定理是电磁场理论的基本理论之一。

利用高斯定理，可简洁地求得具有对称性的带电体场源（如球形、无限长圆柱形和无限大平板形等）的空间电场强度分布。计算的关键在于选取合适的闭合曲面——高斯面。下面用高斯定理求解几种常见的带电体的电场强度分布。

例 7.5 求均匀带正电球体内外的电场强度分布，设球体所带电量为 q，半径为 R。

解：由于电荷均匀分布在球体上，该带电体的电荷分布呈现球对称性，所以电场分布也具有球对称性。可见在任何与带电球体同心的球面上各点的电场强度大小相等，方向沿径向向外，根据这种电场分布的特点，取通过空间某点 P 与球体同心的球面 S 为高斯面，则面上各点的电场强度一定大小相等，方向沿半径向外。

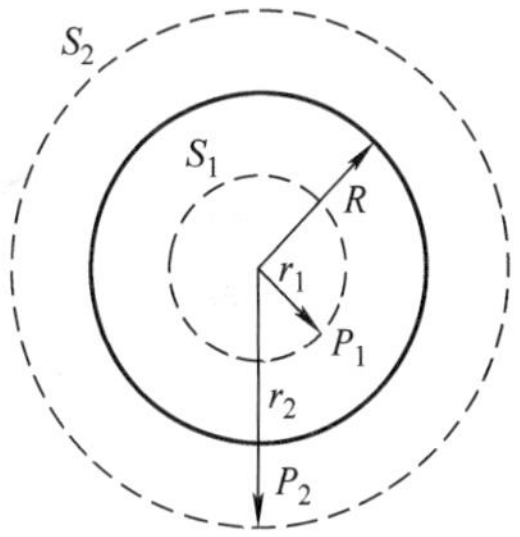

图 7-15 例题 7.5 用图

(1) 若 P_1 点位于球体的内部，即 $r_1 < R$，由高斯定理

$$\oint_{S_1} \boldsymbol{E} \cdot \mathrm{d}\boldsymbol{S} = \frac{1}{\varepsilon_0}\sum_{S_1} q_{\text{in}}$$

因为 $\boldsymbol{E}//\mathrm{d}\boldsymbol{S}$，并且 S_1 球面上的电场强度 $\boldsymbol{E}$ 处处相等，等号左边的积分可以表示为

$$\oint_{S_1} \boldsymbol{E} \cdot \mathrm{d}\boldsymbol{S} = \oint_{S_1} E\mathrm{d}S = E \cdot 4\pi r_1^2$$

等号右边为

$$\frac{1}{\varepsilon_0}\sum_{S_1} q_{\text{in}} = \frac{q}{\varepsilon_0 \frac{4}{3}\pi R^3} \cdot \frac{4}{3}\pi r_1^3 = \frac{q}{\varepsilon_0 R^3} r_1^3$$

因此

$$E \cdot 4\pi r_1^2 = \frac{q}{\varepsilon_0 R^3} r_1^3$$

整理可得

$$E=\frac{q}{4\pi\varepsilon_0 R^3}r_1$$

其方向为从 O 指向 P_1（若 $q<0$，则从 P_1指向 O）

（2）若 P_2 点位于球体的外部，即 $r_2>R$，由高斯定理

$$\oint_{S_2}\boldsymbol{E}\cdot\mathrm{d}\boldsymbol{S}=\frac{1}{\varepsilon_0}\sum_{S_2}q_{\text{in}}$$

不难看出高斯面内包围的电量为 q，则

$$E\cdot 4\pi r_2^2=\frac{1}{\varepsilon_0}q$$

整理可得

$$E=\frac{q}{4\pi\varepsilon_0 r_2^2}$$

方向为从 O 指向 P_2。因此，该带电球体空间的电场分布为

$$E=\begin{cases}\dfrac{q}{4\pi\varepsilon_0 R^3}r(r<R)\\[2ex]\dfrac{q}{4\pi\varepsilon_0 r^2}(r>R)\end{cases}$$

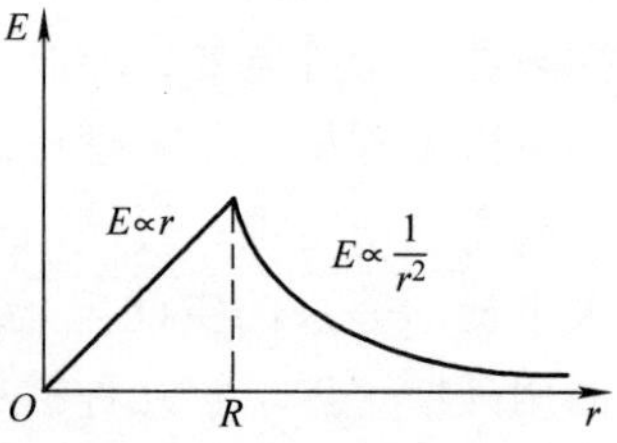

图 7-16　例题 7.5 用图

结果表明，均匀带电球体外部空间产生的电场与其上电荷全部集中在球心处所产生的电场一样，$E-r$ 函数曲线如图 7-16 所示。

例 7.6　无限长均匀带电的细棒，电荷线密度为 λ，求其电场强度分布。

解：设想细棒所带的是正电荷，如图 7-17 所示。根据电荷分布的特点可以推知，在以细棒为轴的任一同轴圆柱面上，各点的电场强度大小相等，方向都沿着面元的法线方向，或者说电场强度分布具有轴对称性。以细棒为轴作半径为 r、高为 h 的圆柱面，将上、下底面和侧面分别表示为 S_1、S_2 和 S_3，则该高斯面的电场强度通量为

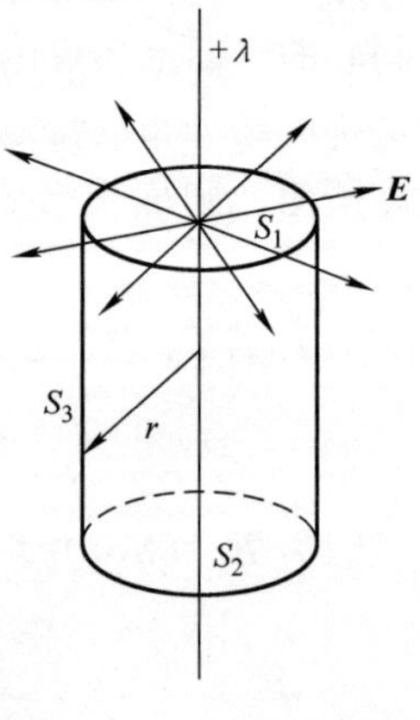

图 7-17　例题 7.6 用图

$$\oint_S\boldsymbol{E}\cdot\mathrm{d}\boldsymbol{S}=\int_{S_1}\boldsymbol{E}\cdot\mathrm{d}\boldsymbol{S}+\int_{S_2}\boldsymbol{E}\cdot\mathrm{d}\boldsymbol{S}+\int_{S_3}\boldsymbol{E}\cdot\mathrm{d}\boldsymbol{S}$$

对于 S_1、S_2，$\mathrm{d}\boldsymbol{S}\perp\boldsymbol{E}$，所以

$$\oint_{S_1}\boldsymbol{E}\cdot\mathrm{d}\boldsymbol{S}=\oint_{S_2}\boldsymbol{E}\cdot\mathrm{d}\boldsymbol{S}=0$$

对于 S_3，$\mathrm{d}\boldsymbol{S}\parallel\boldsymbol{E}$ 且 E 为常量，则

$$\oint_S\boldsymbol{E}\cdot\mathrm{d}\boldsymbol{S}=\oint_{S_3}\boldsymbol{E}\cdot\mathrm{d}\boldsymbol{S}=\int_{S_3}E\mathrm{d}S=E\int_{S_3}\mathrm{d}S=E\cdot 2\pi rh$$

所以

$$E\cdot 2\pi rh=\frac{1}{\varepsilon_0}\lambda h$$

无限长均匀带电细棒的电场强度分布

$$E=\frac{\lambda}{2\pi\varepsilon_0 r}$$

如果是有限长带电细棒，电场强度分布不具备对称性，则不能用高斯定理，而应选择点电荷的电场强度积分来计算。

例 7.7　均匀带电的无限大平面薄板的电荷面密度为 σ，求其电场强度分布。

解：由于电荷均匀分布在无限大的平面上，因此电场的分布具有面对称性。设 σ 为正电荷，则平面两侧对称点处电场强度不仅大小相等，而且方向处处与平面垂直指向两侧。如图 7-18所示，可以取高斯面为柱体的表面，其侧面与带电面垂直，两底面与带电面平行并在对称位置上。

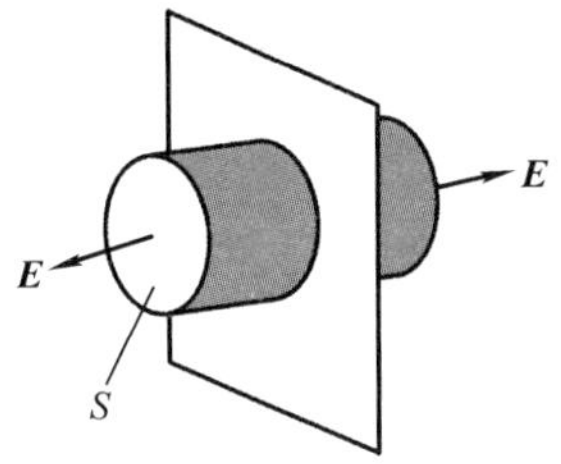

图 7-18　例题 7.7 用图

由高斯定理

$$\oint_S \boldsymbol{E} \cdot \mathrm{d}\boldsymbol{S} = \frac{1}{\varepsilon_0}\sum_{S_{内}} q$$

穿过闭合高斯面的电通量

$$\oint_S \boldsymbol{E} \cdot \mathrm{d}\boldsymbol{S} = 2ES$$

闭合高斯面内包围的电量

$$\frac{1}{\varepsilon_0}\sum_{S_{内}} q = \frac{1}{\varepsilon_0}\sigma S$$

所以

$$E \cdot 2S = \frac{1}{\varepsilon_0}\sigma S$$

容易求得，均匀无限大带电平面的电场强度的大小为

$$E = \frac{\sigma}{2\varepsilon_0}$$

可见，均匀无限大带电平面所产生的电场与场点到带电平板的距离无关，为匀强电场。薄板带正电时，其电场强度方向垂直于平面指向两侧；薄板带负电时，其电场强度方向从两侧无穷远处垂直指向平面。

利用上述结果可以证明，带等量异号电荷的一对无限大平面薄板之间的电场强度大小为

$$E = \frac{\sigma}{\varepsilon_0}$$

方向由正电荷出发，垂直平面指向负电荷。两薄板外部的电场强度为零。

前面我们应用高斯定理求出了几种带电体产生的电场强度，从这几个例子看出，用高斯定理求电场强度是比较简单的。但是，我们应该明确，虽然高斯定理是普遍成立的，但任何带电体产生的电场强度不是都能由它计算出，因为这样的计算是有条件的，它要求电场分布具有一定的对称性。在电场具有某种对称性时，才能适当选取高斯面，从而很方便地计算出电场强度。

7.4 静电场的环路定理　电势

7.4.1 静电场的保守性

静电场的另一重要性质就是在静电场中，电场力做功与电荷移动路径无关，即静电场是保守场。

现在来考察图 7-19 所示情况，将试探电荷 q_0 引入点电荷 q 的电场中，把 q_0 由 a 点沿任意路径 L 移至 b 点，电场力所做的功。路径上任一点 c 到 q 的距离为 r，此处的电场强度为

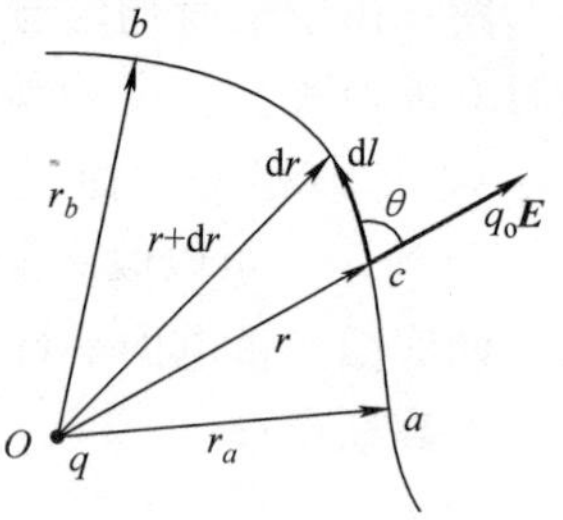

图 7-19　静电场力做功

$$\boldsymbol{E} = \frac{q}{4\pi\varepsilon_0 r^2}\boldsymbol{e}_r \tag{7-26}$$

如果将试探电荷 q_0 在点 c 附近沿 L 移动了位移元 d$\boldsymbol{l}$，那么电场力所做的元功为

$$\begin{aligned} \mathrm{d}A &= q_0\boldsymbol{E}\cdot \mathrm{d}\boldsymbol{l} = q_0 E \mathrm{d}l\cos\theta \\ &= q_0 E\mathrm{d}r \\ &= q_0\frac{q}{4\pi\varepsilon_0 r^2}\mathrm{d}r \end{aligned} \tag{7-27}$$

式中，θ 是电场强度 $\boldsymbol{E}$ 与位移元 d$\boldsymbol{l}$ 间的夹角；dr 是位移元 d$\boldsymbol{l}$ 沿电场强度 $\boldsymbol{E}$ 方向的分量。试探电荷由 a 点沿 L 移到 b 点电场力所做的功为

$$A = \int \mathrm{d}A = \int_{r_a}^{r_b} q_0\frac{q}{4\pi\varepsilon_0 r^2}\mathrm{d}r = \frac{q_0 q}{4\pi\varepsilon_0}\left(\frac{1}{r_a} - \frac{1}{r_b}\right) \tag{7-28}$$

式中，r_a 和 r_b 分别表示电荷 q 到点 a 和点 b 的距离。式（7-28）表明，在点电荷的电场中，移动试探电荷时，电场力所做的功除了与试探电荷成正比外，还与试探电荷的始、末位置有关，而与路径无关。

利用场的叠加原理可得在点电荷系的电场中，试探电荷 q_0 从点 a 沿 L 移到点 b 电场力所做的总功为

$$A = \sum_i A_i \tag{7-29}$$

上式求和算符中的每一项都表示试探电荷 q_0 在各个点电荷单独产生的电场中从点 a 沿 L 移到点 b 电场力所做的功。由此可见，点电荷系的电场力对试探电荷所做的功也只与试探电荷的电量以及它的始末位置有关，而与移动的路径无关。

任何一个带电体都可以看成由许多很小的电荷元组成的集合体，每一个电荷元都可以认为是点电荷。整个带电体在空间产生的电场强度 $\boldsymbol{E}$ 等于各个电荷元产生的电场强度的矢量和。于是得到结论：在任何静电场中，电荷运动时电场力所做的功只与始末位置有关，而与电荷运动的路径无关，即**静电场是保守力场**。

若使试探电荷在静电场中沿任一闭合回路 L 绕行一周，则静电场力所做的功为零，电场强度的环量为零，即**在静电场中，电场强度 $\boldsymbol{E}$ 沿任意闭合路径的线积分为零，这叫作静电场的环路定理**。**$\boldsymbol{E}$ 沿任意闭合路径的线积分又叫作 $\boldsymbol{E}$ 的环流**。

因 $q_0 \neq 0$，用数学公式表示为

$$\oint_L \boldsymbol{E} \cdot \mathrm{d}\boldsymbol{l} = 0 \tag{7-30}$$

上式连同高斯定理是描述静电场性质的两个基本定理。

7.4.2 电势差和电势

在力学中已经知道，对于保守力场，总可以引入一个与位置有关的势能函数，当物体从一个位置移到另一个位置时，保守力所做的功等于这个势能函数增量的负值。静电场是保守力场，所以在静电场中也可以引入势能的概念，称为**电势能**。设 W_a、W_b 分别表示试探电荷 q_0在起点 a、终点 b 的电势能，当 q_0由 a 点移至 b 点时，据功能原理便可得电场力所做的功为

$$A_{ab} = \int_a^b q_0 \boldsymbol{E} \cdot \mathrm{d}\boldsymbol{l} = -(W_b - W_a) \tag{7-31}$$

当电场力做正功时，电荷与静电场间的电势能减小；做负功时，电势能增加。可见，电场力的功是电势能改变的量度。

电势能与其他势能一样，是空间坐标的函数，其量值具有相对性，但电荷在静电场中两点的电势能差却有确定的值。为确定电荷在静电场中某点的电势能，应事先选择某一点作为电势能的零点。当场源电荷为有限带电体时，通常选取无限远处为电势能零点。取 b 点为无限远处，则

$$W_b = W_\infty = 0 \tag{7-32}$$

这样试验电荷 q_0在 a 点处具有的电势能为

$$W_a = A_{a\infty} = q_0 \int_a^\infty \boldsymbol{E} \cdot \mathrm{d}\boldsymbol{l} \tag{7-33}$$

即试探电荷 q_0在电场中某点处具有的电势能值，等于将 q_0由该点移至无限远（或者电势能零点）处电场力所做的功。电势能的国际单位（SI）是焦耳（J）。

注意电势能是属于系统的，为场源电荷和试探电荷所共有，它是试探电荷与电场之间的相互作用能。电势能的量值只有相对意义，它与电势能零点的选择有关。当 $A_{ab} > 0$ 时，试探电荷从 a 运动到 b 过程中，电场力做正功，$W_a > W_b$，电势能减少；当 $A_{ab} < 0$ 时，电场力做负功，$W_a < W_b$，电势能增加。

如上所述，电势能（差）是电荷与电场间的相互作用能，是电荷与电场所组成的系统共有的，与试探电荷的电量有关。因此，电势能（差）不能用来描述电场的性质。但比值 W_a/q_0 却与 q_0无关，仅由电场的性质及 a 点的位置来确定，为此我们定义此比值为电场中 a 点的**电势**，用 φ_a 表示，即

$$\varphi_a = \frac{W_a}{q_0} = \int_a^c \boldsymbol{E} \cdot \mathrm{d}\boldsymbol{l} \tag{7-34}$$

这表明，电场中任一点 a 的电势，在数值上等于单位正电荷在该点所具有的电势能；或等于单位正电荷从该点沿任意路径移至电势能零点处（这里设为 c 点）的过程中，电场力所做的功。式（7-34）就是电势的定义式，它是电势与电场强度的积分关系式。

电势的单位为伏特（J/C，用 V 表示）。电势是标量，且一般是空间坐标的函数，某点电势与电势零点的选取有关。

若为有限带电体，选无限远处为电势零点；而“无限大”带电体，在场内选一个适当位置作为电势零点（绝不能选无限远）；实用中，常取地球的电势为零。

静电场中任意两点 a、b 的电势之差，称为这两点间的**电势差**，也称为电压，用 $\Delta\varphi$ 表示，则有

$$\Delta\varphi = U_{ab} = \varphi_a - \varphi_b = \int_a^c \boldsymbol{E} \cdot \mathrm{d}\boldsymbol{l} - \int_b^c \boldsymbol{E} \cdot \mathrm{d}\boldsymbol{l} = \int_a^b \boldsymbol{E} \cdot \mathrm{d}\boldsymbol{l} \tag{7-35}$$

该式反映了电势差与电场强度的关系。它表明，静电场中任意两点的电势差，其数值等于将单位正电荷由一点移到另一点的过程中，静电场力所做的功。若将电量为 q_0 的试探电荷由 a 点移至 b 点，静电场力做的功用电势差可表示为

$$A_{ab} = W_a - W_b = q_0(\varphi_a - \varphi_b) \tag{7-36}$$

由于电势能是相对的，电势也是相对的，其值与电势的零点选择有关，定义式（7-34）中是选 c 点为电势零点的。但静电场中任意两点的电势差与电势的零点选择无关。

在国际单位制中，电势和电势差的单位都是伏特（V）。

7.4.3 电势叠加原理

若取无限远处作为电势零点，点电荷电场为 $\boldsymbol{E} = \dfrac{q}{4\pi\varepsilon_0 r^2}\boldsymbol{e}_r$，取沿着 $\boldsymbol{r}$ 方向的路径 $\mathrm{d}\boldsymbol{l} = \mathrm{d}r\boldsymbol{e}_r$，则由电势的定义，可得 P 点的电势为

$$\varphi_P = \int_r^\infty \boldsymbol{E} \cdot \mathrm{d}\boldsymbol{l} = \int_r^\infty \frac{q}{4\pi\varepsilon_0 r^2}\boldsymbol{e}_r \cdot \mathrm{d}\boldsymbol{l} = \int_r^\infty \frac{q}{4\pi\varepsilon_0 r^2}\mathrm{d}r = \frac{q}{4\pi\varepsilon_0 r} \tag{7-37}$$

式（7-37）是点电荷电势的计算公式，它表示在点电荷的电场中任意一点的电势，与点电荷的电量 q 成正比，与该点到点电荷的距离成反比。

若在真空中有 n 个点电荷，由电场强度叠加原理及电势的定义式得场中任一点 P 的电势为

$$\varphi_P = \int_r^\infty \boldsymbol{E} \cdot \mathrm{d}\boldsymbol{l} = \int_r^\infty \sum_i \boldsymbol{E}_i \cdot \mathrm{d}\boldsymbol{l} = \sum_i \int_r^\infty \boldsymbol{E}_i \cdot \mathrm{d}\boldsymbol{l} = \sum_i \varphi_i \tag{7-38}$$

式（7-38）表示，**点电荷系所激发的电场中某点的电势，等于各点电荷单独存在时在该点建立的电势的代数和**。这一结论叫作**静电场的电势叠加原理**。

设第 i 个点电荷到点 P 的距离为 r_i，P 点的电势可表示为

$$\varphi_P = \sum_i \varphi_i = \frac{1}{4\pi\varepsilon_0}\sum_{i=1}^n \frac{q_i}{r_i} \tag{7-39}$$

对电荷连续分布的带电体，可看成为由许多电荷元组成，而每一个电荷元都可按点电荷对待。所以，整个带电体在空间某点产生的电势，等于各个电荷元在同一点产生电势的代数和。所以将式（7-39）中的求和用积分代替就得到带电体产生的电势，即

$$\varphi_P = \int \frac{\mathrm{d}q}{4\pi\varepsilon_0 r} = \begin{cases} \displaystyle\int_V \frac{\rho \mathrm{d}V}{4\pi\varepsilon_0 r} & \text{体分布} \\ \displaystyle\int_S \frac{\sigma \mathrm{d}S}{4\pi\varepsilon_0 r} & \text{面分布} \\ \displaystyle\int_L \frac{\lambda \mathrm{d}l}{4\pi\varepsilon_0 r} & \text{线分布} \end{cases} \tag{7-40}$$

在计算电势时，如果已知电荷的分布而尚不知电场强度的分布时，总可以利用式（7-40）直接计算电势。对于电荷分布具有一定对称性的问题，往往先利用高斯定理求出

电场的分布，然后通过式（7-34）来计算电势。

例7.8　如图7-20所示，一个均匀带电的圆环，半径为R，所带电量为Q，求圆环轴线上任一点P的电势。

解：沿圆环中心轴线上距离中心O点为x处取一点P（见图7-20），与电荷元$\mathrm{d}q$距离为$r=\sqrt{R^2+x^2}$。

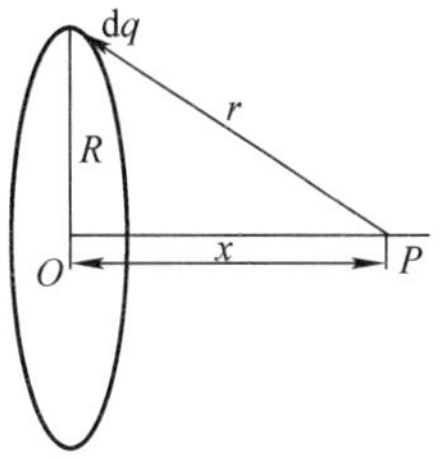

图7-20　例题7.8用图

取无穷远处电势为零，点电荷产生的电势为

$$\mathrm{d}\varphi=\frac{\mathrm{d}q}{4\pi\varepsilon_0 r}$$

根据电势叠加原理

$$\varphi=\int_0^Q\frac{\mathrm{d}q}{4\pi\varepsilon_0 r}=\frac{Q}{4\pi\varepsilon_0\sqrt{R^2+x^2}}$$

对于$x=0$，我们有

$$\varphi=\frac{Q}{4\pi\varepsilon_0 R}$$

例7.9　求均匀带电球面的电场中的电势分布。球面半径为R，总带电量为q。

解：以无限远处为电势零点，根据高斯定理，均匀带电球面的电场强度分布为

$$\boldsymbol{E}=\begin{cases}\dfrac{q\boldsymbol{r}}{4\pi\varepsilon_0 r^3} & (r>R)\\ 0 & (r<R)\end{cases}$$

$r>R$，

$$\varphi_2=\int_r^\infty\boldsymbol{E}\cdot\mathrm{d}\boldsymbol{l}=\int_r^\infty\frac{q}{4\pi\varepsilon_0 r^2}\cdot\mathrm{d}r=\frac{q}{4\pi\varepsilon_0 r}$$

$r<R$，

$$\varphi_1=\int_r^\infty\boldsymbol{E}\cdot\mathrm{d}\boldsymbol{l}=\int_R^\infty\frac{q}{4\pi\varepsilon_0 r^2}\cdot\mathrm{d}r=\frac{q}{4\pi\varepsilon_0 R}$$

$\varphi-r$函数如图7-21所示。

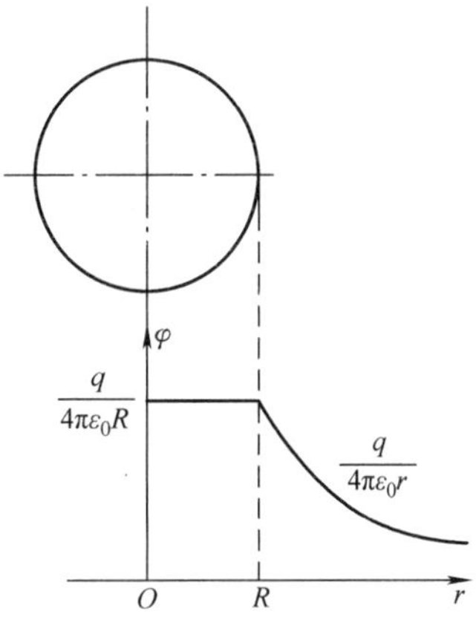

图7-21　例题7.9用图

7.5　电场强度与电势的微分关系

电场强度和电势都是描述电场的物理量，即它们是同一事物的两个不同的侧面，它们之间存在着一定的关系。上节中的式（7-34）就是电势与电场强度的积分关系式。本节说明电场强度与电势的微分关系。

在电场中电势相等的点所构成的面称为**等势面**，如图7-22所示为一对电偶极子的等势面及电场线分布。

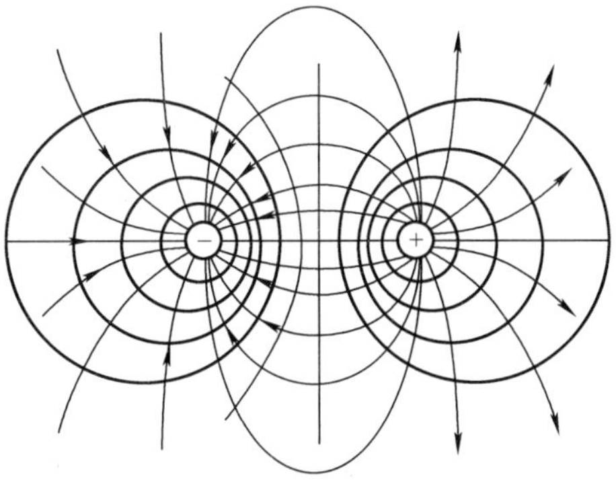

图7-22　电偶极子的等势面

不同电场的等势面的形状不同。电场的强弱

也可以通过等势面的疏密来形象地描述。若规定任意两个相邻的等势面间的电势差相等，则等势面密集处的电场强度数值大，等势面稀疏处电场强度数值小。电场线与等势面处处正交并指向电势降低的方向。电荷沿着等势面运动，电场力不做功。等势面概念的用途在于实际遇到的很多问题中等势面的分布容易通过实验条件描绘出来，并由此可以分析电场的分布。

如图 7-23 所示，在两个等势面之间，将试探电荷 q_0 在静电场中移动元位移 $\mathrm{d}\boldsymbol{l}$，因静电场力是保守力，它对 q_0 所做的元功等于电势能的减小量，即 $q_0\boldsymbol{E}\cdot\mathrm{d}\boldsymbol{l}=-q_0\mathrm{d}\varphi$，于是得到电势与电场强度的一个重要关系

$$\mathrm{d}\varphi=-\boldsymbol{E}\cdot\mathrm{d}\boldsymbol{l}=-E\mathrm{d}l\cos\theta=-E_l\mathrm{d}l \tag{7-41}$$

即

$$E_l=-\frac{\mathrm{d}\varphi}{\mathrm{d}l} \tag{7-42}$$

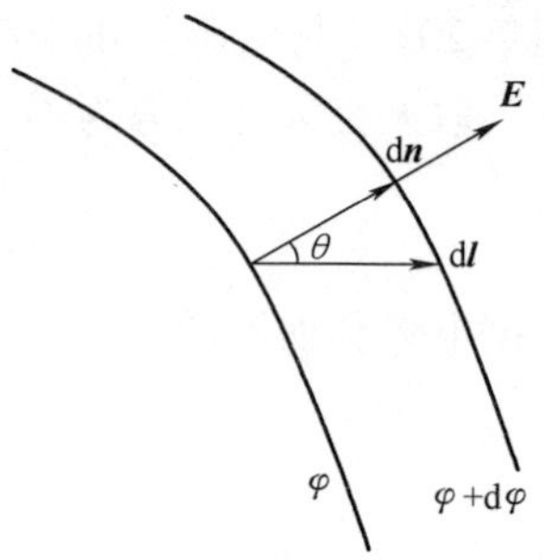

图 7-23　电场强度与电势梯度的关系

式（7-42）表明，**电场中某点的电场强度在任一方向上的投影等于电势沿该方向的方向导数的负值**。据此，在直角坐标系中 $\boldsymbol{E}$ 的三个分量应为

$$E_x=-\frac{\partial\varphi}{\partial x},E_y=-\frac{\partial\varphi}{\partial y},E_z=-\frac{\partial\varphi}{\partial z} \tag{7-43}$$

电场强度矢量可表示为

$$\boldsymbol{E}=-\left(\frac{\partial\varphi}{\partial x}\boldsymbol{i}+\frac{\partial\varphi}{\partial x}\boldsymbol{j}+\frac{\partial\varphi}{\partial x}\boldsymbol{k}\right)=-\nabla\varphi=-\mathrm{grad}\varphi \tag{7-44}$$

grad φ 称为电势 φ 的梯度，它在直角坐标系即为

$$\mathrm{grad}\ \varphi=\frac{\partial\varphi}{\partial x}\boldsymbol{i}+\frac{\partial\varphi}{\partial x}\boldsymbol{j}+\frac{\partial\varphi}{\partial x}\boldsymbol{k} \tag{7-45}$$

而 $\nabla=\boldsymbol{i}\frac{\partial}{\partial x}+\boldsymbol{j}\frac{\partial}{\partial y}+\boldsymbol{k}\frac{\partial}{\partial z}$ 代表一种运算，称为微分算符，它具有矢量微分双重性。式（7-43）表明，**电场中某点的电场强度等于该点电势梯度的负值**。进一步可以说明，电势梯度的大小等于电势沿等势面法线方向的方向导数，其方向是沿着等势面的法线并使电势增大的方向。

式（7-43）~式（7-45）是电场强度与电势的微分关系的等价形式，它们在实际中有着重要的应用。这是因为求电势是标量运算，当电荷分布给定时，便可通过上述关系求出电场强度，这一方法比直接利用矢量运算求电场强度要简便得多。

小　结

1. 电荷 库仑定律

电荷的量子性：$e=1.6\times10^{-19}\mathrm{C}$

电荷守恒定律：电荷既不能被创造，也不能被消灭，它们只能从一个物体转移到另一物体，或从物体的一部分转移到另一部分。或者说在任何物理过程中，在任何时刻存在于孤立系统内的正负电荷的代数和恒定不变。

库仑定律：在真空中两个静止的点电荷 q_1 和 q_2 之间的相互作用力的方向沿着它们的连

线，同性相斥、异性相吸；作用力的大小与 q_1 和 q_2 的乘积成正比，与它们之间的距离 r 的二次方成反比。

真空中矢量式：$\boldsymbol{F}=\dfrac{1}{4\pi\varepsilon_0}\dfrac{q_1q_2}{r^2}\boldsymbol{e}_r$

2. 电场强度 高斯定理

电场强度：$\boldsymbol{E}=\dfrac{\boldsymbol{F}}{q_0}$

电通量：$\Phi_{\mathrm{e}}=\int_S\boldsymbol{E}\cdot\mathrm{d}\boldsymbol{S}$

高斯定理：$\oint_S\boldsymbol{E}\cdot\mathrm{d}\boldsymbol{S}=\dfrac{\Sigma q_{\mathrm{in}}}{\varepsilon_0}$

3. 静电场环路定理 电势

静电场环路定理：$\oint_L\boldsymbol{E}\cdot\mathrm{d}\boldsymbol{l}=0$

电势差：$U_{ab}=\varphi_a-\varphi_b=\int_a^b\boldsymbol{E}\cdot\mathrm{d}\boldsymbol{l}=\dfrac{A_{ab}}{q_0}$

电势：$\varphi_a=\int_a^{\infty}\boldsymbol{E}\cdot\mathrm{d}\boldsymbol{l}$（取无穷远处为势能零点）

4. 电势与电场强度的微分关系

分量式：$E_x=-\dfrac{\partial\varphi}{\partial x},E_y=-\dfrac{\partial\varphi}{\partial y},E_z=-\dfrac{\partial\varphi}{\partial z}$

矢量式：$\boldsymbol{E}=-\left(\dfrac{\partial\varphi}{\partial x}\boldsymbol{i}+\dfrac{\partial\varphi}{\partial x}\boldsymbol{j}+\dfrac{\partial\varphi}{\partial x}\boldsymbol{k}\right)=-\nabla\varphi=-\mathrm{grad}\varphi$

思 考 题

7.1 电场强度的定义式是 $\boldsymbol{E}=\dfrac{\boldsymbol{F}}{q_0}$，这说明电场强度 $\boldsymbol{E}$ 与试探电荷的电量 q_0 成反比，这种说法对吗？为什么？

7.2 有人说点电荷在电场中是沿电场线运动的，电场线就是电荷运动的轨迹。这种说法对吗？为什么？

7.3 在正方形的四个顶点上，放置四个带相同电量的同号点电荷，试定性地画出其电场线图。

7.4 通过一闭合曲面的电场强度通量为零，是否在此闭合曲面上的电场强度一定处处为零？若通过一闭合曲面的电场强度通量不为零，是否在此闭合曲面上的电场强度一定处处不为零？

7.5 在应用高斯定理解题时，高斯面的选取应遵循怎样的原则？

7.6 为什么说静电力是保守力？它有哪些特性？

7.7 下列说法是否正确？如不正确，请举一例加以说明。

（1）电场强度相等的区域，电势也一定相等；

（2）电场强度为零处，电势一定为零；

（3）电势为零处，电场强度一定为零；

（4）电场强度大处，电势一定高。

习　题

7.1　有一边长为 a 的正六角形，六个顶点都放有电荷。试计算如图 7-24 所示的四种情况下，在六角形中心处的电场强度。

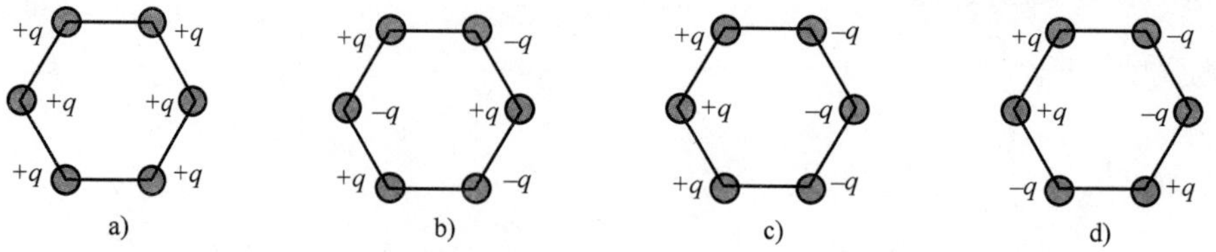

图 7-24　习题 7.1 用图

7.2　一个半径为 R 的均匀带电半圆环如图 7-25 所示，电荷线密度为 λ，求环心处 O 点的电场强度。

7.3　真空中有半个无限长均匀带电圆柱面，截面半径为 R，电荷面密度为 σ，如图 7-26 所示。求中部轴线上 O 点的电场强度。

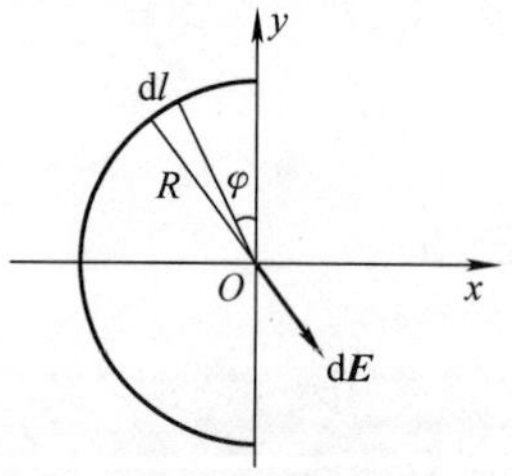

图 7-25　习题 7.2 用图

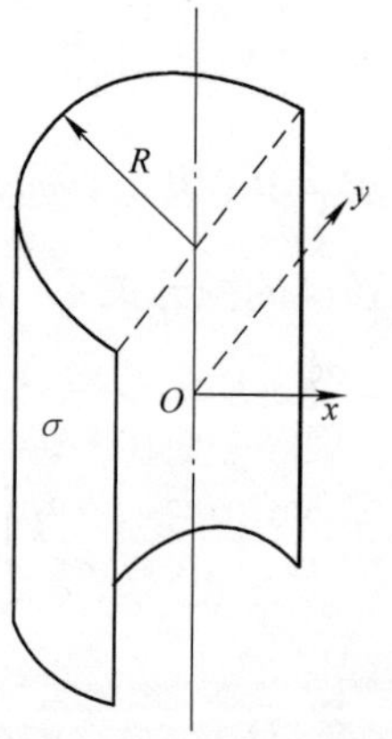

图 7-26　习题 7.3 用图

7.4　一宽为 b 的无限长均匀带电平面薄板，其电荷面密度为 σ，如图 7-27 所示。试求：

(1) 平板所在平面内，距薄板边缘为 a 处的电场强度；

(2) 通过薄板几何中心的垂直线上与薄板距离为 d 处的电场强度。

7.5　如图 7-28 所示，两根平行长直线间距为 $2a$，一端用半圆形线连起来，全线上均匀带电。试证明在圆心 O 处的电场强度为零。

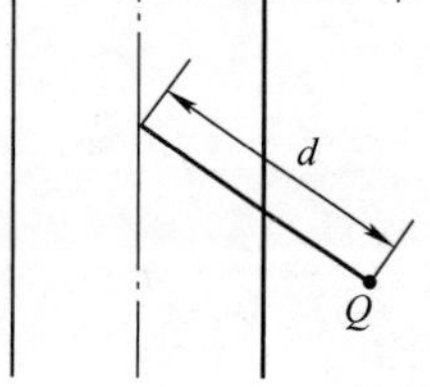

图 7-27　习题 7.4 用图

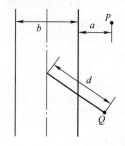

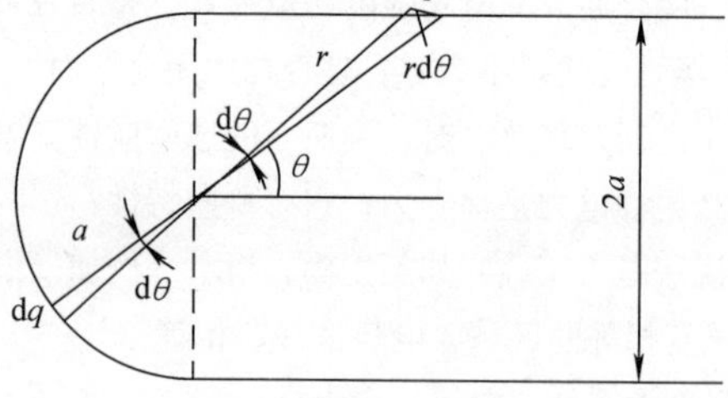

图 7-28　习题 7.5 用图

7.6　实验表明：在靠近地面处有相当强的电场，E 垂直于地面向下，大小约为 100V/m；在离地面 1.5km 高的地方，E 也是垂直于地面向下的，大小约为 25V/m。

（1）求从地面到此高度大气中电荷的平均体密度；

（2）如果地球上的电荷全部均匀分布在表面，求地面上的电荷面密度。

7.7　一半径为 R 的均匀带电球体内的电荷体密度为 ρ，若在球内挖去一块半径为 $R' < R$ 的小球体，如图 7-29 所示，试求两球心 O 与 O' 处的电场强度。

7.8　如图 7-30 所示，半径为 R_1 的无限长均匀带电圆柱体，电荷体密度为 ρ。其外套以内、外半径分别为 R_2 和 R_3 的均匀带电同轴圆柱管，电荷体密度同为 ρ。求该带电系统的电场强度分布。

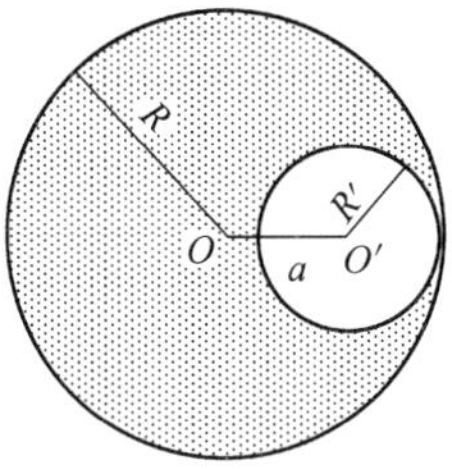

图 7-29　习题 7.7 用图

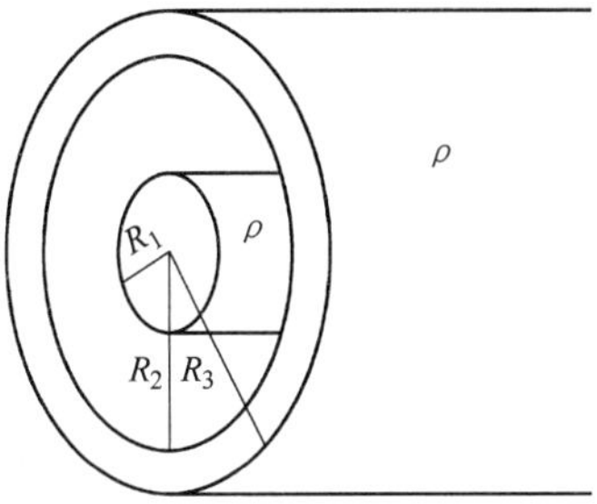

图 7-30　习题 7.8 用图

7.9　设在半径为 R 的球体内，电荷分布是球对称的，电荷体密度为 $\rho = kr(r \leqslant R)$，k 为正的常量，r 为球心到球内一点的距离。求其电场强度分布。

7.10　如图 7-31 所示，半径为 R 的均匀带电球面，带有电荷 q，沿某一半径方向上有一均匀带电细线，电荷线密度为 λ，长度为 l，细线左端离球心距离为 r_0。设球和线上的电荷分布不受相互作用影响，试求细线所受球面电荷的电场力和细线在该电场中的电势能（设无穷远处的电势为零）。

7.11　在盖革计数器中有一直径为 2.00cm 的金属圆筒，在圆筒轴线上有一条直径为 0.134mm 的导线。如果在导线与圆筒之间加上 850V 的电压，试分别求：（1）导线表面处；（2）金属圆筒内表面处的电场强度的大小。

7.12　图 7-32 所示为一沿 x 轴放置的长度为 l 的不均匀带电细棒，其电荷线密度为 $\lambda = \lambda_0(x-a)$，λ_0 为一常量。取无穷远处为电势零点，求坐标原点 O 处的电势。

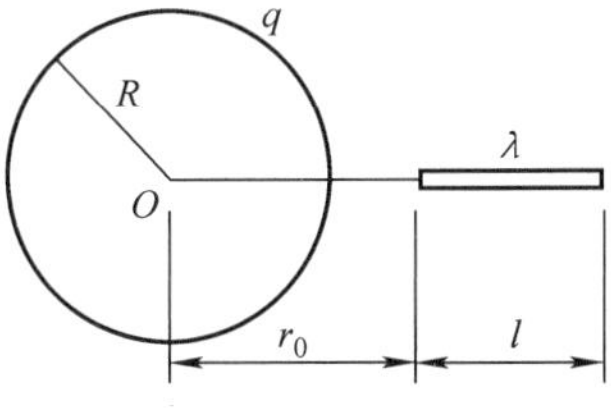

图 7-31　习题 7.10 用图

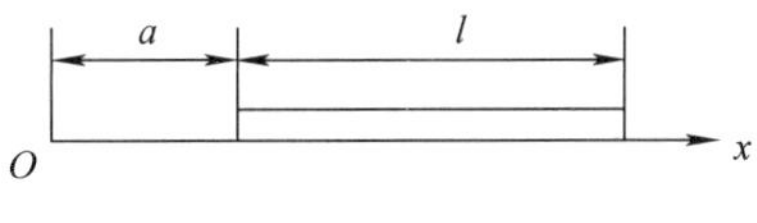

图 7-32　习题 7.12 用图

7.13　电荷 Q 均匀地分布在半径为 R 的球体内，试证明离球心 $r(r<R)$ 处的电势为

$$\varphi = \frac{Q(3R^2 - r^2)}{8\pi\varepsilon_0 R^3}$$

7.14　在电场强度的大小为 E、方向竖直向上匀强电场中，有一半径为 R 的半球形光滑绝缘槽放在光滑水平面上（见图 7-33 所示）。槽的质量为 M，一质量为 m 带有电荷 $+q$ 的小球从槽的顶点 A 处由静止释放。如果忽略空气阻力且质点受到的重力大于其所受电场力，求：

（1）小球由顶点 A 滑至半球最低点 B 时相对地面的速度；

（2）小球通过 B 点时，槽相对地面的速度；

（3）小球通过 B 点后，能不能再上升到右端最高点 C?

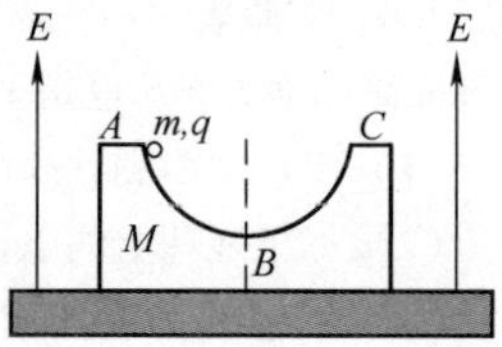

图 7-33　习题 7.14 用图

7.15　电荷以相同的面密度 σ 分布在半径为 $r_1=10\text{cm}$ 和 $r_2=20\text{cm}$ 的两个同心球面上。设无限远处电势为零，球心处的电势为 300V。[真空介电常数 $\varepsilon_0=8.85\times10^{-12}\ \text{C}^2/(\text{N}\cdot\text{m}^2)$]

（1）求电荷面密度 σ；

（2）若要使球心处的电势也为零，外球面上应释放掉多少电荷?

7.16　两个同心的均匀带电球面，半径分别为 $R_1=5.0\text{cm}$，$R_2=20.0\text{cm}$，已知内球面的电势为 $\varphi_1=60\text{V}$，外球面的电势为 $\varphi_2=-30\text{V}$。求：

（1）内、外球面上所带电量；

（2）在两个球面之间何处的电势为零?

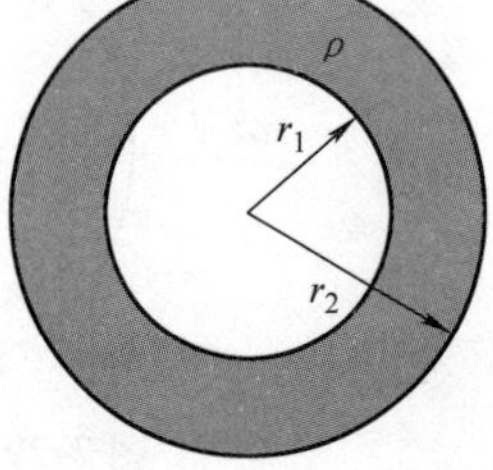

图 7-34　习题 7.17 用图

7.17　如图 7-34 所示，在半径为 r_2、电荷体密度为 ρ 的均匀带电球体内，存在一个半径为 r_1 的同心球形空腔。求空间的电势分布。

7.18　设在半径为 R 的无限长圆柱形带电体内，电荷分布是轴对称的，电荷体密度为 $\rho=Ar(r\leqslant R)$，A 为正的常量，r 为轴线到柱内一点的距离。选距轴线为 $L(L>R)$ 处为电势零点，求柱体内外的电势分布。

7.19　如图 7-35 所示，一锥顶角为 θ 的圆台，上下底面半径分别为 R_1 和 R_2，在它的侧面上均匀带电，电荷面密度为 σ。求顶点 O 的电势。

7.20　图 7-36 中给出了电势沿 x 轴方向的分布，计算 x 轴上的电场强度分布。

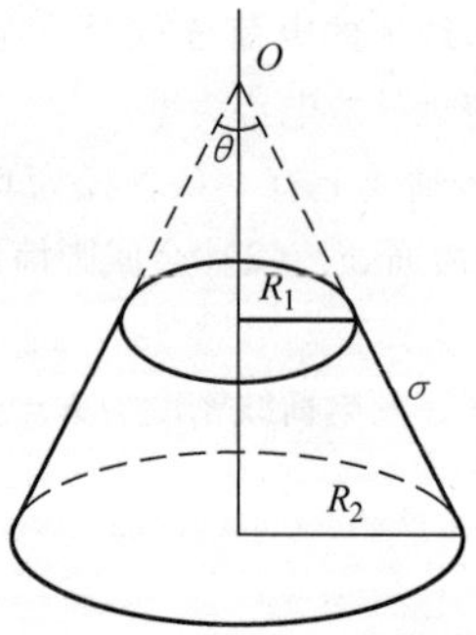

图 7-35　习题 7.19 用图

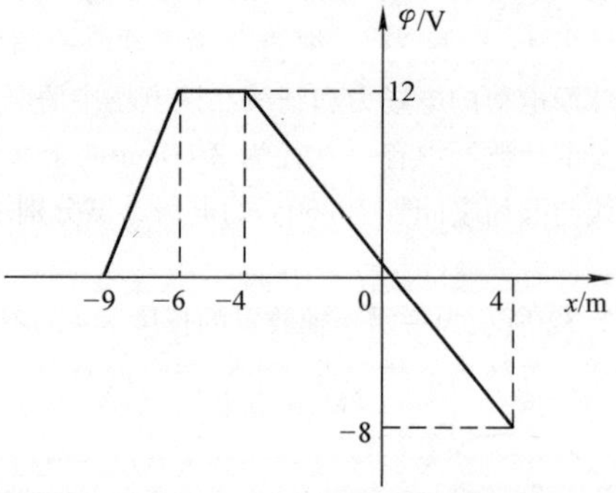

图 7-36　习题 7.20 用图

习题答案

7.1　$\boldsymbol{E}_0=\mathbf{0}$，$\boldsymbol{E}_0=\mathbf{0}$，$\boldsymbol{E}_0=k\dfrac{4q}{a^2}\boldsymbol{i}$，$\boldsymbol{E}_0=k\dfrac{2q}{a^2}\boldsymbol{i}$

7.2　$E=E_x=\dfrac{\lambda}{2\pi\varepsilon_0 R}$，方向沿 x 轴正向

7.3　$E=\dfrac{\sigma}{\pi\varepsilon_0}$，方向沿 x 轴正向

7.4　（1）$E=\dfrac{\sigma}{2\pi\varepsilon_0}\ln\left(1+\dfrac{b}{a}\right)$；（2）$E=\dfrac{\sigma}{\pi\varepsilon_0}\arctan\left(\dfrac{b}{2d}\right)$

7.5　证明略

7.6 (1) $\rho=4.43\times10^{-13}\text{C/m}^3$；(2) $\sigma=-8.9\times10^{-10}\text{C/m}^2$

7.7 O 点产生的电场强度大小为 $E_O=\dfrac{\rho R'^3}{3\varepsilon_0 a^2}$，方向由 O 指向 O'，

O'点电场强度大小为 $E_{O'}=\dfrac{\rho}{3\varepsilon_0}a$，方向也由 O 指向 O'

7.8 当 $r\leqslant R_1$ 时， $q_内=\pi r^2 l\rho$，$E=\dfrac{\rho}{2\varepsilon_0}r$

$R_1\leqslant r\leqslant R_2$ 时，$q_内=\pi R_1^2 l\rho$，$E=\dfrac{R_1^2\rho}{2\varepsilon_0 r}$

$R_2\leqslant r\leqslant R_3$ 时，$q_内=\pi R_1^2 l\rho+\pi(r^2-R_2^2)l\rho, E=\dfrac{(r^2+R_1^2-R_2^2)\rho}{2\varepsilon_0 r}$

$r\geqslant R_3$ 时，$q_内=\pi R_1^2 l\rho+\pi(R_3^2-R_2^2)l\rho, E=\dfrac{(R_3^2+R_1^2-R_2^2)\rho}{2\varepsilon_0 r}$

7.9 当 $r\leqslant R$ 时，$q_{in}=k\pi r^4$，$E_内=\dfrac{kr^2}{4\varepsilon_0}$

$r\geqslant R$ 时，$q_{out}=k\pi R^4$，$E_外=\dfrac{kR^4}{4\varepsilon_0 r^2}$

7.10 $\boldsymbol{F}=\dfrac{\lambda q l\hat{\boldsymbol{r}}}{4\pi\varepsilon_0 r_0(r_0+l)}$（$\hat{\boldsymbol{r}}$ 为 $\boldsymbol{r}$ 方向上的单位矢量），$W=\dfrac{q\lambda}{4\pi\varepsilon_0}\ln\dfrac{r_0+l}{r_0}$。

7.11 (1)导线表面处 $E=2.54\times10^6\text{V/m}$；(2)圆筒内表面处 $E=1.70\times10^4\text{V/m}$

7.12 $\varphi=\dfrac{\lambda_0}{4\pi\varepsilon_0}\left(l-a\ln\dfrac{a+l}{a}\right)$

7.13 证明略

7.14 (1)$v=\sqrt{\dfrac{2MR(mg-qE)}{m(M+m)}}$；(2)$V=-\sqrt{\dfrac{2mR(mg-qE)}{M(M+m)}}$；(3)小球可以到达 C 点

7.15 (1)$\sigma=8.85\times10^{-9}\text{ C/m}^2$；(2)$q'=6.67\times10^{-9}\text{ C}$

7.16 (1)$q_1=6.7\times10^{-10}\text{C}, q_2=-1.3\times10^{-9}\text{C}$；(2)$r=0.1\text{m}$

7.17 当 $r\leqslant r_1$ 时，$\varphi=\dfrac{\rho}{2\varepsilon_0}(r_2^2-r_1^2)$

当 $r_1\leqslant r\leqslant r_2$ 时，$\rho=\dfrac{\rho}{6\varepsilon_0}\left(3r_2^2-r^2-\dfrac{2r_1^3}{r}\right)$

当 $r\geqslant r_2$ 时，$\varphi=\dfrac{\rho}{3\varepsilon_0 r}(r_2^3-r_1^3)$

7.18 当 $r\leqslant R$ 时，$\varphi_内=\dfrac{A}{9\varepsilon_0}(R^3-r^3)+\dfrac{AR^3}{3\varepsilon_0}\ln\dfrac{L}{R}$

当 $r\geqslant R$ 时，$\varphi_外=\dfrac{AR^3}{3\varepsilon_0}\ln\dfrac{L}{r}$

7.19 $\varphi=\dfrac{\sigma(R_2-R_1)}{2\varepsilon_0}$

7.20 $-9<x<-6$ 段：$E_x=-\dfrac{12-0}{-6-(-9)}\text{V/m}=-4.0\text{V/m}$

$-6<x<-4$ 段：$E_x=-\dfrac{12-12}{-4-(-6)}\text{V/m}=0$

$-4<x<4$ 段：$E_x=-\dfrac{-8-12}{4-(-4)}\text{V/m}=2.5\text{V/m}$

第 8 章 静电场中的导体与电介质

首先让我们来认识一下物质按导电性能的分类。导电性能很好的材料称为导体，如各种金属、电解质溶液等；电介质（或称为绝缘体）是导电性能很差的材料，如云母、胶木等；半导体导电性能介于导体和绝缘体之间。

本章首先讨论静电场中的金属导体。金属导体的电结构特征是在它的内部有可以自由移动的电荷——自由电子。将金属导体放在静电场中，它内部的自由电子将受静电场的作用而产生定向运动，并在导体侧面集结，使该侧面出现负电荷，而相对的另一侧面出现正电荷，这就是静电感应现象。

8.1 静电场中的导体

8.1.1 导体的静电平衡条件

如图 8-1 所示为感应起电现象：当带正电的玻璃棒 *A* 移近 *B* 端时，*B*、*C* 因感应而带电，*B* 端带负电，*C* 端带正电。这时将 *B*、*C* 两部分分开，再撤走 *A*，则 *B*、*C* 两部分带等量的异号电荷，这就是所谓的“感应起电”现象，即**静电感应现象**。

由静电感应现象所产生的电荷，称为**感应电荷**。感应电荷同样在空间激发电场，将这部分电场称为**附加电场**，而空间任一点的电场强度是外加电场和附加电场的矢量和。在导体内部附加电场与外电场方向相反，随着感应电荷的增加，附加电场也随之增加，如图 8-2 所示，直至附加电场与外电场完全抵消，使导体内部的电场强度为零，这时自由电子的定向运动也就停止了。

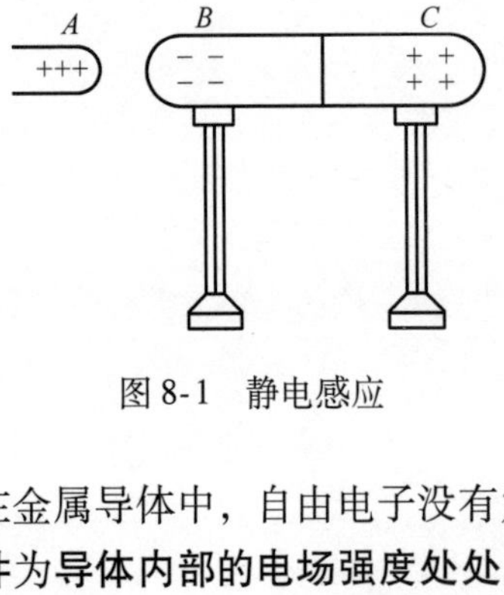

图 8-1　静电感应

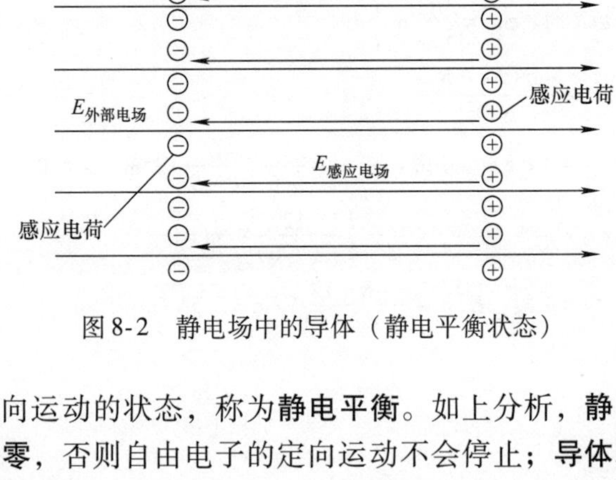

图 8-2　静电场中的导体（静电平衡状态）

在金属导体中，自由电子没有定向运动的状态，称为**静电平衡**。如上分析，**静电平衡的条件为导体内部的电场强度处处为零**，否则自由电子的定向运动不会停止；**导体表面上**

的电场强度处处垂直于导体表面，否则自由电子将会在沿表面分量的电场力的作用下做定向运动。

由导体的静电平衡条件容易推出处于静电平衡状态的金属导体必具有下列性质：**整个导体是等势体，导体表面是等势面。导体内部不存在净电荷，电荷都分布在导体的表面上**。

8.1.2　静电平衡时导体上的电荷分布

下面我们来讨论处于静电平衡时导体上的电荷分布情况。如图 8-3 所示，在导体内包围 P 点作闭合曲面 S，由静电平衡条件 $E_{\text{in}}=0$，根据高斯定理

$$\oint_S \boldsymbol{E}\cdot \mathrm{d}\boldsymbol{S} = \frac{\sum q_{\text{in}}}{\varepsilon_0} = 0 \tag{8-1}$$

可得

$$\sum q_{\text{in}} = 0 \tag{8-2}$$

处于静电平衡态的实心导体，其内部各处净电荷为零，电荷只能分布于导体外表面。

如图 8-4 所示，在导体表面任取无限小面积元 ΔS，认为它是电荷分布均匀的带电平面，电荷面密度为 σ，作高斯面（扁平圆柱面，见图 8-4），轴线与表面垂直，Δl 很小，由高斯定理

$$\begin{aligned}\oint_S \boldsymbol{E}\cdot \mathrm{d}\boldsymbol{S} &= \int_{\text{上底}} \boldsymbol{E}\cdot \mathrm{d}\boldsymbol{S} + \int_{\text{下底}} \boldsymbol{E}_{\text{内}}\cdot \mathrm{d}\boldsymbol{S} + \int_{\text{侧}} \boldsymbol{E}_{\text{表}}\cdot \mathrm{d}\boldsymbol{S}\\ &= E_{\text{表}}\Delta S + 0\cdot \Delta S + E_{\text{表}}\Delta S_{\text{侧}}\cos\frac{\pi}{2}\\ &= E_{\text{表}}\Delta S = \frac{\sigma \Delta S}{\varepsilon_0}\end{aligned} \tag{8-3}$$

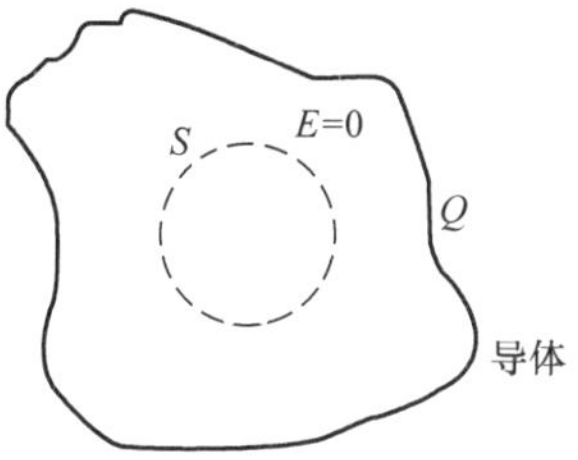

图 8-3　处于静电平衡时的实心导体

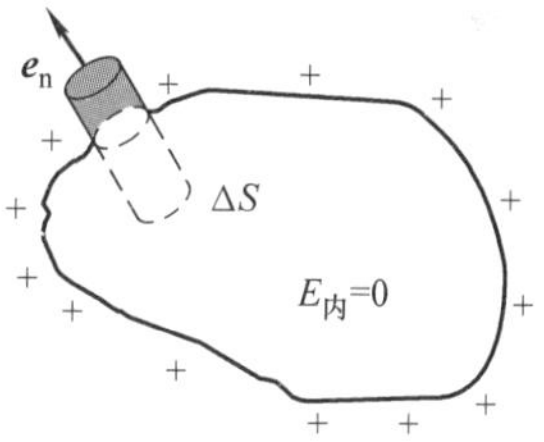

图 8-4　电荷面密度与表面邻近处电场强度的关系

由此得

$$\boldsymbol{E}_{\text{表}} = \frac{\sigma}{\varepsilon_0}\boldsymbol{e}_{\text{n}} \tag{8-4}$$

注意 $\boldsymbol{E}_{\text{表}}$ 是由导体上及导体外全部电荷所产生的合电场强度，而非仅由导体表面该点处的电荷面密度所产生。**处于静电平衡的导体，其表面上各点的电荷面密度与表面邻近处电场强度大小成正比**。

静电平衡下的孤立导体，其表面某处面电荷密度 σ 与该表面曲率有关，曲率越大的地方，电荷密度 σ 也越大。因此对于有尖端的导体，由于尖端处电荷密度很大，尖端处的电

场也很强，当这里的电场强度达到一定值时，就可使空气中残留的离子在电场作用下发生激烈运动，使得空气电离而产生大量的带电粒子。与尖端上电荷异号的带电粒子受尖端电荷的吸引，飞向尖端，使尖端上的电荷中和掉；与尖端上电荷同号的带电粒子受到排斥而从尖端附近飞开。从外表上看，就好像尖端上的电荷被“喷射”出来一样，这现象称为**尖端放电**。在尖端放电过程中，还可使原子受激发光而出现电晕。避雷针就是根据尖端放电的原理制成的。在高压设备中，为了防止因尖端放电而引起的危险和电能的浪费，可采取表面光滑的较粗导体。

图8-5所示为内部无带电体的空腔导体，导体电量为Q，在其内作一包围内表面的高斯面S，由高斯定理

$$\oint_S \boldsymbol{E} \cdot \mathrm{d}\boldsymbol{S} = \frac{\sum q_{\text{in}}}{\varepsilon_0} \tag{8-5}$$

因为导体处于静电平衡时，导体内$E=0$，由高斯定理可得高斯面内静电荷代数和为零，即$\sum\limits_{S_{内}} q = 0$。又空腔内无其他电荷，故静电平衡时，导体内表面也无净电荷。

但是，在空腔内表面上能否会出现符号相反的电荷，即等量的正、负电荷呢？我们设想，假如存在这种可能，如图8-5所示，在A点附近出现$+q$，B点附近出现$-q$，这样在腔内就分布始于正电荷终于负电荷的电场线，由此可知，$\varphi_A > \varphi_B$，但静电平衡时，导体为等势体，即$\varphi_A = \varphi_B$，因此，假设不成立。

静电平衡时，腔内表面无净电荷分布，净电荷都分布在外表面上（腔内电势与导体电势相同）。这些结论不受腔外电场的影响，腔外电场与腔外表面电荷对腔内电场强度的总贡献为零。

如图8-6所示，为内部有带电体的空腔导体，导体电量为Q，其内腔中有点电荷$+q$，在空腔导体内作一包围内表面的高斯面S，由高斯定理

$$\oint_S \boldsymbol{E} \cdot \mathrm{d}\boldsymbol{S} = \frac{\sum q_{\text{in}}}{\varepsilon_0} \tag{8-6}$$

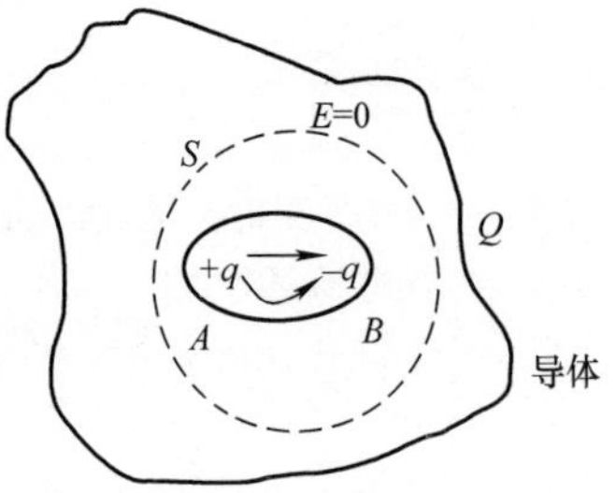

图8-5　内部无带电体的空腔导体

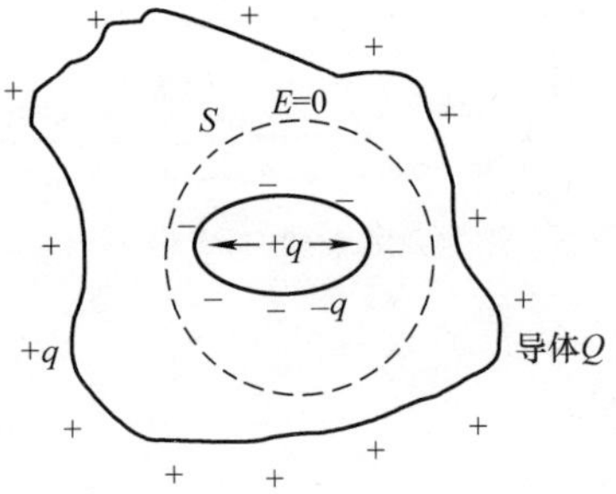

图8-6　内部有带电体的空腔导体

因为静电平衡时$\boldsymbol{E}=\mathbf{0}$，所以$\sum q_{\text{in}} = 0$。又因为腔内有电荷$+q$，因此腔内表面必有感应电荷$-q$。即静电平衡时，腔内表面有感应电荷$-q$，外表面有感应电荷$+q$。若将导体外表面接地，这时其上的电荷被大地电荷中和，那么空腔内带电体的电荷变化将不再影响导体外的电场。

8.1.3　有导体存在时静电场的分析与计算

导体放入静电场中时，电场会影响导体上电荷的分布，同时，导体上的电荷分布也会影响电场的分布。这种相互影响将一直持续到达静电平衡时为止，这时导体上的电荷的分布及周围的电场分布就不再改变了。此时的电荷和电场的分布可以根据静电场的基本规律、电荷守恒以及导体静电平衡条件加以分析和计算，下面举几个例子。

例 8.1　将带电量为 Q 的导体板 A 从远处移至不带电的导体板 B 附近，如图 8-7 所示，两导体板的几何形状完全相同，面积均为 S，移近后两导体板的距离为 d。求：

（1）忽略边缘效应，求两导体板间的电势差；

（2）若将 B 接地，结果将如何？

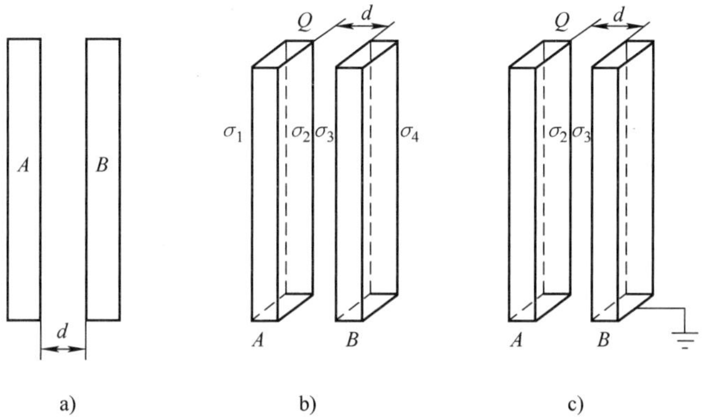

图 8-7　例题 8.1 用图

解：（1）如图 8-7b 所示，依照题意，由电荷守恒可得

$$(\sigma_1+\sigma_2)S=Q$$
$$(\sigma_3+\sigma_4)S=0$$

由静电平衡条件，得

$$\sigma_1-\sigma_4=0$$
$$\sigma_2+\sigma_3=0$$

解得

$$\sigma_1=\sigma_2=-\sigma_3=\sigma_4=\frac{Q}{2S}$$

两导体板间电场强度大小为 $E=\dfrac{Q}{2\varepsilon_0 S}$，方向为 A 指向 B。两导体板间的电势差为

$$U_{AB}=\frac{Qd}{2\varepsilon_0 S}$$

（2）如图 8-7c 所示，导体板 B 接地后电势为零。

$$\sigma_1=\sigma_4=0$$
$$\sigma_2=-\sigma_3=\frac{Q}{S}$$

两导体板间电场强度大小为 $E'=\dfrac{Q}{\varepsilon_0 S}$，方向为 A 指向 B。两导体板间的电势差为

$$U'_{AB}=\frac{Qd}{\varepsilon_0 S}$$

例 8.2　如图 8-8 所示，一导体球半径为 R_1，带电荷为 q，外罩一半径为 R_2 的同心薄球壳，外球壳所带总电荷为 Q，求此系统的电势和电场分布。

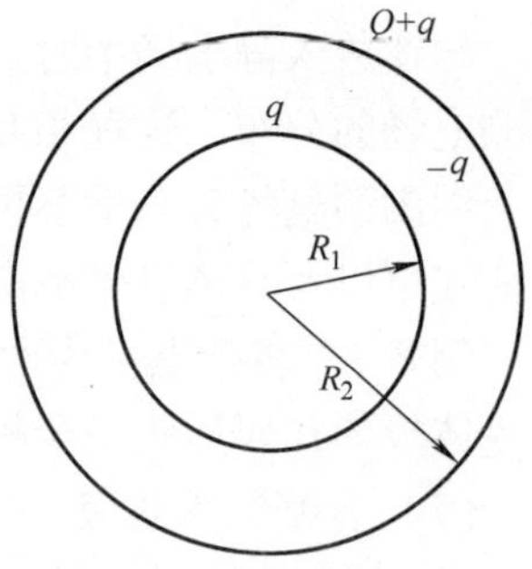

图 8-8　例题 8.2 用图

解：根据静电平衡时电荷的分布，可知电场分布呈球对称。取同心球面为高斯面，由高斯定理 $\oint_S \boldsymbol{E}\cdot \mathrm{d}\boldsymbol{S}=E(r)\cdot 4\pi r^2=\dfrac{1}{\varepsilon_0}\sum q_{\text{in}}$，根据不同半径的高斯面内的电荷分布，解得各区域内的电场分布为

$$E(r)=\begin{cases}0, & r<R_1\\ \dfrac{q}{4\pi\varepsilon_0 r^2}, & R_1<r<R_2\\ \dfrac{Q+q}{4\pi\varepsilon_0 r^2}, & r>R_2\end{cases}$$

由电场强度与电势的积分关系，可得各相应区域内的电势分布。

$r<R_1$ 时

$$\varphi_1=\int_r^{\infty}\boldsymbol{E}\cdot \mathrm{d}\boldsymbol{l}=\int_r^{R_1}\boldsymbol{E}_1\cdot \mathrm{d}\boldsymbol{l}+\int_{R_1}^{R_2}\boldsymbol{E}_2\cdot \mathrm{d}\boldsymbol{l}+\int_{R_2}^{\infty}\boldsymbol{E}_3\cdot \mathrm{d}\boldsymbol{l}=\frac{q}{4\pi\varepsilon_0 R_1}+\frac{Q}{4\pi\varepsilon_0 R_2}$$

$R_1<r<R_2$ 时

$$\varphi_2=\int_r^{\infty}\boldsymbol{E}\cdot \mathrm{d}\boldsymbol{l}=\int_r^{R_2}\boldsymbol{E}_2\cdot \mathrm{d}\boldsymbol{l}+\int_{R_2}^{\infty}\boldsymbol{E}_3\cdot \mathrm{d}\boldsymbol{l}=\frac{q}{4\pi\varepsilon_0 r}+\frac{Q}{4\pi\varepsilon_0 R_2}$$

$r>R_2$ 时

$$\varphi_3=\int_r^{\infty}\boldsymbol{E}_3\cdot \mathrm{d}\boldsymbol{l}=\frac{q+Q}{4\pi\varepsilon_0 r}$$

8.1.4　静电屏蔽

如图 8-9 所示，由于空腔中的电场强度处处为零，放在空腔中的物体，就不会受到外电场的影响，所以空心金属球体对于放在它的空腔内的物体有保护作用，使物体不受外电场影响。

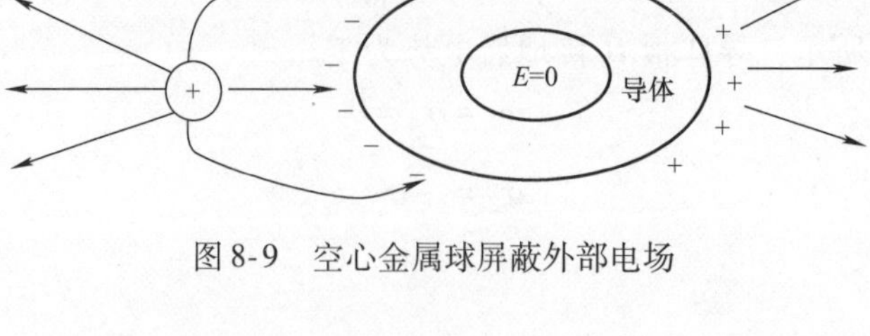

图 8-9　空心金属球屏蔽外部电场

另一方面，如图 8-10 所示，一个接地的空心导体可以隔绝放在它的空腔内的带电体和外界的带电体之间的静电作用，这就是**静电屏蔽原理**。

总之，空腔导体（无论接地与否）将使腔内空间不受外电场的影响，而接地空腔将使外界空间不受空腔内的电场的影响，这就是空腔导体的静电屏蔽作用。例如，屏蔽服、屏蔽线、金属网都具有静电屏蔽作用。

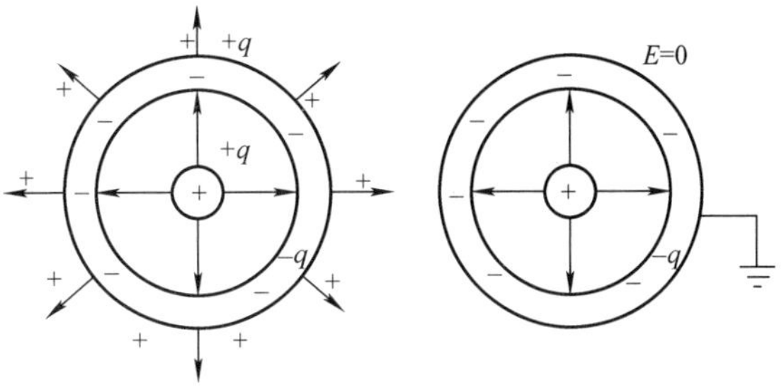

图 8-10　接地空心导体的静电屏蔽

8.2 静电场中电介质的极化

电介质是电阻率很大、导电能力很差的物质。电介质的主要特征在于它的原子或分子中的电子和原子核的结合力很强，电子处于束缚状态。在一般条件下，电子不能挣脱原子核的束缚，因而在电介质内部能做宏观运动的电子极少，导电能力也就极弱。通常为了突出电场与电介质相互影响的主要方面，在静电问题中总是忽略电介质微弱的导电性，而将其看作理想的绝缘体。当电介质处在电场中时，在电介质中，不论是原子中的电子，还是分子中的离子，或是晶体点阵上的带电粒子，在电场的作用下都会在原子大小的范围内移动，当达到静电平衡时，在电介质的表面层或在体内会出现极化电荷。

8.2.1　电介质对电场的影响

电介质对电场的影响可以通过实验来理解。

考虑一个由两个平行放置的金属板组成的装置，两板分别带有等量异号电荷 $+Q$ 和 $-Q$，板间为空气，可以近似看作真空。此时测量的两板间的电压为 U_0，如果保持两板间距离和板上电荷不变，而在板间充满电介质，则可发现测得的两板间的电压变小了，用 U 表示插入电介质后的两板间电压，实验表明 U 与 U_0 的关系可以写成

$$U=\frac{U_0}{\varepsilon_r} \tag{8-7}$$

ε_r 叫作该介质的**相对电容率**（或**相对介电常量**），它是一个大于 1 的数，它是表征电介质本身特性的物理量。在电容器两板间插入电介质后，两板间的电压减小，说明由于电介质的插入使板间的电场减弱了。由于 $U=Ed$，$U_0=E_0d$，所以

$$E=\frac{E_0}{\varepsilon_r} \tag{8-8}$$

即电场强度减小到真空时的 $1/\varepsilon_r$，为什么会有这个结果呢？我们可以用电介质受电场的影响而发生的变化来说明，而这又涉及电介质的微观结构，下面来说明这一点。

8.2.2　电介质的极化

电介质中几乎没有自由电荷，分子中的电荷由于很强的相互作用而被束缚在一个很小

的尺度（10^{-10}m）之内。在外电场的作用下，这些电荷也会在束缚的条件下重新分布，产生新的电荷分布来削弱介质中的电场，但却不能像导体那样把电场强度减弱为零。下面我们就来讨论这种现象，而且只讨论均匀的、各向同性的介质。

分子由等量的正、负电荷构成，在一级近似下，可以把分子中的正、负电荷作为两个点电荷处理，称为等效电荷，等效电荷的位置称为电荷中心。若分子的正、负电荷中心不重合，则等效电荷形成一个电偶极子，其电偶极矩 $\boldsymbol{p}=q\boldsymbol{l}$ 称为分子的**固有电矩**，这种分子叫**有极分子**。如 HCl 分子，H 原子一端带电 $+e$，Cl 原子一端带电 $-e$，形成一个电偶极子，这是化学中典型的极性共价键。若分子的正、负电荷中心重合，则分子的电偶极矩为零，这种分子叫**无极分子**。H_2、O_2、N_2、CO_2 分子即属于这一类情况，化学中称为非极性共价键。

如图 8-11a 所示，有极分子在没有外场作用时，由于热运动，分子电矩无规则排列而相互抵消，介质不显电性。在有外场 $\boldsymbol{E}_0$ 的作用时，分子将受到一个力矩的作用（见图 8-11b）而转动到沿电场方向有序排列，如图 8-11c 所示，这称为**介质的极化**。有极分子的极化是通过分子转动方向实现的，称为**取向极化**。若撤去外场，分子电矩恢复无规则排列，极化消失，介质重新回到电中性。

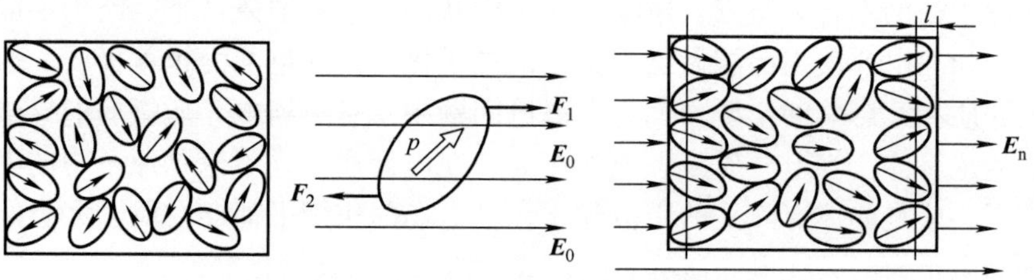

a)　b)　c)

图 8-11　有极分子的极化示意图

如图 8-12a 所示，无极分子在没有外场作用时不显电性。有外场作用时，正负电荷中心受力作用而发生相对位移，形成一个电偶极矩，称为**感生电矩**，见图 8-12b。感生电矩沿电场方向排列，使介质极化，如图 8-12c 所示。无极分子的极化是由于分子正负电荷中心发生相对位移来实现的，故称为**位移极化**。若撤去外场，无极分子的正、负电荷中心重新重合，极化消失，介质恢复电中性。显然，位移极化的微观机制与取向极化不同，但结果却相同，即介质中分子电偶极矩矢量和不为零，或者说介质被极化了。所以，如果问题不

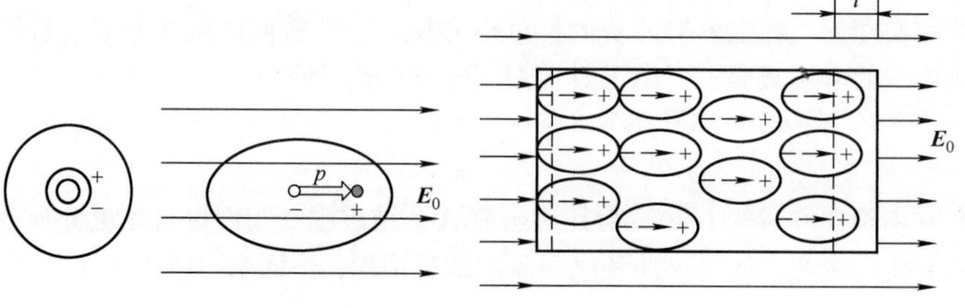

a)　b)　c)

图 8-12　无极分子的极化示意图

涉及极化的机制，在宏观处理上我们往往不必对它们刻意区分。

8.3　D 的高斯定理

电介质极化的程度与外电场的强弱有关，下面我们讨论描述电介质极化程度的物理量——电极化强度矢量。

在电介质内任取一小体积元 ΔV，当没有外电场时，体积元中所有分子的电偶极矩的矢量和 $\sum \boldsymbol{p}$ 为零。但是在外电场中，由于电介质的极化，$\sum \boldsymbol{p}$ 将不等于零。外电场越大，被极化的程度越大，$\sum \boldsymbol{p}$ 的值也就越大，因此取单位体积内分子电偶极矩的矢量和作为量度电介质极化程度的基本物理量，称为该点的**电极化强度矢量**（$\boldsymbol{P}$ 矢量），即

$$\boldsymbol{P} = \frac{\sum \boldsymbol{p}}{\Delta V} \tag{8-9}$$

当电介质处于稳定的极化状态时，电介质中每一点有一定的极化强度，不同点的极化强度可以不同，这表示不同部分的极化程度和极化方向不一样。如果在电介质中各点的电极化强度的大小和方向都相同，电介质的极化就是均匀的，否则极化是不均匀的。在国际单位制中，电极化强度的单位是 C/m^2。

电介质的极化是电场和介质分子相互作用的过程，外电场引起电介质的极化，而电介质极化后出现的极化电荷也要激发电场并改变原电场的分布，重新分布后的电场反过来再影响电介质的极化，直到静电平衡时，电介质处于一定的极化状态。所以，电介质中任一点的极化强度与该点的合电场强度 $\boldsymbol{E}$ 有关。对于不同的电介质，$\boldsymbol{P}$ 和 $\boldsymbol{E}$ 的关系不同。实验证明，对于各向同性的电介质，$\boldsymbol{P}$ 和电介质内该点处的合电场强度成正比，在国际单位制中，这个关系可以写成

$$\boldsymbol{P} = \chi \varepsilon_0 \boldsymbol{E} \tag{8-10}$$

式中，比例系数 χ 和电介质的性质有关，叫作电介质的**电极化率**。如果是均匀介质，则介质中各点的 χ 值相同；如果是不均匀电介质，则 χ 是电介质各点位置的函数即 $\chi = \chi(x, y, z)$，电介质不同点的 χ 值不同。

在被极化的电介质中，由于分子电偶极子的规则排列，会在局部区域出现未被抵消的宏观电荷，这种由于极化而出现的宏观电荷叫作**极化电荷**，这些电荷不能离开电介质，也不能在电介质内部移动又称**束缚电荷**。对于均匀电介质，其极化电荷只集中在表面层里或在两种不同的界面层里。电介质极化后产生的一切宏观效应就是通过这些电荷来体现的，因此电介质的极化程度的强弱，必定和极化电荷之间有内在的联系。

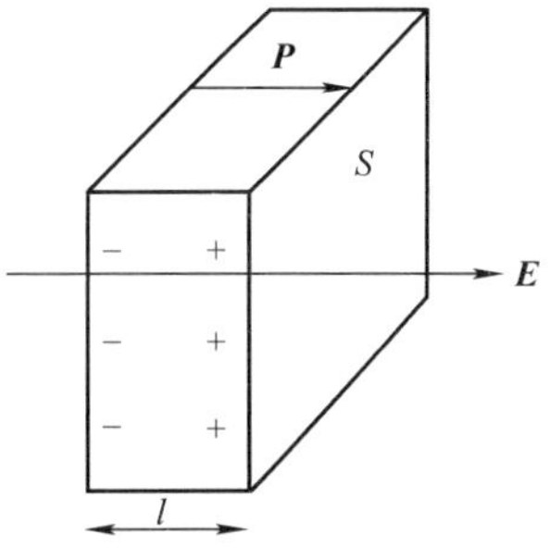

图 8-13　极化电荷面密度与极化强度

设有一厚为 l、表面积为 S 的电介质薄片（见图 8-13）放置在一均匀电场 $\boldsymbol{E}$ 中，那么在薄片两表面产生了极化电荷，薄片的电极化强度 $\boldsymbol{P}$ 平行于电场强度 $\boldsymbol{E}$。薄片总的电偶极矩是电极化强度的大小与薄片体积的乘积，即 PSl，这相当于薄片表面的极化电荷 q' 与薄片两表面的正负电荷分开的距离 l 的乘积，即

$$\left|\sum \boldsymbol{p}\right| = PSl = q'l \tag{8-11}$$

因此，薄片表面的极化电荷面密度就等于电极化强度的大小，即 $\sigma' = P$。

这个结果假定了薄片表面与 $\boldsymbol{P}$ 垂直。在一般情况下，设 $\boldsymbol{e}_n$ 为薄片表面的单位法向矢量，那么

$$\sigma' = \boldsymbol{P} \cdot \boldsymbol{e}_n = P_n \tag{8-12}$$

即介质极化所产生的极化电荷面密度等于电极化强度沿介质表面外法线的分量。在薄片侧面，由于 $\boldsymbol{P}$ 的方向与侧面法线垂直，所以侧面上的极化电荷面密度为零。

在介质内部，可以取一任意闭合曲面 S，$\boldsymbol{e}_n$ 为 S 上面元 $\mathrm{d}\boldsymbol{S}$ 的外法线方向上的单位矢量，则式 $\mathrm{d}q'_{出} = \boldsymbol{P} \cdot \mathrm{d}\boldsymbol{S}$ 表明由于极化而越过 $\mathrm{d}\boldsymbol{S}$ 面向外移出闭合面 S 的电荷。所以，越过整个闭合面 S 而向外移出的极化电荷总量 $\sum q'_{出i}$ 应为

$$\sum q'_{出i} = \oint_S \mathrm{d}q' = \oint_S \boldsymbol{P} \cdot \mathrm{d}\boldsymbol{S} \tag{8-13}$$

根据电荷守恒定律，在闭合面 S 内净余的极化电荷总量 $\sum q'_i$ 应等于 $\sum q'_{出i}$ 的负值，即

$$\oint_S \boldsymbol{P} \cdot \mathrm{d}\boldsymbol{S} = -\sum q'_i \tag{8-14}$$

式（8-14）表明，在介质中沿任意闭合曲面的极化强度通量等于曲面所包围的体积内极化电荷的负值。这是极化强度 $\boldsymbol{P}$ 与极化电荷分布之间的普遍关系。

当电场中有介质时，总电场 $\boldsymbol{E}$ 包括自由电荷产生的电场 $\boldsymbol{E}_0$ 和极化电荷产生的附加电场 $\boldsymbol{E}'$，所以有电介质时的高斯定理表达为

$$\oint_S \boldsymbol{E} \cdot \mathrm{d}\boldsymbol{S} = \frac{\left(\sum q_i + \sum q_i{}'\right)}{\varepsilon_0} \tag{8-15}$$

式中，$\sum q_i$ 和 $\sum q_i{}'$ 分别为高斯面 S 内的自由电荷与极化电荷之和。利用极化强度与极化电荷的关系式 $\oint_S \boldsymbol{P} \cdot \mathrm{d}\boldsymbol{S} = -\sum q'_i$，上式的高斯定理可改写为

$$\oint_S (\varepsilon_0 \boldsymbol{E} + \boldsymbol{P}) \cdot \mathrm{d}\boldsymbol{S} = \sum q_i \tag{8-16}$$

由此我们可以定义**电位移矢量**

$$\boldsymbol{D} = \varepsilon_0 \boldsymbol{E} + \boldsymbol{P} \tag{8-17}$$

可以得到

$$\oint_S \boldsymbol{D} \cdot \mathrm{d}\boldsymbol{S} = \sum q_i \tag{8-18}$$

式（8-18）就是有电介质时的高斯定理：**在静电场中穿过任意闭合曲面的电位移通量等于闭合曲面内自由电荷的代数和**。

式（8-17）表示了电场中任一点处 $\boldsymbol{D}$、$\boldsymbol{E}$、$\boldsymbol{P}$ 三个矢量的关系，对于任何电介质都适用。在各向同性的电介质中，$\boldsymbol{D}$、$\boldsymbol{E}$、$\boldsymbol{P}$ 三个量方向相同且 $\boldsymbol{P} = \chi\varepsilon_0 \boldsymbol{E}$，所以

$$\boldsymbol{D} = \varepsilon_0 \boldsymbol{E} + \boldsymbol{P} = \varepsilon_0(\boldsymbol{E} + \chi \boldsymbol{E}) = \varepsilon_0(1 + \chi)\boldsymbol{E} \tag{8-19}$$

令 $1 + \chi = \varepsilon_r$，即为电介质的相对介电常数，则

$$\boldsymbol{D} = \varepsilon_0 \varepsilon_r \boldsymbol{E} = \varepsilon \boldsymbol{E} \tag{8-20}$$

在没有介质时 $\boldsymbol{D}=\varepsilon_0\boldsymbol{E}+\boldsymbol{P}$ 中的 $\boldsymbol{P}=0$，且 $\boldsymbol{E}=\boldsymbol{E}_0$，所以 $\boldsymbol{E}_0=\dfrac{\boldsymbol{D}}{\varepsilon_0}$，它表示了真空或空气中电场强度与电位移的关系；而在有介质时 $\boldsymbol{E}=\dfrac{\boldsymbol{D}}{\varepsilon_0\varepsilon_{\mathrm{r}}}$，因为 $\varepsilon_{\mathrm{r}}>1$，所以 $\boldsymbol{E}<\boldsymbol{E}_0$，即介质中的电场强度小于真空中的电场强度。这是因为介质上的极化电荷在介质中产生的附加电场 $\boldsymbol{E}'$ 与 $\boldsymbol{E}_0$ 的方向相反而减弱了外电场的缘故。

介质中的高斯定理为求 $\boldsymbol{E}$ 提供了又一种方法，即先由式（8-18）求出 $\boldsymbol{D}$，再利用式（8-20）求得 $\boldsymbol{E}$。它可以用于求解带电体和介质都具有高度对称性时产生的电场的电场强度。

例 8.3　半径为 r_1 的导体球带电为 q，球外有一层内径为 r_1、外径为 r_2 的各向同性均匀介质，介电常量为 ε，如图 8-14 所示。求介质中和空气中的电场强度分布和电势分布。

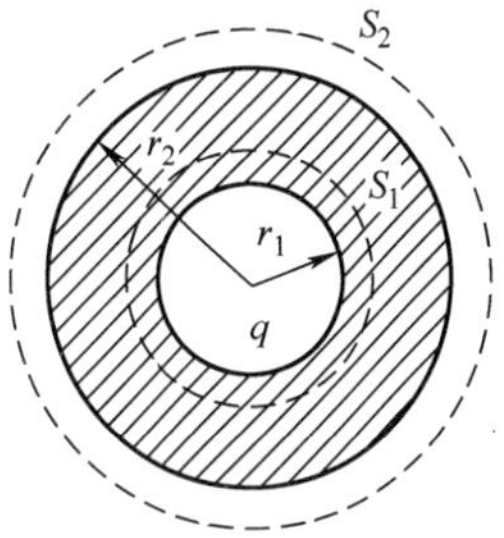

图 8-14　例题 8.3 用图

解：由于导体和介质都满足球对称性，故自由电荷和极化电荷分布也满足球对称性，因而电场的 $\boldsymbol{E}$ 和 $\boldsymbol{D}$ 分布也具有球对称性，即其方向沿径向发散，且在以 O 为中心的同一球面上 $\boldsymbol{D}$、$\boldsymbol{E}$ 的大小相同。如图 8-14 所示，在介质中作一半径为 r 的球面 S_1，按高斯定理

$$\oint_S \boldsymbol{D}\cdot\mathrm{d}\boldsymbol{S}=\sum q$$

有

$$D\cdot 4\pi r^2=q$$

故

$$D=\frac{q}{4\pi r^2}$$

所以介质中的电场强度

$$E=\frac{D}{\varepsilon}=\frac{q}{4\pi\varepsilon r^2}$$

方向沿径向发散。同理在介质外作一球面 S_2，则仍然有

$$D=\frac{q}{4\pi r^2}$$

故介质外的电场强度

$$E=\frac{D}{\varepsilon_0}=\frac{q}{4\pi\varepsilon_0 r^2}$$

方向仍沿径向发散。介质中距球心为 r 的一点的电势为

$$\varphi=\int_r^{\infty}\boldsymbol{E}\cdot\mathrm{d}\boldsymbol{l}=\int_r^{r_2}\frac{q}{4\pi\varepsilon r^2}\mathrm{d}r+\int_{r_2}^{\infty}\frac{q}{4\pi\varepsilon_0 r^2}\mathrm{d}r=\frac{q}{4\pi\varepsilon}\left(\frac{1}{r}-\frac{1}{r_2}\right)+\frac{q}{4\pi\varepsilon_0 r_2}$$

空气中距球心为 r 的一点的电势为

$$\varphi=\int_r^{\infty}\boldsymbol{E}\cdot\mathrm{d}\boldsymbol{l}=\int_r^{\infty}\frac{q}{4\pi\varepsilon_0 r^2}\mathrm{d}r=\frac{q}{4\pi\varepsilon_0 r}$$

电场中有介质时，一般不用叠加原理来求电场强度 $\boldsymbol{E}$ 和电势 φ。在一定的对称条件下，

用 $\boldsymbol{D}$ 的高斯定理求出 $\boldsymbol{D}$，由 $\boldsymbol{E}=\frac{\boldsymbol{D}}{\varepsilon}$ 得到 $\boldsymbol{E}$，进而用 $\varphi_a=\int_a^\infty \boldsymbol{E}\cdot d\boldsymbol{l}$ 求出 φ 是常用的方法。

8.4 电容器　静电能

电容器是一种常见的电学元件，它由两个电介质隔开的金属导体组成。电容器的基本形式有平行板电容器，球形电容器和圆柱形电容器。

8.4.1 电容器和它的电容

电容是导体另一十分重要的性质，理论与实验表明对于附近没有其他带电体的孤立导体，其所带的电量与它的电势成正比。在真空中设有一半径为 R 的孤立的球形导体，它的电量为 q，那么它的电势为（取无限远处电势为0）

$$\varphi=\frac{q}{4\pi\varepsilon_0 R} \tag{8-21}$$

对于给定的导体球，即 R 一定，但 q 变大时，φ 也变大，q 变小时，φ 也变小，但是比值 $q/\varphi=4\pi\varepsilon_0 R$ 却不变，此结论虽然是对球形孤立导体而言的，但对一定形状的其他导体也是如此，q/φ 仅与导体大小和形状等有关，因而有下面定义。

定义**孤立导体的电量 q 与其电势之比称为孤立导体的电容**，用 C 表示，记作

$$C=\frac{q}{\varphi} \tag{8-22}$$

例如，对于半径为 R 的孤立导体球，其电容为

$$C=\frac{q}{\varphi}=\frac{q}{\dfrac{q}{4\pi\varepsilon_0 R}}=4\pi\varepsilon_0 R \tag{8-23}$$

在国际单位制中，电容的单位为法拉（F），1F = 1C/V。在实用中 F 太大，常用微法（μF）或皮法（pF），它们之间的换算关系为

$$1\mathrm{F}=10^6\mu\mathrm{F}=10^{12}\mathrm{pF} \tag{8-24}$$

注意电容与电荷的存在与否无关。

实际上，孤立的导体是不存在的，周围总会有别的导体，当有其他导体存在时，则必然因静电感应而改变原来的电场分布，当然也就影响导体电容。下面我们具体讨论电容器的电容。

两个带有等值而异号电荷的导体所组成的带电系统称为**电容器**。电容器可以储存电荷，在以后的学习中将看到电容器也可以储存能量。

设有两个导体 A 和 B 组成一电容器（常称导体 A、B 为电容器的两个极板）。若 A、B 分别带有电荷 $+q$ 和 $-q$，其电势分别为 φ_1 和 φ_2，电容器的电容定义为**一个极板的电量 q 与两极板间的电势差之比**，即

$$C=\frac{q}{\varphi_1-\varphi_2}=\frac{q}{U_{AB}} \tag{8-25}$$

由式（8-25）可知，如将 B 移至无限远处，$\varphi_B=0$，则其就是孤立导体的电容。所以孤立导体的电势相当于孤立导体与无限远处导体之间的电势差，即孤立导体电容是 B 放在无限

远处时 $C=\dfrac{q}{\varphi_A-\varphi_B}$的特例。导体 A、B 常称电容器的两个电极。简单电容器的电容可以很容易地计算出来，下面举几个例子。

平行板电容器

如图 8-15 所示，这种电容器是由两块彼此靠得很近的平行金属板构成。设金属板的面积为 S，内侧表面间的距离为 d，在极板间距 d 远小于板面线度的情况下，平板可看成无限大平面，因而可忽略边缘效应。若极板带等量异号电荷，电量大小为 q，电荷面密度为 σ，则两极板间的电势差为

$$U_{AB}=\int_A^B \boldsymbol{E}\cdot \mathrm{d}\boldsymbol{l}=Ed=\frac{\sigma}{\varepsilon_0}d=\frac{q}{\varepsilon_0 S}d \tag{8-26}$$

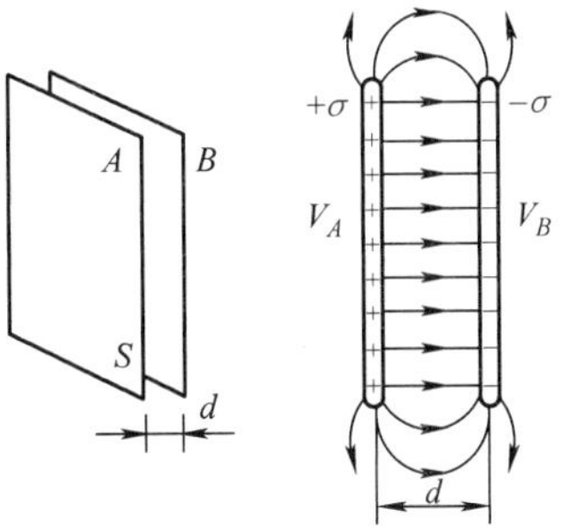

图 8-15　平行板电容器

据式（8-25）得平行板电容器的电容为

$$C=\frac{q}{U_{AB}}=\frac{\varepsilon_0 S}{d} \tag{8-27}$$

可见平行板电容器的电容与极板面积 S 成正比，与两极板间的距离 d 成反比。

同心球形电容器

如图 8-16 所示，这种电容器是由两个同心放置的导体球壳构成。设内、外球壳的半径分别为 R_A 和 R_B，内球壳上带电量 $+Q$，外球壳上带电量 $-Q$ 。据高斯定理可求得两球壳之间的电场强度大小分布为

$$E=\frac{Q}{4\pi\varepsilon_0 r^2} \tag{8-28}$$

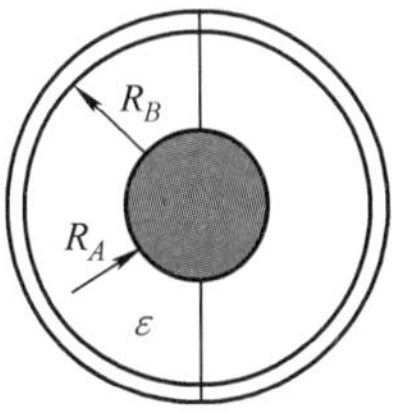

图 8-16　球形电容器

方向沿径向向外。两球壳间的电势差为

$$U_{AB}=\int_A^B \boldsymbol{E}\cdot \mathrm{d}\boldsymbol{l}=\int_{R_A}^{R_B}\frac{Q}{4\pi\varepsilon_0 r^2}\mathrm{d}r=\frac{Q}{4\pi\varepsilon_0}\left(\frac{1}{R_A}-\frac{1}{R_B}\right) \tag{8-29}$$

据式（8-25）得同心球形电容器的电容为

$$C=\frac{Q}{U_{AB}}=\frac{4\pi\varepsilon_0 R_A R_B}{R_B-R_A} \tag{8-30}$$

当 $R_B\to\infty$ 时，$C=4\pi\varepsilon_0 R_A$，此即为孤立导体球的电容。

同轴柱形电容器

如图 8-17 所示，这种电容器是由两块彼此靠得很近的同轴导体圆柱面构成。设内、外柱面的半径分别为 R_1 和 R_2，圆柱的长为 l，且内柱面上带电量 $+Q$，外柱面上带电量 $-Q$。当 l 远大于（R_2-R_1）时，可忽略柱面两端的边缘效应，认为圆柱是无限长的。据高斯定理可求得两柱面之间的电场强度大小分布为

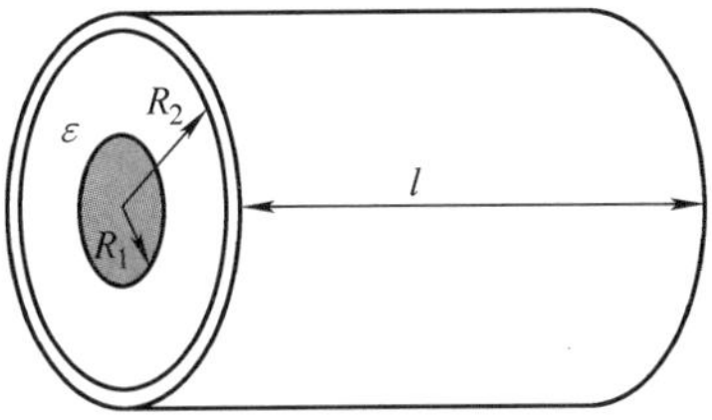

图 8-17　圆柱形电容器

$$E=\frac{\lambda}{2\pi\varepsilon_0 r} \tag{8-31}$$

式中，λ 是内柱面单位长度所带的电量。两柱面间的电势差为

$$\Delta U = \int_{R_1}^{R_2} \boldsymbol{E} \cdot \mathrm{d}\boldsymbol{l} = \int_{R_1}^{R_2} \frac{\lambda}{2\pi\varepsilon_0 r}\mathrm{d}r = \frac{\lambda}{2\pi\varepsilon_0}\ln\frac{R_2}{R_1} \tag{8-32}$$

因为内柱面上的总电量为 $Q=l\lambda$，所以同轴柱形电容器的电容为

$$C = \frac{Q}{\Delta U} = \frac{2\pi\varepsilon_0 l}{\ln(R_2/R_1)} \tag{8-33}$$

归纳以上几例，计算电容的一般方法为：先假设两个极板分别带有 $+Q$ 和 $-Q$ 的电量，计算两极板间的电场强度分布；再根据电场强度求出两极板的电势差；最后根据电容的定义计算电容器的电容。

以上所得电容是极间为真空情况，若极间充满电介质（不导电的物质，本书指的是各向同性的电介质），实验表明，此时电容 C 要比真空情况电容 C_0 大，可表示为

$$\frac{C}{C_0} = \varepsilon_r > 1 \quad 或 \quad C = \varepsilon_r C_0 \tag{8-34}$$

ε_r 为电介质的相对电容率。以上各情况若极间充满电介质，有

平行板电容器：

$$C = \frac{\varepsilon_0\varepsilon_r S}{d} = \varepsilon\frac{S}{d} \tag{8-35}$$

球形电容器：

$$C = \frac{4\pi\varepsilon_0\varepsilon_r R_1 R_2}{R_2 - R_1} = 4\pi\varepsilon\frac{R_2 R_1}{R_2 - R_1} \tag{8-36}$$

圆柱形电容器：

$$C = \frac{2\pi\varepsilon_0\varepsilon_r l}{\ln\frac{R_2}{R_1}} = 2\pi\varepsilon\frac{l}{\ln\frac{R_2}{R_1}} \tag{8-37}$$

其中，$\varepsilon = \varepsilon_0\varepsilon_r$ 为电介质的电容率。

8.4.2　电容器的串并联

在实际应用中，现成的电容器不一定能适合实际的要求，如电容大小不合适，或者电容器的耐压程度不合要求有可能被击穿等。因此有必要根据需要把若干电容器适当地连接起来。若干个电容器连接成电容器的组合，各种组合所容的电量和两端电压之比，称为该电容器组合的等值电容。

如图 8-18 所示，几个电容器的极板首尾相接（特点：各电容的电量相同），称为串联。

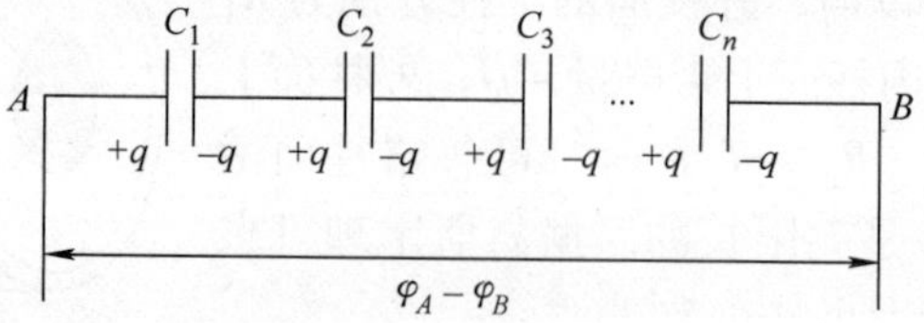

图 8-18　电容器的串联

设 A、B 间的电压为 $\varphi_A - \varphi_B$，两端极板电荷分别为 $+q$、$-q$，由于静电感应，其他极板电量情况如图 8-18 所示，有

$$\varphi_A - \varphi_B = \frac{q}{C_1} + \frac{q}{C_2} + \frac{q}{C_3} + \cdots + \frac{q}{C_n} \tag{8-38}$$

由电容定义有

$$C = \frac{q}{\varphi_A - \varphi_B} = \frac{1}{\frac{1}{C_1} + \frac{1}{C_2} + \frac{1}{C_3} + \cdots + \frac{1}{C_n}} \tag{8-39}$$

即

$$\frac{1}{C} = \frac{1}{C_1} + \frac{1}{C_2} + \cdots + \frac{1}{C_n} \tag{8-40}$$

串联电容器的等效电容的倒数等于这些电容器电容的倒数的代数和，等效电容总是小于任意单个电容。

如图 8-19 所示，每个电容器的一端接在一起，另一端也接在一起，称为电容器的并联。每个电容器两端的电压相同，均为 $\varphi_A - \varphi_B$，等效电量为

$$q = q_1 + q_2 + q_3 + \cdots + q_n \tag{8-41}$$

由电容定义，有

$$C = \frac{q}{\varphi_A - \varphi_B} = \frac{q_1 + q_2 + q_3 + \cdots + q_n}{\varphi_A - \varphi_B} = C_1 + C_2 + C_3 + \cdots + C_n \tag{8-42}$$

即

$$C = C_1 + C_2 + C_3 + \cdots + C_n \tag{8-43}$$

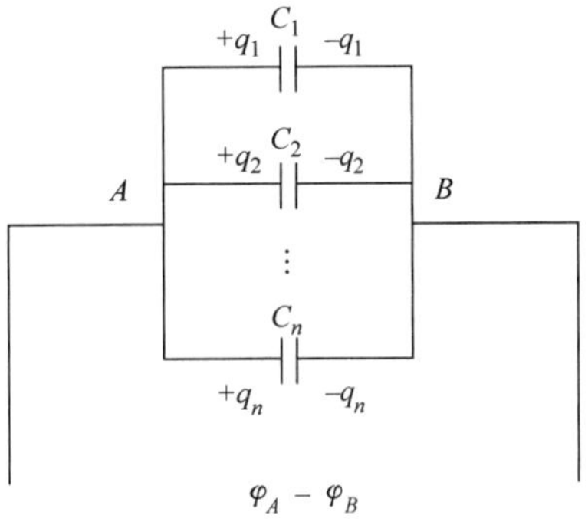

图 8-19　电容器的并联

并联电容器的等效电容等于这些电容器的电容的代数和，并且比单个电容器的电容都大。

应当指出，在电容器串联时，总电容降低，但耐压能力增强；在电容器并联时，总电容增加，而耐压值等于耐压能力最低的电容器的耐压值。在具体电路中，根据电路的要求使用不同的连接方法。有时还采取既有串联、又有并联的电容器组合，即电容器的混联。

8.4.3　电容器的能量

在电容器充电过程中，外力（电源提供）不断地把正电荷从负极板移到正极板上。在这个过程中，外力不断做功使电容器存储的静电能逐步增加。因此电容器充电过程可以理解为，不断地把微量电荷 dq 从一个极板移到另一个极板，最后使两极板分别带有电量 $+Q$ 和 $-Q$。当两极板的电量分别达到 $+q$ 和 $-q$ 时，两极板间的电势差为 u_{AB}，若继续将电量 dq 从正极板移到负极板，外力所做的元功为

$$\mathrm{d}A = \mathrm{d}q u_{AB} = \frac{q}{C}\mathrm{d}q \tag{8-44}$$

式中，C 是电容器的电容。电容器所带电量从零增加到 Q 的过程中，外力所做的功为

$$A = \int_0^Q \frac{1}{C} q \mathrm{d}q = \frac{Q^2}{2C} \tag{8-45}$$

外力所做的功 A 等于电容器这个带电体系电势能的增加，所增加的这部分能量，储存在电容器极板之间的电场中，因极板原来不带电，无电场能，所以极板间电场的能量，在数值

上等于外力所做的功 A，即

$$W_C = A = \frac{Q^2}{2C} = \frac{1}{2}QU_{AB} = \frac{1}{2}CU_{AB}^2 \tag{8-46}$$

式中，U_{AB}是电容器带电量 Q 时两极板间的电势差。上式即为电容器极板间电场能量的三种表达式。

8.4.4　静电场的能量

一个物体带有电荷是否就具有静电能？为回答这个问题，让我们把带电体的带电过程做下述理解：物体所带电量是由众多电荷元聚集而成的，原先这些电荷元处于彼此远离的状态，使物体带电的过程就是外界把它们从无限远聚集到现在这个物体上来。在外界把众多电荷元由无限远离状态聚集成一个带电体系的过程中，必须做功。据功能原理，外界所做的总功必定等于带电体系电势能的增加。若取众多电荷元处于彼此无限远离状态的电势能为零，带电体系电势能的增加就是它所具有的电势能。所以，一个带电体系所具有的静电能就是该体系所具有的电势能，它等于把各电荷元从无限远离的状态聚集成该带电体系的过程中，外界所做的功。

带电体系具有静电能。那么带电体系所具有的静电能是由电荷所携带，还是由电荷激发的电场所携带？即能量是定域于电荷还是定域于电场？对此，在静电学范围内无法回答，这是因为在一切静电现象中，静电场与静电荷是相互依存、无法分离的。随时间变化的电场和磁场形成电磁波，电磁波则可以脱离激发它的电荷和电流而独立传播并携带能量。太阳光就是一种电磁波，它给大地带来了巨大的能量。可见，静电能是定域于静电场中的。

既然静电能是定域于电场中的，那么我们就可以用场量来量度和表示它所具有的能量。下面从平行板电容器两极板间的电场能量推出电场能量的一般表达式。

设电容器极板上所带自由电荷的面密度为 σ，极板面积为 S，两极板间的距离为 d，极板间充有电容率为 ε 的电介质，$\varepsilon = \varepsilon_0\varepsilon_r$，对于空气有 $\varepsilon_r = 1$，即 $\varepsilon = \varepsilon_0$，则由 $E = \sigma/\varepsilon$ 有

$$Q = \sigma S = \varepsilon ES, \quad U_{AB} = Ed \tag{8-47}$$

将其代入式（8-46）便可得

$$W_e = \frac{1}{2}\varepsilon E^2 V \tag{8-48}$$

式中，$V = Sd$，是平行板电容器中电场所占的体积。由此可以求得电容器中静电场能量密度为

$$w_e = \frac{W_e}{V} = \frac{1}{2}\varepsilon E^2 \tag{8-49}$$

式（8-49）虽然是从平行板电容器极板间的电场这一特殊情况下推出的，但可以证明这个公式是普遍适用的。它适用于匀强电场，也适用于非匀强电场；适用于静电场，也适用于变化的电场。对于非均匀电场，空间各点的电场强度是不同的，但在体积元 dV 内可视为恒量，所以在体元 dV 内的电场能量为

$$dW_e = w_e dV \tag{8-50}$$

对整个电场所在空间积分便可得总的电场能量为

$$W_e = \int dw_e = \int_V \frac{1}{2}\varepsilon E^2 dV \tag{8-51}$$

例题 8.4　计算球形电容器的电容和能量。已知球形电容器的内外半径分别为 R_1 和 R_2，带电量分别为 Q 和 $-Q$。为简单起见，设球内外介质介电常数均为 ε_0。

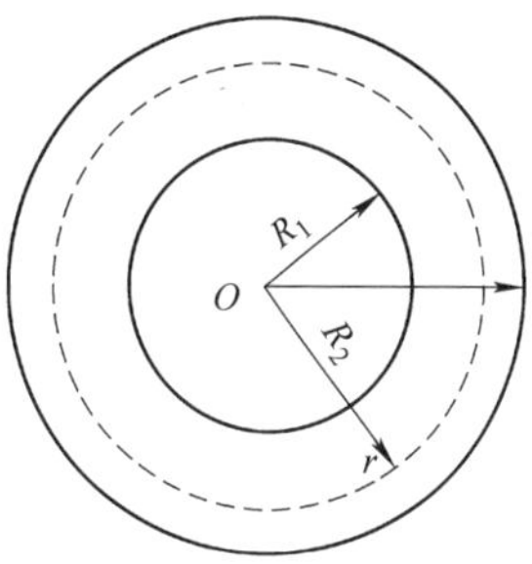

图 8-20　例题 8.4 用图

解：由高斯定理可知

$$\boldsymbol{E}=\frac{Q}{4\pi\varepsilon_0 r^3}\boldsymbol{r}\quad (R_1<r<R_2)$$

$$E=0\ (r<R_1 \text{ 和 } r>R_2)$$

取半径为 r 厚度为 $\mathrm{d}r$ 的体积元 $\mathrm{d}V=4\pi r^2\mathrm{d}r$，此体积元内电场的能量为

$$\mathrm{d}W=w\mathrm{d}V=\frac{Q^2}{8\pi\varepsilon_0 r^2}\mathrm{d}r$$

电场总能量为

$$W=\int_V w\mathrm{d}V=\int_{R_1}^{R_2}\frac{Q^2\mathrm{d}r}{8\pi\varepsilon_0 r^2}=\frac{Q^2}{8\pi\varepsilon_0}\left(\frac{1}{R_1}-\frac{1}{R_2}\right)$$

电容器的电容

$$C=\frac{Q^2}{2W}=4\pi\varepsilon_0\frac{R_2R_1}{R_2-R_1}$$

小　结

1. 静电场中的导体

导体静电平衡条件：导体内部电场强度处处为零，即 $\boldsymbol{E}=\boldsymbol{E}_0+\boldsymbol{E}'=0$

静电平衡孤立导体的性质：

1）导体为一等势体，导体表面为等势面；

2）电荷只能分布在导体表面上，导体内部电荷体密度处处为零；

3）导体表面附近电场强度与导体表面垂直。

导体静电平衡应用：

1）避雷针；

2）静电屏蔽。

2. 静电场中的电介质

电介质极化：有极分子的取向极化
　　　　　　无极分子的位移极化

电极化强度矢量：$\boldsymbol{P}=\dfrac{\sum \boldsymbol{p}}{\Delta V}$

电极化强度矢量与总电场强度关系：$\boldsymbol{P}=\varepsilon_0\chi_e\boldsymbol{E}$

电极化强度矢量与极化电荷关系：$\boldsymbol{P}\cdot\boldsymbol{e}_n=\sigma'$

电位移矢量：$\boldsymbol{D}=\varepsilon_0\boldsymbol{E}+\boldsymbol{P}$

有介质存在时的高斯定理：$\oint_S \boldsymbol{D}\cdot\mathrm{d}\boldsymbol{S}=\sum q_0$

$\boldsymbol{D}$、$\boldsymbol{E}$、$\boldsymbol{P}$ 关系：$\boldsymbol{D}=\varepsilon_0\boldsymbol{E}+\boldsymbol{P}=\varepsilon_0\boldsymbol{E}+\varepsilon_0\chi_e\boldsymbol{E}=\varepsilon_0(1+\chi_e)\boldsymbol{E}$

$$\boldsymbol{D}=\varepsilon_0(1+\chi_e)\boldsymbol{E}=\varepsilon_0\varepsilon_r\boldsymbol{E}=\varepsilon\boldsymbol{E}$$

3. 电容器 静电能

孤立导体电容：$C=4\pi\varepsilon_0 R$

平行板电容器电容：$C=\dfrac{q}{\varphi_A-\varphi_B}=\varepsilon_0\varepsilon_r\dfrac{S}{d}=\varepsilon\dfrac{S}{d}$

圆柱形电容器电容：$C=\dfrac{q}{\varphi_A-\varphi_B}=2\pi\varepsilon\dfrac{l}{\ln(R_B/R_A)}$

球形电容器电容：$C=\dfrac{q}{\varphi_A-\varphi_B}=4\pi\varepsilon\dfrac{R_AR_B}{R_B-R_A}$

电容器静电能：$W_e=\dfrac{1}{2}\dfrac{Q^2}{C}=\dfrac{1}{2}CU^2=\dfrac{1}{2}QU$

电场能量密度：$w_e=\dfrac{W_e}{V}=\dfrac{1}{2}\varepsilon_0\varepsilon_rE^2=\dfrac{1}{2}\varepsilon E^2=\dfrac{1}{2}\boldsymbol{D}\cdot\boldsymbol{E}$

思 考 题

8.1　在一孤立导体球壳的中心放一点电荷，球壳内、外表面上的电荷分布是否均匀？如果点电荷偏离球心，情况又如何？

8.2　电介质的极化和导体的静电感应有哪些相同点？哪些不同点？

8.3　有人根据 $C=\dfrac{q}{\varphi_A-\varphi_B}$ 得出结论：“若 $q=0$，则 $C=0$。即电容器不带电时没有电容。”你认为对吗？

8.4　两个半径相同的金属球，其中一个实心的，另一个是空心的，电容是否相等？

8.5　在平行板电容器中放入一块金属，金属板与两极板平行不接触，电容器的电容会不会改变？放入金属板后的电容与金属板的位置有没有关系？

8.6　有人说电位移矢量 $\boldsymbol{D}$ 只与自由电荷有关，而与束缚电荷无关，这种说法对吗？

8.7　在已充电的平板电容器内，电场中各点的电场能量密度是否都相等？如果是球形电容器，电容器中电场各点的电场能量密度是否相等？忽略边缘效应。

8.8　把充电后的平板电容器的两板分开，一次是在电容器与电源连接着的时候分开，另一次是在去掉电源以后再分开。设两次分开的距离相同，问哪一次做功较大？

习　题

8.1　半径分别为 a 和 b 的两个金属球，它们的间距 R 比本身的线度大得多。今用一细导线相连，并给系统带上电荷 Q，求：

(1) 每个球上分配的电量；

(2) 求系统的电容；

(3) 若 $a:b=2$，其中一球带电 Q，两球接触一下再分离（不连导线），求当相距为 R 时两球间静电力 F。

8.2　两个半径分别为 R_1 和 R_2（$R_1<R_2$）的同心薄金属球壳，现给内球壳带电量为 $+q$，试计算：

(1) 外球壳上的电荷分布及电势大小；

(2) 先把外球壳接地，然后断开接地线重新绝缘，此时外球壳的电荷分布及电势；

（3）再使内球壳接地，此时内球壳上的电荷以及外球壳上的电势的改变量。

8.3　如图 8-21 所示，在一半径 $R_1=6.0\text{cm}$ 的金属球 A 外面套有一个同心的金属球壳 B。已知球壳 B 内、外半径分别为 $R_2=8.0\text{cm}$，$R_3=10.0\text{cm}$。设 A 球带有总电量 $Q_A=3\times10^{-8}\text{C}$，球壳 B 带有总电量 $Q_B=2\times10^{-8}\text{C}$。

（1）求球壳 B 内、外表面上各带有的电量以及球 A 和球壳 B 的电势；

（2）将球壳 B 接地然后断开，再把金属球 A 接地。求金属球 A 和球壳 B 内、外表面上各带有的电量以及球 A 和球壳 B 的电势。

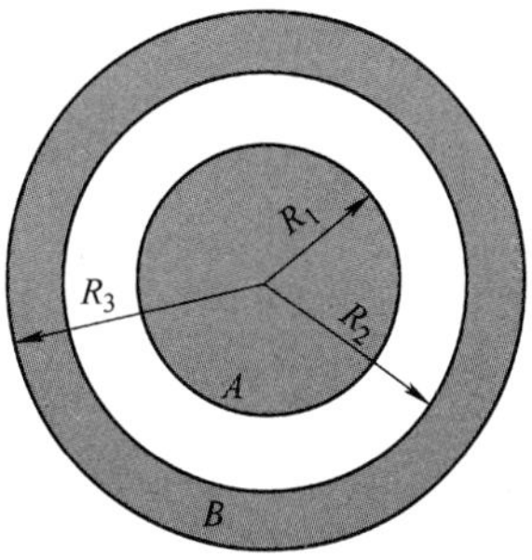

图 8-21　习题 8.3 用图

8.4　如图 8-22 所示，不带电的导体球 A 含有两个球形空腔，两空腔中心分别有一点电荷 q_b 和 q_c，导体球外距导体球很远的 r 处有另一点电荷 q_d。q_b、q_c 和 q_d 各受到多大的力？哪个答案是近似的？

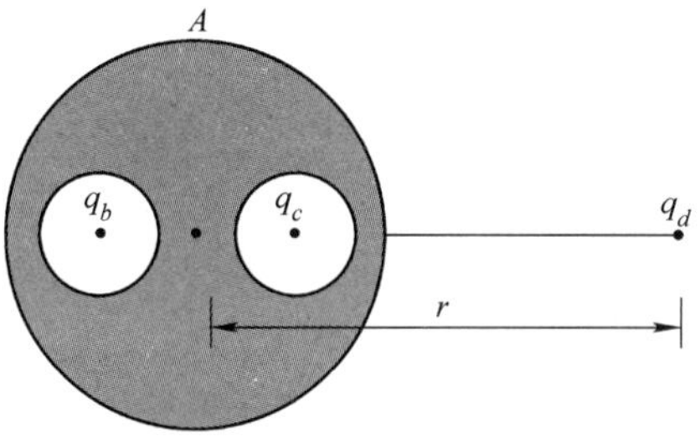

图 8-22　习题 8.4 用图

8.5　如图 8-23 所示，有三块互相平行的导体板，外面的两块用导线连接，原来不带电。中间一块上所带总电荷面密度为 $1.3\times10^{-5}\text{C/m}^2$。每块板的两个表面的电荷面密度各是多少？（忽略边缘效应）

8.6　两个平行金属板 A、B 的面积为 200cm^2，A 和 B 之间距离为 2cm，B 板接地，如图 8-24 所示。如果使 A 板带上正电荷 $7.08\times10^{-7}\text{C}$，略去边缘效应，问：以地的电势为零。则 A 板的电势是多少？

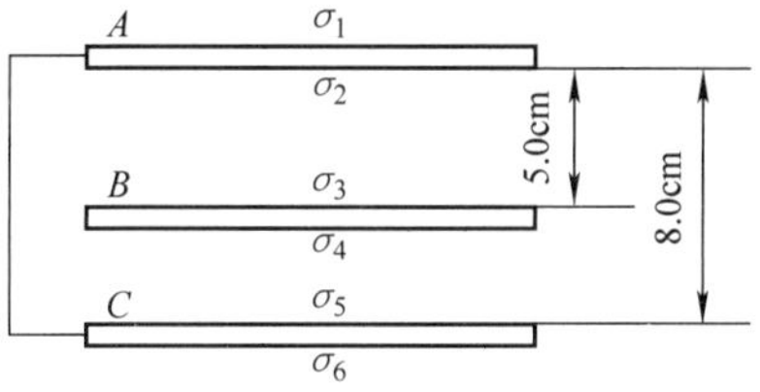

图 8-23　习题 8.5 用图

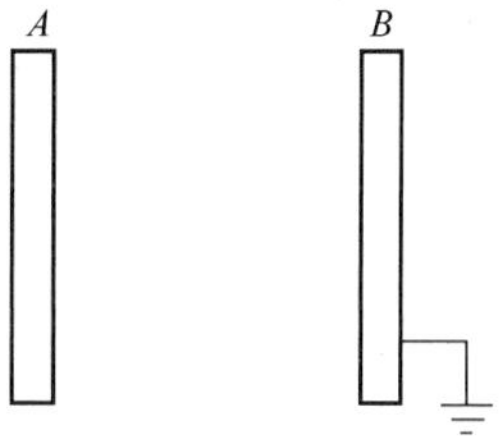

图 8-24　习题 8.6 用图

8.7　如图 8-25 所示，一空气平行板电容器，两极板面积均为 S，板间距离为 d（d 远小于极板线度），在两极板间平行地插入一面积也是 S、厚度为 t（$<d$）的金属片。试求：

（1）电容 C 等于多少？

（2）金属片放在两极板间的位置对电容值有无影响？

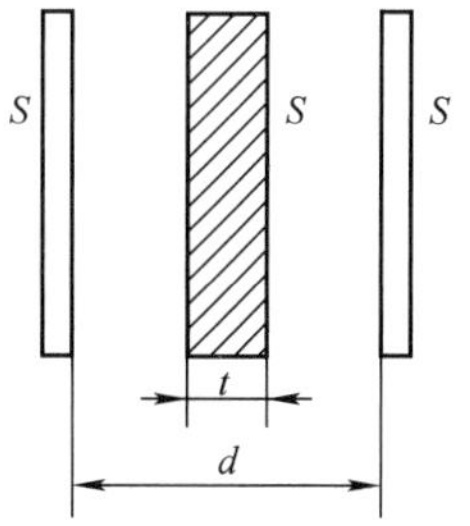

图 8-25　习题 8.7 用图

8.8　一球形电容器，内外球壳半径分别为 R_1 和 R_2，球壳与地面及其他物体相距很远。将内球用细导线接地，试证：球面间电容可用公式 $C=\dfrac{4\pi\varepsilon_0R_2^2}{R_2-R_1}$表示。（提示：可看作两个球电容器的并联，且地球半径 $R\gg R_2$）

8.9　一圆柱形电容器，外柱的直径为4cm，内柱的直径可以适当选择，若其间充满各向同性的均匀电介质，该介质的击穿电场强度的大小为 E_0 = 200kV/cm。试求该电容器可能承受的最高电压？（自然对数的底 e = 2.7183）

8.10　如图8-26所示，圆柱形电容器是由半径为 R_1 的导线和与它同轴的内半径为 R_2 的导体圆筒构成的，其长为 l，其间充满了介电常量为 ε 的介质。设沿轴线单位长度导线上的电荷为 λ，圆筒的电荷为 $-\lambda$，略去边缘效应。求：

（1）两极的电势差 U；

（2）介质中的电场强度 $\boldsymbol{E}$、电位移 $\boldsymbol{D}$；

（3）电容 C，它是真空时电容的多少倍？

8.11　如图8-27所示，设板面积为 S 的平板电容器极板间有两层介质，介电常量分别为 ε_1 和 ε_2，厚度分别为 d_1 和 d_2，求电容器的电容。

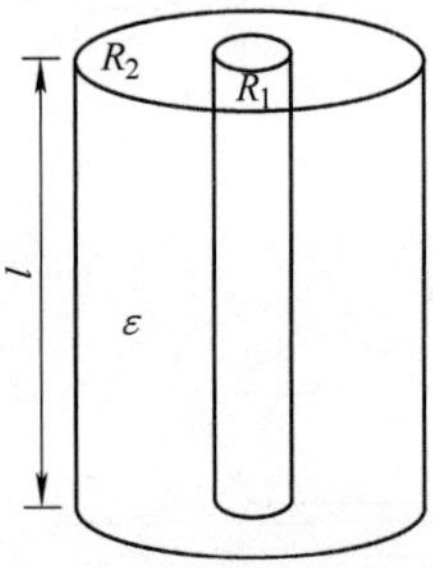

图8-26　习题8.10用图

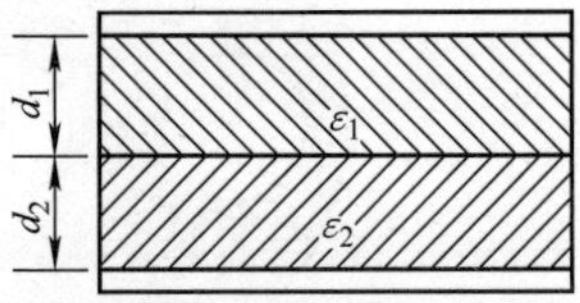

图8-27　习题8.11用图

8.12　为了测量电介质材料的相对电容率，将一块厚为1.5cm的平板材料慢慢地插进一电容器的距离为2.0cm的两平行板之间。在插入过程中，电容器的电荷保持不变。插入之后，两板间的电势差减小为原来的60%。求电介质的相对电容率多大？

8.13　在半径为 R_1 的金属球外还有一层半径为 R_2 的均匀介质，相对介电常量为 ε_r，设金属球带有电量为 Q_0，求：

（1）介质层内、外 $\boldsymbol{D}$、$\boldsymbol{E}$、$\boldsymbol{P}$ 的分布；

（2）介质层内、外表面的极化电荷面密度。

8.14　在半径为 R_1 的金属球之外包有一层外半径为 R_2 的均匀电介质球壳，介质相对介电常量为 ε_r，金属球带电 Q。试求：

（1）电介质内、外的电场强度；

（2）电介质层内、外的电势；

（3）金属球的电势。

8.15　如图8-28所示，两个同心的薄金属球壳，内、外球壳半径分别为 $R_1 = 0.02$m 和 $R_2 = 0.06$m。球壳间充满两层均匀电介质，它们的相对电容率分别为 $\varepsilon_{r1} = 6$ 和 $\varepsilon_{r2} = 3$。两层电介质的分界面半径 $R = 0.04$m。设内球壳带电量 $Q = -6\times10^{-8}$C，求：

（1）D 和 E 的分布，并画 $D-r$，$E-r$ 曲线；

（2）两球壳之间的电势差；

（3）贴近内金属壳的电介质表面上的束缚电荷面密度。

8.16　半径为 R 的介质球，相对电容率为 ε_r，其电荷体密度为 $\rho = \rho_0(1 - r/R)$，式中 ρ_0 为常量，r 是球心到球内某点的距离。试求：

（1）介质球内的电位移和电场强度分布；

（2）在半径 r 多大处电场强度最大？

8.17　如图 8-29 所示，一平行板电容器，极板面积为 S，极板间距为 d。求：

（1）充电后保持其电量 Q 不变，将一块厚为 b 的金属板平行于两极板插入。与金属板插入前相比，电容器储能增加多少？

（2）导体板进入时，外力（非电力）对它做功多少？是被吸入还是需要推入？

（3）如果充电后保持电容器的电压 U 不变，则（1），（2）两问结果又如何？

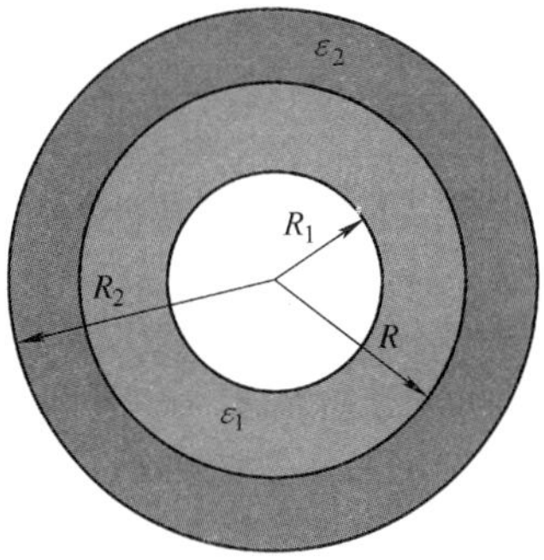

图 8-28　习题 8.15 用图

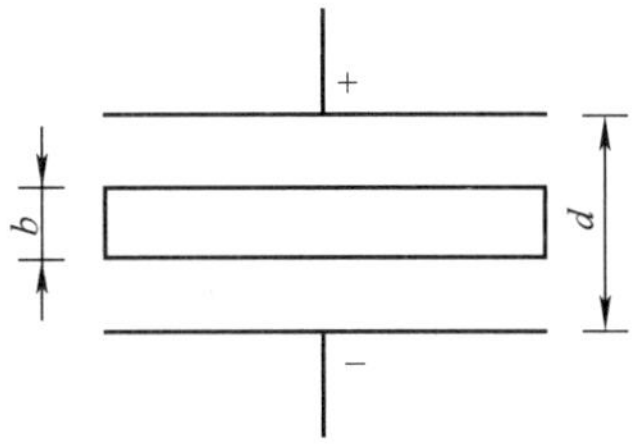

图 8-29　习题 8.17 用图

8.18　半径为 $R_1=2.0\text{cm}$ 的导体球，外套有一同心的导体球壳，壳的内、外半径分别为 $R_2=4.0\text{cm}$ 和 $R_3=5.0\text{cm}$，当内球带电荷 $Q=3.0\times10^{-8}\text{C}$ 时，求：

（1）整个电场储存的能量；

（2）此电容器的电容值。

8.19　计算球形电容器的电容和能量。已知球形电容器的内外半径分别为 R_1 和 R_2，带电量分别为 Q 和 $-Q$。为简单起见，设球内外介质介电常量均为 ε_0。

8.20　两个半径分别为 r_1 和 r_2 同心金属薄球壳组成球形电容器，内充以击穿电场强度为 E_b 的气体，已知 $r_2>r_1$。求：

（1）两球间能达到的最大电势差；

（2）电容器能储存的最大静电能。

习题答案

8.1　（1）$q_1=\dfrac{Qa}{a+b}$；$q_2=\dfrac{Qb}{a+b}$；　（2）$C=4\pi\varepsilon_0(a+b)$；　（3）$F=\dfrac{Q^2}{18\pi\varepsilon_0R^2}$

8.2　（1）$q_{内表面}=-q$，$q_{外表面}=q$，$\varphi=\dfrac{q}{4\pi\varepsilon_0R_2}$；　（2）$q_{内表面}=-q$，$q_{外表面}=0$，$\varphi=0$；

（3）$q'=\dfrac{R_1}{R_2}q$；$U=\dfrac{q(R_1-R_2)}{4\pi\varepsilon_0R_2^2}$

8.3　（1）$Q_{B,内}=-Q_A=-3\times10^{-8}\text{C}$，$Q_{B,外}=Q_B+Q_A=5\times10^{-8}\text{C}$，

$\varphi_A=5.6\times10^3\text{V}$；$\varphi_B=4.5\times10^3\text{V}$；

（2）$Q'_A=2.1\times10^{-8}\text{C}$，$Q'_{B,内}=-2.1\times10^{-8}\text{C}$，$Q'_{B,外}=-0.9\times10^{-8}\text{C}$，

$\varphi'_B=-8.1\times10^2\text{V}$，$\varphi'_A=0$

8.4　$F_b=F_c=0$，　$F_d\approx\dfrac{(q_b+q_c)q_d}{4\pi\varepsilon_0r^2}$

8.5　$\sigma_1=6.5\times10^{-6}\text{C/m}^2$；$\sigma_2=-\sigma_3=-4.9\times10^{-6}\text{C/m}^2$；$\sigma_4=-\sigma_5=8.1\times10^{-6}\text{C/m}^2$；

$\sigma_6=6.5\times10^{-6}\text{C/m}^2$

8.6　$\varphi=8\times10^4\text{V}$

8.7　(1) $C=q/(\varphi_A-\varphi_B)=\varepsilon_0 S/(d-t)$；　(2) 无影响

8.8　证明略

8.9　$U_{\max}=147\text{kV}$

8.10　(1) $U=\dfrac{\lambda}{2\pi\varepsilon}\ln\dfrac{R_2}{R_1}$；(2) $E=\dfrac{\lambda}{2\pi\varepsilon r}$，$D=\dfrac{\lambda}{2\pi r}$；(3) $C=\dfrac{q}{U}=\dfrac{2\pi\varepsilon l}{\ln(R_2/R_1)}$

8.11　$C=\dfrac{\varepsilon_1\varepsilon_2 S}{\varepsilon_2 d_1+\varepsilon_1 d_2}$

8.12　$\varepsilon_r=2.1$

8.13　(1) 介质内，$\boldsymbol{D}=\dfrac{Q_0\boldsymbol{r}}{4\pi r^3}$；$\boldsymbol{E}=\dfrac{Q_0\boldsymbol{r}}{4\pi\varepsilon_0\varepsilon_r r^3}$，$\boldsymbol{P}=\left(1-\dfrac{1}{\varepsilon_r}\right)\dfrac{Q_0\boldsymbol{r}}{4\pi r^3}$

介质之外，$\boldsymbol{D}=\dfrac{Q_0\boldsymbol{r}}{4\pi r^3}$，$\boldsymbol{E}=\dfrac{Q_0\boldsymbol{r}}{4\pi\varepsilon_0 r^3}$，$\boldsymbol{P}=0$

(2) 介质层内表面的极化电荷面密度为 $\sigma_1'=\dfrac{q_1'}{4\pi R_1^2}=\left(\dfrac{1}{\varepsilon_r}-1\right)\dfrac{Q_0}{4\pi R_1^2}$

介质层外极化电荷面密度为 $\sigma_2'=\dfrac{q_2'}{4\pi R_2^2}=\left(1-\dfrac{1}{\varepsilon_r}\right)\dfrac{Q_0}{4\pi R_2^2}$

8.14　(1) 介质内 $(R_1<r<R_2)$ $\boldsymbol{E}_{\text{in}}=\dfrac{Q\boldsymbol{r}}{4\pi\varepsilon_0\varepsilon_r r^3}$；

介质外 $(r>R_2)$ 电场强度 $\boldsymbol{E}_{\text{out}}=\dfrac{Q\boldsymbol{r}}{4\pi\varepsilon_0 r^3}$

(2) 介质外 $(r>R_2)$ 电势　$\varphi=\dfrac{Q}{4\pi\varepsilon_0 r}$

介质内 $(R_1<r<R_2)$ 电势 $\varphi=\dfrac{Q}{4\pi\varepsilon_0\varepsilon_r}\left(\dfrac{1}{r}+\dfrac{\varepsilon_r-1}{R_2}\right)$

(3) 金属球的电势 $\varphi=\dfrac{Q}{4\pi\varepsilon_0\varepsilon_r}\left(\dfrac{1}{R_1}+\dfrac{\varepsilon_r-1}{R_2}\right)$

8.15　(1) 由 $\boldsymbol{D}$ 的高斯定理可得

$r<R_1$，$D=0$

$r>R_1$，$D=\dfrac{Q}{4\pi r^2}$

再由 $E=D/\varepsilon_0\varepsilon_r$，可得

$r<R_1$，$E=0$

$R_1<r<R$，$E=\dfrac{Q}{4\pi\varepsilon_0\varepsilon_{r1}r^2}$

$R<r<R_2$，$E=\dfrac{Q}{4\pi\varepsilon_0\varepsilon_{r2}r^2}$

$r>R_2$，$E=\dfrac{Q}{4\pi\varepsilon_0 r^2}$

$D-r$ 和 $E-r$ 曲线略；

(2) $U=-3.8\times10^3\text{V}$；

(3) $\sigma'=9.9\times10^{-6}\text{C/m}^2$

8.16　(1) $\boldsymbol{D}=\rho_0\left(\dfrac{r}{3}-\dfrac{r^2}{4R}\right)\boldsymbol{e}_r$，$\boldsymbol{E}=\dfrac{\rho_0}{\varepsilon_0\varepsilon_r}\left(\dfrac{r}{3}-\dfrac{r^2}{4R}\right)\boldsymbol{e}_r$；(2) $r=2R/3$ 处电场强度最大。

8.17　(1) $\Delta W=-\dfrac{Q^2 b}{2\varepsilon_0 S}$；

（2）由于 $A_{外}=\Delta W<0$，外力做负功，即电场力做了功，因而导体板是被吸入；

（3）$\Delta W=\dfrac{\varepsilon_0 U^2 Sb}{2d(d-b)}$，$A=-\dfrac{\varepsilon_0 U^2 Sb}{2d(d-b)}$

8.18 （1）$W=1.82\times10^{-4}\text{J}$；　（2）$C=4.49\times10^{-12}\text{F}$

8.19 $W=\dfrac{Q^2}{8\pi\varepsilon_0}\left(\dfrac{1}{R_1}-\dfrac{1}{R_2}\right)$，$C=4\pi\varepsilon_0\dfrac{R_2R_1}{R_2-R_1}$

8.20 （1）$V_{\max}=E_{\text{b}}r_1^2\left(\dfrac{1}{r_1}-\dfrac{1}{r_2}\right)$；　（2）$W_{\text{e}}=2\pi\varepsilon_0\varepsilon_{\text{r}}r_1^3\left(1-\dfrac{r_1}{r_2}\right)E_{\text{b}}^2$

第 9 章 恒定电流

前面两章中讨论了静电场的规律，本章讨论电流的规律。首先介绍电流密度的概念，接下来讨论恒定电流的意义及其闭合性。然后讨论欧姆定律——导体中电流密度与电场及导体材料的关系。最后讨论电动势。

9.1 恒定电流

9.1.1 电流和电流密度

电荷的定向运动形成电流。微观上来说，带电粒子的定向运动形成电流。形成电流的带电粒子统称为**载流子**。载流子可以是电子、质子、正或负的离子，在半导体中还可以是带正电的“空穴”。导体中由于电荷的定向运动形成的电流叫作**传导电流**。

通常情况下，电流是沿着导线流动的。其强弱用电流强度（电流）来描述。电流等于单位时间内通过某一横截面的电量，用 $\boldsymbol{I}$ 表示。如果一段时间 Δt 内通过某一横截面的电量是 Δq，则通过该截面的电流为

$$I=\lim_{\Delta t\to 0}\frac{\Delta q}{\Delta t}=\frac{\mathrm{d}q}{\mathrm{d}t} \tag{9-1}$$

在国际单位制中，电流的单位是安培，符号为 A，1A = 1C/s。

当电流在大块导体中流动时，整个导体内各处的电流分布不均匀，形成一个“电流场”。为了描述导体内各点电流分布情况，引入电流密度 J。

首先讨论只有一种载流子的简单情况，带电量都是 q，以相同的速度$\boldsymbol{v}$沿着同一方向运动。假设导体内有一小面积元 $\mathrm{d}S$，它的法线方向与$\boldsymbol{v}$的夹角是 θ（见图 9-1）。在 $\mathrm{d}t$ 的时间内通过 $\mathrm{d}S$ 面的载流子是以 $\mathrm{d}S$ 为底面积，$v\mathrm{d}t$ 为斜长的斜柱体内的所有载流子。此斜柱体的体积是 $v\mathrm{d}t\cos\theta\mathrm{d}S$。用 n 表示单位体积内这种载流子的数目，则单位时间内通过 $\mathrm{d}S$ 的电量，即是通过 $\mathrm{d}S$ 的电流为

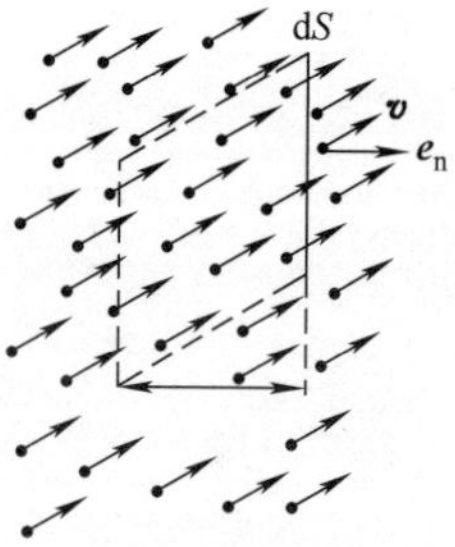

图 9-1 电流密度

$$\mathrm{d}I=\frac{qnv\mathrm{d}t\cos\theta\mathrm{d}S}{\mathrm{d}t}=qnv\cos\theta\mathrm{d}S$$

令 $\mathrm{d}\boldsymbol{S}=\mathrm{d}S\cdot\boldsymbol{e}_{\mathrm{n}}$，上式可以写为

$$\mathrm{d}I=qn\boldsymbol{v}\cdot\mathrm{d}\boldsymbol{S}$$

引入矢量 $\boldsymbol{J}$，定义为

$$\boldsymbol{J}=nq\boldsymbol{v} \tag{9-2}$$

则通过 $\mathrm{d}\boldsymbol{S}$ 的电流可写成

$$\mathrm{d}I=\boldsymbol{J}\cdot\mathrm{d}\boldsymbol{S} \tag{9-3}$$

$\boldsymbol{J}$ 叫作面元 dS 处的电流密度。由此可知，对于正的载流子，电流密度的方向与载流子运动的方向相同；对负的载流子，电流密度的方向与载流子的运动方向相反。

在式（9-3）中，如果 $\boldsymbol{J}$ 与 dS 垂直，则 $J=\mathrm{d}I/\mathrm{d}S$，即电流密度的大小等于通过垂直于载流子运动方向的单位面积的电流。

在国际单位制中，电流密度的单位是安培每平方米（$\mathrm{A/m^2}$）。

实际的导体中可能有几种载流子。以 n_i、q_i和 v_i分别表示第 i 种载流子的数密度、电量和速度，$\boldsymbol{J}_i$表示这种载流子的电流密度，则通过 dS 面元的电流应该为

$$\mathrm{d}I = \sum q_i n_i \boldsymbol{v}_i \cdot \mathrm{d}\boldsymbol{S} = \sum \boldsymbol{J}_i \cdot \mathrm{d}\boldsymbol{S}$$

用 $\boldsymbol{J}$ 表示总的电流密度，即各种载流子电流密度的矢量和，$\boldsymbol{J}=\sum\boldsymbol{J}_i$，则上式变为

$$\mathrm{d}I = \boldsymbol{J} \cdot \mathrm{d}\boldsymbol{S}$$

此结果与只有一种载流子时形式上是一致的。

金属中只有自由电子一种载流子，但是各自由电子的速度不同。设电子的电量为 e，单位体积内以速度$\boldsymbol{v}_i$ 运动的电子数目为 n_i，则

$$\boldsymbol{J} = \sum \boldsymbol{J}_i = \sum n_i e \boldsymbol{v}_i = e\sum n_i \boldsymbol{v}_i$$

用$\bar{\boldsymbol{v}}$表示平均速度，由平均值的定义可得

$$\bar{\boldsymbol{v}} = \sum n_i \boldsymbol{v}_i / \sum n_i = \sum n_i \boldsymbol{v}_i / n$$

式中，n 为单位体积内的总电子数。利用平均速度，则金属中的电流密度可表示为

$$\boldsymbol{J} = ne\bar{\boldsymbol{v}} \tag{9-4}$$

在没有外电场的情况下，金属中的电子做无规则热运动，$\bar{\boldsymbol{v}}=0$，所以不产生电流。加上外电场，金属中的电子将有一个平均定向速度$\bar{\boldsymbol{v}}$，因此形成了电流。这一平均定向速度叫作**漂移速度**。

式（9-3）给出了通过一个面元 dS 的电流，对于电流区域内一个有限大小的面积 S（见图 9-2），通过它的电流为通过它的各面元的电流的代数和，即

$$I = \int_S \mathrm{d}I = \int_S \boldsymbol{J} \cdot \mathrm{d}\boldsymbol{S} \tag{9-5}$$

图 9-2　通过任一曲面的电流

由此可见，在电流场中，通过某一面积的电流就是通过该面积的电流密度通量。

通过一个封闭曲面 S 的电流（见图 9-3）可以表示为

$$I = \oint_S \boldsymbol{J} \cdot \mathrm{d}\boldsymbol{S} \tag{9-6}$$

根据 $\boldsymbol{J}$ 的意义可知，此公式表示净流出封闭曲面的电流，即单位时间内从封闭面内向外流出的正电荷的电量。根据电荷守恒定律，通过封闭面流出的电量应该等于封闭面内电荷的减少。所以式（9.6）可写为

$$\oint \boldsymbol{J} \cdot \mathrm{d}\boldsymbol{S} = -\frac{\mathrm{d}q}{\mathrm{d}t} \tag{9-7}$$

式（9-7）叫作**电流的连续性方程**。

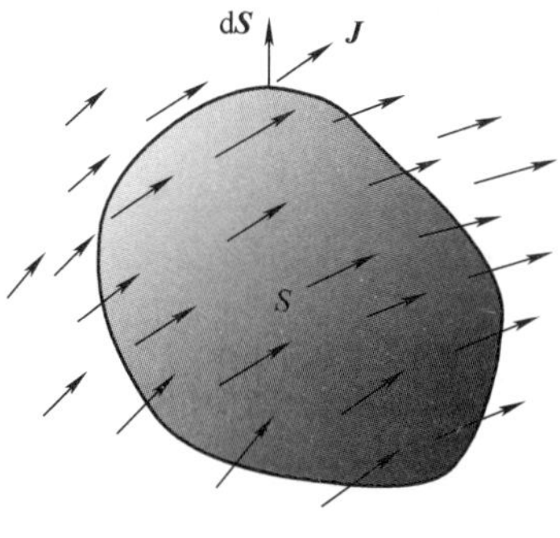

图 9-3　通过封闭曲面的电流

9.1.2　恒定电流与恒定电场

在大块导体中，电流密度可以各处不同，还可能随时间变化。本章中我们只讨论恒定电流。恒定电流是指导体内各处的电流密度都不随时间变化的电流。

恒定电流有一个重要的性质，就是通过任一封闭曲面的恒定电流为零，即

$$\oint_S \boldsymbol{J} \cdot \mathrm{d}\boldsymbol{S} = 0 \tag{9-8}$$

如果不是这样，那么假设流出某一封闭曲面的净电流大于零，即有正电荷从封闭面内流出，因为电流不随时间改变，这一流出现象将永无休止。这就意味着封闭面内有无穷多的正电荷或者能够不断产生正电荷。根据电荷守恒定律，这都是不可能发生的。因此，对恒定电流而言，式（9-8）必定成立。

对于在一根导线中通过的恒定电流，由式（9-8）可知，通过导线各个截面的电流都相等。这是因为对于包围任一段导线的封闭曲面（图 9-4a）只有流进的电流和流出的电流相等，才能使通过此封闭曲面的电流为零。对流通着恒定电流的电路来说，由于通过电路各截面的电流必须相等，所以恒定电流的电路一定是闭合的，即形成闭合的回路。

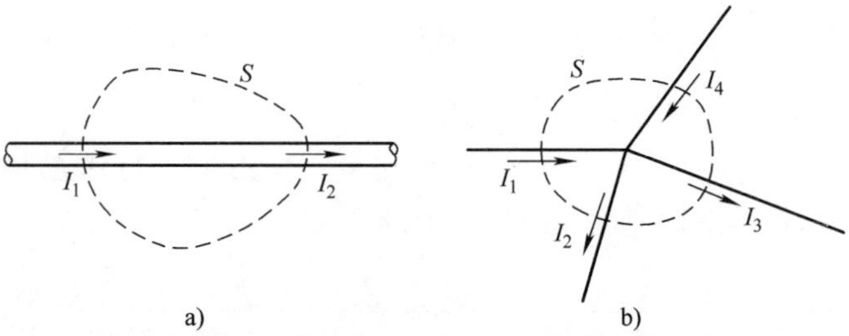

图 9-4　通过封闭曲面的恒定电流为零

对于恒定电流电路中几根导线相交的节点，即几个电流的汇合点（见图 9-4b）来说，取一包围该节点的封闭曲面 S，由式（9-8）可得

$$\sum I_i = 0 \tag{9-9}$$

即流出节点的电流的代数和为零。由于流出节点的电流为正，流入为负，所以对于图 9-4b 中的节点，应该有

$$-I_1 + I_2 + I_3 - I_4 = 0$$

表示恒定电流电路中的电流规律的式（9-9）叫**节点电流方程**，也叫**基尔霍夫第一方程**。

当通过任意封闭曲面的电流等于零，即在任意一段时间内通过此封闭面流出和流入的电量相等时，根据电荷守恒定律，这一封闭曲面内的总电量应不随时间改变。在导体内各处都作一封闭曲面，如此分析，可以得到：在恒定电流的情况下，导体内电荷的分布不随时间改变。不随时间改变的电荷分布产生不随时间改变的电场，这种电场叫**恒定电场**。导体内恒定的不随时间改变的电荷分布就像固定的静止电荷分布一样，因此恒定电场与静电场有许多相似之处。例如，它们都服从高斯定理和电场强度环路积分为零的环路定理。就后一点来说，以 $\boldsymbol{E}$ 表示恒定电场的电场强度，则也应有

$$\oint_L \boldsymbol{E} \cdot \mathrm{d}\boldsymbol{r} = 0 \tag{9-10}$$

根据恒定电场的这一保守性，也可引进电势的概念。由于 $\boldsymbol{E} \cdot \mathrm{d}\boldsymbol{r}$ 是通过线元 $\mathrm{d}\boldsymbol{r}$ 发生的电势

降落，所以上式也常说成是在恒定电流电路中，沿任何闭合回路一周的电势降落的代数和总等于零。在分析解决直流电路的问题时，常根据这规律列出一些方程，这些方程叫**回路电压方程**，也叫**基尔霍夫第二方程**。

尽管如此，恒定电场和静电场还是有重要区别的，其根本原因是产生恒定电场的电荷分布虽然不随时间改变，但这种分布总伴随着电荷的运动，而产生静电场的电荷则是始终固定不动的。因此即使在导体内部，恒定电场也不等于零。又因为电荷运动时恒定电场力是要做功的，因此恒定电场的存在总要伴随着能量的转换。但是静电场是由固定电荷产生的，所以维持静电场不需要能量的转换。

9.2 欧姆定律及其微分形式

对很多导体来说，例如对一般的金属或电解液，在恒定电流的情况下，一段导体两端的电势（或电压）U 与通过这段导体的电流 I 之间服从欧姆定律，即

$$U = IR \tag{9-11}$$

式中，R 为导体的电阻。由于在导体中，电流总是沿着电势降低的方向，所以式（9-11）表示：经过一个电阻沿电流的方向电势降低的数值等于电流与电阻的乘积。在国际单位制中，电阻的单位是欧［姆］，符号为 Ω。

导体的电阻与导体的长度 l 成正比，与导体的横截面面积（即垂直于电流方向的截面面积）S 成反比，而且还和材料的性质有关。它们之间的关系可用公式表示为

$$R = \rho \frac{l}{S} \tag{9-12}$$

这一公式叫作**电阻定律**，式中，ρ 是导体材料的电阻率。有时也用 ρ 的倒数 $\sigma = 1/\rho$ 代替 ρ 写入上式，得

$$R = \frac{l}{\sigma S} \tag{9-13}$$

σ 叫作导体材料的电导率。在国际单位制中电阻率的单位是欧［姆］米，符号是 Ω · m；电导率的单位是西［门子］每米，符号为 S/m。

电阻率（或电导率）不但与材料的种类有关，而且还和温度有关。一般的金属在温度不太低时 ρ 与温度 t℃呈线性关系，即

$$\rho_t = \rho_0 (1 + \alpha t) \tag{9-14}$$

式中，ρ_t 和 ρ_0 分别是 t℃和 0℃时的电阻率，α 叫作电阻温度系数，随材料的不同而不同。例如，铜的 α 值为 $4.3 \times 10^{-3} K^{-1}$，而锰钢合金（12% 锰、84% 铜、4% 镍）的值 α 为 $1 \times 10^{-5} K^{-1}$。这说明锰铜合金的电阻率随温度的变化特别小，用它制作的电阻受温度的影响就很小，因此，常用这种材料作标准电阻。

有些金属和化合物的温度在降到接近绝对零度时，它们的电阻率突然减小到零，这种现象叫**超导**。超导现象的研究在理论上有很重要的意义，在技术上超导也获得了很重要的应用。

一段截面积均匀的导体的电阻可以直接用式（9-12）进行计算。对于截面积不均匀的材料的电阻，需要根据实际情况进行积分运算。下面举个例子。

例 9.1　两个同轴金属圆筒长为 a，内外筒半径分别为 R_1 和 R_2，两筒间充满电阻率为 ρ 的均匀材料。当内外两筒之间加上电压后，电流沿径向由内筒流向外筒（见图 9-5）。试计算内外筒之间的均匀材料的总电阻（这就是圆柱形电容器、同轴电缆的漏电阻）。

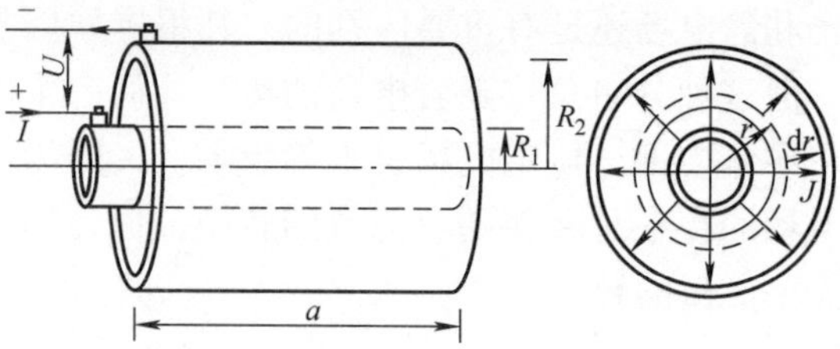

图 9-5　例题 9.1 用图

解：由电流的方向可知，通过电流的“横截面”是与圆筒同轴的圆柱面，而“长度”是内外筒的间隔。由于截面积随长度而改变，所以不能直接应用式（9-12）。为了计算两筒间材料的总电阻，可以设想两筒间材料由许许多多薄圆柱层所组成，以 r 代表其中任一薄层的半径，其面积就是 $2\pi ra$，以 dr 表示此薄层的厚度，则这一薄层的电阻就是

$$dR = \rho\frac{dr}{2\pi ra}$$

由于各个薄层都是串联的，所以总电阻应是各薄层电阻之和，亦即上式的积分，由此得总电阻为

$$R = \int dR = \int_{R_1}^{R_2}\rho\frac{dr}{2\pi ra} = \frac{\rho}{2\pi a}\ln\frac{R_2}{R_1}$$

欧姆定律式（9-11）给出了电压和电流的关系，这是电场在一段导体内引起的总效果的表示。由于电场强度和电压有一定的关系，所以还可以根据式（9-11）导出电场和电流的关系，如图 9-6 所示。以 Δl 和 ΔS 分别表示一段导体的长度和截面面积，它的电阻率为 ρ，其中有电流 I 沿它的长度方向流动。由于电压 $U=\varphi_1-\varphi_2=E\Delta l$，电流 $I=J\Delta S$，而电阻 $R=\rho\Delta l/\Delta S$，将这些量代入欧姆定律式（9-11）就可以得到

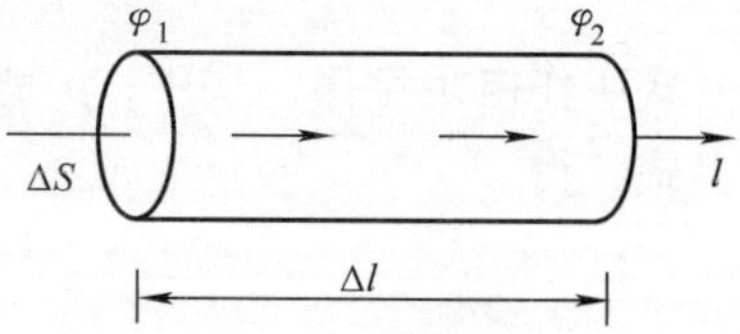

图 9-6　欧姆定律

$$J=E/\rho=\sigma E$$

实际上，在金属或电解液内，电流密度 $\boldsymbol{J}$ 的方向与电场强度 $\boldsymbol{E}$ 的方向相同。因此又可写成

$$\boldsymbol{J}=\sigma\boldsymbol{E} \tag{9-15}$$

这一与欧姆定律等效的关系式表示了导体中各处的电流密度与该处的电场强度的关系，可以叫作**欧姆定律的微分形式**。

还应该再强调的是，只是对于一般的金属或电解液，欧姆定律在相当大的电压范围内是成立的，即电流和电压成正比。而对于许多导体（如电离了的气体）或半导体，欧姆定律并不成立。气体中的电流与电压不成正比，它的电流电压曲线（伏安特性曲线）如图 9-7a

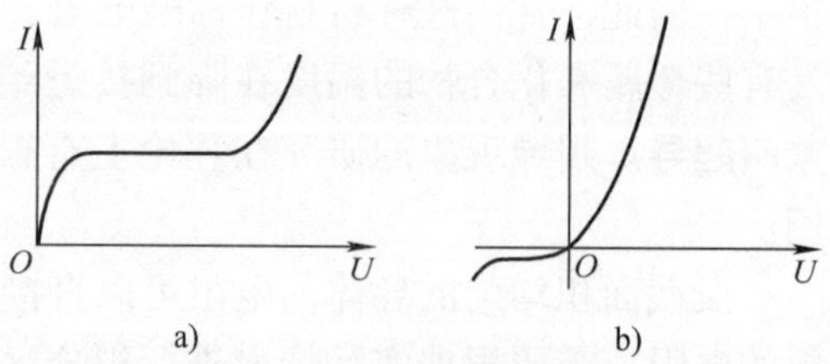

图 9-7　伏安特性曲线

所示。半导体（如二极管）中的电流不但与电压不成正比，而且电流方向改变时，它和电压的关系也不同，它的伏安特性曲线如图9-7b所示。很多材料的这种非欧姆导电特性是有很大的实际意义的。例如，如果没有半导体材料的非欧姆特性，作为现代技术标志之一的电子技术，包括电子计算机技术，就是不可能的了。

9.3 电动势及含有电动势的电路

9.3.1 电动势

一般来讲，当把两个电势不等的导体用导线连接起来时，在导线中就会有电流产生，电容器的放电过程就是这样（见图9-8），但是在这一过程中，随着电流的继续，两极板的电荷逐渐减少。这种随时间减少的电荷分布不能产生恒定电场，因而也就不能形成恒定电流。实际上电容器的放电电流是个很快地减小的电流。要产生恒定电流，就需设法使流到负极板上的电荷重新回到正极板上去，只有这样才可以保持恒定的电荷分布，从而产生一个恒定电场。但是由于在两极板间的静电场方向是由电势高的正极板指向电势低的负极板的，所以要使正电荷从负极板回到正极板，靠静电力 $\boldsymbol{F}_{e}$ 是办不到的，只能靠其他类型的力，这力使正电荷逆着静电场的方向运动（图9-9）。这种其他类型的力统称为**非静电力** $\boldsymbol{F}_{ne}$。由于它的作用，在电流继续的情况下，仍能在正负极板上产生恒定的电荷分布从而产生恒定的电场，这样就得到了恒定电流。

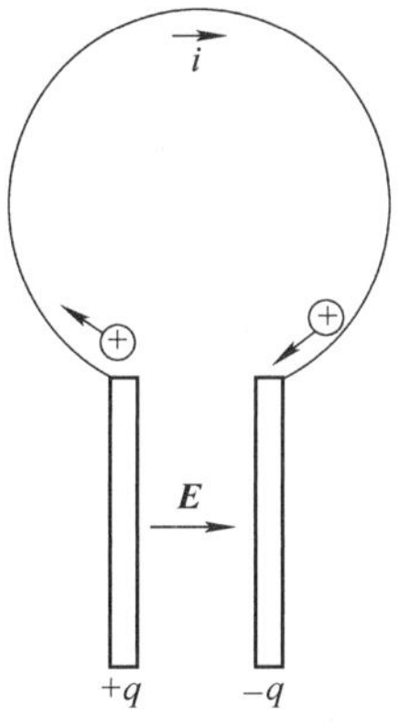

图9-8 电容器放电时产生的电流

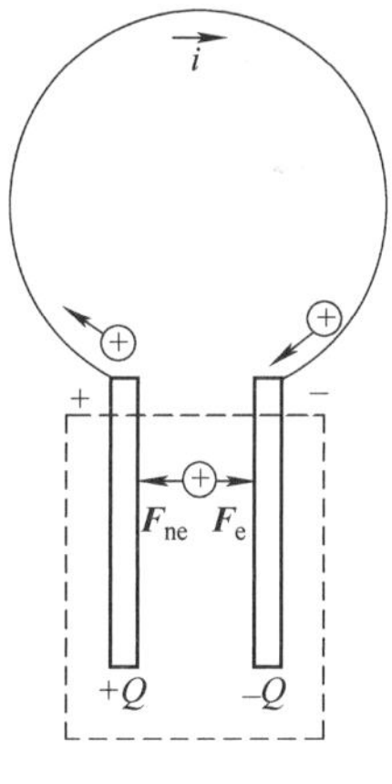

图9-9 非静电力反抗静电力移动电荷

提供非静电力的装置叫**电源**，如图9-9所示。电源有正负两个极，正极的电势高于负极的电势，用导线将正负两个极相连时，就形成了闭合回路。在这一回路中，电源外的部分（叫外电路），在恒定电场作用下，电流由正极流向负极。在电源内部（叫内电路）非静电力的作用使电流逆着恒定电场的方向由负极流向正极。

电源的类型很多，不同类型的电源中，非静电力的本质不同。例如，化学电池中的非静电力是一种化学作用，发电机中的非静电力是一种电磁作用。

从能量的观点来看，非静电力反抗恒定电场移动电荷时，是要做功的。在这一过程中电荷的电势能增大了，这是由其他形式的能量转化来的。例如在化学电池中，是化学能转化成电能，在发电机中，是机械能转化为电能。

在不同的电源内，由于非静电力的不同，使相同的电荷由负极移到正极时，非静电力做的功是不同的，这说明不同的电源转化能量的本领是不同的。为了定量地描述电源转化能量本领的大小，我们引入电动势的概念。在电源内，单位正电荷从负极移向正极的过程中，非静电力做的功叫作**电源的电动势**。如果用 A_{ne} 表示在电源内电量为 q 的正电荷从负极移到正极时非静电力做的功，则电源的电动势 $\mathscr{E}$ 为

$$\mathscr{E} = \frac{A_{ne}}{q} \tag{9-16}$$

从量纲分析可知，电动势的量纲和电势差的量纲相同。在国际单位制中它的单位也是V。应当特别注意，虽然电动势和电势的量纲相同而且又都是标量，但它们是两个完全不同的物理量。电动势总是和非静电力的功联系在一起的，而电势是和静电力的功联系在一起的。电动势完全取决于电源本身的性质（如化学电池只取决于其中化学物质的种类）而与外电路无关，但电路中的电势的分布则和外电路的情况有关。

从能量的观点来看，式（9-16）定义的电动势也等于单位正电荷从负极移到正极时由于非静电力做功所增加的电势能，或者说，就等于从负极到正极非静电力所引起的电势升高。我们通常把电源内从负极到正极的方向，也就是电势升高的方向，叫作电动势的“方向”，虽然电动势并不是矢量。

用场的概念，可以把各种非静电力的作用看作是等效的各种“非静电场”的作用。以 $\boldsymbol{E}_{ne}$ 表示非静电场的强度，则它对电荷 q 的非静电力就是 $\boldsymbol{F}_{ne} = q\boldsymbol{E}_{ne}$。在电源内，将电荷 q 由负极移到正极时非静电力做的功为

$$A_{ne} = \int_{(-)}^{(+)} q\boldsymbol{E}_{ne} \cdot d\boldsymbol{r}$$

将此式代入式（9-16）可得

$$\mathscr{E} = \int_{(-)}^{(+)} \boldsymbol{E}_{ne} \cdot d\boldsymbol{r} \tag{9-17}$$

此式表示非静电力集中在一段电路内（如电池内）作用时，用场的观点表示的电动势。在有些情况下，非静电力存在于整个电流回路中，这时整个回路中的总电动势应为

$$\mathscr{E} = \oint_L \boldsymbol{E}_{ne} \cdot d\boldsymbol{r} \tag{9-18}$$

式中，线积分遍及整个回路 L。

9.3.2 含有电动势的电路

回路中有电动势时，电流如何存在呢？下面来说明这一问题。

在导体内有非静电力和静电力同时存在的情况下，恒定电流的电流密度 $\boldsymbol{J}$ 应由非静电场 $\boldsymbol{E}_{ne}$ 和恒定电场 $\boldsymbol{E}$ 共同决定。这时欧姆定律的微分形式应写成

$$\boldsymbol{J} = \frac{1}{\rho}(\boldsymbol{E} + \boldsymbol{E}_{ne}) = \sigma(\boldsymbol{E} + \boldsymbol{E}_{ne}) \tag{9-19}$$

现在我们考虑一个由负载电阻 R 接到电源两极上而构成的简单闭合回路 L（见图 9-10）。根据恒定电场的保守性，对此回路沿电流方向取电场强度 $\boldsymbol{E}$ 的线积分

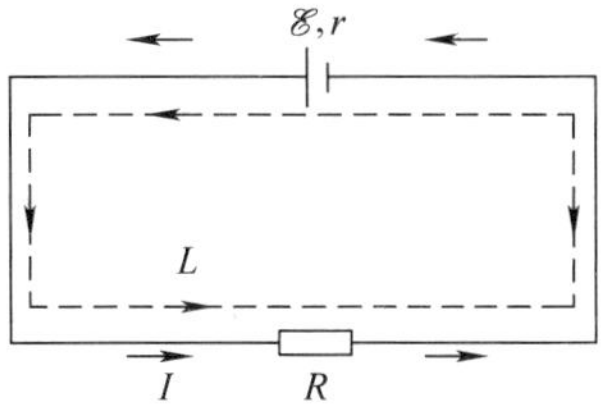

图 9-10　简单回路

$$\oint_L \boldsymbol{E} \cdot \mathrm{d}\boldsymbol{r} = 0$$

由式（9-19）求出 $\boldsymbol{E}$ 代入此式。以 $\mathrm{d}\boldsymbol{l} = \mathrm{d}\boldsymbol{r}$ 表示电路中一段有向长度元，可得

$$-\oint_L \boldsymbol{E}_{\mathrm{ne}} \cdot \mathrm{d}\boldsymbol{l} + \oint_L \frac{\boldsymbol{J} \cdot \mathrm{d}\boldsymbol{l}}{\sigma} = 0 \tag{9-20}$$

由于 $\mathrm{d}\boldsymbol{l}$ 的方向与导线中 $\boldsymbol{J}$ 的方向相同，因此

$$\oint_L \frac{\boldsymbol{J} \cdot \mathrm{d}\boldsymbol{l}}{\sigma} = \oint_L \frac{J\mathrm{d}l}{\sigma} = \oint_L \frac{JS\mathrm{d}l}{S\sigma}$$

其中 $JS = I$ 为回路中的电流，由于各处电流相等，所以有

$$\oint_L \frac{I}{S\sigma}\mathrm{d}l = I\oint_L \frac{\mathrm{d}l}{S\sigma}$$

由于$\dfrac{\mathrm{d}l}{S\sigma}$为回路中长度元 $\mathrm{d}l$ 的电阻，所以此等式右侧的部分为整个回路的总电阻 R_L（包括电源内阻 r 和电源外的电阻 R），因此

$$I\oint_L \frac{\mathrm{d}l}{S\sigma} = IR_L = I(r + R) \tag{9-21}$$

由于式（9-20）中的第一项为整个闭合电路的电动势的负值，即“$-\mathscr{E}$”，所以式（9-20）可写作

$$-\mathscr{E} + I(r + R) = 0 \tag{9-22}$$

或

$$I = \frac{\mathscr{E}}{R + r} \tag{9-23}$$

这就是大家熟悉的**全电路欧姆定律公式**，它适用于电路只有一个回路的情况。

对于有多个回路的复杂电路，我们可以一个一个回路分析，如图 9-11 所示，一个回路中可以有几个电源且各部分电流可以不相同。对于这一回路如果仍然像上面那样利用式（9-19）和恒定电场的保守性，就可以得出式（9-22）的更为普遍的形式：

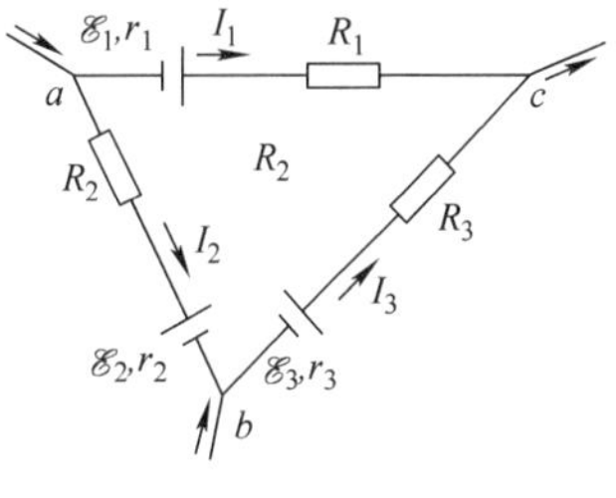

图 9-11　复杂电路中的一个回路

$$\sum(\mp \mathscr{E}_i) + \sum(\pm I_i R_i) = 0 \tag{9-24}$$

此式中每一项前面的正负号按照下述规则选取：电动势的方向和回路 L 的方向相同的 $\mathscr{E}$ 取负号，相反的取正号；电流方向与回路 L 的方向相同的 I 取正号，相反的取负号。式（9-24）就是应用于任意回路的基尔霍夫第二方程式的普遍形式。

下面举一个稍微复杂的电路的例子。

例 9.2　如图 9-12 所示的电路，$\mathscr{E}_1 = 12\mathrm{V}$，$r_1 = 1\Omega$，$\mathscr{E}_2 = 8\mathrm{V}$，$r_2 = 0.5\Omega$，$R_1 = 3\Omega$，$R_2 = 1.5\Omega$，$R_3 = 4\Omega$。试求通过每个电阻的电流。

解：设通过每个电阻的电流 I_1、I_2、I_3 如图 9-12 所示。对节点 a 列出式（9-9）那样

的基尔霍夫第一方程

$$I_1+I_2+I_3=0$$

如果对节点 b 也列电流方程，将得到与此式相同的结果，并不能得到另一个独立的方程。

对回路Ⅰ列式（9-24）那样的基尔霍夫第二方程，则可得

$$-\mathscr{E}_1+I_1r_1+I_1R_1+I_3R_3=0$$

对回路Ⅱ，可以得

$$\mathscr{E}_2+I_2r_2+I_2R_2-I_3R_3=0$$

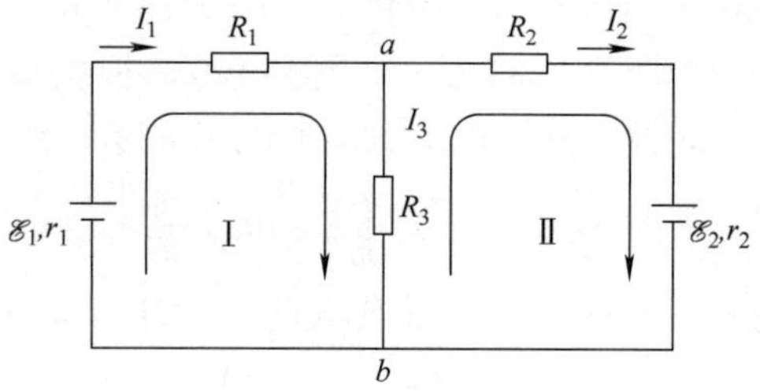

图 9-12 例题 9.2 用图

如果对整个外面的大回路列基尔霍夫第二方程，就会发现那将是上面两个方程的叠加，也不是一个独立的方程，所以不能用。

将已知数据代入这两个回路方程并与上面的电流方程联立求解就可得

$$I_1=1.25\text{A},\ I_2=-0.5\text{A},\ I_3=1.75\text{A}$$

此结果中 I_1、I_3 为正值，说明实际电流方向与图中所设相同。I_2 为负值，说明它的实际方向与图中所设方向相反。

小 结

1. 电流密度 电流

电流密度：$\boldsymbol{J}=nq\boldsymbol{v}$

电流：$I=\int \boldsymbol{J}\cdot\mathrm{d}\boldsymbol{S}$

电流的连续性方程：$\oint_S \boldsymbol{J}\cdot\mathrm{d}S=-\dfrac{\mathrm{d}q}{\mathrm{d}t}$

2. 恒定电流 恒定电场

恒定电流：$\oint_S \boldsymbol{J}\cdot\mathrm{d}\boldsymbol{S}=0$

恒定电场：稳定电荷分布产生的电场 $\oint_L \boldsymbol{E}\cdot\mathrm{d}\boldsymbol{r}=0$

3. 欧姆定律

$$U=IR$$

$$\boldsymbol{J}=\sigma\boldsymbol{E}\ （微分形式）$$

4. 电动势

非静电力反抗静电力移动电荷做功，把其他形式的能量转换为电势能，产生电势升高。

$$\mathscr{E}=\oint_L \boldsymbol{E}_{\mathrm{ne}}\cdot\mathrm{d}\boldsymbol{r}$$

思 考 题

9.1 当导体中没有电场时，其中能否有电流？当导体中没有电流时，其中能否有电场？

9.2 证明：用给定物质做成的一定长度的导线，它的电阻和它的质量成正比。

9.3 半导体和绝缘体的电阻随温度增加而减小，你能给出大概的解释吗？

9.4 电动势和电势差有什么区别？

9.5 两根截面不同而材料相同的金属导体串联在一起，两端加一定电压，通过这两根导体的电流密度是否相同？

9.6 一铜线表面涂以银层，若在导线两端加上给定电压，此时铜线和银层中的电场强度、电流密度以及电流是否相同？

9.7 电池组所给的电动势的方向是否取决于通过电池组的电流的流向？

9.8 试解释基尔霍夫第二方程与电路中的能量守恒等价。

9.9 大约0.02A的电流从手到脚流过时就会引起胸肌收缩从而使人窒息而死。人体从手到脚的电阻约为10kΩ，试分析人应避免手触多大电压的线路（注意：有时甚至十几伏的电压也会导致神经系统严重损伤而丧命）？

习 题

9.1 北京正负电子对撞机的存储环是周长240m的近似圆形轨道。当环中电子流强度为8mA时，在整个环中有多少电子在运行？已知电子的速率接近光速。

9.2 在范德格拉夫静电加速器中，一宽30cm的橡皮带以20cm/s的速度运行，在下边的滚轴处给橡皮带带上表面电荷，橡皮带的电荷面密度足以在带子的每一侧产生1.2×10^6V/m的电场，问：电流是多少毫安？

9.3 大气中由于存在少量的自由电子和正离子而具有微弱的导电性。

（1）地表附近，晴天大气平均电场约为120V/m，大气平均电流密度约为$4\times10^{-12}\text{A/m}^2$。求大气的电阻率。

（2）电离层和地表之间的电势差为4×10^5V，大气的总电阻是多大？

9.4 设想在银这样的金属中，导电电子数等于原子数。当1mm直径的银线中通过30A的电流时，电子的漂移速度是多大？给出近似答案，计算中所需要的但一时还找不到的那些数据，读者可以自己估计数量级并代入计算。若银线温度是20℃，按经典电子气模型，其中自由电子的平均速度是多大？

9.5 设每个铜原子贡献一个自由电子，则铜导线中自由电子的数密度是多少？

9.6 有一个内外半径分别为R_1、R_2的金属圆柱筒，长度为l，其电阻率为ρ，若圆柱筒内缘的电势高于外缘的电势，且电势差为U，则圆柱体中沿径向的电流为多少？

9.7 已知铜的摩尔质量$M=63.75$g/mol，密度$\rho=8.9\text{g/cm}^3$，在铜导线里，假设每个铜原子贡献一个自由电子。

（1）为了技术上的安全，铜线内的最大电流密度$j_m=6.0\text{A/mm}^2$，求此时导线内电子的漂移速率；

（2）在室温下，电子热运动的平均速率是电子漂移速率的多少倍？

9.8 有两个同轴导体圆柱面，其长度均为20m，内圆柱面的半径为3.0mm，外圆柱面的半径为9.0mm。若两个圆柱面之间通有10μA的电流沿径向流过，求通过半径为6.0mm的圆柱面上的电流密度。

9.9 一铁质水管，内外半径分别为2cm、2.5cm，这水管常用来使电气设备接地。如果从电气设备流入到水管的电流是20A，那么电流在管壁中和水中各占多少？假设水的电阻率为0.01Ω·m，铁的电阻率为8.7×10^{-8}Ω·m。

习题答案

9.1　4×10^{10}个

9.2　1.3×10^{-3}mA

9.3　（1）$3\times10^{13}\Omega\cdot m$；（2）$196\Omega$

9.4　4×10^{-3}m/s，1.1×10^{5}m/s

9.5　8.48×10^{28}个/m^3

9.6　$I=\dfrac{U}{R}=\dfrac{U}{\dfrac{\rho}{2\pi l}\ln\dfrac{R_2}{R_1}}$

9.7　（1）4.46×10^{-4}m/s；（2）2.42×10^{8}

9.8　13.3μA/m^2

9.9　20A，0

第10章 恒定电流的磁场

本章开始讲解电荷之间的另一种相互作用——磁力，它是运动电荷之间的一种相互作用。按照场的概念，认为这种相互作用是通过另外一种场——磁场实现的。本章在引入描述磁场的物理量——磁感应强度之后，介绍磁场的源，如电流产生磁场的规律。先介绍这一规律的宏观基本形式，即表明电流元的磁场的毕奥－萨伐尔定律。由这一定律原则上可以利用积分运算求出任意电流分布的磁场。接着在这一基础上导出了关于恒定磁场的一条基本定理：安培环路定理。然后利用这两个定理求解有一定对称性的电流分布的磁场分布。这一求解方法类似于利用电场的高斯定理来求有一定对称性的电荷分布的静电场分布。

10.1 磁力与电荷的运动

一般情况下，磁力是指电流和磁体之间的相互作用力。早在春秋时期（公元前6世纪），我们的祖先就有了“磁石召铁”的记载（见《管子》），即天然磁石对铁块的吸引力，就是磁力。这种磁力很容易演示。如图10-1所示，两根磁铁棒的同极相斥、异极相吸。

还有以下实验可以演示磁力。

如图10-2所示，把导线悬挂在蹄形磁铁的两极之间，当导线中通入电流时，导线会被排开或者吸入，显示了通有电流的导线受到了磁铁的作用力。

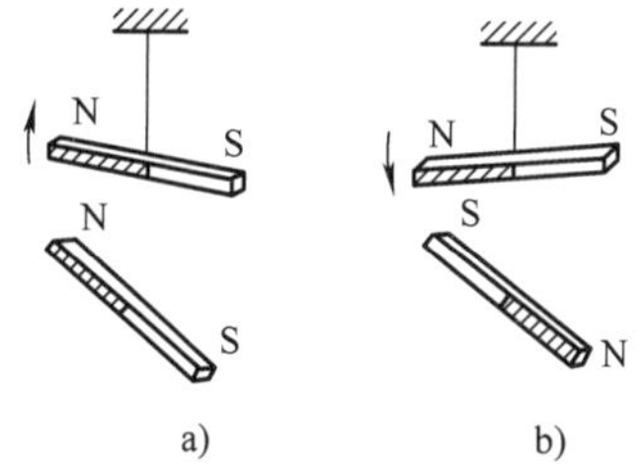

图10-1 永磁体同极相斥、异极相吸

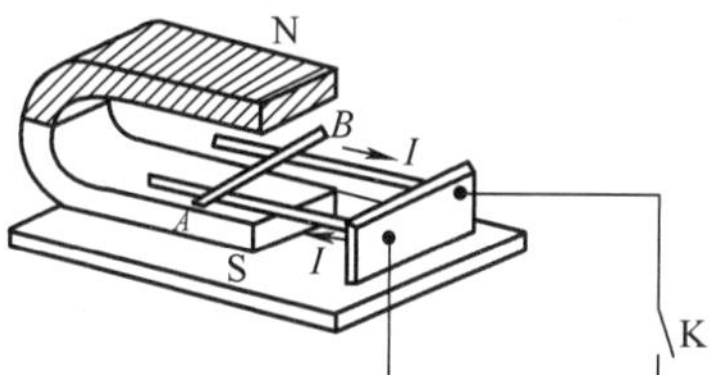

图10-2 磁体对电流的作用

如图10-3所示，一个阴极射线管的两个电极之间加上电压后，会有电子束从阴极K射向阳极A。当把一个蹄形磁铁放到管的近旁时，会看到电子束发生偏转。这显示运动的电子受到了磁铁的作用力。

如图10-4所示，一个磁针沿着南北方向静止在那里，如果在它上面平行地放置一根导线，当导线中通过电流时，磁针就要转动。这显示了磁针受到了电流的作用力。1820年奥斯特做的这个实验，在历史上第一次揭示了电现象和磁现象的关系，对电磁学的发展起了重要的作用。

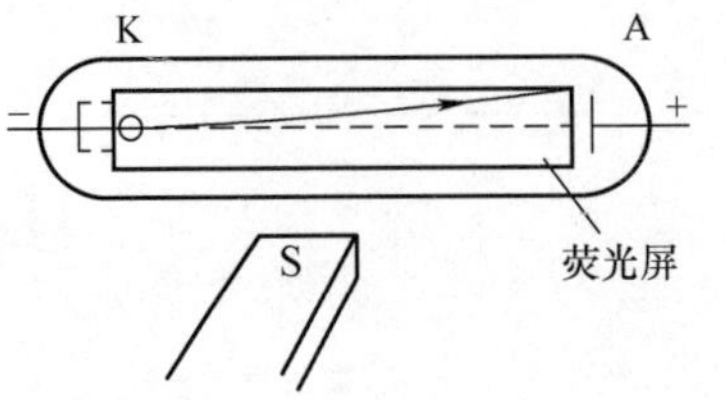

图 10-3　磁体对运动电子的作用

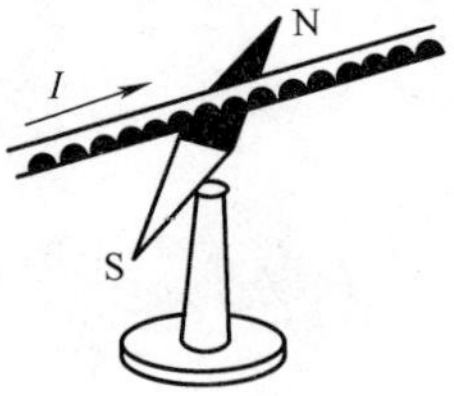

图 10-4　奥斯特实验

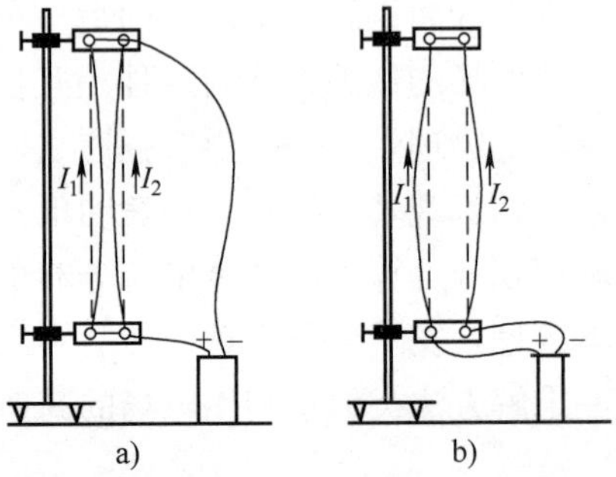

图 10-5　平行电流间的相互作用

如图 10-5 所示，有两段平行放置并两端固定的导线，当它们通以方向相同的电流时，相互吸引（见图 10-5a）。当它们通以方向相反的电流时，相互排斥（见图 10-5b）。这说明电流与电流之间有相互作用力。

在这些实验中，图 10-5 所示的电流之间的相互作用可以说是运动电荷之间的相互作用，因为电流是电荷的定向运动形成的。其他几类现象都用到永磁体，为什么说它们也是运动电荷相互作用的表现呢？这是因为，永磁体是由分子和原子组成，在分子内部，电子和质子等带电粒子的运动也形成微小的电流——分子电流。当成为磁体时，其内部的分子电流的方向都按照一定的方式排列起来了。一个永磁体与其他永磁体或电流的相互作用，实际上就是这些已排列整齐了的分子电流之间或它们与导线中定向运动的电荷之间的相互作用，因此它们之间的相互作用也是运动电荷之间的相互作用的表现。

总之，在所有情况下，**磁力都是运动电荷之间相互作用的表现**。

10.2　磁感应强度　毕奥－萨伐尔定律

10.2.1　磁场与磁感应强度

为了说明磁力的作用，我们引入场的概念。产生磁力的场叫作**磁场**。一个运动电荷在它的周围除了产生电场之外还产生磁场。另一个在它附近运动的电荷受到的磁力就是该磁场对它的作用。但因前者还产生电场，所以后者还受到前者的电场力的作用。

为了研究磁场，需要选择一种只有磁场存在的情况。通有电流的导线的周围空间就是这种情况。由于导线内既有正电荷，即金属正离子，也有负电荷，即自由电子。即使在通有电流时，导线也是中性的，其中的正负电荷密度相等，在导线外产生的电场相互抵消，合电场为零。在导线的周围，一个运动的带电粒子是要受到作用力的，这个力和该粒子的速度直接相关。这个力就是磁力，它就是导线内定向运动的自由电子所产生的磁场对运动电荷的作用力。下面我们就利用这种情况先说明如何对磁场加以描述。

对应于用电场强度对电场加以描述，我们用磁感应强度（矢量）对磁场加以描述。通常用 $\boldsymbol{B}$ 表示磁感应强度，它用下述方法定义。

如图 10-6 所示，一电荷所带电量为 q，以速度$\boldsymbol{v}$通过电流周围某场点 P。我们把这一运动电荷当作检验（磁场的）电荷。实验指出，电荷沿某一个特定方向通过 P 点时，它受的磁力为零而与电荷本身大小及其速率大小无关。磁场中各点都有各自的这种特定方向。这说明磁场本身具有“方向性”。我们可以用这个特定方向（或其反方向）来规定磁场的方向。当电荷沿其他方向运动时，实验发现它受的磁力 $\boldsymbol{F}$ 的方向总与此“不受力方向”以及电荷本身的速度$\boldsymbol{v}$的方向垂直。这样我们就可以具体地规定 $\boldsymbol{B}$ 的方向，使得$\boldsymbol{v}\times\boldsymbol{B}$ 的方向沿 $\boldsymbol{F}$ 的方向，如图 10-6 所示。

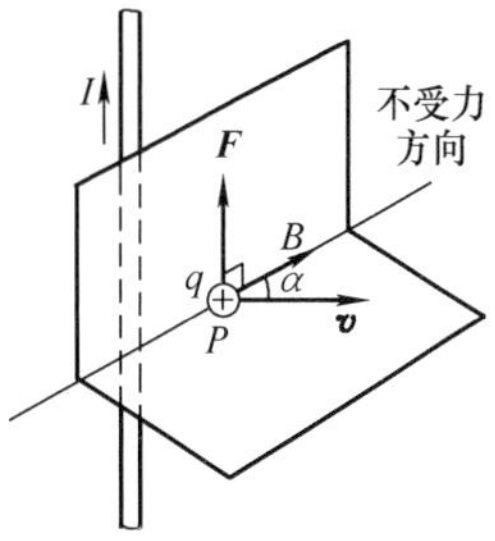

图 10-6　$\boldsymbol{B}$ 的定义

以 α 表示电荷的速度$\boldsymbol{v}$与 $\boldsymbol{B}$ 的方向之间的夹角。实验给出，在不同的场点，不同的电荷以不同的速度（包括大小和方向）越过时，它受的磁力 $\boldsymbol{F}$ 的大小一般不同；但在同一场点，实验给出的比值 $F/(qv\sin\alpha)$ 是一个恒量，与 q、v、α 无关，只取决于场点的位置。根据这一结果，可以用 $F/(qv\sin\alpha)$ 表示磁场本身的性质，而把 $\boldsymbol{B}$ 的大小规定为

$$B = \frac{F}{qv\sin\alpha} \tag{10-1}$$

这样，就有磁力的大小

$$F = Bqv\sin\alpha \tag{10-2}$$

将式（10-2）关于 $\boldsymbol{B}$ 的大小的规定和上面关于 $\boldsymbol{B}$ 的方向的规定结合到一起，可得到磁感应强度（矢量）$\boldsymbol{B}$ 的定义式为

$$\boldsymbol{F} = q\boldsymbol{v}\times\boldsymbol{B} \tag{10-3}$$

这一公式在中学物理中被称为**洛伦兹力公式**，现在我们用它根据运动的检验电荷受力来定义磁感应强度。在已经测知或理论求出磁感应强度分布的情况下，就可以用式（10-3）求任意运动电荷在磁场中受的磁场力。

在国际单位制中磁感应强度的单位为特［斯拉］，符号为 T。几种典型磁场源的磁感应强度的大小见表 10-1。

表 10-1　一些磁场源的磁感应强度的大小　　　　单位：T

原子核表面		约10^{12}
中子星表面		约10^{8}
目前实验室值	瞬时	10^{3}
	恒定	37
大型气泡室内		2
太阳黑子中		约 0.3
电视机内偏转磁场		约 0.1
太阳表面		约10^{-2}
小型条形磁铁近旁		约10^{-2}
木星表面		约10^{-3}
地球表面		约 5×10^{-5}
太阳光内（地面上，均方根值）		3×10^{-6}
蟹状星云内		约10^{-8}
星际空间		10^{-10}
人体表面（例如头部）		3×10^{-10}
磁屏蔽室内		3×10^{-14}

磁感应强度的一种非国际单位制的（但目前还常见的）单位叫高斯，符号为G，它和T在数值上有下述关系：

$$1\text{T} = 10^4\text{G}$$

在电磁学中，表示同一规律的数学形式常随所用单位制的不同而不同，式（10-3）的形式只用于国际单位制。

产生磁场的运动电荷或电流可称为**磁场源**。实验指出，在有若干个磁场源的情况下，它们产生的磁场服从叠加原理。以 $\boldsymbol{B}_i$ 表示第 i 个磁场源在某处产生的磁场，则在该处的总磁场 $\boldsymbol{B}$ 为

$$\boldsymbol{B} = \sum \boldsymbol{B}_i \tag{10-4}$$

为了形象地描绘磁场中磁感应强度的分布，类比电场中引入电场线的方法引入磁感应线（或叫 $\boldsymbol{B}$ 线）。磁感应线的画法规定与电场线画法一样。实验上可用铁粉来显示磁感应线图形，如图10-7所示。

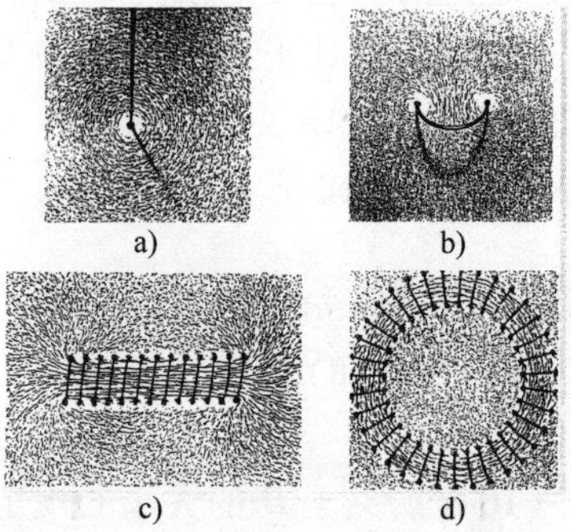

图10-7 铁粉显示的磁感应线

a）直电流 b）圆电流

c）载流螺线管 d）载流螺绕环

10.2.2 磁通量 磁场高斯定理

与电场线一样，磁感应线不但可以用来表示空间各点磁感应强度 $\boldsymbol{B}$ 的方向，也可以用它在空间分布的疏密来表示空间各点磁感应强度的大小。为此，我们规定，通过任一点上垂直于该点磁感应强度 B 的面元 $\mathrm{d}S_{\perp}$ 上的磁感应线的条数 $\mathrm{d}\Phi_{\mathrm{m}}$ 与 $\mathrm{d}S_{\perp}$ 的比值等于这一点的磁感应强度的量值，即

$$B = \frac{\mathrm{d}\Phi_{\mathrm{m}}}{\mathrm{d}S_{\perp}} \tag{10-5}$$

通过任一给定曲面的磁感应线条数称为通过该曲面的**磁通量**，用 Φ_{m} 表示。它的计算方法完全类似于静电学中电通量的计算方法。在曲面上取面元 $\mathrm{d}S$，通过面元 $\mathrm{d}\boldsymbol{S}$ 的磁通量 $\mathrm{d}\Phi_{\mathrm{m}} = B\mathrm{d}S_{\perp}$，$\mathrm{d}S_{\perp}$ 为 $\mathrm{d}S$ 在垂直于磁感应强度方向上的投影面积。设 $\mathrm{d}\boldsymbol{S}$ 的法线方向 $\boldsymbol{e}_{\mathrm{n}}$ 与 $\boldsymbol{B}$ 的夹角为 θ，则

$$\mathrm{d}S_{\perp} = \mathrm{d}S\cos\theta$$

所以

$$\mathrm{d}\Phi_{\mathrm{m}} = B\cos\theta\mathrm{d}S$$

用矢量标积表示，则为

$$\mathrm{d}\Phi_{\mathrm{m}} = \boldsymbol{B}\cdot\mathrm{d}\boldsymbol{S}$$

把 S 上所有面元 $\mathrm{d}S$ 的磁通量 $\mathrm{d}\Phi_{\mathrm{m}}$ 相加就得到通过 S 的磁通量 Φ_{m}，即

$$\Phi_{\mathrm{m}} = \int \mathrm{d}\Phi_{\mathrm{m}} = \int_S B\cdot\mathrm{d}\boldsymbol{S} = \int_S B\cos\theta\mathrm{d}S \tag{10-6}$$

磁通量的单位是 $\text{T}\cdot\text{m}^2$，这个单位叫作韦［伯］，用Wb表示，即 $1\text{Wb} = 1\text{T}\cdot\text{m}^2$。

对于一个封闭曲面，取由曲面内指向曲面外的法线方向为正方向。于是，从封闭曲面内穿出曲面的磁感应线为正，从曲面外穿入曲面内的磁感应线为负。由于磁感应线的闭合性，因此穿进封闭曲面的任何一根磁感应线必然要穿出封闭曲面。这表明，通过任何一个

封闭曲面的磁感应线总条数即磁通量为零，故

$$\Phi_m = \oint_S \boldsymbol{B} \cdot d\boldsymbol{S} = \oint_S B\cos\theta dS = 0 \tag{10-7}$$

式（10-7）称为**磁场中的高斯定理**。很明显，磁场中高斯定理表达式（10-7）是磁感应线闭合性的一种数学表示。

现在，我们看到磁场和静电场的性质是不同的。磁场中的高斯定理表明，通过任何一封闭曲面的磁通量为零，而静电场的高斯定理则表明，通过任一封闭曲面的电通量一般不为零，除非封闭曲面内的总电量为零。这说明磁场是无源场，而静电场是有源场。

10.2.3　毕奥－萨伐尔定律

1820 年 7 月，奥斯特发现电流磁效应后，同年 10 月毕奥和萨伐尔两人通过大量的实验得到了载流导线周围磁场与电流的定量关系。在此基础上数学家拉普拉斯将毕奥和萨伐尔的实验结果归纳为数学公式，总结出电流元产生磁场的基本规律——**毕奥－萨伐尔定律**。该定律指出：载流导线上电流元 $I\mathrm{d}\boldsymbol{l}$ 在真空中某点 P 的磁感应强度 $\mathrm{d}\boldsymbol{B}$ 的大小与电流元 $I\mathrm{d}\boldsymbol{l}$ 的大小成正比，与电流元 $I\mathrm{d}\boldsymbol{l}$ 和从电流元到 P 点的位矢 $\boldsymbol{r}$ 之间的夹角 θ 的正弦成正比，与位矢 $\boldsymbol{r}$ 大小的二次方成反比。即

$$\mathrm{d}B = \frac{\mu_0}{4\pi}\frac{I\mathrm{d}\boldsymbol{l}\sin\theta}{r^2} \tag{10-8}$$

式中，$\frac{\mu_0}{4\pi}$为比例系数，μ_0 称为真空磁导率，其值为 $\mu_0 = 4\pi\times10^{-7}\mathrm{N/A^2}$。

$\mathrm{d}\boldsymbol{B}$ 的方向可由右手螺旋法则确定：伸出右手，让大拇指与其余四指垂直，四指从 $I\mathrm{d}\boldsymbol{l}$ 方向沿小于 π 角转向 $\boldsymbol{r}$，伸直的大拇指所指的方向即为 $\mathrm{d}\boldsymbol{B}$ 的方向。写成矢量形式的磁感应强度 $\mathrm{d}\boldsymbol{B}$ 为

$$\mathrm{d}\boldsymbol{B} = \frac{\mu_0}{4\pi}\frac{I\mathrm{d}\boldsymbol{l}\times\boldsymbol{r}}{r^3} \tag{10-9}$$

这就是**毕奥－萨伐尔定律**，磁场与电场相似也遵从叠加原理。因此整个载流导线在空间某点 P 的磁感应强度 $\boldsymbol{B}$，等于导线上所有电流元在该点所产生的磁感应强度 $\mathrm{d}\boldsymbol{B}$ 的矢量和，即

$$\boldsymbol{B} = \int \mathrm{d}\boldsymbol{B} = \int_L \frac{\mu_0}{4\pi}\frac{I\mathrm{d}\boldsymbol{l}\times\boldsymbol{r}}{r^3} \tag{10-10}$$

例 10.1　如图 10-8 所示，长直导线 A_1A_2 由下至上通有电流 I，P 为导线旁任意一点，从 P 到导线的垂直距离为 x，求 P 点的磁感应强度。

解：在距 O 点为 l 处取电流元 $I\mathrm{d}l$，它到 P 点的径矢为 $\boldsymbol{r}$，而 $I\mathrm{d}l$ 转到 $\boldsymbol{r}$ 的角度为 θ。由式（10-9），电流元在 P 点激发的磁感应强度的大小

$$\mathrm{d}B = \frac{\mu_0}{4\pi}\frac{I\mathrm{d}l\sin\theta}{r^2}$$

$\mathrm{d}\boldsymbol{B}$ 的方向垂直于纸面向里，由于所有电流元激发的磁感应强度的方向都是一致的，所以总的磁感应强度的大小 B 等于与各电流元相联系的 $\mathrm{d}B$ 的代数和，即

$$B = \int_{A_1}^{A_2} \frac{\mu_0}{4\pi}\frac{I\mathrm{d}l\sin\theta}{r^2}$$

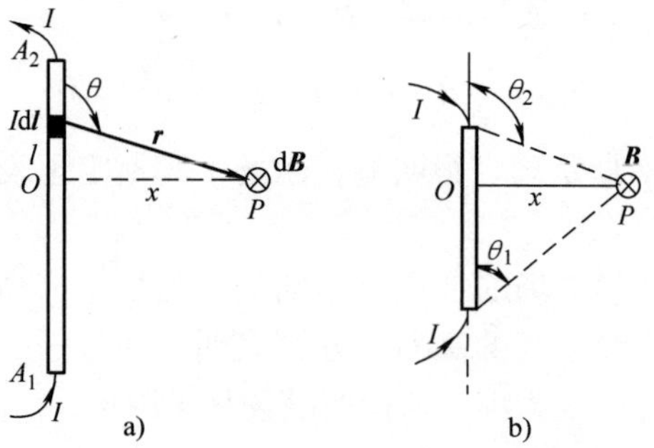

图 10-8 通电长直导线的磁感应强度 例题 10.1 用图

式中，积分变量是 l；r 和 θ 都是 l 的函数。为了便于计算，把积分变量换成 θ，并把 r、$\mathrm{d}l$ 用 θ 表示出来，由图 10-8 可以看出

$$l = x\cot(\pi - \theta) = -x\cot\theta$$

$$\frac{x}{r} = \sin(\pi - \theta) = \sin\theta$$

所以

$$\mathrm{d}l = -x\mathrm{d}(\cot\theta) = \frac{x}{\sin^2\theta}\mathrm{d}\theta$$

$$\frac{1}{r^2} = \frac{\sin^2\theta}{x^2}$$

将以上关系代入积分式（考虑到 x 是常量），就可以得到

$$B = \frac{\mu_0}{4\pi}\ \frac{I}{x}\int_{A_1}^{A_2}\sin\theta\mathrm{d}\theta$$

由图 10-8b 可见，A_1 和 A_2 分别对应于 $\theta=\theta_1$ 和 $\theta=\theta_2$，代入上式，得

$$B = \frac{\mu_0}{4\pi}\ \frac{I}{x}(\cos\theta_1 - \cos\theta_2)$$

如果导线 A_1A_2 为无限长，则 $\theta_1=0$ 和 $\theta_2=\pi$，因而上式式化为

$$B = \frac{\mu_0}{4\pi}\frac{2I}{x} = \frac{\mu_0 I}{2\pi x}$$

尽管无限长导线在实际中并不存在，但对距离有限长导线极近的一些场点，上式仍然适用。

例 10.2 如图 10-9 所示，一圆线圈的半径为 R，通有电流 I，O 为圆心，P 为线圈轴线上距 O 为 x 的任意一点，线圈平面与图平面垂直，求 P 点的磁感应强度 $\boldsymbol{B}$。

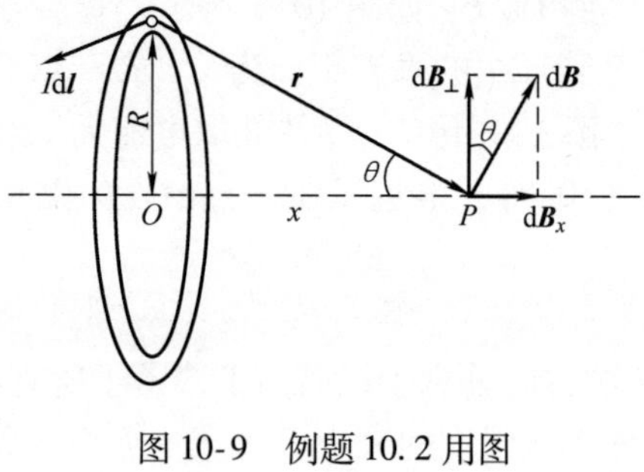

图 10-9 例题 10.2 用图

解：在线圈的顶部取一电流元 $I\mathrm{d}\boldsymbol{l}$，$I\mathrm{d}\boldsymbol{l}$ 垂直于图平面向外。设它到 P 点的矢量为 $\boldsymbol{r}$，则 $\boldsymbol{r}$ 在图平面内。这段电流元所激发的磁感应强度 $\mathrm{d}\boldsymbol{B}$ 的方向如图 10-9 所示，它垂直于 $I\mathrm{d}l$，在图平面内，且垂直于 $\boldsymbol{r}$，$\mathrm{d}\boldsymbol{B}$ 的大小为

$$\mathrm{d}B=\frac{\mu_0}{4\pi}\frac{|I\mathrm{d}\boldsymbol{l}\times\boldsymbol{r}|}{r^3}=\frac{\mu_0}{4\pi}\frac{I\mathrm{d}l}{x^2+R^2}$$

因为 $I\mathrm{d}\boldsymbol{l}$ 与 $\boldsymbol{r}$ 垂直，并且 $r^2=x^2+R^2$，沿着各线圈对各电流元求和时，考虑到 $\mathrm{d}\boldsymbol{B}$ 在垂直于线圈轴线方向分量互相抵消，只需求沿轴线方向分量，即 x 分量求和。由图 10-9 可见，$\mathrm{d}\boldsymbol{B}$ 的 x 分量为

$$\mathrm{d}B_x=\mathrm{d}B\sin\theta=\mathrm{d}B\frac{R}{(x^2+R^2)^{1/2}}=\frac{\mu_0}{4\pi}\frac{I\mathrm{d}lR}{(x^2+R^2)^{3/2}}$$

由于在求和过程中，x 和 R 都是常量，而 $\oint\mathrm{d}l=2\pi R$，所以

$$B=B_x=\oint\mathrm{d}B_x=\frac{\mu_0}{4\pi}\frac{IR}{(x^2+R^2)^{3/2}}\oint\mathrm{d}l$$

$$=\frac{\mu_0}{4\pi}\frac{IR(2\pi R)}{(x^2+R^2)^{3/2}}=\frac{\mu_0}{2}\frac{IR^2}{(x^2+R^2)^{3/2}}$$

下面考虑几种特殊情形。

（1）在圆心 O 处，$x=0$，所以

$$B=\frac{\mu_0}{2}\frac{I}{R}$$

（2）在远离圆线圈处，$x\gg R$。在上式等号右端分母中，R^2 与 x^2 相比可以略去，由此得到

$$B\approx\frac{\mu_0}{4\pi}\frac{2I(\pi R^2)}{x^3}=\frac{\mu_0}{4\pi}\frac{2m}{x^3}$$

式中，$m=I(\pi R^2)$，为圆线圈的**磁矩**。上式与电偶极子在轴线上一点的电场强度公式

$$E=\frac{1}{4\pi\varepsilon_0}\frac{2p}{x^3}$$

非常相似，其中 p 为电偶极子的电偶极矩。

（3）一段通电圆弧导线在圆心 O 点所激发的磁场（见图 10-10）的磁感应强度 $\boldsymbol{B}$ 的大小为

$$B=\frac{\mu_0}{4\pi}\frac{\theta I}{R}$$

方向沿轴线并遵从右手螺旋法则。其中 θ 为圆弧对圆心 O 所张的圆心角。

例 10.3　载流密绕螺线管轴线上的磁场分布

解：设有 N 匝细导线紧密地绕在圆筒上，圆筒的半径为 a，长度为 L。这样结构的器件称为螺线管。如图 10-11 所示。

每匝导线上通过的电流为 I，只要导线足够细，圆筒足够长，就可以将这一层细导线中流过的电流近似地看成是附在圆筒表面上的一层“面电流”。面电流值为 NI，则单位长度上的面电流为 $nI=NI/L$，称作面电流密度，其中 n 为单位长度上导线的匝数。这样的一层面电流可以看成是由无限多个圆电流连续排列所形成的，因此就可以采用圆电流公式来计算载流螺线管中的磁场分布问题。令轴线上任一点 O 为坐标原点，距原点 x 处取一微元 $\mathrm{d}x$，该微元对应圆电流 $nI\mathrm{d}x$，它在原点 O 处激发的磁场可表示为

$$dB(x)=\mu_0(nI\mathrm{d}x)a^2/2\ (a^2+x^2)^{3/2}$$

为积分的方便，考虑到线量转换为角量。

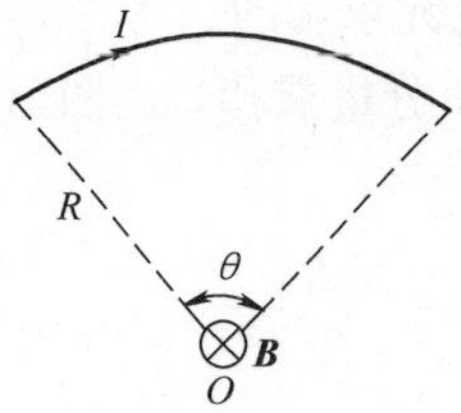

图 10-10　通电圆弧导线激发的磁场

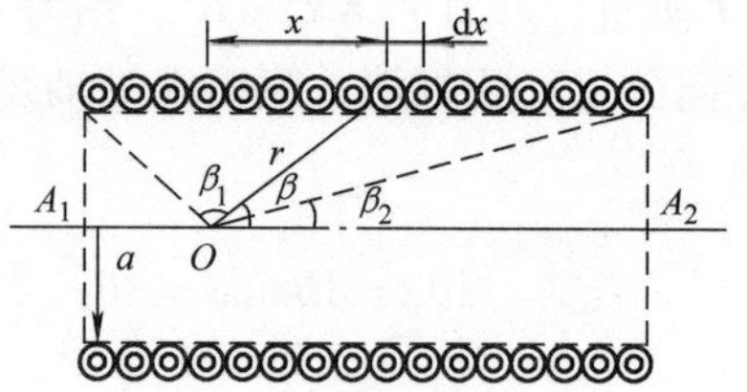

图 10-11　载流密绕螺线管　例题 10.3 用图

利用

$$x=a\cot\beta$$

$$\mathrm{d}x=-a\mathrm{d}\beta/\sin^2\beta$$

再利用

$$(a^2+x^2)^{3/2}=(a/\sin\beta)^3$$

得

$$dB(x)=-\mu_0 nI\sin\beta\mathrm{d}\beta/2$$

所以

$$B(x)=-\frac{\mu_0 nI}{2}\int_{\beta_1}^{\beta_2}\sin\beta\mathrm{d}\beta=\frac{\mu_0 nI}{2}(\cos\beta_2-\cos\beta_1)$$

上式中的 β 角指的是所求点 O 指向圆电流 $\mathrm{d}I$ 的矢径 $\boldsymbol{r}$ 与 x 轴正方向之间的夹角。

下面讨论两种特殊情况：

1）当螺线管的长度远大于 a 时，螺线管变成无限长直螺线管。此时 $\beta_2\approx 0$，$\beta_1\approx\pi$，代入上式得

$$B=\mu_0 nI$$

即载流密绕无限长直螺线管轴线上的磁场是均匀的。可以进一步证明，对于载流无限长螺线管而言，管内的磁场完全均匀，磁感应强度值处处均为 $\mu_0 nI$，管外有限区域内磁场为零，磁感应线闭合在无穷远处。

2）长直螺线管端面处的磁场。此时 $\beta_2\approx 0$，$\beta_1\approx\pi/2$，所以端面处的磁场恰为中部的一半，即

$$B=\mu_0 nI/2$$

10.3　安培环路定理及其应用

10.3.1　安培环路定理

电场强度对任意闭合路径的线积分称为电场的环流，静电场的环流为零，它反映了静电场是保守场。与此相类似，把稳恒电流产生磁场的磁感应强度对任意闭合路径的线积分，称为**磁场的环流**，它将从另一个角度反映稳恒磁场的性质。

如果磁场是由无限长的载流直导线产生的，则电流 I 在以导线为轴的任一半径为 r 的圆周上的磁感应强度大小为

$$B = \frac{\mu_0 I}{2\pi r}$$

方向为沿该圆周的切向且与电流方向遵守右手螺旋法则。此时磁场的磁感应线是以导线为轴的一系列同心闭合圆周。若以闭合的磁感应线作为计算磁场环流的积分回路 L，并取积分的绕行方向与磁感应线的方向相同，此时，绕行方向与电流成右手螺旋法则，电流规定为正。如图 10-12 所示，图中实线为磁感应线，虚线为积分回路。则有

$$\oint_L \boldsymbol{B} \cdot \mathrm{d}\boldsymbol{l} = \oint_L \frac{\mu_0 I}{2\pi r} \cdot r\mathrm{d}\varphi = \mu_0 I$$

若计算环流的闭合路径 L 是与磁感应线同一平面但不重合的任意路径，如图 10-13 所示，实线为磁感应线，虚线为任意闭合回路。因为

$$\boldsymbol{B} \cdot \mathrm{d}\boldsymbol{l} = B\cos\theta \mathrm{d}l = \frac{\mu_0 I}{2\pi r} r\mathrm{d}\varphi = \frac{\mu_0 I}{2\pi}\mathrm{d}\varphi$$

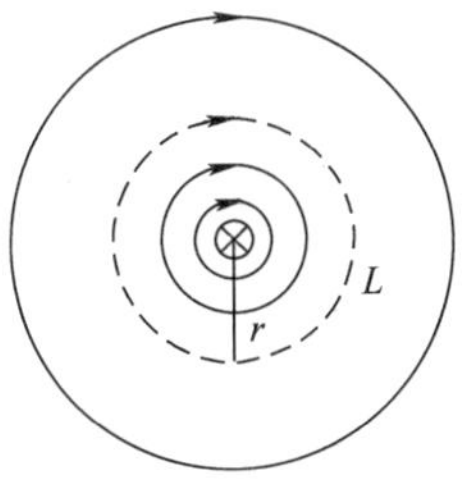

图 10-12　L 绕行方向与 $\boldsymbol{B}$ 线方向相同

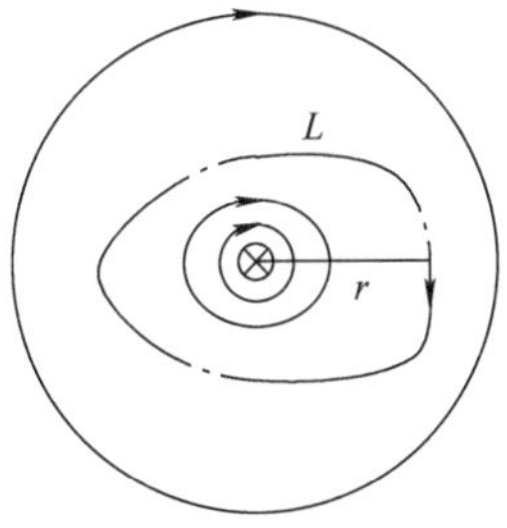

图 10-13　L 绕行方向与 $\boldsymbol{B}$ 线不重合

故磁场对任一闭合路径 L 的环流为

$$\oint_L \boldsymbol{B} \cdot \mathrm{d}\boldsymbol{l} = \frac{\mu_0 I}{2\pi}\oint_L \mathrm{d}\varphi = \mu_0 I$$

不难证明：只要闭合路径包围电流，不论路径的形状如何，甚至不论路径是否在一个平面上，磁场的环流都等于 $\mu_0 I$。

仍然在图 10-12 和图 10-13 中讨论，若其他情况不变，仅使电流的方向反向，则绕行方向与电流不成右手螺旋法则，此时电流规定为负。即有

$$\oint_L \boldsymbol{B} \cdot \mathrm{d}\boldsymbol{l} = -\frac{\mu_0 I}{2\pi}\oint_L \mathrm{d}\varphi = -\mu_0 I$$

如果闭合路径内不包围电流，如图 10-14 所示，L 为在垂直于载流导线平面内的任一不围绕电流的闭合路径。过电流通过点作 L 的两条切线，将 L 分为 L_1 和 L_2 两部分，沿图示方向计算 $\boldsymbol{B}$ 的环量为

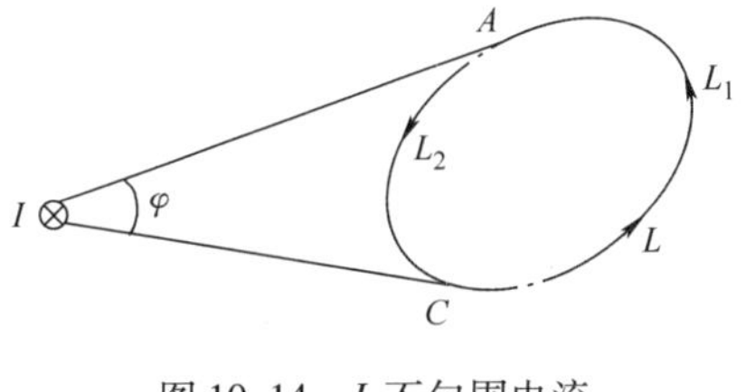

图 10-14　L 不包围电流

$$\oint_L \boldsymbol{B} \cdot \mathrm{d}\boldsymbol{l} = \int_{L_1} \boldsymbol{B} \cdot \mathrm{d}\boldsymbol{l} + \int_{L_2} \boldsymbol{B} \cdot \mathrm{d}\boldsymbol{l}$$

$$= \frac{\mu_0 I}{2\pi}\left(\int_{L_1} \mathrm{d}\varphi + \int_{L_2} \mathrm{d}\varphi\right)$$

$$= \frac{\mu_0 I}{2\pi}[\varphi + (-\varphi)] = 0$$

可见，闭合路径 L 不包围电流时，该电流对沿这一闭合路径 $\boldsymbol{B}$ 的环路积分无贡献。

根据磁场叠加原理可得到，当有若干个稳恒电流存在时，沿任一闭合路径 L，合磁场的环路积分为

$$\oint_L \boldsymbol{B} \cdot \mathrm{d}\boldsymbol{l} = \mu_0 \sum I \tag{10-11}$$

式中，$\sum I$ 是环路 L 所包围的电流的代数和。上式即为**安培环路定理**。

安培环路定理说明了磁场的另一主要性质，那就是磁场的环流不等于零，因而**磁场是非保守场或称为有旋场**。因而在这种非保守的磁场中不能引入某一标量函数来做相应的描述。

利用安培环路定理可求解某些具有对称性分布的电流产生的磁感应强度。

10.3.2　安培环路定理的应用

当电流分布已知时，由毕-萨定律和叠加原理可求得空间各点的磁场，但计算往往比较复杂。当电流分布具有某种对称性时，能够直接运用安培环路定理求出磁场，使计算大为简化。在使用安培环路定理解题时，对称性分析是非常重要的环节。

例 10.4　求均匀无限长圆柱载流直导线的磁场分布。

解：如图 10-15 所示，半径为 R 的柱形导线上沿轴向通有电流 I。定义电流面密度 $J = \frac{\mathrm{d}I}{\mathrm{d}S} = \frac{I}{\pi R^2}$。考虑到电流分布具有轴对称性，以导线轴为中心作安培环路。

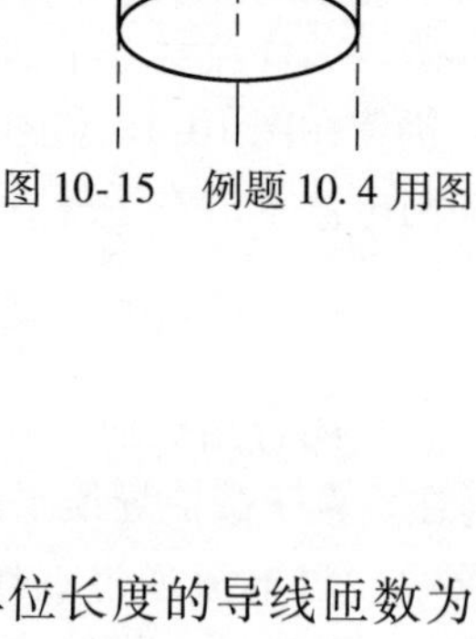

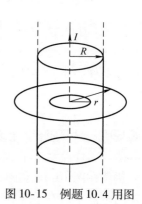

图 10-15　例题 10.4 用图

（1）当 $r > R$ 时，有

$$\oint_L \boldsymbol{B} \cdot \mathrm{d}\boldsymbol{l} = B \cdot 2\pi r = \mu_0 \sum I$$

得

$$B = \frac{\mu_0}{2\pi} \frac{I}{r}$$

（2）当 $0 < r < R$ 时，有

$$\oint_L \boldsymbol{B} \cdot \mathrm{d}\boldsymbol{l} = B \cdot 2\pi r = \mu_0 \sum I = \mu_0 \frac{I}{\pi R^2} \pi r^2$$

得

$$B = \frac{\mu_0}{2\pi} \frac{r}{R^2} I$$

例 10.5　计算载流长直密绕螺线管内部的磁场。设螺线管单位长度的导线匝数为 n，导线中的电流为 I。

解：对于长直密绕螺线管，由于不考虑边缘效应及漏磁，管外侧壁附近的磁场为零，管内磁场为匀强磁场，方向沿轴向，并且与电流成右手螺旋法则。如图 10-16 作边长为 l 的

矩形闭合回路，其中 ab 边与磁感应线平行。在如图 10-16b 所示的绕行方向下，$\boldsymbol{B}$ 矢量的线积分为

$$\oint_L B \cdot \mathrm{d}\boldsymbol{l} = \int_a^b B \cdot \mathrm{d}\boldsymbol{l} + \int_b^c B \cdot \mathrm{d}\boldsymbol{l} + \int_c^d B \cdot \mathrm{d}\boldsymbol{l} + \int_d^a \boldsymbol{B} \cdot \mathrm{d}\boldsymbol{l}$$

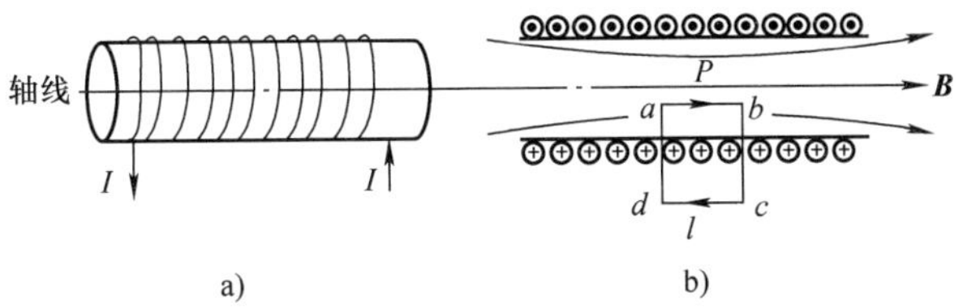

图 10-16　例题 10.5 用图

因为在 $\overline{bc}$ 段和 $\overline{da}$ 段上绕行方向和 $\boldsymbol{B}$ 方向垂直，所以有

$$\int_b^c \boldsymbol{B} \cdot \mathrm{d}\boldsymbol{l} = 0$$

$$\int_d^a \boldsymbol{B} \cdot \mathrm{d}\boldsymbol{l} = 0$$

在螺线管外侧壁附近 $\boldsymbol{B}=0$，所以有

$$\int_c^d \boldsymbol{B} \cdot \mathrm{d}\boldsymbol{l} = 0$$

$\boldsymbol{B}$ 矢量线积分为

$$\oint_L \boldsymbol{B} \cdot \mathrm{d}\boldsymbol{l} = \int_a^b B \cdot \mathrm{d}\boldsymbol{l} + \int_b^c \boldsymbol{B} \cdot \mathrm{d}\boldsymbol{l} + \int_c^d \boldsymbol{B} \cdot \mathrm{d}\boldsymbol{l} + \int_d^a \boldsymbol{B} \cdot \mathrm{d}\boldsymbol{l} = \int_a^b B \cdot \mathrm{d}l = Bl$$

由安培环路定理

$$\oint_L \boldsymbol{B} \cdot \mathrm{d}\boldsymbol{l} = \mu_0 \sum I = \mu_0 n l I$$

得

$$B = \mu_0 n I$$

例 10.6　计算载流环形螺绕环内的磁场。

解：如图 10-17 是空心螺绕环的示意图。设线圈匝数为 N，电流为 I，方向如图所示。由于是密绕，磁场都集中在管内，磁感应线是一系列同心圆环，圆心都在螺绕环的对称轴上。由对称性可知，在同一磁感应线上的各点，磁感应强度 $\boldsymbol{B}$ 的大小相等，$\boldsymbol{B}$ 的方向为沿磁感应线的切线方向，为计算管内某一点 P 的磁感应强度 $\boldsymbol{B}$，选通过该点的一条磁感应线为安培环路（如图是半径为 r 的圆周），应用安培环路定理得

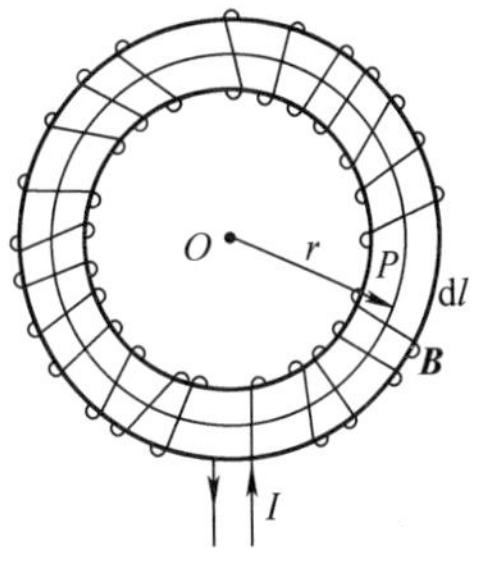

图 10-17　例题 10.6 用图

$$\oint_L \boldsymbol{B} \cdot \mathrm{d}\boldsymbol{l} = B \cdot 2\pi r = \mu_0 N I$$

即得

$$B = \frac{\mu_0 N I}{2\pi r}$$

可见，环形螺线管内的磁感应强度 $\boldsymbol{B}$ 的大小与 r 成正比。若螺绕环的内外半径之差比 r 小得多，则可认为环内各点的 $\boldsymbol{B}$ 值近似相等，其大小为

$$B = \frac{\mu_0 N I}{2\pi R} = \mu_0 n I$$

其中，R 是螺绕环的平均半径，n 为螺绕环上导线的匝密度。

10.4 带电粒子在磁场中的运动 霍尔效应

10.4.1 带电粒子在磁场中的运动

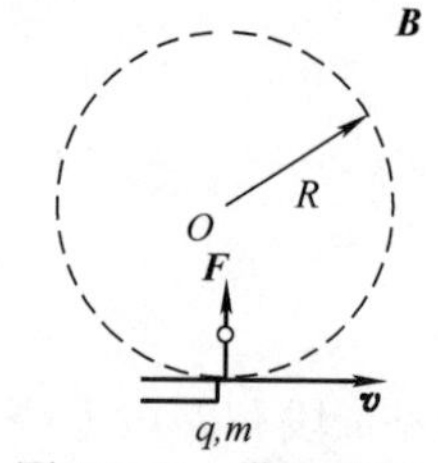

图 10-18 带电粒子在均匀磁场中做圆周运动

一个带电粒子以一定速度$\boldsymbol{v}$进入磁场后，它会受到由式(10-3)所表示的洛伦兹力的作用，因而改变其运动状态，下面先讨论均匀磁场的情形。

设一个质量为 m、带有电量为 q 的正离子，以速度$\boldsymbol{v}$沿垂直于磁场方向进入一均匀磁场中（见图 10-18）。由于它受的力 $\boldsymbol{F}=q\boldsymbol{v}\times\boldsymbol{B}$ 总与速度垂直，因而它的速度的大小不改变，而只是方向改变。又因为这个 $\boldsymbol{F}$ 也与磁场方向垂直，所以正离子将在垂直于磁场平面内做圆周运动。用牛顿第二定律可以容易地求出这一圆周运动的半径 R 为

$$R=\frac{mv}{qB}=\frac{p}{qB} \tag{10-12}$$

而圆运动的周期，即**回旋周期** T 为

$$T=\frac{2\pi m}{qB} \tag{10-13}$$

由上述两式可知，回旋半径与粒子速度成正比，但回旋周期与粒子速度无关，这一点被用在回旋加速器中来加速带电粒子。

如果一个带电粒子进入磁场时的速度$\boldsymbol{v}$的方向不与磁场垂直，则可将此入射速度分解为沿磁场方向的分速度$\boldsymbol{v}_{/\!/}$和垂直于磁场方向的分速度$\boldsymbol{v}_{\perp}$（见图 10-19）。后者使粒子产生垂直于磁场方向的圆周运动，使其不能飞开，其圆周半径由式（10-12）得出，为

$$R=\frac{mv_{\perp}}{qB} \tag{10-14}$$

而回旋周期仍由式（10-13）给出。粒子平行于磁场方向的分运动不受磁场的影响，因而粒子将具有沿磁场方向的匀速直线分运动。上述两种分运动的合成是一个轴线沿磁场方向的螺旋运动，这一螺旋轨迹的**螺距**为

$$h=v_{/\!/}T=\frac{2\pi m}{qB}v_{/\!/} \tag{10-15}$$

如果在均匀磁场中某点 A 处（见图 10-20）引入一发散角不太大的带电粒子束，其中粒子的速度又大致相同；则这些粒子沿磁场方向的分速度大小几乎一样，因而其轨迹有几乎相同的螺距。这样，经过一个回旋周期后，这些粒子将重新会聚穿过另一个点 A'。这种发散粒子束汇聚到一点的现象叫作**磁聚焦**。它广泛应用于电真空器件中，特别是电子显微镜中。

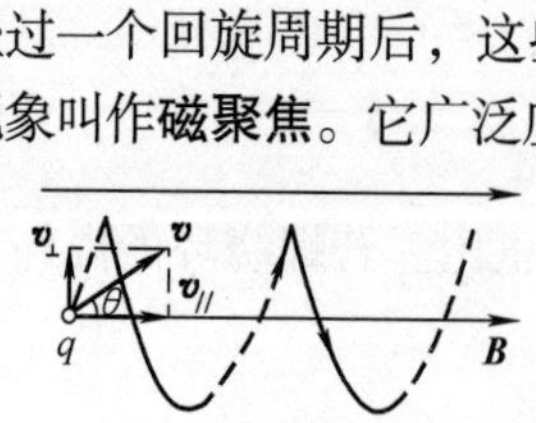

图 10-19 螺旋运动

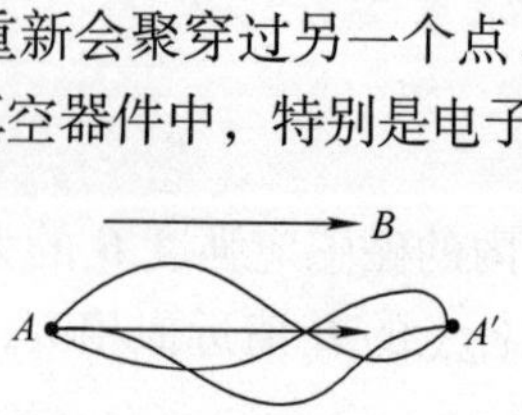

图 10-20 磁聚焦

在非均匀磁场中，速度方向和磁场不同的带电粒子，也要做螺旋运动，但半径和螺距都将不断发生变化。特别是当粒子具有一分速度向磁场较强处螺旋前进时，它受到的磁场力，根据式（10-3），有一个和前进方向相反的分量（见图 10-21）。这一分量有可能最终使粒子的前进速度减小到零，并继而沿反方向前进。强度逐渐增加的磁场能使粒子发生“反射”，因而把这种磁场分布叫作**磁镜**。

可以用两个电流方向相同的线圈产生一个中间弱两端强的磁场（见图 10-22）。这一磁场区域的两端就形成两个磁镜，平行于磁场方向的分速度分量不太大的带电粒子将被约束在两个磁镜间的磁场内来回运动而不能逃脱。这种能约束带电粒子的磁场分布叫作**磁瓶**。

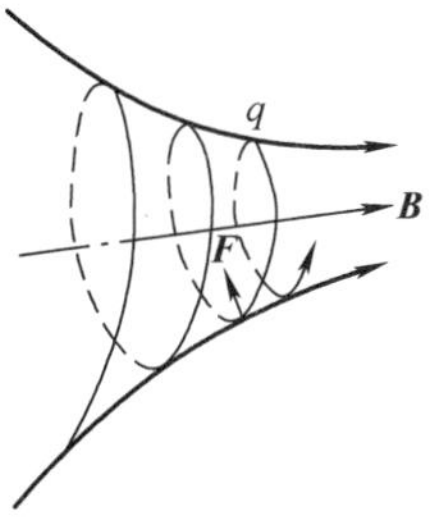

图 10-21　不均匀磁场对运动的带电粒子的力

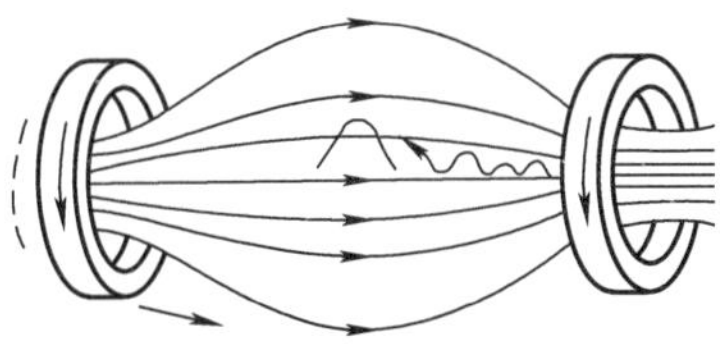

图 10-22　磁瓶

在现代研究受控热核反应的实验中，需要把很高温度的等离子体限制在一定空间区域内。在这样的高温下，所有固体材料都将化为气体而不能用作为容器。上述磁约束就成了达到这种目的的常用方法之一。

磁约束现象也存在于宇宙空间中，地球的磁场是一个不均匀磁场，从赤道到地磁的两极磁场逐渐增强。因此地磁场是一个天然的磁捕集器，它能俘获从外层空间入射的电子或质子形成一个带电粒子区域。这一层区域叫**范艾仑辐射带**（见图 10-23）。它有两层，内层在地面上空 800 ~ 4000km，外层在 60000km 处。在范艾仑辐射带中的带电粒子就围绕地磁场的磁感应线做螺旋运动而在靠近两极处被反射回来。这样，带电粒子就在范艾仑带中来回振荡直到由于粒子间碰撞而被逐出为止。这些运动的带电粒子能向外辐射电磁波。在地磁两极附近由于磁感应线与地面垂直，由外层空间入射的带电粒子可直射入高空大气层内。它们和空气分子的碰撞产生的辐射就形成了绚丽多彩的极光。

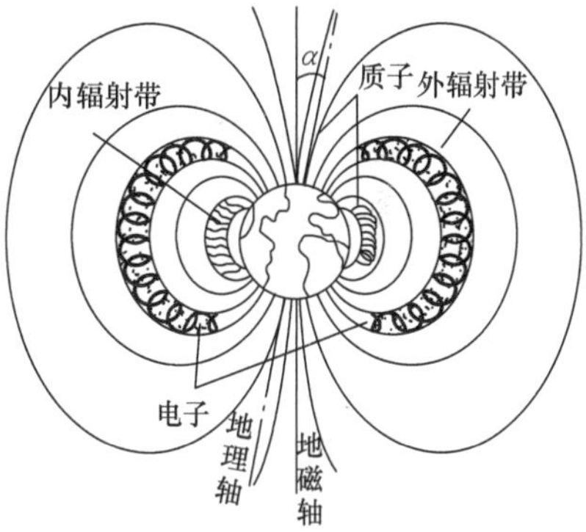

图 10-23　地磁场内的范艾伦辐射带

据宇宙飞行探测器证实，在土星、木星周围也有类似地球的范艾伦辐射带存在。

10.4.2　霍尔效应

如图 10-24 所示，在一个金属窄条（宽度为 h，厚度为 b）中，通以电流。这电流是外加电场 $\boldsymbol{E}$ 作用于电子使之向右做定向运动（漂移速度为 $\boldsymbol{v}$）形成的。当加以外磁场 $\boldsymbol{B}$ 时，由于洛伦兹力的作用，电子的运动将向下偏（见图 10-24a），当它们跑到窄条底部时，由于表面所限，它们不能脱离金属因而就聚集在窄条的底部。同时在窄条的顶部显示出有多余的正电荷。这些多余的正、负电荷将在金属内部产生一横向电场 $\boldsymbol{E}_{\mathrm{H}}$。随着底部和顶部多余电荷的增多，这一电场也迅速地增大到它对电子的作用力 $(-e)\boldsymbol{E}_{\mathrm{H}}$ 与磁场对电子的作用力 $(-e)\boldsymbol{v}\times\boldsymbol{B}$ 相平衡。这时电子将恢复原来水平方向的漂移运动而电流又重新恢复为恒定电流。由平衡条件 $[-e\boldsymbol{E}_{\mathrm{H}}+(-e)\boldsymbol{v}\times\boldsymbol{B}=0]$ 可知，所产生横向电场的大小为

$$E_{\mathrm{H}}=vB \tag{10-16}$$

由于横向电场 $\boldsymbol{E}_{\mathrm{H}}$ 的出现，在导体的横向两侧会出现电势差（见图 10-24b），这一电势差的数值为

$$U_{\mathrm{H}}=E_{\mathrm{H}}h=vBh$$

已经知道电子的漂移速率 v 与电流 I 有下述关系

$$I=nSqv=nbhqv$$

其中，n 为载流子浓度，即导体内单位体积内的载流子数目，由此式求出后，代入上式可得

$$U_{\mathrm{H}}=\frac{IB}{nqb} \tag{10-17}$$

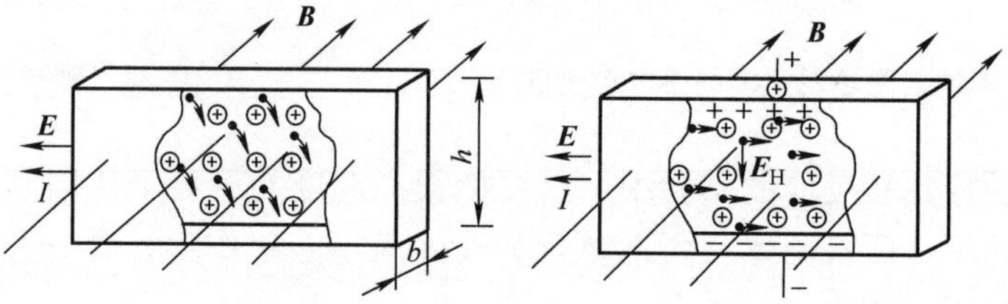

图 10-24　霍尔效应

对于金属中的电子导电来说，如图 10-24b 所示，导体顶部电势高于底部电势。如果取载流子带正电，在电流和磁场方向相同的情况下，将会得到相反的结果，即正电荷聚集在底部而底部电势高于顶部电势的结果。因此通过电压正负的测定可以确定导体中载流子所带的电荷的正负，这是方向相同的电流由于载流子种类的不同而引起不同效应的一个实际例子。

在磁场中的载流导体上出现横向电势差的现象是 24 岁的研究生霍尔在 1879 年发现的，现在称之为**霍尔效应**，式（10-17）给出的电压就叫**霍尔电压**。当时还不知道金属的导电机构，甚至还未发现电子。现在霍尔效应有多种应用，特别是用于半导体的测试。由测出的霍尔电压即横向电压的正负可以判断半导体的载流子种类（是电子或是空穴），还可以用式（10-17）计算出载流子浓度。用一块制好的半导体薄片通以给定的电流，在校准好的条件下，还可以通过霍尔电压来测磁场 $\boldsymbol{B}$。这是现在测磁场的一个常用的比较精确的方法。

应该指出，对于金属来说，由于是电子导电，在如图 10-24 所示的情况下测出的霍尔电压应该显示顶部电势高于底部电势。但是实际上有些金属却给出了相反的结果，好像在这些金属中的载流子带正电似的。这种“反常”的霍尔效应，以及正常的霍尔效应实际上都只能用金属中电子的量子理论才能圆满地解释。

量子霍尔效应

由式（10-17）可得

$$\frac{U_H}{I}=\frac{B}{nqb} \tag{10-18}$$

这一比值具有电阻的量纲，因而被定义为**霍尔电阻** R_H。式（10-18）表明霍尔电阻应正比于磁场 B。1980 年，在研究半导体在极低温度下和强磁场中的霍尔效应时，德国物理学家克里青发现霍尔电阻和磁场的关系并不是线性的，而是有一系列台阶式的改变，如图 10-25 所示（该图数据是在 1.39K 的温度下取得的，电流保持在 25.52μA 不变），这一效应叫**量子霍尔效应**，克里青因此获得 1985 年诺贝尔物理学奖。

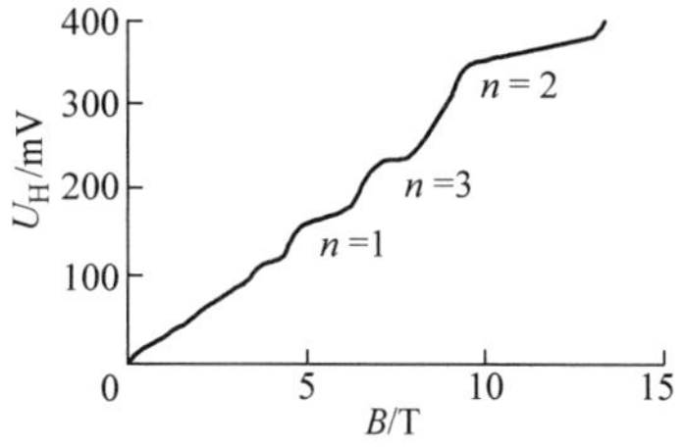

图 10-25　量子霍尔效应

量子霍尔效应只能用量子理论解释，该理论指出

$$R_H=\frac{U_H}{I}=\frac{R_K}{n}(n=1,2,3,\cdots) \tag{10-19}$$

式中，R_K 叫作克里青常量，它和基本常量 h 和 e 有关，即

$$R_K=\frac{h}{e^2}=25813\Omega \tag{10-20}$$

由于 R_K 的测定值可以准确到10^{-10}，所以量子霍尔效应被用来定义电阻的标准，1990 年开始，“欧姆”就根据霍尔电阻精确地等于 25812.80Ω 来定义了。

克里青当时的测量结果表达式（10-19）中的 n 为整数。其后美籍华裔物理学家崔琦和施特默等研究量子霍尔效应时，发现在更强的磁场（如 20T 甚至 30T）下，式（10-19）中的 n 可以是分数如 1/5，1/4，1/3，1/2 等，这种现象叫**分数量子霍尔效应**。它的发现和理论研究使人们对宏观量子现象的认识更深入了一步，崔琦、施特默和劳克林等也因此而获得了 1998 年诺贝尔物理学奖。

10.5 磁场对电流的作用

10.5.1 载流导线在磁场中受的磁力

导线中的电流是由其中的载流子定向移动形成的。当把载流导线置于磁场中时，这些运动的载流子就要受到洛伦兹力的作用，其结果将表现为载流导线受到磁力的作用，为了计算一段载流导线受的磁力，先考虑它的一段长度元受的作用力。如图 10-26 所示，设导线截面面积为 S，其中有电流 I 通过。考虑长度为 dl 的一段导线。把它规定为矢量，使它的方向与电流的方向相同。这样一段载有电流的导线元就是一段电流元，以 $I\mathrm{d}\boldsymbol{l}$ 表示。设导线的单位体积内有 n 个载流子，每一个载流子的电荷都是 q。为简单起见，我们认为各载流子都以漂移速度 $\boldsymbol{v}$ 运动。由于每一个载流子受的磁场力都是 $q\boldsymbol{v}\times\boldsymbol{B}$，而在 d$l$ 段中共有 $n\mathrm{d}lS$ 个载流子，所以这些载流子受的力的总和就是

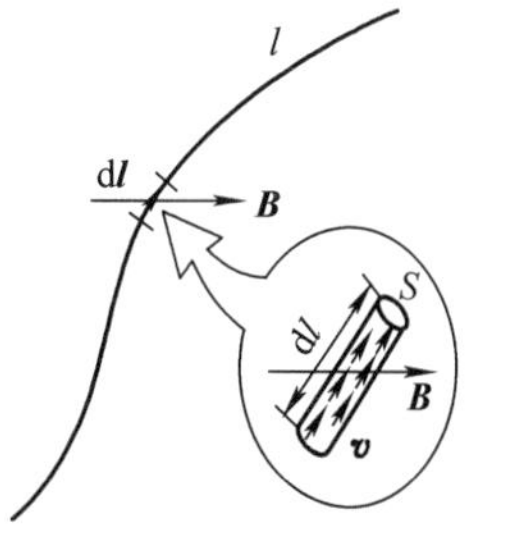

图 10-26　电流元受的磁场力

$$\mathrm{d}\boldsymbol{F} = nS\mathrm{d}lq\boldsymbol{v} \times \boldsymbol{B}$$

由于$\boldsymbol{v}$的方向和 $\mathrm{d}\boldsymbol{l}$ 的方向相同，所以 $q\mathrm{d}l\boldsymbol{v} = qv\mathrm{d}\boldsymbol{l}$。利用这一关系，上式就可写成

$$\mathrm{d}\boldsymbol{F} = nSvq\mathrm{d}\boldsymbol{l} \times \boldsymbol{B}$$

又由于 $nSvq = I$，即通过 $\mathrm{d}\boldsymbol{l}$ 的电流的大小，所以最后可得

$$\mathrm{d}\boldsymbol{F} = I\mathrm{d}\boldsymbol{l} \times \boldsymbol{B} \tag{10-21}$$

$\mathrm{d}\boldsymbol{l}$ 中的载流子由于受到这些力所增加的动量最终要传给导线本体的正离子结构，所以这一公式也就给出了这一段导线元所受的磁场力。载流导线受磁场的作用力通常叫作**安培力**。

知道了一段载流导线元受的磁力就可以用积分的方法求出一段有限长载流导线 L 受的磁力，如

$$\boldsymbol{F} = \int_L I\mathrm{d}\boldsymbol{l} \times \boldsymbol{B} \tag{10-22}$$

式中，$\boldsymbol{B}$ 为各电流元所在处的"当地 $\boldsymbol{B}$"。下面举几个例子。

例 10.7　载流导线所受磁力。在均匀磁场 $\boldsymbol{B}$ 中有一段弯曲导线 ab，通有电流 I（见图 10-27）求此段导线受的磁场力。

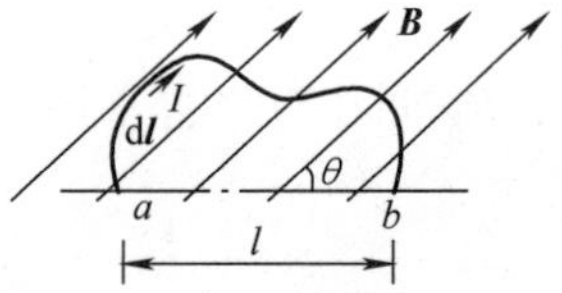

图 10-27　例题 10.7 用图

解：根据式（10-22），所求力为

$$\boldsymbol{F} = \int_{(a)}^{(b)} I\mathrm{d}\boldsymbol{l} \times \boldsymbol{B} = I\left(\int_{(a)}^{(b)} \mathrm{d}\boldsymbol{l}\right) \times \boldsymbol{B}$$

此式中积分是各段矢量长度元 $\mathrm{d}\boldsymbol{l}$ 的矢量和，它等于从 a 指向 b 沿直线段的矢量 $\boldsymbol{l}$。因此得

$$\boldsymbol{F} = I\boldsymbol{l} \times \boldsymbol{B}$$

这说明整个弯曲导线受的磁场力的总和等于从起点到终点连起的直导线通过相同的电流时受的磁场力。在如图 10-27 所示的情况下，$\boldsymbol{l}$ 和 $\boldsymbol{B}$ 的方向均与纸面平行，因而

$$F = IlB\sin\theta$$

此力的方向垂直纸面向外。

如果 a、b 两点重合，则 $l = 0$，上式给出 $F = 0$。这就是说在**均匀磁场中的闭合载流回路整体上不受磁场力**。

例 10.8　载流圆环所受磁力。在一个圆柱形磁铁 N 极的正上方水平放置一半径为 R 的导线环，其中通有顺时针方向（俯视）的电流 I。在导线所在处磁场 B 的方向都与竖直方向成 α 角。求导线环受的磁力。

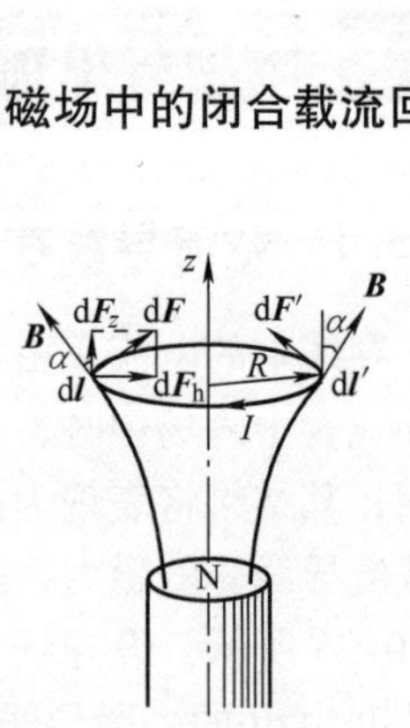

图 10-28　例题 10.8 用图

解：如图 10-28 所示，在导线环上选电流元 $I\mathrm{d}\boldsymbol{l}$ 垂直纸面向里，此电流元受的磁力为

$$\mathrm{d}\boldsymbol{F} = I\mathrm{d}\boldsymbol{l} \times \boldsymbol{B}$$

此力的方向就在纸面内垂直于磁场 $\boldsymbol{B}$ 的方向。

将 $\mathrm{d}\boldsymbol{F}$ 分解为水平与竖直两个分量 $\mathrm{d}\boldsymbol{F}_\mathrm{h}$ 和 $\mathrm{d}\boldsymbol{F}_z$。由于磁场和电流的分布对竖直 z 轴的轴对称性，所以环上各电流元的 $\mathrm{d}\boldsymbol{F}$ 的水平分量 $\mathrm{d}\boldsymbol{F}_\mathrm{h}$ 矢量和为零。又由于各电流元所受的磁力 $\mathrm{d}\boldsymbol{F}_z$ 的方向都相同，所以圆环受的总磁力的大小为

$$F = F_z = \int \mathrm{d}F_z = \int \mathrm{d}F\sin\alpha = \int_0^{2\pi R} IB\sin\alpha\mathrm{d}l = 2IB\pi R\sin\alpha$$

此力的方向竖直向上。

10.5.2　载流线圈在均匀磁场中受的磁力矩

如图 10-29a 所示，一载流圆线圈半径为 R，电流为 I，放在一均匀磁场中，它的平面法线方向 $\boldsymbol{e}_n$（$\boldsymbol{e}_n$ 的方向与电流的流向符合右手螺旋关系）与磁场 $\boldsymbol{B}$ 的方向夹角为 θ。在例 10.7 已经得出，此载流线圈整体上所受的磁力为零。下面来求此线圈所受磁场的力矩。为此，将磁场 B 分解为与 $\boldsymbol{e}_n$ 平行的 $\boldsymbol{B}_{/\!/}$ 和与 $\boldsymbol{e}_n$ 垂直的 $\boldsymbol{B}_{\perp}$ 两个分量，分别考虑它们对线圈的作用力。

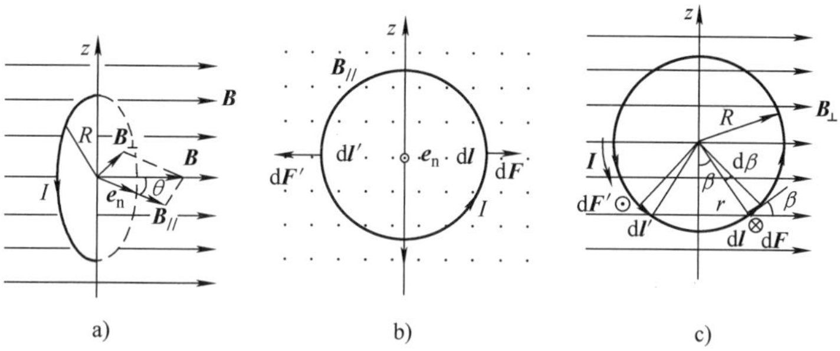

图 10-29　载流线圈受的力和力矩

$\boldsymbol{B}_{/\!/}$ 分量对线圈的作用力如图 10-29b 所示，各段 dl 相同的导线元所受的力大小都相等，方向都在线圈平面内沿径向向外。由于这种对称性，线圈受这一磁场分量的合力矩也为零。

$\boldsymbol{B}_{\perp}$ 分量对线圈的作用如图 10-29c 所示，右半圈上一电流元 $I\mathrm{d}l$ 受的磁场力的大小为

$$\mathrm{d}F = I\mathrm{d}lB_{\perp}\sin\beta$$

此力的方向垂直纸面向里。和它对称的左半圈上的电流元 $I\mathrm{d}l'$ 受的磁场力的大小和 $I\mathrm{d}l$ 受的一样，但力的方向相反，垂直纸面向外。但由于 $I\mathrm{d}l$ 和 $I\mathrm{d}l'$ 受的磁力不在一条直线上，所以对线圈产生一个力矩。$I\mathrm{d}l$ 受的力对线圈 z 轴产生的力矩的大小为

$$\mathrm{d}M = r\mathrm{d}F = I\mathrm{d}lB_{\perp}\sin\beta \cdot r$$

由于 $\mathrm{d}l = R\mathrm{d}\beta$，$r = R\sin\beta$，所以

$$\mathrm{d}M = IR^2B_{\perp}\sin^2\beta\mathrm{d}\beta$$

对 β 由 0 到 2π 进行积分，即可得到线圈所受磁力的力矩为

$$M = \int \mathrm{d}M = IR^2B_{\perp}\int_0^{2\pi}\sin^2\beta\mathrm{d}\beta = \pi IR^2B_{\perp}$$

由于 $B_{\perp} = B\sin\theta$，所以又可得

$$M = \pi R^2IB\sin\theta$$

在此力矩的作用下，线圈要绕 z 轴按逆时针（俯视）转动。用矢量表示力矩，则 M 的方向沿 z 轴正向。

综合上面得出的 $B_{/\!/}$ 和 $B_{\perp}$ 对载流线圈的作用，可得它们的总效果是：均匀磁场对载流线圈的合力为 0，而力矩为

$$M = \pi R^2IB\sin\theta = SIB\sin\theta \tag{10-23}$$

其中 $S = \pi R^2$ 为线圈围绕的面积。根据 $\boldsymbol{e}_n$ 和 $\boldsymbol{B}$ 的方向以及 $\boldsymbol{M}$ 的方向，此式可用矢量积表

示为

$$\boldsymbol{M}=SI\boldsymbol{e}_{\mathrm{n}}\times\boldsymbol{B} \tag{10-24}$$

根据载流线圈的磁偶极矩，或磁矩（它是一个矢量）的定义

$$\boldsymbol{m}=IS\boldsymbol{e}_{\mathrm{n}} \tag{10-25}$$

则式（10-24）又可写成

$$\boldsymbol{M}=\boldsymbol{m}\times\boldsymbol{B} \tag{10-26}$$

此力矩力图使 $\boldsymbol{e}_{\mathrm{n}}$ 的方向，也就是磁矩 $\boldsymbol{m}$ 的方向，转向与外加磁场方向一致。当 $\boldsymbol{m}$ 与 $\boldsymbol{B}$ 方向一致时，$\boldsymbol{M}=\boldsymbol{0}$，线圈不再受磁场的力矩作用。式（10-26）虽是从圆线圈堆出，但适用于均匀磁场中任意形状的线圈。

不只是载流线圈有磁矩，电子、质子等微观粒子也有磁矩。磁矩是粒子本身的特征之一。它们在磁场中受的力矩也都由式（10-26）表示。

在非均匀磁场中，载流线圈除受到磁力矩作用外，还受到磁力的作用。因其情况复杂，我们就不做进一步讨论了。

由安培环路定理，在均匀磁场中，$\oint_L \boldsymbol{B}\cdot \mathrm{d}\boldsymbol{l}=0$。与电场中类似，根据磁矩为 $\boldsymbol{m}$ 的载流线圈在均匀磁场中受到磁力矩的作用，可以引入磁矩在均匀磁场中的和其转动相联系的势能的概念。以 θ 表示 $\boldsymbol{m}$ 与 $\boldsymbol{B}$ 之间的夹角（见图 10-30），此夹角由 θ_1 增加到 θ_2 的过程中，外力需克服磁力矩做的功为

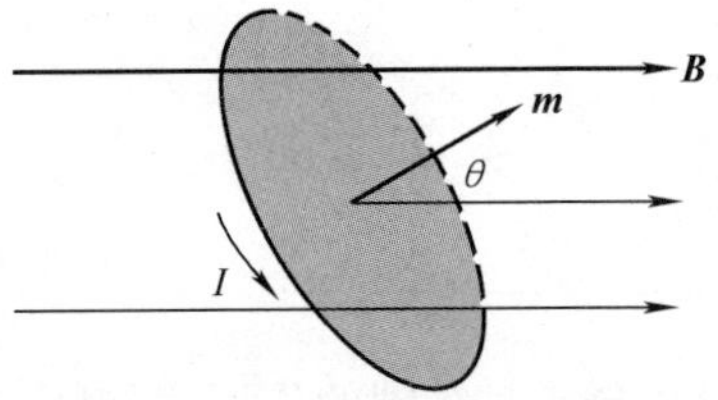

图 10-30　均匀磁场中的磁矩

$$A=\int_{\theta_1}^{\theta_2}M\mathrm{d}\theta=\int_{\theta_1}^{\theta_2}mB\sin\theta\mathrm{d}\theta=mB(\cos\theta_1-\cos\theta_2)$$

此功就等于磁矩 $\boldsymbol{m}$ 在磁场中势能的增量。通常以磁矩方向与磁场方向垂直，即 $\theta_1=\pi/2$ 时的位置为势能为零的位置。这样，由上式可得，在均匀磁场中，当磁矩与磁场间夹角为 θ（$\theta=\theta_2$）时，磁矩的势能为

$$W_{\mathrm{m}}=-mB\cos\theta=-\boldsymbol{m}\cdot\boldsymbol{B} \tag{10-27}$$

此式给出，当磁矩与磁场平行时，势能有极小值 $-mB$；当磁矩与磁场反平行时，势能有极大值 mB。

例 10.9　电子的磁势能。电子具有固有的（或内禀的）自旋磁矩，其大小为 $m=1.60\times10^{-23}\,\mathrm{J/T}$。在磁场中，电子的磁矩指向是“量子化”的，即只可能有两个方向。一个是与磁场成 $\theta_1=54.7°$，另一个是与磁场成 $\theta_2=125.3°$。其经典模型如图10-31所示（实际上电子的自旋轴绕磁场方向“进动”）。试求在 0.50T 的磁场中电子处于这两个位置时的势能分别是多少？

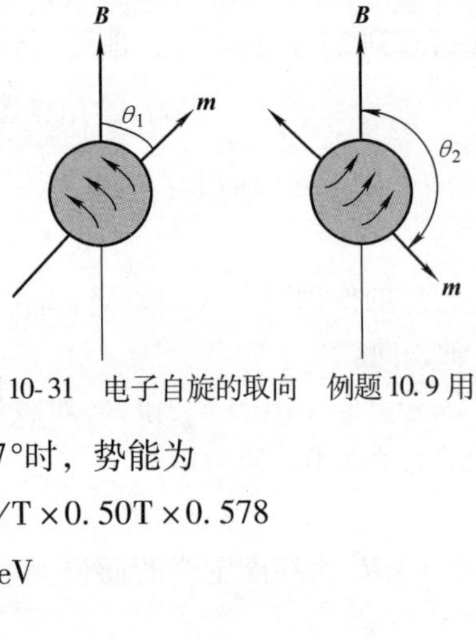

图 10-31　电子自旋的取向　例题 10.9 用图

解：由式（10-27）可得，当磁矩与磁场成 $\theta_1=54.7°$ 时，势能为

$$\begin{aligned}W_{\mathrm{m1}}&=-mB\cos54.7°=-1.60\times10^{-23}\,\mathrm{J/T}\times0.50\,\mathrm{T}\times0.578\\&=-4.62\times10^{-24}\,\mathrm{J}=-2.89\times10^{-5}\,\mathrm{eV}\end{aligned}$$

当磁矩与磁场成 $\theta_2=125.3°$时，势能为

$$W_{m1}=-mB\cos125.3°=-1.60\times10^{-23}\text{J/T}\times0.50\text{T}\times(-0.578)$$
$$=4.62\times10^{-24}\text{J}=2.89\times10^{-5}\text{eV}$$

10.5.3　平行载流导线间的相互作用力

设有两根平行的长直导线，分别通有电流 I_1 和 I_2，它们之间的距离为 d（见图 10-32），导线直径远小于 d。让我们来求每根导线单位长度线段受另一电流的磁场的作用力。

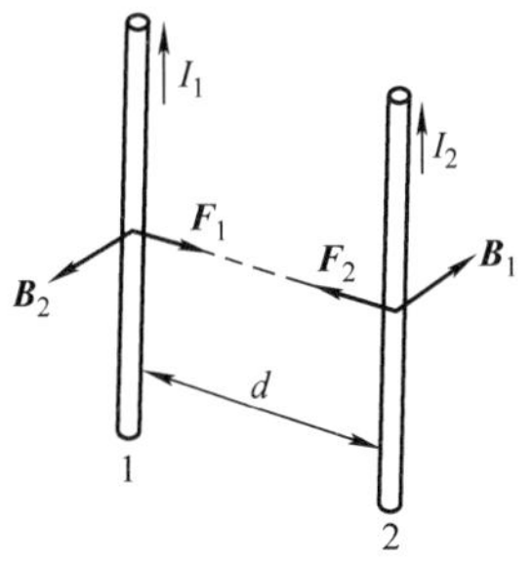

图 10-32　两平行载流长直导线之间的作用力

电流 I_1 在电流 I_2 处产生的磁场为

$$B_1=\frac{\mu_0 I_1}{2\pi d}$$

载有电流 I_2 的导线单位长度线段受此磁场的安培力为

$$F_2=B_1I_2=\frac{\mu_0 I_1I_2}{2\pi d} \tag{10-28}$$

同理，载流导线 I_1 单位长度线段受电流 I_2 的磁场的作用力也等于这一数值，即

$$F_1=B_2I_1=\frac{\mu_0 I_1I_2}{2\pi d}$$

当电流 I_1 和 I_2 方向相同时，两导线相吸；相反时，则相斥。在国际单位制中，电流的单位安［培］（符号为 A）就是根据式（10-28）规定的。**设在真空中两根无限长的平行直导线相距 1m，通以大小相同的恒定电流，如果导线每米长度受的作用力为 2×10^{-7}N，则每根导线中的电流强度就规定为 1A。**

根据这一定义，由于 $d=1$m，$I_1=I_2=1$A，$F=2\times10^{-7}$N，式（10-28）给出

$$\mu_0=\frac{2\pi Fd}{I^2}=\frac{2\pi\times2\times10^{-7}\times1}{1\times1}=4\pi\times10^{-7}\ (\text{N/A})$$

这一数值与式（10-8）中 μ_0 的值相同。

电流的单位确定之后，电量的单位也就可以确定了。在通有 1A 电流的导线中，每秒钟流过导线任一横截面上的电量就定义为 1C，即

$$1\text{C}=1\text{A}\cdot\text{s}$$

实际的测电流之间的作用力的装置如图 10-33 所示，称为电流秤。它用到两个固定的线圈 C_1 和 C_2，吊在天平的一个盘下面的活动线圈 C_M 放在它们中间，三个线圈通有大小相同的电流。天平的平衡由加减砝码来调节。这样的电流秤用来校准其他更加方便的测量电流的二级标准。

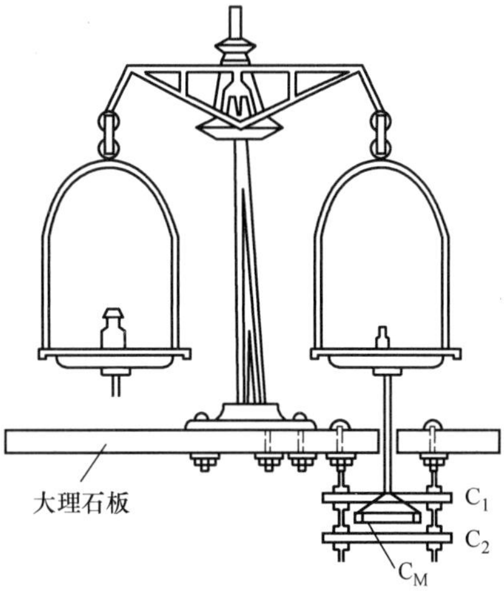

图 10-33　电流秤

小　结

1. 磁感应强度 毕奥－萨伐尔定律

毕奥－萨伐尔定律：$\mathrm{d}\boldsymbol{B}=\dfrac{\mu_0}{4\pi}\dfrac{I\mathrm{d}\boldsymbol{l}\times\boldsymbol{r}}{r^3}$

2. 磁通量　磁场高斯定理

磁通量：$\Phi_{\mathrm{m}}=\int_S\boldsymbol{B}\cdot\mathrm{d}\boldsymbol{S}=\int_S B\cos\theta\mathrm{d}S$

磁场高斯定理：$\oint_S\boldsymbol{B}\cdot\mathrm{d}\boldsymbol{S}=0$

3. 安培环路定理及其应用

安培环路定理：$\oint_L\boldsymbol{B}\cdot\mathrm{d}\boldsymbol{l}=\mu_0\sum I$

4. 带电粒子在电磁场中的运动

匀速圆周运动回旋半径：$R=\dfrac{mv}{qB}$

回旋周期：$T=\dfrac{2\pi R}{v}=\dfrac{2\pi m}{qB}=\dfrac{1}{f}$

霍尔电压：$U_{\mathrm{H}}=bE_{\mathrm{H}}=bvB=\dfrac{1}{nq}\dfrac{I_{\mathrm{S}}B}{d}=R_{\mathrm{H}}\dfrac{I_{\mathrm{S}}B}{d}$

霍尔系数：$R_{\mathrm{H}}=\dfrac{1}{nq}$

5. 磁场对电流的作用

安培力：$\mathrm{d}\boldsymbol{F}=I\mathrm{d}\boldsymbol{l}\times\boldsymbol{B}$

线圈磁矩：$\boldsymbol{m}=IS\boldsymbol{e}_{\mathrm{n}}$

磁场对任意载流线圈的力矩：$\boldsymbol{M}=\boldsymbol{m}\times\boldsymbol{B}$

磁场、电场对运动电荷的作用力：$\boldsymbol{F}=q(\boldsymbol{v}\times\boldsymbol{B}+\boldsymbol{E})$

思　考　题

10.1　一电子以速度 $\boldsymbol{v}$ 射入磁感应强度为 $\boldsymbol{B}$ 的均匀磁场中，电子沿什么方向射入受到的磁场力最大？哪个方向不受磁场力的作用？用哪个数学公式可以进行说明？

10.2　把载有大小相等、流向相反的两根载流导线扭在一起，可以减少电流对外的磁效应，说明这样做的理由。

10.3　一个电荷能在它的周围空间任意一点激起电场；一个电流元是否也能够在它的周围空间中任意一点激起磁场？

10.4　一匀速直线运动着的电荷在真空中给定点所激发的磁场是不是恒定的磁场？为什么？

10.5　考虑一个闭合的面，它包围磁铁棒的一个磁极。通过该闭合面的磁通量是多少？

10.6　若穿过闭合曲线所围面积上电流的代数和为零，曲线上各点的磁感应强度为零吗？为什么？

10.7　能否用安培环路定理求解有限长截流直导线产生的磁场的磁感应强度？为什么？

10.8　如果一束质子在通过空间某一区域时做匀速直线运动，能否肯定这个区域没有磁场？如果它发生了偏转，如何判断是磁场还是电场的作用？

10.9　均匀磁场的磁感应强度 $\boldsymbol{B}$ 的方向竖直向上，如果有两个电子以大小相等、方向相反的速度沿水平方向射出，它们做何种运动？如果一个是电子，一个是正电子，它们的运动又如何？

10.10　如果有两无限长的平行载流直导线，电流的流向相同，如果取一平面垂直这两根导线，此平面上的磁感应线分布大致是怎样的？

10.11　为什么当磁铁靠近电视机的屏幕时会使图像变形？

10.12　一圆形导线中通有恒定电流，在此圆形回路所在的平面内作一与回路同心的圆周，由电流分布关于过圆心的轴线对称分布，可知圆周上各点磁感应强度 $\boldsymbol{B}$ 的大小相等；对此圆周运用安培环路定理，有 $\oint_L \boldsymbol{B}\cdot \mathrm{d}\boldsymbol{l}=0$。有人据此写出 $\oint_L \boldsymbol{B}\cdot \mathrm{d}\boldsymbol{l}=B\cdot 2\pi r=0$，并得出结论，圆形电流所在平面上处处 $\boldsymbol{B}=0$。试判断他的结论是否正确并说明理由。

10.13　一长直密绕螺线管中通有电流 I，在与管轴线垂直的平面上作一圆周，且整个圆周都在螺线管外，则此螺线管电流产生的磁感应强度沿此圆周的曲线积分 $\oint_L \boldsymbol{B}\cdot \mathrm{d}\boldsymbol{l}$ 等于多少？

10.14　一圆形载流导线回路上一电流元受到回路其他部分电流的磁力沿什么方向？

10.15　能否利用磁场对带电粒子的作用力来增大粒子的动能？

10.16　在磁场方向和电流方向一定的条件下，导体所受安培力的方向与载流子的种类有无关系？霍尔电压的正负与载流子的种类有无关系？

习　题

10.1　如图 10-34 所示，一条无限长直导线在一处弯成半径为 R 的半圆形，已知导线中的电流为 I。求圆心的磁感应强度 $\boldsymbol{B}$。

10.2　如图 10-35 所示，由截面均匀的铁铝合金制成一圆环，在环上两点 P、Q 沿径向引出导线与远处的电源相连。试求圆环中心 O 处的磁感应强度。

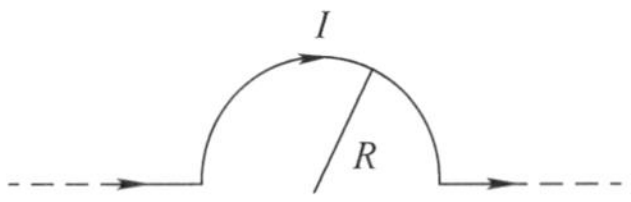

图 10-34　习题 10.1 用图

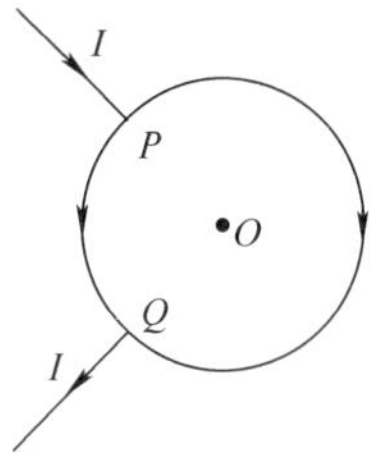

图 10-35　习题 10.2 用图

10.3　如图 10-36 所示，无限长载流导线的一部分弯成半径为 r 的半圆，求半圆对应圆心处 P 点的磁感应强度 $\boldsymbol{B}$ 的大小和方向。

10.4　如图 10-37 所示，半径为 R 的半球上密绕有单层线圈，线圈平面彼此平行。设线圈的总匝数为 N，通过线圈的电流为 I，求球心 O 点的磁感应强度。

10.5　如图 10-38 所示，电流均匀地流过宽为 $2a$ 的无限长平面导体薄板，电流为 I，通过板的中线并与板面垂直的平面上有一点 P，P 到板的垂直距离为 x，设板的厚度可略去不计。求 P 点的磁感应强度 $\boldsymbol{B}$。

10.6　如图 10-39 所示，载流直导线的电流为 I，试求通过矩形面积的磁通量。

10.7　螺线管长 0.5m，总匝数 $N=2000$ 匝，问当通以 1A 的电流时，管内中央部分的磁感应强度是多少？

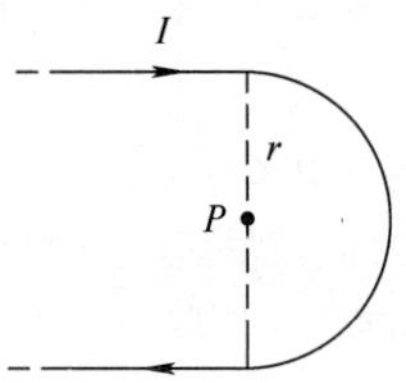

图 10-36　习题 10.3 用图

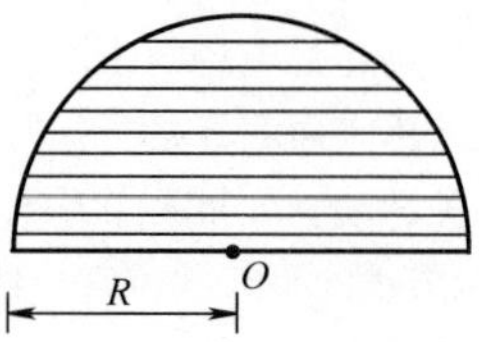

图 10-37　习题 10.4 用图

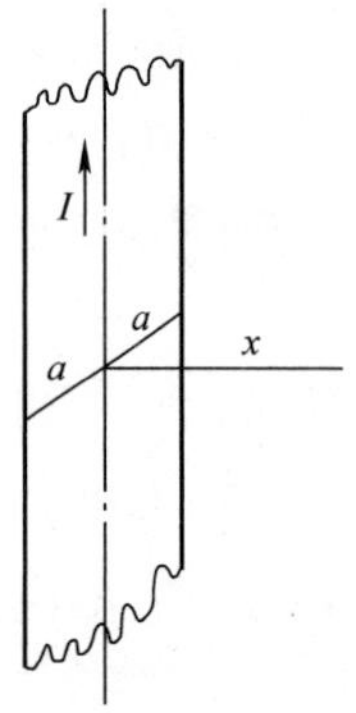

图 10-38　习题 10.5 用图

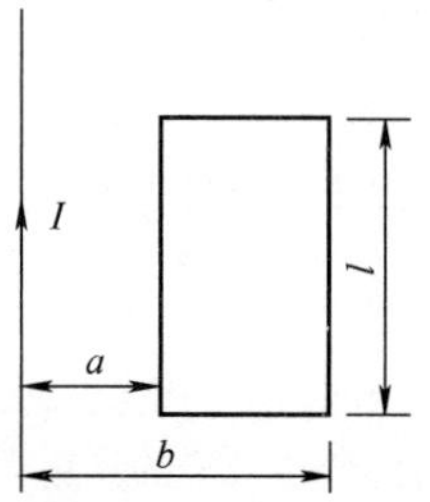

图 10-39　习题 10.6 用图

10.8　试计算空心螺绕环内的磁感应强度。已知螺绕环总匝数 $N=1000$ 匝，通过电流 $I=1\text{A}$，螺绕环半径 $R=0.11\text{m}$，螺绕环截面半径可忽略。

10.9　一个塑料圆盘，半径为 R，表面均匀分布电量 q。试证明：当它绕通过盘心而且垂直于盘面的轴以角速度 ω 转动时，盘心处的磁感应强度 $B=\dfrac{\mu_0\omega q}{2\pi R}$。

10.10　一根无限长同轴电缆，由一半径为 R_1 的圆柱形直导线和其外同轴圆筒组成，导体圆筒的内半径为 R_2，外半径为 R_3，圆柱形直导线和同轴导体圆筒中的电流大小均为 I，方向相反，导体的磁性可不考虑。试计算以下各处的磁感应强度：

（1）$r<R_1$；（2）$R_1<r<R_2$；（3）$R_2<r<R_3$；（4）$r>R_3$。

10.11　根据经典模型，原子中电子绕核做匀速率圆周运动，它可以看作为一个圆形电流，据此推导电子轨道运动的磁矩 $\boldsymbol{m}$ 与其轨道角动量 $\boldsymbol{L}$ 之间的关系。

10.12　如图 10-40 所示，位于点 A 的电子具有大小为 $v_0=1.0\times10^7\text{m/s}$ 的初速度，问：

（1）磁感应强度为多少才能使电子沿图中半圆周从 A 运动到 B？

（2）电子从 A 运动到 B 需要多少时间（圆周半径为 $R=0.05\text{m}$）。

10.13　如图 10-41 所示，一根长直导线载有电流 $I=30\text{A}$，矩形回路载有电流 $I'=20\text{A}$。试计算作用在回路上的合力。已知 $a=0.01\text{m}$，$b=0.08\text{m}$，$l=0.12\text{m}$。

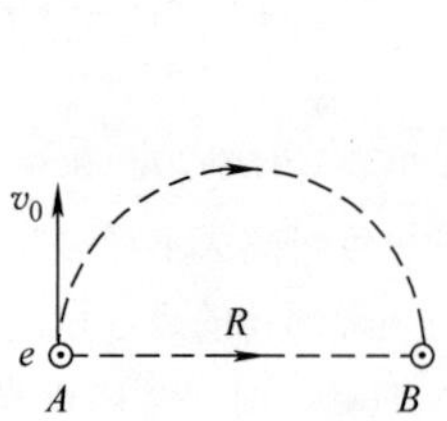

图 10-40　习题 10.12 用图

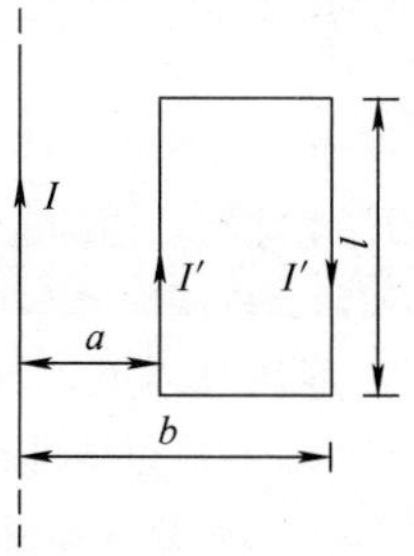

图 10-41　习题 10.13 用图

10.14　一细导线回路由半径为 R 的半圆形和直径构成，当导线中载有电流 I 时，试求圆心处单位长度的导线所受的力。

10.15　一直流变电站将电压 500kV 的直流电，通过两条截面不计的平行输电线输向远方。已知两输电导线间单位长度的电容为 3.0×10^{-11} F/m，若导线间的静电力与安培力正好抵消。求通过输电线的电流。

10.16　有一匝数为 10 匝、长为 0.25m、宽为 0.10m 的矩形线圈，放在 $B=1.0\times10^{-3}$T 的磁场中，通以 15A 的电流，求它所受到的最大力矩。

10.17　一质子以（$2.0\times10^5\boldsymbol{i}+3.0\times10^5\boldsymbol{j}$）m/s 的速度射入磁感应强度为 $\boldsymbol{B}=0.08\boldsymbol{i}$T 的均匀磁场中，求这质子做螺旋运动的半径和螺距。

10.18　在一汽泡室中，磁场为 20T，一高能质子垂直于磁场经过时留下一半径为 3.5m 的圆弧径迹。求这一质子的动量和动能。

10.19　已知地面上空某处地磁场的磁感应强度 $B=4\times10^{-5}$T，方向向北。若宇宙射线中有一速率 $v=5\times10^7$m/s 的质子，垂直磁场通过该处，求：

（1）洛伦兹力的方向；

（2）洛伦兹力的大小，并与该质子受到的万有引力相比较。

10.20　一均匀密绕的环形螺线管，其中心周长 $L=40$cm，线圈总匝数 $N=500$，其中所通电流 $I=0.1$A。求：当管中为真空时，管内的 B_0。

习题答案

10.1　$\dfrac{\mu_0 I}{4R}$，垂直纸面向里

10.2　0

10.3　$\dfrac{\mu_0 I}{2\pi r}+\dfrac{\mu_0 I}{4r}$，垂直纸面向里

10.4　$\dfrac{\mu_0 NI}{4R}$

10.5　$\dfrac{\mu_0 I}{2\pi a}\arctan\dfrac{a}{x}$

10.6　$\dfrac{\mu_0 Il}{2\pi}\ln\dfrac{b}{a}$

10.7　5.02×10^{-3}T

10.8　1.82×10^{-3}T

10.9　证明略

10.10　（1）$\dfrac{\mu_0 Ir}{2\pi R_1^2}$；（2）$\dfrac{\mu_0 I}{2\pi r}$；（3）$\dfrac{\mu_0 I}{2\pi r}\dfrac{R_3^2-r^2}{R_3^2-R_2^2}$；（4）0

10.11　$\boldsymbol{m}=-\dfrac{e}{2m_e}\boldsymbol{L}$

10.12　（1）1.14×10^{-3}T，方向垂直纸面向内；（2）1.157×10^{-8}s

10.13　1.26×10^{-3}N，方向向左

10.14　$\dfrac{\mu_0 I^2}{4R}$

10.15　4.5×10^3A

10.16　3.75×10^{-3}N·m

10.17　3.9×10^{-2}m，0.164m

10.18　1.12×10^{-17}kg·m/s，2.1×10^{10}eV

10.19　(1) 向东；(2) 3.2×10^{-6}N，1.96×10^{10}

10.20　$B_0=1.57\times10^{-4}$T

第11章 磁场中的磁介质

前面讨论了真空中的磁场规律，同时我们发现磁场对处于其中的介质也有作用。在实际应用中，磁场周围总是存在一些介质，本章将介绍介质在磁场中所表现的性质及其规律。

11.1 磁场中磁介质的磁化

在磁场中，如果存在介质时磁场对介质会产生作用，使其磁化。介质磁化后会激发附加磁场，也会对原磁场产生影响。一切在磁场中能被磁化的介质统称为**磁介质**。

11.1.1 磁介质对磁场的影响

磁介质对磁场的影响比电介质对电场的影响要复杂得多。假设在真空中某点的磁感应强度为 $\boldsymbol{B}_0$，放入磁介质后，磁介质被磁化会产生附加磁感应强度 $\boldsymbol{B}'$，那么该点的磁感应强度 $\boldsymbol{B}$ 应为这两个磁感应强度的矢量和，即

$$\boldsymbol{B}=\boldsymbol{B}_0+\boldsymbol{B}'$$

不同的磁介质在磁场中的表现很不相同。根据 $\boldsymbol{B}'$ 与 $\boldsymbol{B}_0$ 的不同关系，我们将磁介质分为顺磁质、抗磁质和铁磁质三类。

1）若 $\boldsymbol{B}'$ 与 $\boldsymbol{B}_0$ 同方向，且 $\boldsymbol{B}'$ 的大小远小于 $\boldsymbol{B}_0$（即 $\boldsymbol{B}' \ll \boldsymbol{B}_0$，$\boldsymbol{B} > \boldsymbol{B}_0$），则这种磁介质称为**顺磁质**，如锰、铬、铝、铂、氮等。

2）若 $\boldsymbol{B}'$ 与 $\boldsymbol{B}_0$ 反方向，且 $\boldsymbol{B}'$ 的大小远小于 $\boldsymbol{B}_0$（即 $\boldsymbol{B}' \ll \boldsymbol{B}_0$，$\boldsymbol{B} < \boldsymbol{B}_0$），则这种磁介质称为**抗磁质**，如铋、汞、银、铜、氢等。

3）若 $\boldsymbol{B}'$ 与 $\boldsymbol{B}_0$ 同方向，且 $\boldsymbol{B}'$ 的大小远大于 $\boldsymbol{B}_0$（即 $\boldsymbol{B}' \gg \boldsymbol{B}_0$，$\boldsymbol{B} \gg \boldsymbol{B}_0$），则这种磁介质称为**铁磁质**，如铁、钴、镍和它们的合金，以及铁氧体（某些含铁的氧化物）等。

无论是顺磁质还是抗磁质，附加的磁感应强度 $\boldsymbol{B}'$ 都比 $\boldsymbol{B}_0$ 小得多（不大于十万分之几），它对原来磁场的影响比较弱，所以顺磁质和抗磁质统称为**弱磁质**。而铁磁质由于附加的磁感应强度 $\boldsymbol{B}' \gg \boldsymbol{B}_0$，从而使磁场显著增强，人们把铁磁质也叫**强磁质**。

为反映各种磁介质对外磁场影响的程度，常用磁介质的磁导率来描述。以载流长直螺线管为例来讨论磁介质对外磁场的影响。设螺线管中的电流为 I，单位长度匝数为 n，则电流在螺线管内产生的磁感应强度 $\boldsymbol{B}_0$ 的大小为

$$B_0=\mu_0 nI \tag{11-1}$$

如果在长直螺线管内充满某种均匀的各向同性磁介质，则由于磁介质的磁化而产生附加磁感应强度 $\boldsymbol{B}'$，使螺线管内的磁介质中的磁感应强度变为 $\boldsymbol{B}$，$\boldsymbol{B}$ 和 $\boldsymbol{B}_0$ 大小的比为

$$\frac{B}{B_0}=\mu_{\mathrm{r}} \tag{11-2}$$

比值μ_r是决定于磁介质磁性的常数，叫作磁介质的**相对磁导率**，它的大小表征了磁介质对外磁场影响的程度。比较式（11-1）、式（11-2）得

$$B=\mu_0\mu_r nI \quad \text{或} \quad B=\mu nI \tag{11-3}$$

式中，$\mu=\mu_0\mu_r$，叫作磁介质的绝对磁导率，简称**磁导率**。

对于顺磁质，$\mu_r>1$；对于抗磁质，$\mu_r<1$。大多数顺磁质和一切抗磁质的相对磁导率μ_r是与1相差极微的常数，说明这些物质对外磁场影响甚微，因而有时可忽略它们的影响。而铁磁质的相对磁导率$\mu_r>>1$，并且随着外磁场的强弱而变化。

磁介质的磁化是物质的一个重要属性，它与物质微观结构分不开。下面先介绍弱磁质磁化的微观机理。

11.1.2　原子的磁矩

从微观结构看，构成物质的原子中每一个电子同时参与两种运动，一种是绕核的轨道运动，一种是自旋。这两种运动都对应一定的磁矩：与绕核的轨道运动相对应的是轨道磁矩，与自旋相对应的是自旋磁矩。整个原子的磁矩是它所包含的所有电子轨道磁矩和自旋磁矩的矢量和。不同物质的原子包含的电子数目不同，电子所处的状态不同，其轨道磁矩和自旋磁矩合成的结果也不同。所以有些物质的原子磁矩大些，有些物质的原子磁矩小些，还有些物质的原子磁矩恰好为零。

一个分子内所有电子全部磁矩的矢量和，称为分子的固有磁矩，简称**分子磁矩**，用符号$\boldsymbol{m}$表示。如图11-1所示，分子磁矩可用一个等效的圆电流I来表示，这就是安培当年为解释磁性起源而设想的分子电流。圆电流的磁矩为

$$\boldsymbol{m}=IS\boldsymbol{e}_n \tag{11-4}$$

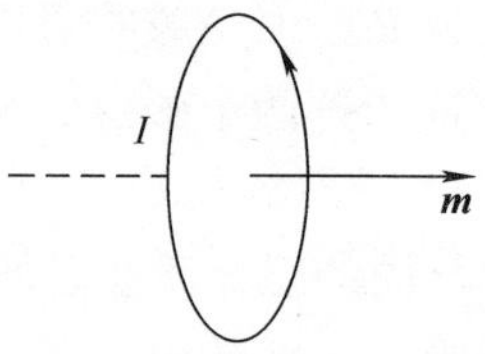

图11-1　分子磁矩等效电流

式中，S表示圆电流所围面积；$\boldsymbol{e}_n$为圆所在平面的法线正方向的单位矢量，它与电流的流向满足右手螺旋关系。

这里需要明确的是，分子电流与导体中的传导电流是有区别的，构成分子电流的电子只做绕核运动，它们不是自由电子。

当顺磁质处在外磁场中时，各分子固有磁矩不为零（$\boldsymbol{m}\neq0$）。在没有外磁场的情况下，虽然分子具有固有磁矩，但由于分子热运动，各个分子磁矩的排列是杂乱无章的，即大量分子磁矩的矢量和为零（$\sum\boldsymbol{m}_i=0$），宏观上不产生磁效应。当把介质放在外磁场中，分子磁矩将受到磁力矩的作用，各分子磁矩的取向都具有转到与外磁场方向相同的趋势，这样顺磁质就被磁化了。显然，在顺磁质中因磁化而出现的附加磁场$\boldsymbol{B}'$与外磁场$\boldsymbol{B}_0$的方向相同。所以在外磁场中，顺磁质内的磁感应强度的大小增强了。

对抗磁质来说，在没有外磁场作用时，虽然分子中每个电子的轨道磁矩与自旋磁矩都不等于零，但分子中全部电子的轨道磁矩与自旋磁矩的矢量和却等于零，即分子固有磁矩为零（$\boldsymbol{m}=0$）。所以在没有外磁场时，抗磁质并不显现出磁性。但在外磁场作用下，分子中每个电子的轨道运动将受到影响，从而引起附加磁矩$\Delta\boldsymbol{m}$，而附加磁矩$\Delta\boldsymbol{m}$的方向与外磁场$\boldsymbol{B}_0$的方向相反，所以在抗磁质中会出现与外磁场$\boldsymbol{B}_0$的方向相反的附加磁场，称为**抗磁性**。

应当指出，抗磁性不只是抗磁质所独有的特性，顺磁性物质也具有这种抗磁性。只不

过顺磁质中抗磁性的效应较顺磁性效应要小得多，因此在研究顺磁质的磁化时可以不计其抗磁性效应。

11.1.3　磁介质的磁化

为了在宏观意义上表征磁介质的磁化状态，可以参照研究电介质极化状态时定义电极化强度的办法，引入一个新的物理量来描述磁化的强弱程度，即**磁化强度**，用 $\boldsymbol{M}$ 表示。**磁化强度的定义**为：磁介质中某点处单位体积内分子磁矩的矢量和。其数学表达式为

$$\boldsymbol{M}=\frac{\sum \boldsymbol{m}_i}{\Delta V} \tag{11-5}$$

式中，ΔV 为磁介质某点处的小体积元；$\sum \boldsymbol{m}_i$ 为磁化后体积元 ΔV 内分子磁矩的矢量和。

在国际单位制中，磁化强度的单位是安培每米，符号为 A/m。

由此可知，磁化强度越高，$\boldsymbol{M}$ 的量值越大。对于顺磁质，$\boldsymbol{M}$ 的方向与外磁场 $\boldsymbol{B}_0$ 的方向相同；对于抗磁质，$\boldsymbol{M}$ 的方向与外磁场 $\boldsymbol{B}_0$ 的方向相反。

如果磁介质内各点的磁化强度 $\boldsymbol{M}$ 为常矢量，即其大小和方向都相同，则是均匀磁化；否则为非均匀磁化。

由上面的讨论我们知道，磁介质磁化后，顺磁质的分子固有磁矩将沿着磁场方向排列，而抗磁质的分子将产生与外场方向相反的附加磁矩。对于各向同性均匀磁介质，可以认为与这些磁矩相对应的分子电流有规则地排列在磁介质内部。我们看到在磁介质内部任一点，磁介质的分子电流效应互相抵消，只有沿着圆柱体侧面上的分子电流未被抵消，其流动方向与磁化强度的方向符合右手螺旋关系。因此，在圆柱体的侧表面上相当于有一层电流流动着，这种因磁化而出现的等效电流叫作**磁化电流**，也叫作**束缚电流**（可与电介质中的极化电荷或束缚电荷相类比），如图 11-2 所示。应当明确，磁化电流是各分子电流规则排列的宏观效果，它局限于微观空间，不能做宏观的位置迁移，因而不同于前面讲过的由带电粒子的定向移动形成的传导电流。

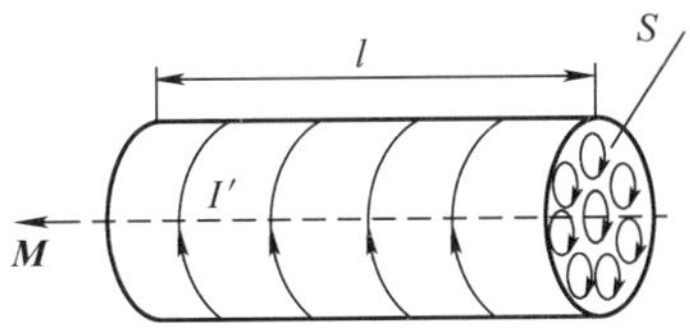

图 11-2　磁介质表面的束缚电流

将磁化电流与束缚电荷相类比，可得到磁化电流 I' 公式，即任意闭合路径 L 包含的总束缚电流 I' 等于磁化强度 $\boldsymbol{M}$ 沿该闭合路径的环流，即

$$I'=\oint_L \boldsymbol{M}\cdot \mathrm{d}\boldsymbol{l} \tag{11-6}$$

11.2　*H* 的环路定理

前面讨论的磁场中的安培环路定理都是真空中的情况。如果在有磁介质的情况下，介质中各点的磁感应强度 $\boldsymbol{B}$ 等于传导电流 I_0 和磁化电流 I' 分别在该点激发的磁感应强度 $\boldsymbol{B}_0$

和 $\boldsymbol{B}'$ 之矢量和，即

$$\boldsymbol{B} = \boldsymbol{B}_0 + \boldsymbol{B}'$$

因此磁场的安培环路定理中，还需计算被闭合路径 L 所围绕的磁化电流 I'，即

$$\oint_L \boldsymbol{B} \cdot \mathrm{d}\boldsymbol{l} = \mu_0 \sum (I_0 + I')$$

将式（11-6）代入上式得

$$\oint_L \left(\frac{\boldsymbol{B}}{\mu_0} - \boldsymbol{M}\right) \cdot \mathrm{d}\boldsymbol{l} = \sum I_0 \tag{11-7}$$

其中有

$$\oint_L \boldsymbol{B}' \cdot \mathrm{d}\boldsymbol{l} = \mu_0 \sum I'$$

由于磁化电流 $\sum I'$ 的分布难于测定（磁化电流是束缚电流，是大量分子环流的宏观体现），为此在磁场中引入一个辅助量**磁场强度**，简称 $\boldsymbol{H}$ 矢量，定义为

$$\boldsymbol{H} = \frac{\boldsymbol{B}}{\mu_0} - \boldsymbol{M} \tag{11-8}$$

磁场强度 $\boldsymbol{H}$ 单位是安培每米，符号为 A/m。将关系式（11-8）代入式（11-7），可以得到有磁介质时磁场的安培环路定理为

$$\oint_L \boldsymbol{H} \cdot \mathrm{d}\boldsymbol{l} = \sum I_0 \tag{11-9}$$

式（11-9）表明，在任何磁场中，$\boldsymbol{H}$ 矢量沿任何闭合路径 L 的线积分（即 $\oint_L \boldsymbol{H} \cdot \mathrm{d}\boldsymbol{l}$），等于此闭合路径 L 所围绕的传导电流 $\sum I_0$ 的代数和。这就是**有磁介质时的安培环路定理**，也称 **$\boldsymbol{H}$ 的环路定理**。

实验证明，对弱磁性各向同性介质在外加磁场时，介质中任一点的磁化强度 $\boldsymbol{M}$ 与同一点的磁场强度 $\boldsymbol{H}$ 成正比，其关系为

$$\boldsymbol{M} = (\mu_r - 1)\boldsymbol{H} = \chi_m \boldsymbol{H} \tag{11-10}$$

χ_m 为**磁化率**，将上式代入式（11-8）得

$$\boldsymbol{B} = \mu_0 (1 + \chi_m) \boldsymbol{H}$$

相对磁导率 $\mu_r = 1 + \chi_m$，则

$$\boldsymbol{B} = \mu_0 \mu_r \boldsymbol{H} = \mu \boldsymbol{H} \tag{11-11}$$

例 11.1　一无限长密绕直螺线管，单位长度上的匝数为 n，螺线管内充满相对磁导率为 μ_r 的均匀磁介质。设通过导线的电流为 I，求管内磁感应强度 $\boldsymbol{B}$。

解：由于密绕螺线管无限长，所以磁场被封闭在管内，为均匀磁场，其外侧壁附近磁场为零。由于管内为均匀磁场，则有 $\boldsymbol{B}$ 和 $\boldsymbol{H}$ 均与管的轴线平行。过管内任一点 P 作一矩形路径 $abcda$，其中 ab、cd 两边与管轴平行，长为 l，cd 边在管外，如图11-3所示。磁场强度 $\boldsymbol{H}$ 沿此路径 L 的环流为

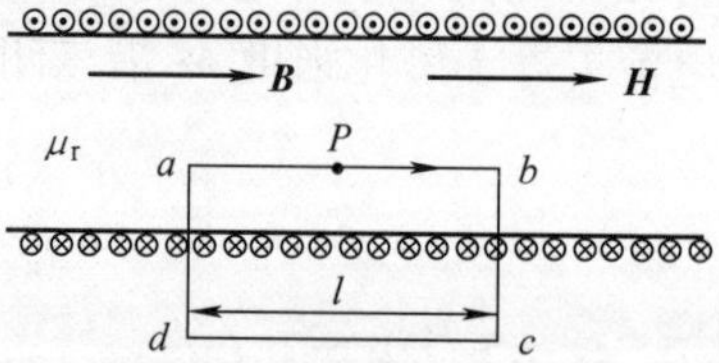

图 11-3　例题 11.1 用图

$$\oint_L \boldsymbol{H} \cdot \mathrm{d}\boldsymbol{l} = \int_{ab} \boldsymbol{H} \cdot \mathrm{d}\boldsymbol{l} + \int_{bc} \boldsymbol{H} \cdot \mathrm{d}\boldsymbol{l} + \int_{cd} \boldsymbol{H} \cdot \mathrm{d}\boldsymbol{l} + \int_{da} \boldsymbol{H} \cdot \mathrm{d}\boldsymbol{l} = \int_{ab} \boldsymbol{H} \cdot \mathrm{d}\boldsymbol{l} = Hl$$

此闭合路径包围的传导电流为 nlI，根据有磁介质时磁场的安培环路定理

$$\oint_L \boldsymbol{H}\cdot \mathrm{d}\boldsymbol{l} = \sum I_0$$

得

$$H = nI$$

由 $\boldsymbol{B}=\mu_0\mu_r\boldsymbol{H}$，可得管内磁感应强度的大小为

$$B=\mu_0\mu_r H=\mu_0\mu_r nI=\mu nI$$

由此结果可以看出，当螺线管内充以相对磁导率为 μ_r 的磁介质后，管内磁场为不充磁介质时的 μ_r 倍。

11.3 铁磁质

铁、钴、镍等金属及其合金称为铁磁质。铁磁质的磁化机制不同于顺磁质和抗磁质。铁磁质的最主要特性是磁导率 μ 非常高，是真空磁导率的几百倍至几千倍。铁磁质即使在较弱的磁场中也可以得到极高的磁化强度，而且当外磁场撤去后，某些铁磁质仍可以保留极强的磁性。因此在电工设备中，铁磁质材料都有广泛的应用。在同样的磁场强度下，铁磁质还具有一些不同于弱磁性材料的特性：

1）铁磁质的磁感应强度 $\boldsymbol{B}$ 与磁场强度 $\boldsymbol{H}$ 的关系是非线性关系，一般用磁化曲线描述。

2）铁磁质的磁化过程是不可逆的，具有磁滞现象，整个磁化过程形成磁滞回线。

11.3.1　磁滞回线

在描写铁磁质的磁化规律时，一般用磁场强度 $\boldsymbol{H}$ 表示传导电流产生的激励磁场，用磁感应强度 $\boldsymbol{B}$ 表示铁磁质中的磁场。

利用实验方法，可以测绘出铁磁质的 $\boldsymbol{B}-\boldsymbol{H}$ 曲线，称为**磁化曲线**。

如图 11-4 所示，当铁磁质开始磁化时，$\boldsymbol{B}$ 随 $\boldsymbol{H}$ 的增加而很快增长；当 $\boldsymbol{H}$ 增大到一定程度后，$\boldsymbol{B}$ 却增长得极为缓慢，最后铁芯中磁感应强度达到饱和值 $\boldsymbol{B}_s$ 而不再增加，这种状态叫作**磁饱和现象**。

所谓**磁滞**现象是指铁磁质磁化状态的变化总是落后于外加磁场的变化，在外磁场撤消后，铁磁质仍能保持原有的部分磁性。

如图 11-5 所示，当外加磁场由强逐渐减弱至 $\boldsymbol{H}=0$ 时，铁磁质中的 $\boldsymbol{B}$ 不为零，而是 $\boldsymbol{B}_r$，$\boldsymbol{B}_r$ 称为剩余磁感应强度，简称**剩磁**。要消除剩磁，使铁磁质中的 $\boldsymbol{B}$ 恢复为零，这时需加的反向磁场强度 $\boldsymbol{H}_c$ 称为**矫顽力**。

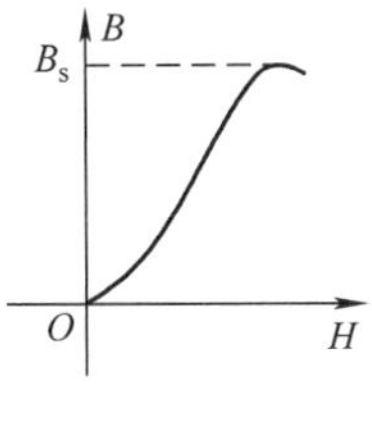

图 11-4　铁磁质的 $B-H$ 曲线

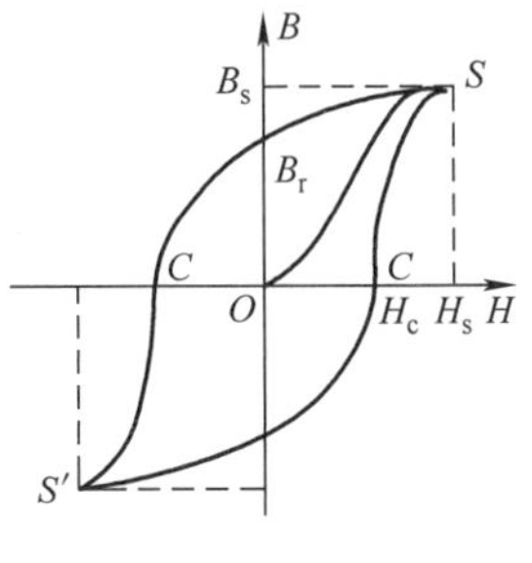

图 11-5　磁滞回线

当磁场强度变化一个周期后，铁磁质的磁化曲线形成一个闭合曲线，称为**磁滞回线**。

研究磁滞现象不仅可以了解铁磁质的特性，而且也有实用价值，因为铁磁材料往往是应用于交变磁场中的。需要指出，铁磁质在交变磁场中被反复磁化时，磁滞效应要损耗能量，而所损耗的能量与磁滞回线所包围的面积有关，面积越大，能量的损耗也越多。

11.3.2　铁磁质的磁化机理

铁磁质的磁化机理可以用磁畴理论来说明。从物质的原子结构观点来看，铁磁质内电子间因自旋引起的相互作用是非常强烈的，在这种作用下铁磁质内形成了一些微小区域，叫作**磁畴**，如图 11-6 所示。每一个磁畴中，各个电子的自旋磁矩排列得很整齐，因此它具有很强的磁性，这叫作**自发磁化**。但在没有外磁场时，铁磁质内各个磁畴的排列方向是无序的，所以对外不显磁性。当处于外磁场中时，铁磁质内各个磁畴的磁矩在外磁场的作用下都趋向于沿外磁场方向排列。也就是说，不是像顺磁质那样使单个原子、分子发生转向，而是使整个磁畴转向外磁场方向，所以在不强的外磁场作用下，铁磁质也可以表现出很强的磁性。

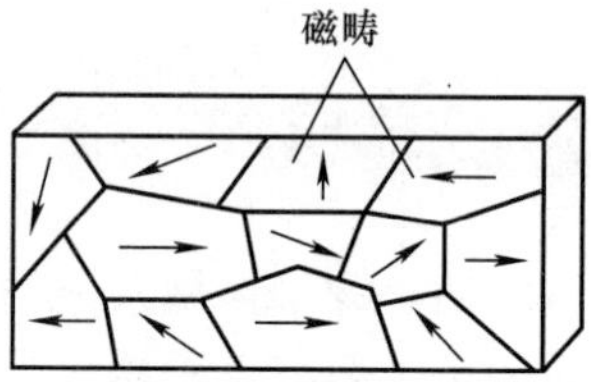

图 11-6　磁畴

实验中还发现，铁磁质的磁化和温度有关。随着温度的升高，它的磁化能力逐渐减小，当温度升高到某一温度 T_c 时，铁磁性就完全消失，铁磁质退化成顺磁质，这个温度 T_c 称为**居里温度**或**居里点**。这是因为温度升高到一定程度时，铁磁质中自发磁化区域因剧烈的分子热运动而遭破坏，磁畴也就瓦解了，铁磁质的铁磁性消失，变为普通的顺磁质。从实验可知，铁的居里温度是 1043K，镍的居里温度是 633K。

11.3.3　铁磁质分类及特性

不同的铁磁质的磁滞回线的形状不同，表示它们具有不同的剩磁和矫顽力。铁磁质按其性能不同，分为软磁材料、硬磁材料和矩磁材料。

软磁材料（如纯铁、硅钢等）的磁滞回线呈细长型，如图 11-7a 所示。软磁材料的矫顽力 H_c 小，在交变磁场中剩磁易于被清除，常用于制造电机、变压器、电磁铁等的铁心。可以使传导电流产生的磁场获得几千倍的增强。

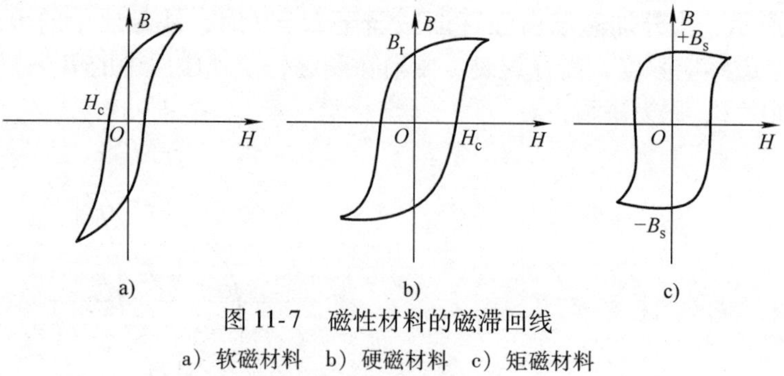

图 11-7　磁性材料的磁滞回线

a）软磁材料　b）硬磁材料　c）矩磁材料

硬磁材料（如碳钢、钨钢等）的磁滞回线宽肥，如图 11-7b 所示。硬磁材料具有较高的矫顽力，剩磁 B_r 也很大，撤去磁场后仍可长久保持很强的磁性，适合制成永久磁铁。这类材料主要用于磁路系统中作为永久磁体，以产生恒定磁场，如扬声器、微音器、助听器、各种磁电式仪表、示波器等设备。

矩磁材料（如三氧化二铁、二氧化铬等）的磁滞回线接近于矩形，如图 11-7c 所示。它比硬磁材料具有更高的剩磁和更高的矫顽力。矩磁材料在信息存储领域具有重要的应用，适合制作磁带、计算机硬盘等，用于记录信息。

小　结

1. 磁介质分类

磁介质可分为顺磁质、抗磁质、铁磁质

2. 磁化强度

$$\boldsymbol{M} = \frac{\sum \boldsymbol{m}_i}{\Delta V}$$

3. 有磁介质时安培环路定理

$$\oint_L \boldsymbol{H} \cdot \mathrm{d}\boldsymbol{l} = \sum I_0$$

4. 铁磁质的磁化机理　磁滞回线　磁畴

思考题

11.1　试说明 $\boldsymbol{B}$ 与 $\boldsymbol{H}$ 的联系和区别。

11.2　说明顺磁质、抗磁质和铁磁质的特点，以及它们的区别。

11.3　比较电介质与磁介质。

11.4　置于磁场中的磁介质，介质表面形成面磁化电流，试问该面磁化电流能否产生楞次 - 焦耳热？为什么？

11.5　磁化电流与传导电流有何不同之处，又有何相同之处？

11.6　软磁材料和硬磁材料的磁滞回线各有何特点？

11.7　在工厂里搬运烧红的钢锭时，能否用电磁铁的起重机？

习　题

11.1　绕有 500 匝的平均周长 50cm 的细铁环，载有 0.3A 电流，铁心的相对磁导率为 600。求：

（1）铁心中的磁感应强度 $\boldsymbol{B}$ 的大小；

（2）铁心中的磁场强度 $\boldsymbol{H}$ 的大小。

11.2　如图 11-8 所示螺绕环平均周长 $l = 10\text{cm}$，环上绕有线圈 $N = 200$ 匝，通有电流 $I = 100\text{mA}$。试求：

（1）管内为空气时，$\boldsymbol{B}$ 和 $\boldsymbol{H}$ 的大小；

（2）若管内充满相对磁导率 $\mu_r = 4200$ 的磁介质，$\boldsymbol{B}$ 和 $\boldsymbol{H}$ 的大小。

11.3　如图 11-9 所示一半径为 R 圆筒形的导体，筒壁很薄，可视为无限长，通以电流 I，筒外有一层厚为 d，磁导率为 μ 的均匀磁性介质，介质外为真空，画出此磁场的 $H-r$ 图及 $B-r$ 图。（要求：在图上标明各曲线端点的坐标及所代表的函数值，不必写出计算过程）。

11.4　一圆柱形无限长导体，磁导率为μ，半径为R，通有沿轴线方向的均匀电流I，求：

（1）导体内任一点的H、B和M；

（2）导体外任一点的H、B。

11.5　一根同轴电缆线由半径为R_1的长导线和套在它外面的内半径为R_2、外半径为R_3的同轴导体圆筒组成，中间充满磁导率为μ的各向同性均匀非铁磁质。如图11-10所示，传导电流I沿导线向上流去，由圆筒向下流回，在它们的截面上电流都是均匀分布的，求同轴线内外的磁感应强度大小B的分布。（导体内$\mu_r \approx 1$）

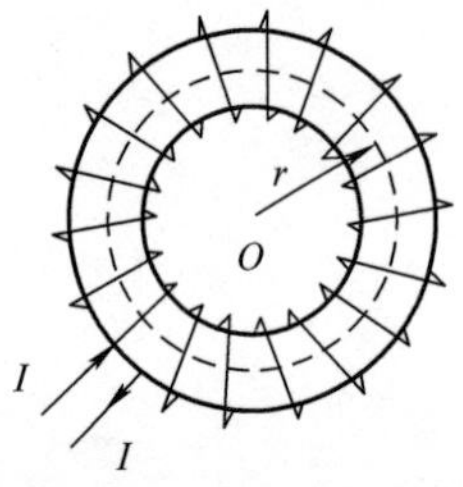

图11-8　习题11.2用图

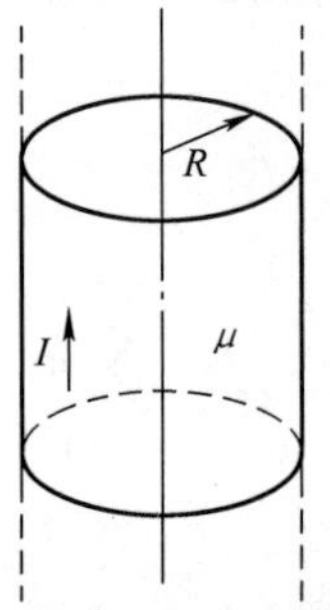

图11-9　习题11.3用图

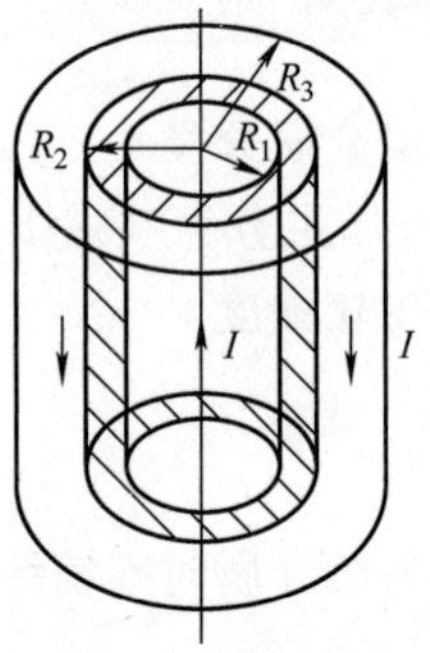

图11-10　习题11.5用图

11.6　在平均半径$r=0.1\text{m}$，横截面面积$S=6\times10^{-4}\text{m}^2$铸钢环上，均匀密绕$N=200$匝线圈，当线圈内通有$I_1=0.63\text{A}$的电流时，钢环中的磁通量$\Phi_1=3.24\times10^{-4}\text{Wb}$。当电流增大到$I_2=4.7\text{A}$时，磁通量$\Phi_2=6.18\times10^{-4}\text{Wb}$，求两种情况下钢环的绝对磁导率。

11.7　一无限长均匀密绕直螺线管，其内部充满相对磁导率为μ_r的各向同性的均匀顺磁介质。设螺线管单位长度上的线圈匝数为n，导线中通有电流I。求管内的磁感应强度B及磁介质表面的磁化面电流线密度j'。

11.8　一沿棒长方向均匀磁化的圆柱形介质棒，直径为2.5cm，长为7.5cm，其总磁矩为$1.2\times10^4\text{A}\cdot\text{m}^2$，求棒中的磁化强度$\boldsymbol{M}$的大小和棒的圆柱表面上的磁化电流线密度$j'$。

11.9　一铁环中心线周长为30cm，截面面积为1cm^2，环上密绕线圈300匝，当导线中通有电流32mA，通过环的磁通量为$2.0\times10^{-6}\text{Wb}$。试求：

（1）环内的$\boldsymbol{B}$和$\boldsymbol{H}$的大小；

（2）铁环的磁导率μ和磁化率χ_m；（3）铁环的磁化强度$\boldsymbol{M}$。

11.10　螺绕环内通有电流20A，环上所绕线圈共400匝，环的平均周长为40cm，环内磁感应强度为1.0T，计算：

（1）磁场强度；

（2）磁化强度；

（3）磁化率；

（4）磁化面电流密度、磁化面电流和相对磁导率。

11.11　一根磁棒的矫顽力为$H_c=4.0\times10^3\text{A}\cdot\text{m}^{-1}$，把它放在每厘米上绕5匝的线圈的长螺线管中退磁，求导线中至少需通入多大的电流？

习题答案

11.1　（1）0.226T；

（2）300A/m

11.2　（1）2.5×10^{-4}T，200A/m；

（2）1.05T，200A/m

11.3　答案见下图

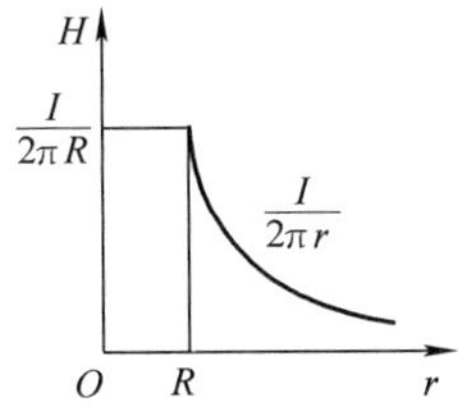

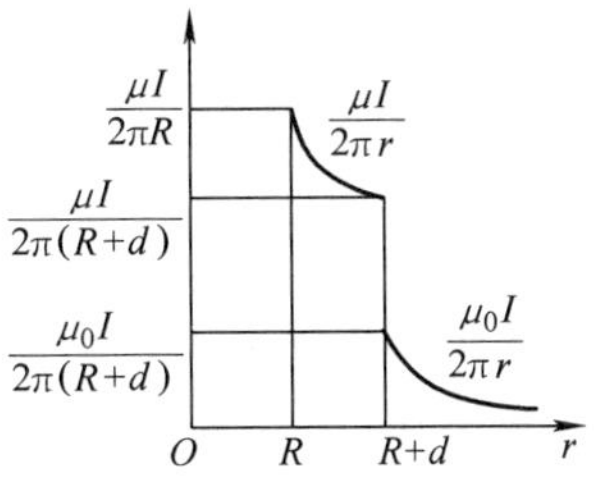

11.4　（1）$\dfrac{Ir}{2\pi R^2}$，$\dfrac{\mu Ir}{2\pi R^2}$，$\dfrac{Ir}{2\pi R^2}\left(\dfrac{\mu}{\mu_0}-1\right)$；

（2）$\dfrac{I}{2\pi r}$，$\dfrac{\mu_0 I}{2\pi r}$

11.5　$0<r<R_1$ 区域：

$$H=\frac{Ir}{2\pi R_1^2},\ B=\frac{\mu_0 Ir}{2\pi R_1^2}$$

$R_1<r<R_2$ 区域：$H=\dfrac{I}{2\pi r}$，$B=\dfrac{\mu I}{2\pi r}$

$R_2<r<R_3$ 区域：$H=\dfrac{I}{2\pi r}\left(1-\dfrac{r^2-R_2^2}{R_3^2-R_2^2}\right)$，$B=\mu_0 H=\dfrac{\mu_0 I}{2\pi r}\left(1-\dfrac{r^2-R_2^2}{R_3^2-R_2^2}\right)$

$r>R_3$ 区域：$H=0$，$B=0$

11.6　在第一种情况下 $2.69\times10^{-3}\text{H}\cdot\text{m}^{-1}$；在第二种情况下 $6.88\times10^{-4}\text{H}\cdot\text{m}^{-1}$

11.7　$B=\mu_0\mu_r nI$；$j'=(\mu_r-1)nI$

对于顺磁质 $\mu_r>1$，$j'>0$，说明磁化电流方向和传导电流方向相同

11.8　3.25×10^8A/m；3.25×10^8A/m

11.9　解：（1）0.02T，32.0A/m；

（2）6.25×10^{-4}H/m，496.6；（3）1.59×10^4A/m，方向与 **B** 相同

11.10　解：

（1）2×10^4A/m；

（2）7.76×10^5A/m；

（3）38.8；

（4）7.76×10^5A/m，3.1×10^5A，39.8

11.11　8A

第12章 电磁感应与电磁波

自从奥斯特在1820年发现电流的磁效应后，出于对物理学完美性的考虑，不少物理学家试图探索磁是否也能产生电。经过多年的努力，1831年法拉第终于发现了由磁生电的现象，并从一系列实验中总结出了电磁感应定律，这在电磁学发展史上留下了光辉的一页。后来，麦克斯韦又在法拉第电磁理论的基础上进行了研究、总结和提炼，总结出了麦克斯韦方程组，统一了电磁学，预言了电磁波，并进一步认识到光是一种电磁波。电磁波理论最终被赫兹通过实验证实。

本章首先介绍电磁感应的基本定律和产生感应电动势的两种情况，即动生电动势和感生电动势；然后在此基础上讨论自感、互感以及磁场能量等有关问题；最后给出积分形式的麦克斯韦方程组。通过本章的学习，可加深对电场和磁场的认识，并建立起统一的电磁场概念。

12.1 电磁感应基本定律

12.1.1 电磁感应现象

1831年，英国物理学家法拉第经过十多年的努力，终于发现电磁感应现象。法拉第的实验大致可以分为两类：一类是磁铁与线圈发生相对运动时，线圈中产生电流；另一类是以一个通电线圈来取代磁铁，当电流发生变化时，在它附近的其他线圈中产生电流。

归纳大量实验后，法拉第把电磁感应现象的产生原因总结为：只要穿过闭合导体回路的磁通量发生变化，不管这种变化是由于什么原因引起的，闭合导体回路中就会产生电流。这种现象称为**电磁感应现象**，这种现象所产生的电流称为**感应电流**。

12.1.2 法拉第电磁感应定律

形成电流的必要条件是导体回路闭合，并且存在电动势。当闭合导体回路中出现了电流，一定是由于回路中出现了电动势。而当穿过导体回路的磁通量发生变化时，回路中也会产生感应电流，这就说明此时在回路中产生了电动势。由于磁通量的改变而产生的电动势叫作**感应电动势**，该电动势的方向与感应电流的方向相同。当然，如果导体回路不闭合，则回路中无感应电流，但仍有感应电动势。因此，从本质上说电磁感应现象的直接效果是在回路中产生感应电动势。

关于感应电动势，法拉第通过对大量实验事实的分析，总结出如下结论：**无论什么原因，使通过回路的磁通量发生变化时，回路中均有感应电动势产生，其大小与通过该回路的磁通量随时间的变化率成正比**。这一规律称为**法拉第电磁感应定律**。在国际单位制中，

其数学表达式为

$$\mathscr{E} = -k\frac{\mathrm{d}\Phi}{\mathrm{d}t}$$

式中，k 是比例常数，它的数值取决于式中各量所选用的单位，在国际单位制中，$\mathrm{d}\Phi$ 的单位用韦伯（Wb），时间单位用秒（s），$\mathscr{E}$ 的单位用伏特（V），则 $k=1$，且

$$\mathscr{E} = -\frac{\mathrm{d}\Phi}{\mathrm{d}t} \tag{12-1}$$

式中的负号反映了感应电动势方向。在判断感应电动势的方向时，可以通过符号法则来确定。符号法则规定：任意确定一个导体回路 L 的绕行方向，当回路中的磁感应线方向与回路的绕行方向成右手螺旋关系时，磁通量 Φ 为正。

如图 12-1a 所示，一闭合回路 L，规定由 L 为边界构成面积的法线方向向左为正，环绕方向与法向符合右手螺旋法则，按照符号法则可知 $\Phi_m>0$，磁铁靠近回路，磁感应强度 $\boldsymbol{B}$ 增加，有 $\frac{\mathrm{d}\Phi_m}{\mathrm{d}t}>0$，由电磁感应定律公式（12-1）可知 $\mathscr{E}<0$，即感应电流的方向应与图中 L 的环绕方向相反。同样，我们也可以判断图 12-1b 所示的情况中，$\Phi_m>0$，在磁铁远离回路时，磁感应强度 $\boldsymbol{B}$ 减小，有 $\frac{\mathrm{d}\Phi_m}{\mathrm{d}t}<0$，可以得到 $\mathscr{E}>0$，即感应电流的方向应与图中的环绕方向相同。

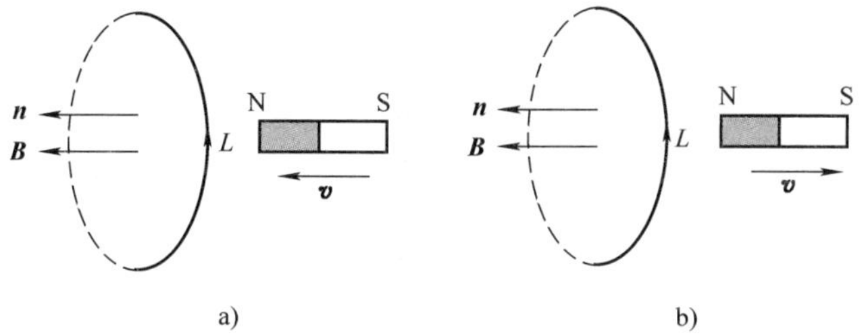

图 12-1　感应电流方向判断

式（12-1）只适用于单匝导线组成的回路，如果回路不是单匝线圈而是多匝线圈，那么当磁通量变化时，每匝都将产生感应电动势，整个线圈的总电动势等于各匝产生的电动势之和，令 Φ_1，Φ_2，…，Φ_N 分别是通过各匝线圈的磁通量，则

$$\begin{aligned}\mathscr{E} &= -\frac{\mathrm{d}\Phi_1}{\mathrm{d}t}-\frac{\mathrm{d}\Phi_2}{\mathrm{d}t}-\cdots-\frac{\mathrm{d}\Phi_N}{\mathrm{d}t}\\ &= -\frac{\mathrm{d}}{\mathrm{d}t}(\Phi_1+\Phi_2+\cdots+\Phi_N) = -\frac{\mathrm{d}\psi}{\mathrm{d}t}\end{aligned} \tag{12-2}$$

式中，$\psi=\Phi_1+\Phi_2+\cdots+\Phi_N=\sum\Phi_i$，是穿过各匝线圈的磁通量的总和，称为**全磁通**。如果穿过每匝线圈的磁通量相同，均为 Φ，则 N 匝线圈的全磁通为 $\psi=N\Phi$，称为**磁链**，此时公式（12-2）写为

$$\mathscr{E} = -\frac{\mathrm{d}\psi}{\mathrm{d}t} = -N\frac{\mathrm{d}\Phi}{\mathrm{d}t} \tag{12-3}$$

12.1.3　楞次定律

感应电动势的方向还可以通过楞次定律判断。楞次定律是由物理学家楞次于 1834 年从

实验中总结得出。他通过分析实验资料提出了直接判断电流和感应电动势方向的法则，称为楞次定律。**楞次定律的表述为：在发生电磁感应时，导体回路中感应电流的方向，总是使得它自身产生的磁通量反抗引起感应电流的磁通量的变化**。或者表述为：**感应电流产生的磁场总是反抗磁通量的变化**。

楞次定律是判断感应电动势方向的定律，但它是通过感应电流的方向来表达的。从定律本身来看，它只适用于闭合电路，如果电路是开路的，通常我们可以把它配成闭合电路，考虑这时会产生什么方向的感应电流，从而判断出感应电动势的方向。

运用楞次定律判断感应电流方向时，可以遵循以下思考步骤：首先弄清穿过闭合回路的磁通量沿什么方向，发生了何种变化（增加还是减少）；然后按照楞次定律来确定感应电流激发的磁场沿什么方向（与原来的磁场同向还是反向）；最后根据右手定则从感应电流产生的磁场方向确定感应电流的方向；感应电流的方向确定后，感应电动势的方向就知道了。

如图 12-1a 所示的例子中，磁铁靠近线圈时，穿过线圈向左的磁通量逐渐增加，此时线圈中将产生感应电流，感应电流所产生的磁场是阻止线圈中原磁通量的增加，由此可以根据右手螺旋定则确定感应电流的方向，即得到感应电流的方向应与图中的环绕方向相反。这与上面利用式（12-1）中的负号判断的感应电流方向的结果一致。

楞次定律是能量守恒和转化定律的必然结果。我们知道，感应电流在闭合回路中流动时将释放焦耳热。根据能量守恒和转化定律，能量不可能无中生有，这部分热量只可能从其他形式的能量转化而来。在上述例子里，按照楞次定律。把磁棒插入或从线圈内拔出时，都必须克服斥力或引力做机械功。实际上正是这部分机械功转化成感应电流所释放的焦耳热。设想感应电流的效果不是反抗引起感应电流的原因，那么在上述例子里，将磁棒插入或拔出的过程中，既对外做功，又释放焦耳热，这显然是违反能量守恒和转化定律的。因此感应电流只有按照楞次定律所规定的方向流动，才能符合能量守恒和转化定律。

12.2 动生电动势与感生电动势

电磁感应现象虽然种类繁多，但可以把它们分为两大类，一类是磁场保持不变，由于导体回路或导体在磁场中运动而引起的磁通量变化，这时产生的感应电动势称为**动生电动势**；另一类是导体回路在磁场中无运动，由于磁场的变化而引起磁通量的变化，这时产生的感应电动势称为**感生电动势**。

12.2.1 动生电动势

如图 12-2 所示，在方向垂直于纸面向里的匀强磁场 $\boldsymbol{B}$ 中放置一矩形导线框 $abcd$，其平面与磁场垂直；导体 ab 段长为 l，可沿 cb 和 da 滑动。当 ab 以速度 $\boldsymbol{v}$ 向右滑动时，线框回路中产生的感应电动势即为动生电动势。

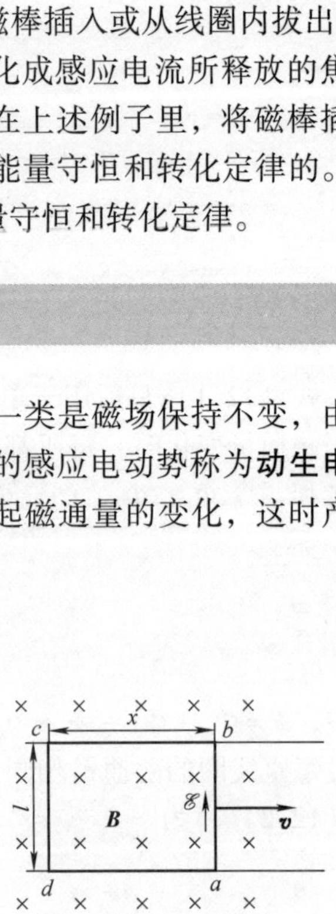

图 12-2 动生电动势

若某时刻穿过回路所围面积的磁通量为

$$\Phi_{\mathrm{m}} = BS = Blx$$

随着 ab 的运动，其磁通量在变化，由式（12-1）可得动生电动势为

$$\mathscr{E} = -\frac{\mathrm{d}\Phi_m}{\mathrm{d}t} = -Bl\frac{\mathrm{d}x}{\mathrm{d}t} = -Blv$$

即

$$\mathscr{E} = -Blv$$

式中负号表示当规定向里为回路所围面积的正法线方向时，$\mathscr{E}$ 的方向与环绕所确定的方向相反。

我们知道，电动势是非静电力作用的表现。引起动生电动势的非静电力是洛伦兹力。当导体 ab 向右以速度 $\boldsymbol{v}$ 运动时，其内自由电子被带着以同一速度向右运动，因而每个电子受到洛伦兹力的作用为

$$\boldsymbol{f} = q\boldsymbol{v} \times \boldsymbol{B}$$

若把这个作用力看成是一种等效的“非静电场”的作用，则这一非静电场的电场强度应为

$$\boldsymbol{E}_{ne} = \frac{\boldsymbol{f}}{q} = \boldsymbol{v} \times \boldsymbol{B} \tag{12-4}$$

根据电动势的定义有

$$\mathscr{E} = \int_{-}^{+} \boldsymbol{E}_{ne} \cdot \mathrm{d}\boldsymbol{l} = \int_{a}^{b} (\boldsymbol{v} \times \boldsymbol{B}) \cdot \mathrm{d}\boldsymbol{l} = vBl$$

这一结果与直接用法拉第电磁感应定律所得结果相同。

以上结论可推广到任意形状的导体或线圈在非均匀磁场中运动或发生形变的情形。这是因为任何形状的导体或线圈可以看成是由许多线段元组成，而任一线段元 $\mathrm{d}\boldsymbol{l}$ 所在区域的磁场可看成是均匀磁场。每段 $\mathrm{d}\boldsymbol{l}$ 对应一个速度。这时，任一线段元 $\mathrm{d}\boldsymbol{l}$ 上所产生的动生电动势为

$$\mathrm{d}\mathscr{E} = (\boldsymbol{v} \times \boldsymbol{B}) \cdot \mathrm{d}\boldsymbol{l} \tag{12-5}$$

整个导线或线圈中产生的动生电动势为

$$\mathscr{E} = \int_{L} (\boldsymbol{v} \times \boldsymbol{B}) \cdot \mathrm{d}\boldsymbol{l} \tag{12-6}$$

这是计算动生电动势的一般公式，它在计算动生电动势时与法拉第电磁感应定律完全等效。

通过以上分析可知，导线在磁场中运动产生的感应电动势是洛伦兹力作用的结果。在闭合电路中，感应电动势是要做功的，但洛伦兹力不做功。对此，可以做如下解释：如图 12-3 所示的闭合导体回路中，当导体棒 ab 运动而产生电动势时，在回路中就会有感应电流产生。电流流动时，感应电动势要做功。其做功的能量从哪里来？考察导体棒运动时所受的力就可以得出答案。设电路中感应电流为 I，则感应电动势做功的功率为

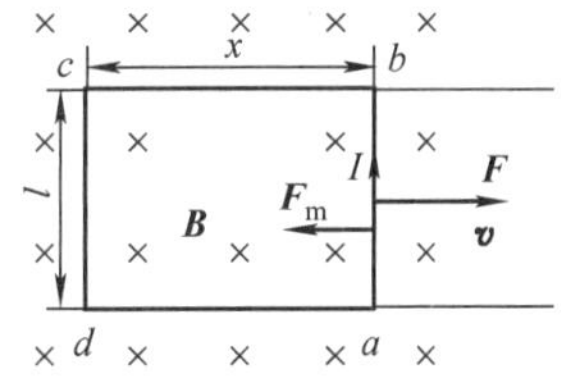

图 12-3　动生电动势中洛伦兹力

$$P = I\mathscr{E} = IBlv$$

通电导体棒 ab 在磁场中所受安培力的大小为 $F_m = IBl$，方向向左。为了使导体棒匀速向右运动，必须有外力 $\boldsymbol{F}$ 与 $\boldsymbol{F}_m$ 平衡，它们大小相等，方向相反。因此，外力的功率大小为

$$P_{外} = Fv = IBlv$$

这正好等于感应电动势做功的功率大小。由此可知，电路中感应电动势提供的电能是由外力做功所消耗的其他形式能量转换而来的。因此，洛伦兹力的作用并不是提供能量，而只是传递能量。

例 12.1　如图 12-4 所示，已知一根铜棒长 L，在匀强磁场 $\boldsymbol{B}$ 中沿逆时针方向绕轴以角速度 ω 旋转。求：

（1）铜棒中感生电动势的大小和方向；

（2）若是半径为 L 的铜盘绕圆心旋转，中心与边缘之间的电势差。

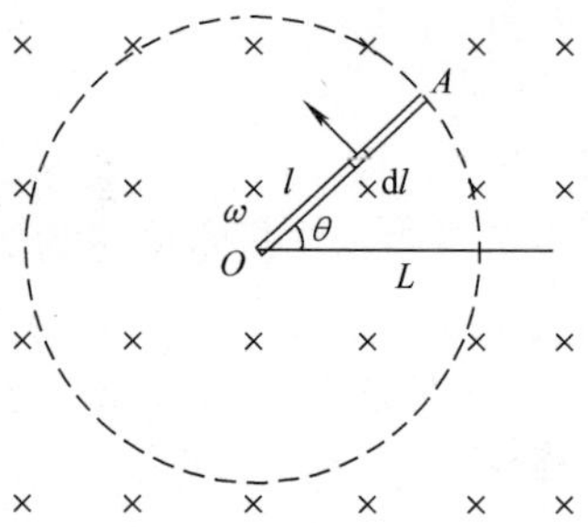

图 12-4　例题 12.1 用图

解：

（1）在距 O 为 l 处取线段元 $\mathrm{d}\boldsymbol{l}$，规定其方向由 O 指向 A，$\mathrm{d}\boldsymbol{l}$ 处的线速度 $v=\omega l$，由

$$\mathscr{E}=\int_L(\boldsymbol{v}\times\boldsymbol{B})\cdot\mathrm{d}\boldsymbol{l}$$

可得

$$\mathrm{d}\mathscr{E}=-Bv\mathrm{d}l=-B\omega l\mathrm{d}l$$

各小段 $\mathrm{d}\mathscr{E}$ 的指向都是一样的，所以有

$$\mathscr{E}=\int_0^L -B\omega l\mathrm{d}l=-\frac{1}{2}B\omega L^2$$

$$U_O-U_A=\frac{1}{2}B\omega L^2$$

$\mathscr{E}$ 的指向是由 A 指向 O，大小是 $\frac{1}{2}B\omega L^2$。

（2）若是半径为 L 的铜盘绕圆心旋转，中心与边缘之间的电势差仍为 $\frac{1}{2}B\omega L^2$。

例 12.2　如图 12-5 所示，一长直导线中通有电流 $I=10\mathrm{A}$，有一长 $l=0.2\mathrm{m}$ 的金属棒 AB，以 $v=2\mathrm{m/s}$ 的速度平行于长直导线做匀速运动。如棒的近导线的一端距离导线 $a=0.1\mathrm{m}$，求金属棒中的动生电动势。

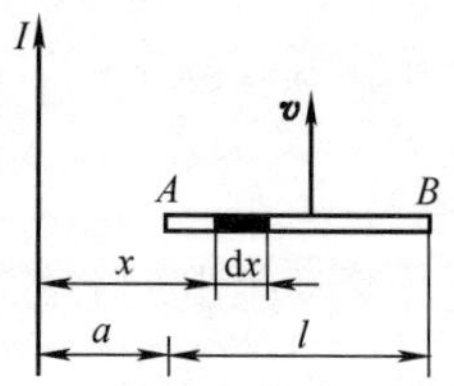

图 12-5　例题 12.2 用图

解：由于金属棒处在通电导线的非均匀磁场中，因此必须将金属棒分成很多线段元 $\mathrm{d}x$，这样在每个 $\mathrm{d}x$ 处的磁场可以看作是均匀的，其磁感应强度大小为

$$B=\frac{\mu_0 I}{2\pi x}$$

式中，x 为 $\mathrm{d}x$ 与长直导线的距离。设电动势方向为 A 到 B，根据动生电动势的公式，可知 $\mathrm{d}x$ 上的动生电动势为

$$\mathrm{d}\mathscr{E}=-Bv\mathrm{d}x=-\frac{\mu_0 I}{2\pi x}v\mathrm{d}x$$

由于所有线段元上产生的动生电动势的方向都是相同的，所以金属棒中的总电动势为

$$\mathscr{E}=\int\mathrm{d}\mathscr{E}=-\int_a^{a+l}\frac{\mu_0 I}{2\pi x}v\mathrm{d}x=-\frac{\mu_0 Iv}{2\pi}\ln\left(\frac{a+l}{a}\right)=-4.4\times10^{-6}\mathrm{V}$$

$\mathscr{E}$ 为负，表示电动势指向是从 B 到 A 的，即 A 点的电势比 B 点高。

12.2.2　感生电动势和感生电场

前面讨论了导体在磁场中运动产生动生电动势，其非静电力是洛伦兹力。在磁场变化产生感生电动势时，非静电力又是什么呢？实验表明，感生电动势完全与导体的种类和性质无关，因此感生电动势的起因不能用洛伦兹力来解释。这说明感生电动势是由变化的磁场本身产生的。麦克斯韦分析了一些电磁感应现象后，敏锐地感到感生电动势预示着有关电磁场的新效应。他相信即使不存在导体回路，变化的磁场在其周围也会激发一种电场，叫**感生电场**。它就是产生感生电动势的“非静电场”。以 $\boldsymbol{E}_{\mathrm{i}}$ 表示感生电场，根据电动势的定义式，由于磁场的变化，在一个导体回路中产生的感生电动势应为

$$\mathscr{E}_{\mathrm{i}} = \oint_L \boldsymbol{E}_{\mathrm{i}} \cdot \mathrm{d}\boldsymbol{l} \tag{12-7}$$

根据法拉第电磁感应定律应该有

$$\mathscr{E}_{\mathrm{i}} = \oint_L \boldsymbol{E}_{\mathrm{i}} \cdot \mathrm{d}\boldsymbol{l} = -\frac{\mathrm{d}\Phi}{\mathrm{d}t} = -\frac{\mathrm{d}}{\mathrm{d}t}\int_S \boldsymbol{B} \cdot \mathrm{d}\boldsymbol{S} = -\int_S \frac{\partial \boldsymbol{B}}{\partial t} \cdot \mathrm{d}\boldsymbol{S}$$

即

$$\mathscr{E}_{\mathrm{i}} = \oint_L \boldsymbol{E}_{\mathrm{i}} \cdot \mathrm{d}\boldsymbol{l} = -\int_S \frac{\partial \boldsymbol{B}}{\partial t} \cdot \mathrm{d}\boldsymbol{S} \tag{12-8}$$

式中，S 是以 L 为边界构成的面积。

式（12-8）说明感生电场与激发它的变化磁场之间有内在联系，也提示出了感生电场的一些性质。感生电场与静电场有相似之处，也有不同之处。相同点是静电场和感生电场对带电粒子都有力的作用。它们的不同点主要表现在两方面：

1）感生电场由变化的磁场激发，而静电场由静止的电荷激发。

2）感生电场不是保守场，其环流不等于零，即 $\oint_L \boldsymbol{E}_{\mathrm{i}} \cdot \mathrm{d}\boldsymbol{l} = -\frac{\mathrm{d}\Phi}{\mathrm{d}t}$，因而电场线是环绕变化磁场的一组闭合曲线。而静电场是保守场，其环流等于零，即 $\oint_L \boldsymbol{E} \cdot \mathrm{d}\boldsymbol{l} = 0$，电场线起始于正电荷，终止于负电荷。

由静电场的高斯定理 $\oint_S \boldsymbol{E} \cdot \mathrm{d}\boldsymbol{S} = \frac{\sum_i q_{\mathrm{i}}}{\varepsilon_0}$ 可知，静电场对任意闭合曲面的通量可以不为零，它是有源场；而感生电场的电场线是闭合的，无头无尾，所以感生电场又称为**涡旋电场**。因此感生电场对于任意闭合曲面的通量必为零，即

$$\oint_S \boldsymbol{E}_{\mathrm{i}} \cdot \mathrm{d}\boldsymbol{S} = 0 \tag{12-9}$$

式（12-9）称为**感生电场的高斯定理**，它表明**感生电场是无源场**。

例 12.3　匀强磁场局限在半径为 R 的柱形区域内，磁场方向如图 12-6a 所示，磁感应强度 $\boldsymbol{B}$ 的大小正以速率 $\frac{\mathrm{d}B}{\mathrm{d}t}$ 在增加，求空间涡旋电场的分布。

解：如图 12-6 所示取顺时针方向为绕行正方向，该方向作为感生电动势和涡旋电场的标定正方向，磁通量的标定方向则垂直纸面向里。

在 $r<R$ 的区域，作半径为 r 的圆形回路，由

$$\mathscr{E}_i = \oint_L \boldsymbol{E}_i \cdot d\boldsymbol{l} = -\int_S \frac{\partial \boldsymbol{B}}{\partial t} \cdot d\boldsymbol{S}$$

再考虑在圆形回路的各点上，$\boldsymbol{E}_i$ 的大小相等，方向沿圆周的切线方向，与 $d\boldsymbol{l}$ 的方向相同。而在圆形回路内是匀强磁场，且 $\boldsymbol{B}$ 与 $d\boldsymbol{S}$ 同向，于是上式可化为

$$2\pi r E_i = -\pi r^2 \frac{dB}{dt}$$

可解得

$$E_i = -\frac{r}{2}\frac{dB}{dt}$$

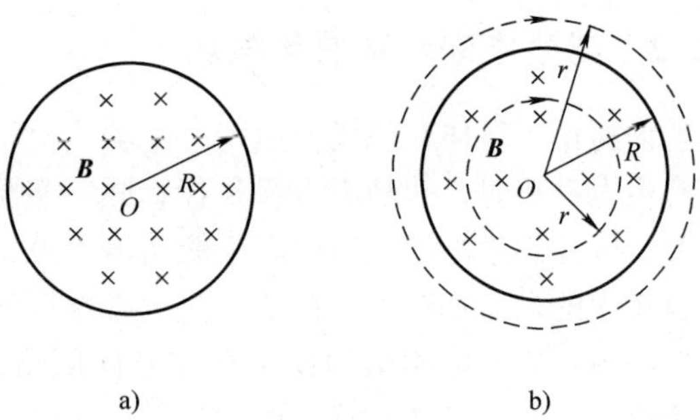

图 12-6　例题 12.3 用图

式中，负号表示涡旋电场的实际方向与标定方向相反，即为逆时针方向。

在 $r>R$ 的区域，作半径为 r 的圆形回路，同样可得

$$E_i = -\frac{R^2}{2r}\frac{dB}{dt}$$

方向也沿逆时针方向。

由此可见，虽然磁场只局限于半径为 R 的柱形区域，但所激发的涡旋电场却可以存在于柱形区域之外。

12.3 自感与互感

12.3.1 自感现象

我们前面介绍过不论用什么方式，只要穿过闭合回路的磁通量发生变化，回路中就会有感应电动势。如果一个闭合回路上的电流随时间变化，变化电流产生变化的磁场，则穿过闭合回路自身的磁通量也会发生变化，从而在自身回路上产生感应电动势。我们把这种现象称为**自感现象**，简称**自感**。相应的电动势称为**自感电动势**。在这里，全磁通与回路中的电流成正比，即

$$\psi = LI \tag{12-10}$$

式中，比例系数 L 称为回路的**自感系数**（简称**自感**）。自感 L 与回路的形状、大小、匝数、周围磁介质及其分布有关，而与回路中有无电流无关。

由法拉第电磁感应定律，回路中的自感电动势 $\mathscr{E}_L$ 可表示为

$$\mathscr{E}_L = -\frac{d\psi}{dt} = -\frac{d(LI)}{dt} = -\left(L\frac{dI}{dt} + I\frac{dL}{dt}\right) \tag{12-11}$$

式中，第一项表示由于电流变化而产生的电动势；第二项表示由于自感变化而产生的电动势。如果回路自身的性质及周围介质等都不发生变化，则自感不随时间变化，上式即可写为

$$\mathscr{E}_L = -L\frac{dI}{dt} \tag{12-12}$$

式（12-12）中的负号表示，当回路中的电流增加时，$\mathscr{E}_L<0$，即自感电动势 $\mathscr{E}_L$ 与电流 I 的

方向相反；反之，当回路中电流减小时，$\mathscr{E}_L>0$，即自感电动势 $\mathscr{E}_L$ 与电流 I 的方向相同。由此可知自感电动势的方向总是阻碍回路本身电流的变化。

在国际单位制中，自感的单位是亨利，符号为 H，由式（12-10）可知

$$1\mathrm{H}=1\mathrm{Wb/A}$$

亨利这个单位较大，一般用毫亨（mH）或微亨（μH）作为自感的单位，换算关系为

$$1\mathrm{H}=10^3\mathrm{mH}=10^6\mu\mathrm{H}$$

例 12.4　如图 12-7 所示，长直螺线管长为 l，横截面面积为 S，共 N 匝，介质磁导率为 μ（均匀介质）。求螺线管的自感 L。

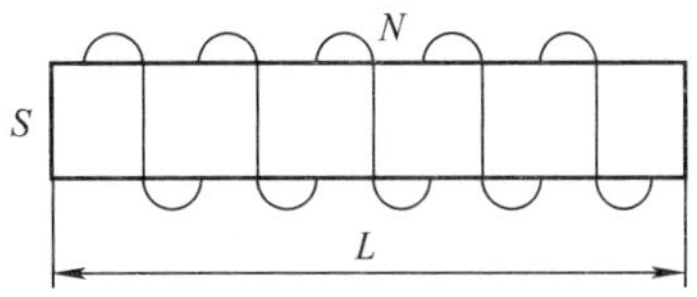

图 12-7　例题 12.4 用图

解：设线圈中通有电流为 I，通过一匝线圈磁通量为

$$\Phi=BS=\mu nIS$$

通过 N 匝线圈磁链为

$$\psi=N\Phi=N\mu nIS$$

由 $L=\dfrac{\psi}{I}$ 有

$$L=N\mu nS=\frac{N}{l}\mu n(lS)=\mu n^2V \tag{12-13}$$

式中，n 为单位长度匝数；V 为螺线管内磁场所在空间的体积。当一个线圈确定时，上式中各量都是常数，说明自感 L 反映了线圈的一种性质。

自感现象在各种电路设备和无线电技术中有着广泛的应用。荧光灯的镇流器就是利用线圈自感现象的一个例子。其工作原理是：当镇流器上所加的电流快速变化时，会在镇流器上产生一个瞬时自感电动势，该电动势与外电路中的电动势一样，叠加在荧光灯管上，使灯管内的气体被击穿从而形成电流。

自感现象也有不利的一面。在自感很大而电流又很强的电路（如大型电动机的定子绕组）中，在切断电路的瞬间，由于电流在很短的时间内发生很大的变化，会产生很高的自感电动势，使开关的闸刀和固定夹片之间的空气电离而变成导体，形成电弧。这会烧坏开关，甚至危及工作人员的安全。因此切断这类电路时必须采用特制的安全开关。常见的安全开关是将开关放在绝缘性能良好的油中，防止电弧的产生，保证安全。

12.3.2　互感现象

根据法拉第电磁感应定律，当一个线圈上的电流发生变化时，必然引起附近另一线圈上磁场发生变化。从而在该线圈中产生感应电动势，反之亦然。这种现象称为**互感现象**，这种现象中产生的电动势称为**互感电动势**。

如图 12-8 所示，设有两个相邻近的线圈 1 和线圈 2，分别通有电流 I_1 和 I_2。当线圈 1 中的电流发生变化时，就会在线圈 2 中产生互感电动势；反之，当线圈 2 中的电流变化时，也会在线圈 1 中产生互感电动势。若两线圈的形状、大小、相对位置及周围介质的磁导率均

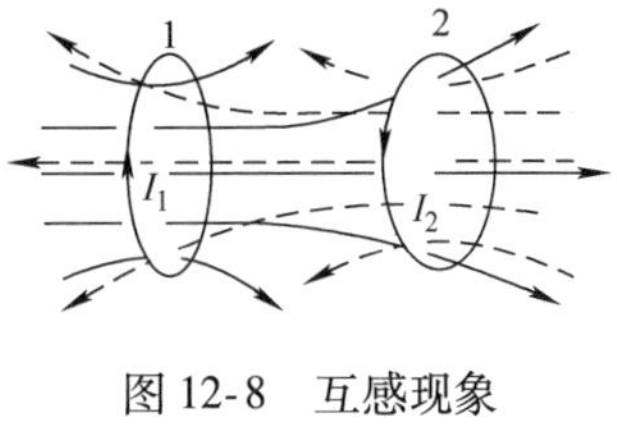

图 12-8　互感现象

保持不变，则根据毕奥－萨伐尔定律可知，线圈 1 中的电流 I_1 所产生的并通过线圈 2 的磁链应与 I_1 成正比，即

$$\psi_{21}=M_{21}I_1 \tag{12-14}$$

同理，线圈 2 中的电流 I_2 所产生的并通过线圈 1 的磁链亦应与 I_2 成正比，即

$$\psi_{12}=M_{12}I_2 \tag{12-15}$$

上两式中 M_{12} 和 M_{21} 为两个比例系数。理论和实验都证明，M_{12} 和 M_{21} 的大小相等，可统一用 M 表示。称为两线圈的**互感系数**，简称**互感**，单位也是亨利（H）。其数值与两线圈的形状、大小、相对位置及周围介质的磁导率有关。于是上两式可简化为

$$\psi_{21}=MI_1$$

$$\psi_{12}=MI_2$$

若两个线圈的结构，几何形状，磁介质及二者相对位置已固定，则二者互感 M 为常数。根据法拉第电磁感应定律，当线圈 1 中的电流 I_1 发生变化时，线圈 2 中的互感电动势为

$$\mathscr{E}_{21}=-M\frac{\mathrm{d}I_1}{\mathrm{d}t} \tag{12-16}$$

同理，线圈 2 中的电流 I_2 发生变化时，线圈 1 中的互感电动势为

$$\mathscr{E}_{12}=-M\frac{\mathrm{d}I_2}{\mathrm{d}t} \tag{12-17}$$

从以上讨论可以看出，当线圈中的电流变化率一定时，M 越大，则在另一线圈中所产生的互感电动势也越大，反之亦然。可见互感是反映线圈间互感强弱的物理量。

互感现象也被广泛应用于无线电技术和电磁测量中。各种电源变压器、输入或输出变压器等都是利用互感现象制成的。

对于自感和互感的计算，都比较繁杂，一般需要实验确定。只是对于某些结构比较简单的物体（或线圈），其自感或互感才可用定义式进行计算。

例 12.5　如图 12-9 所示，一螺线管长为 l，横截面面积为 S，密绕导线 N_1 匝，在其中部再绕 N_2 匝另一导线线圈。管内介质的磁导率为 μ，求此两线圈的互感。

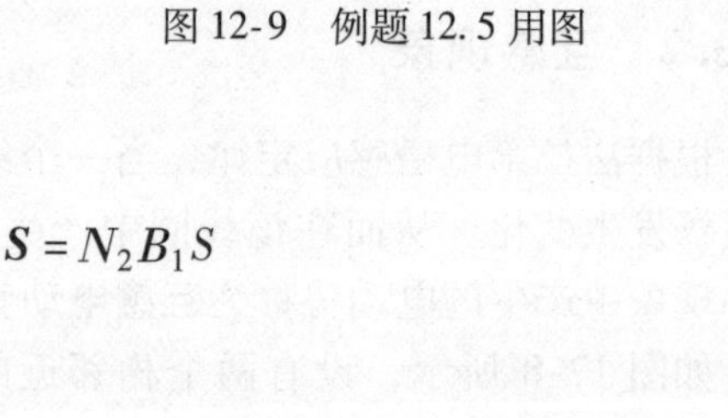

图 12-9　例题 12.5 用图

解：设长螺线管导线中电流为 I_1，它在中部产生 $\boldsymbol{B}_1$ 的大小为

$$B_1=\mu\frac{N_1}{l}I_1$$

I_1 产生的磁场通过第二个线圈磁链为

$$\Psi_{21}=N_2\Phi_{21}=N_2\boldsymbol{B}_1\cdot\boldsymbol{S}=N_2B_1S$$

$$=N_2\mu\frac{N_1}{l}I_1S$$

根据互感定义：$M=\dfrac{\Phi_{21}}{I_1}$，有 $M=\mu\dfrac{N_1N_2}{l}S$。

12.4 磁场的能量

12.4.1 自感线圈储能

前面我们介绍过，在静电场中，电容器是储存电能的器件。在磁场中，储存磁场能量的器件是载流线圈。

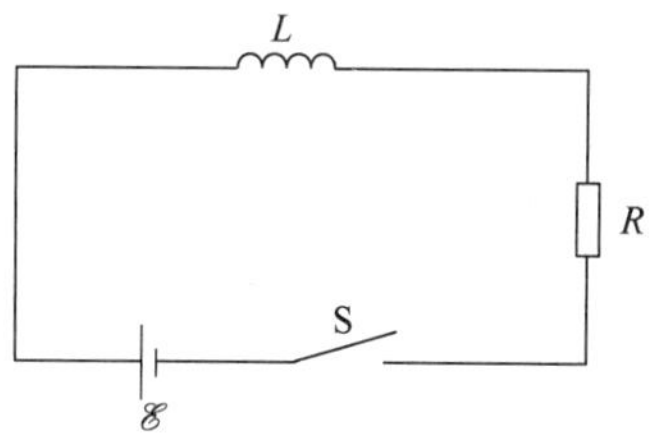

图 12-10　自感线圈能量

如图 12-10 所示是一个线圈的简单电路。回路中的 L 为线圈，R 为电阻，$\mathscr{E}$ 为电源电动势。当电路未接通时，回路中的电流为零，线圈中没有磁场；而当电路接通时，线圈中电流由零逐渐增大，最后达到稳定值 I。由于自感电动势的作用，电流不可能马上增大到稳定值，因此在建立磁场的过程中，电源必须供给能量以克服自感电动势做功。可见在这个过程中，电源供给的能量分为两部分，一部分转换成热能，另一部分转换成线圈中的磁场能量。

设某时刻回路中的电流为 i，线圈中的自感电动势为

$$\mathscr{E}_L = -L\frac{\mathrm{d}i}{\mathrm{d}t}$$

在 $\mathrm{d}t$ 时间内通过灯泡的电量为 $i\mathrm{d}t$，则在这段时间内自感电动势所做的功为

$$\mathrm{d}A = \mathscr{E}_L i\mathrm{d}t = -Li\mathrm{d}i$$

当电流从起始值 0 增大到稳定值 I 时，自感电动势所做的功是

$$A = \int \mathrm{d}A = \int_0^I -Li\mathrm{d}i = -\frac{1}{2}LI^2$$

电源克服自感电动势所做的功就是线圈中磁场的能量 W_{m}，即

$$W_{\mathrm{m}} = \frac{1}{2}LI^2 \tag{12-18}$$

自感为 L 的载流线圈所具有的磁场能量，称为**自感磁能**。自感磁能公式与电容器的电能公式 $W_{\mathrm{e}} = \frac{1}{2}CU^2$ 在形式上类似。

12.4.2 磁场的能量

与电场能量表达形式类似，经过变换磁场能量也可以用描述磁场本身的物理量 $\boldsymbol{B}$ 和 $\boldsymbol{H}$ 来表示。为简单起见，我们以密绕长直螺线管为例进行研究。设管内充满磁导率为 μ 的均匀磁介质，管中磁场近似看作均匀，且全部集中在管内。设通过螺线管的电流为 I，则管内的 $B=\mu nI$，由式（12-13）知，它的自感为 $L=\mu n^2V$，把 L 及 $I=B/\mu n$ 代入式（12-18）得

$$W_{\mathrm{m}} = \frac{1}{2}\mu n^2 V\frac{B^2}{\mu^2 n^2} = \frac{B^2}{2\mu}V \tag{12-19}$$

而磁场的能量密度，即单位体积中磁场能量为

$$w_m = \frac{W_m}{V} = \frac{1}{2}\frac{B^2}{\mu}$$

因为 $B=\mu H$，磁场的能量密度又可表示为

$$w_m = \frac{1}{2}\frac{B^2}{\mu} = \frac{1}{2}\mu H^2 = \frac{1}{2}BH \tag{12-20}$$

上述磁场能量密度的公式虽然是以长直螺线管为例推导出来的，但它具有普遍意义。对一般情况，磁场的能量密度定义为

$$w_m = \frac{1}{2}\boldsymbol{B}\cdot\boldsymbol{H}$$

对于均匀磁场，可以用式（12-19）计算出磁场总磁能。若磁场是不均匀的，则可把磁场划分为无数体积元 dV，在每个体积元内，磁场可以看作均匀的，利用式（12-20）计算出这些体积元的磁场能量，而在 dV 体积元内磁场能量为

$$dW_m = w_m dV$$

对整个磁场不为零的空间积分，则磁场总能量是

$$W_m = \int_V w_m dV = \int_V \frac{1}{2}BH dV \tag{12-21}$$

由于式（12-18）和式（12-21）是同一磁场能量的不同表示，则

$$\frac{1}{2}LI^2 = \int_V \frac{1}{2}BH dV \tag{12-22}$$

利用式（12-22）可以计算出很多复杂形状回路的自感 L。

例 12.6　如图 12-11 所示，一根很长的同轴电缆，由半径为 R_1 的中心圆柱和半径为 R_2 的同轴柱壳（忽略厚度）组成，电缆中心的导体横截面中均匀地载有稳恒电流 I，而外层的导体壳作为电流返回路径，试计算：

（1）长度为 l 的一段电缆内磁场中所储能量；

（2）该段电缆的自感。

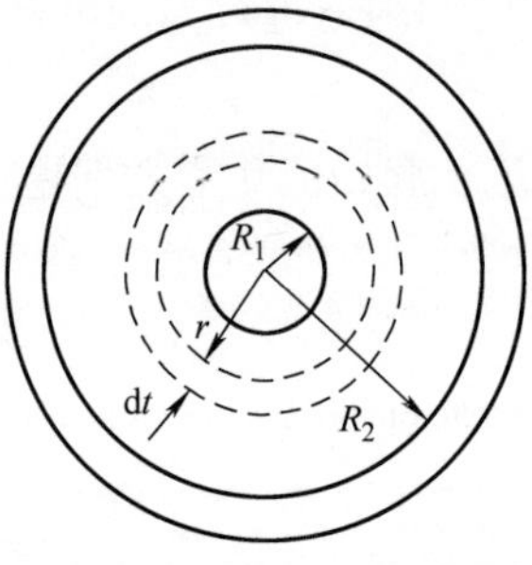

图 12-11　例题 12.6 用图

解：（1）以圆柱轴线为圆心，以 r 为半径取积分回路，由安培环路定理得

$$H = \begin{cases} \dfrac{Ir}{2\pi R_1^2}, & r < R_1 \\ \dfrac{I}{2\pi r}, & R_1 < r < R_2 \\ 0, & r > R_2 \end{cases}$$

由式（12-20）可求得空间各处的磁场能量密度为

$$w_m = \begin{cases} \dfrac{\mu_0 I^2 r^2}{8\pi^2 R_1^4}, & r < R_1 \\ \dfrac{\mu_0 I^2}{8\pi^2 r^2}, & R_1 < r < R_2 \\ 0, & r > R_2 \end{cases}$$

可见，在空间各处的磁场强度各不相同，需要采用积分的方法。在电缆中取体积元 $\mathrm{d}V$，$\mathrm{d}V$ 是由半径 r 与 $r+\mathrm{d}r$，长为 l 的圆柱壳组成，此体积元包含的磁能为

$$\mathrm{d}W_{\mathrm{m}}=w_{\mathrm{m}}\mathrm{d}V=w_{\mathrm{m}}2\pi rl\mathrm{d}r$$

则长为 l 的一段同轴电缆所储存的能量为

$$\begin{aligned}W_{\mathrm{m}}&=\int\mathrm{d}W_{\mathrm{m}}\\&=\int_0^{R_1}\left(\frac{\mu_0I^2r^2}{8\pi^2R_1^4}\right)2\pi rl\mathrm{d}r+\int_{R_1}^{R_2}\left(\frac{\mu_0I^2}{8\pi^2r^2}\right)2\pi rl\mathrm{d}r\\&=\frac{\mu_0I^2l}{4\pi}\left(\frac{1}{4}+\ln\frac{R_2}{R_1}\right)\end{aligned}$$

（2）利用式（12-18）可以得到 l 的一段同轴电缆的自感

$$L=\frac{2W_{\mathrm{m}}}{I^2}=\frac{\mu_0l}{8\pi}+\frac{\mu_0l}{2\pi}\ln\frac{R_2}{R_1}$$

12.5 麦克斯韦电磁场理论简介

在提出涡旋电场概念之后，麦克斯韦又创造性地提出位移电流假设，在此基础上麦克斯韦总结出描述电磁场的一组完整的方程式，即麦克斯韦方程组。由此，他于 1865 年预言了电磁波的存在，以及光是电磁波的一种形态。1888 年赫兹首次用实验证实了电磁波的存在。

12.5.1 位移电流

在稳恒电流激发的磁场中，磁场满足安培环路定理，无论载流回路周围是真空或有磁介质，安培环路定理都可写成

$$\oint_L\boldsymbol{H}\cdot\mathrm{d}\boldsymbol{l}=I_0$$

式中，I_0是穿过闭合回路 L 为边界的任意曲面 S 的传导电流。那么在非稳恒电流的磁场中安培环路定理是否仍然成立？

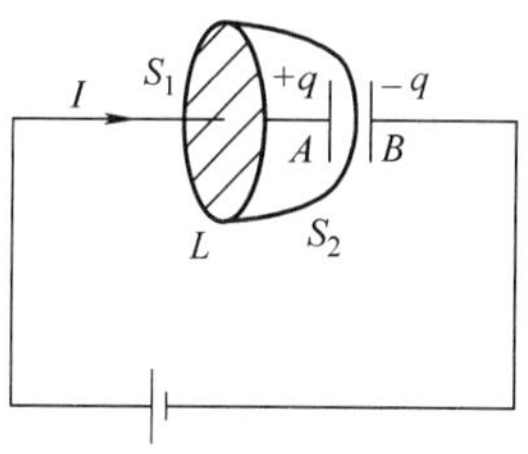

图 12-12　电容器充电过程

我们通过分析电容器充放电过程来进行讨论。在此过程中，导线内电流随时间发生变化，显然是一个非稳态过程。如图 12-12 所示，在一个电容器的极板周围取一闭合积分回路 L，并以它为边界作两个曲面 S_1 和 S_2，前者与导线相交，后者通过电容器两极板之间，不与导线相交。对 S_1 面，其上有电流穿过，有 $\oint_L\boldsymbol{H}\cdot\mathrm{d}\boldsymbol{l}\neq0$，而对于 S_2 面，没有电流穿过该面，有 $\oint_L\boldsymbol{H}\cdot\mathrm{d}\boldsymbol{l}=0$。可见，磁场强度沿同一闭合回路的环量有两种相互矛盾的结果，这说明稳恒磁场的环路定理对非稳恒情况不适用。在非稳恒情况下，能代替安培环路定理的普遍规律是什么呢？麦克斯韦创造性地提出了位移电流概念，建立了全电流安培环路定理，从而解决了这一矛盾。

我们仍以电容器的充放电过程为例进行说明，当充电电路中通一传导电流 I 时，电容

器极板上的电荷必然变化。从而导致两极板间电位移矢量发生变化，使穿过 S_2 上的电位移通量亦随时间而变化。将高斯定理应用于闭合曲面 S 得

$$\Phi_D = \oint_S \boldsymbol{D} \cdot \mathrm{d}\boldsymbol{S} = \int_{S_1} \boldsymbol{D} \cdot \mathrm{d}\boldsymbol{S} + \int_{S_2} \boldsymbol{D} \cdot \mathrm{d}\boldsymbol{S} = q$$

对上式两边关于时间求导，并考虑到电场仅存在于电容器内部，S_1 上 $\boldsymbol{D}$ 关于时间的导数为零，得

$$I = \frac{\mathrm{d}q}{\mathrm{d}t} = \frac{\mathrm{d}\Phi_D}{\mathrm{d}t} = \frac{\mathrm{d}}{\mathrm{d}t}\int_{S_2} \boldsymbol{D} \cdot \mathrm{d}\boldsymbol{S} = \int_{S_2} \frac{\partial \boldsymbol{D}}{\partial t} \cdot \mathrm{d}\boldsymbol{S} \tag{12-23}$$

可见，电位移通量对时间的变化率$\frac{\mathrm{d}\Phi_D}{\mathrm{d}t}$具有电流的量纲，麦克斯韦将其称为**位移电流**，用 I_d 表示，即

$$I_d = \frac{\mathrm{d}\Phi_D}{\mathrm{d}t} = \frac{\mathrm{d}}{\mathrm{d}t}\int_{S_2} \boldsymbol{D} \cdot \mathrm{d}\boldsymbol{S} = \int_{S_2} \frac{\partial \boldsymbol{D}}{\partial t} \cdot \mathrm{d}\boldsymbol{S} \tag{12-24}$$

而电位移矢量的时间变化率$\frac{\partial \boldsymbol{D}}{\partial t}$则与传导电流密度具有相同的量纲，麦克斯韦将它称为**位移电流密度**，用 J_d 表示，即

$$\boldsymbol{J}_d = \frac{\partial \boldsymbol{D}}{\partial t} \tag{12-25}$$

由此，在一个电路中就可能同时存在两种电流，一种是传导电流，对应于电荷的运动；另一种是位移电流，对应于电位移通量对时间的变化率。这两种电流之和称为**全电流**，记为 I_s。此时，安培环路定理可修正为

$$\oint_L \boldsymbol{H} \cdot \mathrm{d}\boldsymbol{l} = I_s = I_c + I_d = I_c + \int_S \frac{\partial \boldsymbol{D}}{\partial t} \cdot \mathrm{d}\boldsymbol{S} \tag{12-26}$$

式（12-26）称为**全电流安培环路定理**。由以上分析可见，传导电流在哪个地方断开，位移电流便会在哪个地方连起来，使通过电路中的全电流大小相等、方向相同。这称为**全电流的连续性**。

以上是麦克斯韦的**位移电流假说**。麦克斯韦位移电流假说的中心思想是：变化着的电场激发磁场。考虑到式（12-8）说明的变化的磁场可以产生涡旋电场，因此麦克斯韦在理论上预言，交变的电场和磁场相互激励，以光速向外传播，形成电磁波。1888 年，赫兹通过实验验证了电磁波的存在，有力地支持了麦克斯韦理论。

12.5.2　麦克斯韦方程组

麦克斯韦经过多年的研究，全面论述了电磁学的理论，建立了麦克斯韦方程组。方程组中的四个基本方程分别为

$$\oint_S \boldsymbol{D} \cdot \mathrm{d}\boldsymbol{S} = q_0 \tag{12-27}$$

$$\oint_S \boldsymbol{B} \cdot \mathrm{d}\boldsymbol{S} = 0 \tag{12-28}$$

$$\oint_L \boldsymbol{E} \cdot \mathrm{d}\boldsymbol{l} = -\int_S \frac{\partial \boldsymbol{B}}{\partial t} \cdot \mathrm{d}\boldsymbol{S} \tag{12-29}$$

$$\oint_L \boldsymbol{H} \cdot \mathrm{d}\boldsymbol{l} = I_c + \int_S \frac{\partial \boldsymbol{D}}{\partial t} \cdot \mathrm{d}\boldsymbol{S} \tag{12-30}$$

式（12-27）是电场中的高斯定理，它不仅适用于静电场，也适用于非静电场。无论电荷是静止的还是运动的，通过空间任意闭合曲面的电位移矢量的通量总是等于它所包围的自由电荷的代数和。变化的磁场所激发的涡旋电场的电场线闭合，其电场强度对闭合曲面的通量没有贡献。

式（12-28）是磁场中的高斯定理，式中的 $\boldsymbol{B}$ 是由传导电流和位移电流共同激发的磁场。由于传导电流和位移电流激发的磁场均是涡旋场，所以对闭合曲面而言磁通量为零。

式（12-29）是推广后的电场环路定理。式中的 $\boldsymbol{E}$ 是静电场和感生电场的矢量叠加。由于静电场是保守场，因此 $\boldsymbol{E}$ 的环流仅与变化的磁场有关。

式（12-30）是全电流安培环路定理，它表明传导电流和位移电流都可以激发磁场。

以上是麦克斯韦方程组的积分形式。为了能够描述电磁场中各点的情况，我们给出麦克斯韦方程组的微分形式：

$$\begin{cases} \nabla \cdot \boldsymbol{D} = \rho \\ \nabla \cdot \boldsymbol{B} = 0 \\ \nabla \times \boldsymbol{E} = -\dfrac{\partial \boldsymbol{B}}{\partial t} \\ \nabla \times \boldsymbol{H} = \boldsymbol{J} + \dfrac{\partial \boldsymbol{D}}{\partial t} \end{cases}$$

在处理某些具体问题时，会遇到电磁场与介质的相互作用，所以还必须补充描述介质电磁性质的方程。对于各向同性介质，这些方程为

$$\boldsymbol{D} = \varepsilon_0 \varepsilon_r \boldsymbol{E}$$

$$\boldsymbol{B} = \mu_0 \mu_r \boldsymbol{H}$$

$$\boldsymbol{J} = \sigma \boldsymbol{E}$$

麦克斯韦方程组加上描述介质性质的方程，全面总结了电磁场的规律，是经典电动力学的基本方程组，利用它们原则上可以解决各种宏观电磁场问题。

小　结

1. 电磁感应现象

法拉第电磁感应定律：$\mathscr{E} = -\dfrac{\mathrm{d}\Phi_m}{\mathrm{d}t}$

楞次定律：感应电流产生的磁通量总是反抗回路中原磁通量的变化

2. 动生电动势与感生电动势

电动势：$\mathscr{E} = \int_-^+ \boldsymbol{E}_{ne} \cdot \mathrm{d}\boldsymbol{l}$

动生电动势：$\mathscr{E} = \int_L (\boldsymbol{v} \times \boldsymbol{B}) \cdot \mathrm{d}\boldsymbol{l}$

感生电动势：$\mathscr{E}_i = \oint_L \boldsymbol{E}_i \cdot \mathrm{d}\boldsymbol{l} = -\int_S \dfrac{\partial \boldsymbol{B}}{\partial t} \cdot \mathrm{d}\boldsymbol{S}$

3. 自感与互感

自感电动势：$\mathscr{E}_L = -L\dfrac{\mathrm{d}I}{\mathrm{d}t}$

互感电动势：$\mathscr{E}_{12} = -\dfrac{\mathrm{d}\Psi_{12}}{\mathrm{d}t} = -M\dfrac{\mathrm{d}I_2}{\mathrm{d}t}$

$$\mathscr{E}_{21} = -\frac{\mathrm{d}\Psi_{21}}{\mathrm{d}t} = -M\frac{\mathrm{d}I_1}{\mathrm{d}t}$$

4. 磁场能量

自感磁能：$W_m = \dfrac{1}{2}LI^2$

磁场能量密度：$w_m = \dfrac{1}{2}\dfrac{B^2}{\mu} = \dfrac{1}{2}\mu H^2 = \dfrac{1}{2}BH$

磁场能量：$W_m = \int_V w_m \mathrm{d}V = \int_V \dfrac{1}{2}BH\mathrm{d}V$

5. 麦克斯韦电磁场理论

位移电流：$I_d = \dfrac{\mathrm{d}\Phi_D}{\mathrm{d}t} = \dfrac{\mathrm{d}}{\mathrm{d}t}\int_S \boldsymbol{D}\cdot\mathrm{d}\boldsymbol{S}$

位移电流密度：$\boldsymbol{J}_d = \dfrac{\partial \boldsymbol{D}}{\partial t}$

全电流：$I_s = I_c + I_d = I_c + \int_S \dfrac{\partial \boldsymbol{D}}{\partial t}\cdot\mathrm{d}\boldsymbol{S}$

麦克斯韦方程组积分形式：
$$\begin{cases}\oint_S \boldsymbol{D}\cdot\mathrm{d}\boldsymbol{S} = q\\ \oint_S \boldsymbol{B}\cdot\mathrm{d}\boldsymbol{S} = 0\\ \oint_L \boldsymbol{E}\cdot\mathrm{d}\boldsymbol{l} = -\int_S \dfrac{\partial \boldsymbol{B}}{\partial t}\cdot\mathrm{d}\boldsymbol{S}\\ \oint_L \boldsymbol{H}\cdot\mathrm{d}\boldsymbol{l} = I_c + \int_S \dfrac{\partial \boldsymbol{D}}{\partial t}\cdot\mathrm{d}\boldsymbol{S}\end{cases}$$

麦克斯韦方程组微分形式：
$$\begin{cases}\nabla\cdot\boldsymbol{D} = \rho\\ \nabla\cdot\boldsymbol{B} = 0\\ \nabla\times\boldsymbol{E} = -\dfrac{\partial \boldsymbol{B}}{\partial t}\\ \nabla\times\boldsymbol{H} = \boldsymbol{J} + \dfrac{\partial \boldsymbol{D}}{\partial t}\end{cases}$$

思　考　题

12.1　将磁铁插入非金属环中，环内有无感生电动势？有无感生电流？

12.2　位移电流和传导电流有何异同？

12.3　如图 12-13 所示，在一长直导线上通有电流 I，$ABCD$ 为一矩形线圈，试确定在下列情况下，$ABCD$ 上的感应电动势的方向：

（1）矩形线圈在纸面内向右移动；

（2）矩形线圈绕 AD 轴旋转；

（3）矩形线圈以直导线为轴旋转。

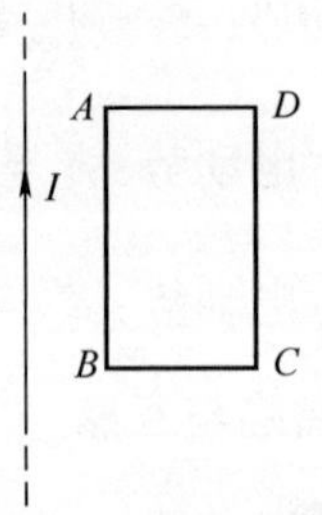

图 12-13　思考题 12.3 用图

12.4　把一铜环放在均匀磁场中，并使环的平面与磁场的方向垂直。如果使环沿着磁场的方向移动，如图 12-14 所示，在铜环中是否会产生感应电流？为什么？如果磁场是不均匀的，是否产生感应电流？为什么？

12.5　变压器是利用电磁感应的原理来改变交流电压的装置，主要构件是初级线圈、次级线圈和铁心，铁心是绝缘的金属薄层叠在一起而构成的，为什么要这样做？试说明理由。

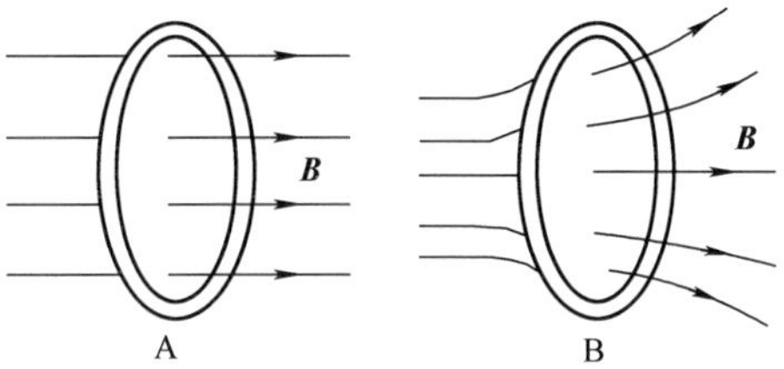

图 12-14　思考题 12.4 用图

12.6　一个线圈自感的大小由哪些因素决定？怎样绕制一个自感为零的线圈？

12.7　两个线圈之间的互感大小由哪些因素决定？怎样放置可使两线圈的互感最大？

12.8　位移电流和传导电流有何异同之处？证明$\dfrac{d\Phi_D}{dt}$具有电流的量纲。

习　题

12.1　半径为 R 的线圈在磁感应强度为 $\boldsymbol{B}$ 的磁场中以角速度 ω 旋转，线圈匝数为 N。求线圈中产生的感应电动势；可产生的最大感应电动势是多少？何时出现最大感应电动势？

12.2　如图 12-15 所示，载流长直导线中电流为 I，一矩形线圈以速度$\boldsymbol{v}$向右平动，线圈长为 l，宽为 a，匝数为 N，其左侧边与导线距离为 d，求线圈中的感应电动势。

12.3　如图 12-16 所示，一电荷线密度为 λ 的长直带电导线（与一正方形线圈共面并与其一对边平行）以变速率 $v=v(t)$沿着其长度方向运动，正方形线圈中的总电阻为 R，求 t 时刻方形线圈中感应电流 $i(t)$的大小。（不计线圈自身的自感）

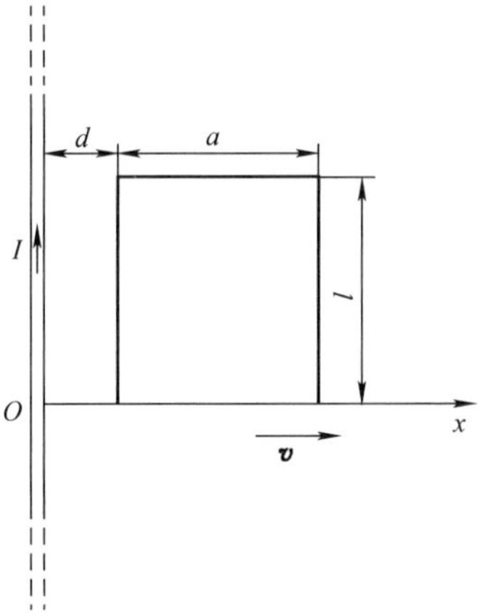

图 12-15　习题 12.2 用图

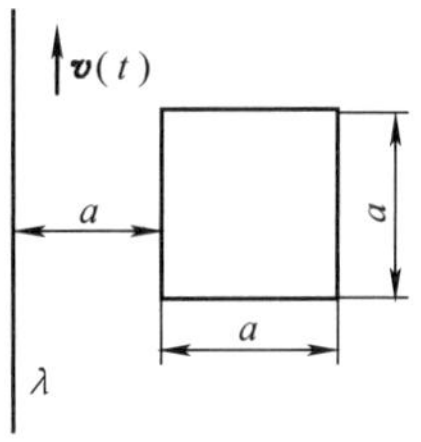

图 12-16　习题 12.3 用图

12.4　如图 12-17 所示，无限长直导线，通以恒定电流 I，有一与之共面的直角三角形线圈 ABC。已知 AC 边长为 b，且与长直导线平行，BC 边长为 a。若线圈以垂直于导线方向的速度$\boldsymbol{v}$向右平移，当 B 点与长直导线的距离为 d 时，求线圈 ABC 内的感应电动势的大小和感应电动势的方向。

12.5　如图 12-18 所示，一段长度为 l 的直导线 MN，水平放置在通有电流为 I 的竖直长导线旁与竖直导线共面，并从静止由图示位置自由下落，则 t（s）末导线 M、N 两端的电势差是多少？哪点的电势高？

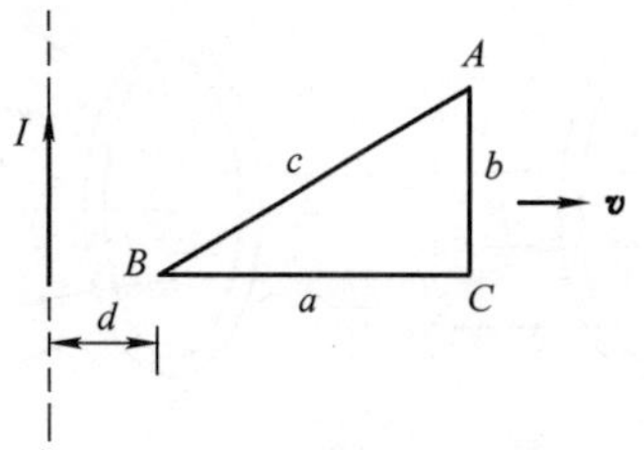

图 12-17　习题 12.4 用图

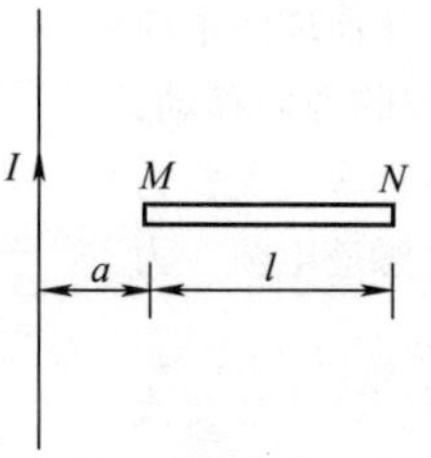

图 12-18　习题 12.5 用图

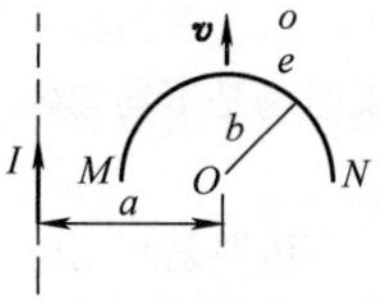

图 12-19　习题 12.6 用图

12.6　如图 12-19 所示载有电流的 I 长直导线附近，放一导体半圆环 MeN 与长直导线共面，且端点 MN 的连线与长直导线垂直。半圆环的半径为 b，环心 O 与导线相距 a。设半圆环以速度 $\boldsymbol{v}$ 平行导线平移，求半圆环内感应电动势的大小和方向以及 MN 两端的电压 $U_M - U_N$。

12.7　如图 12-20 所示两相互平行无限长的直导线载有大小相等方向相反的电流，长度为 b 的金属杆 CD 与两导线共面且垂直，相对位置如图。CD 杆以速度 $\boldsymbol{v}$ 平行于直线电流运动，求 CD 杆中的感应电动势，并判断 C、D 两端哪端电势较高？

12.8　如图 12-21 所示，金属棒 OA 在均匀磁场 B 中绕通过 O 点的垂直轴 OZ 做锥形匀角速旋转，棒 OA 长 l_0，与 OZ 轴夹角为 θ，旋转角速度为 ω。磁场方向沿 OZ 轴向，求 OA 两端的电势差。

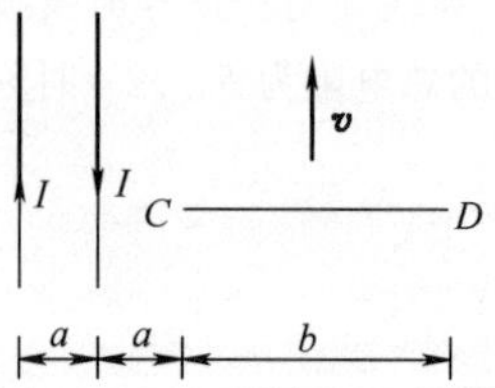

图 12-20　习题 12.7 用图

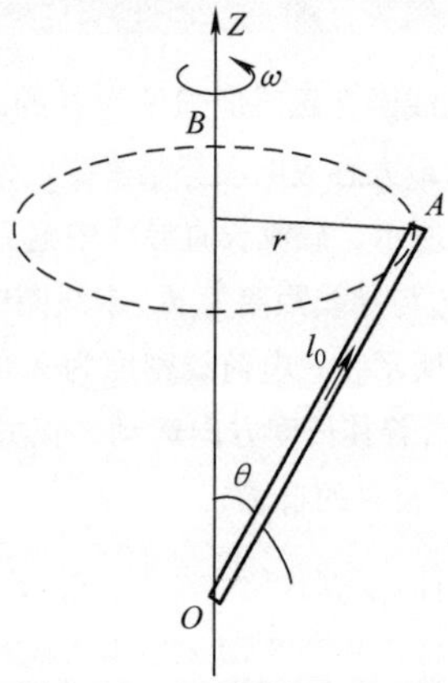

图 12-21　习题 12.8 用图

12.9　如图 12-22 所示一内外半径分别为 R_1、R_2 的均匀带电平面圆环，电荷面密度为 σ，其中心有一半径为 r 的导体小环（$R_1 \gg r$），二者同心共面。设带电圆环以变角速度 $\omega = \omega(t)$ 绕垂直于环面的中心轴旋转，导体小环中的感应电流 i 等于多少？方向如何？（已知小环的电阻为 R'）

12.10　如图 12-23 所示要从真空仪器的金属部件上清除出气体，可采用感应加热的方法。如图所示，将需要加热的电子管阳极放置在长为 $L = 20\text{cm}$ 的均匀密绕长直螺线管内，电子管阳极是截面半径为 $r = 4\text{mm}$，长为 l（$l \ll L$）而管壁极薄的空心圆筒，电阻为 $R = 5\times10^{-3}\,\Omega$。均匀密绕长直螺线管匝数 $N = 30$ 匝，通高频电流 $I = 25\sin\omega t$，$\omega = 2\pi\times10^5\,\text{Hz}$，求电子管阳极圆筒中产生的感应电流的最大值。

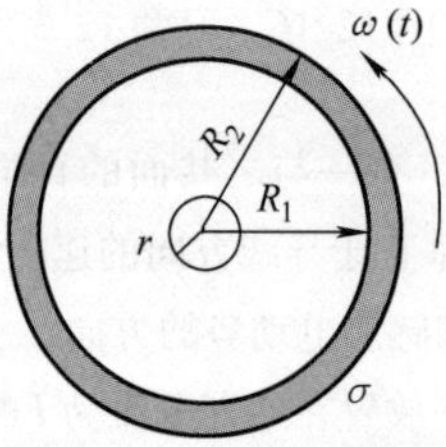

图 12-22　习题 12.9 用图

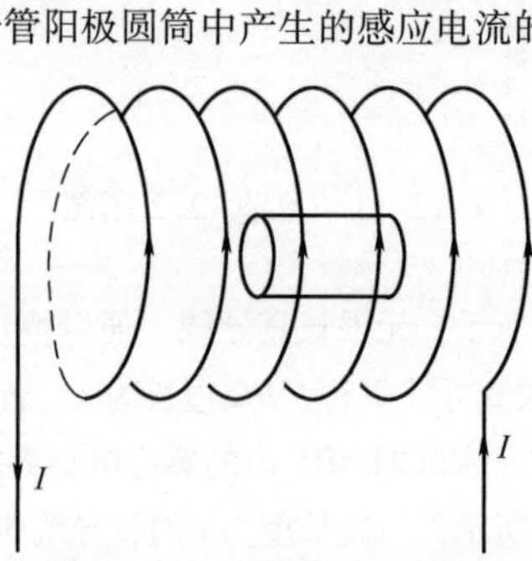

图 12-23　习题 12.10 用图

12.11 如图 12-24 所示，电荷 Q 均匀分布在半径为 a、长为 L（$L>>a$）的绝缘薄壁长圆筒表面上，圆筒以角速度 ω 绕中心轴线旋转。一半径为 $2a$、电阻为 R 的单匝圆形线圈套在圆筒上。若圆筒转速按照 $\omega=\omega_0(1-t/t_0)$ 的规律（ω_0 和 t_0 是已知常数）随时间线性地减小，求圆形线圈中感应电流的大小和流向。

12.12 如图 12-25 所示，在半径为 R 的载流长直螺线管内，磁感应强度为 $\boldsymbol{B}$ 的均匀磁场以恒定的变化率$\frac{\mathrm{d}B}{\mathrm{d}t}$随时间增加。试求在螺线管内、外的感生电场分布。

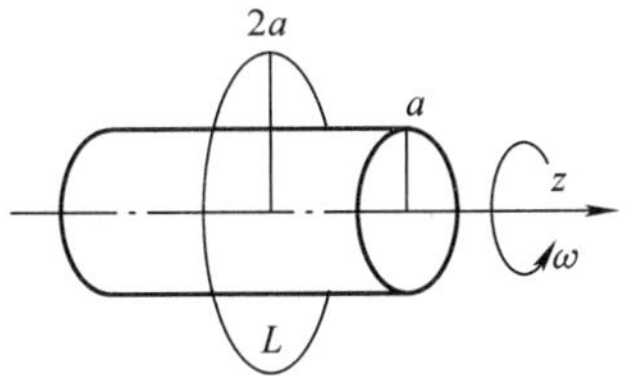

图 12-24 习题 12.11 用图

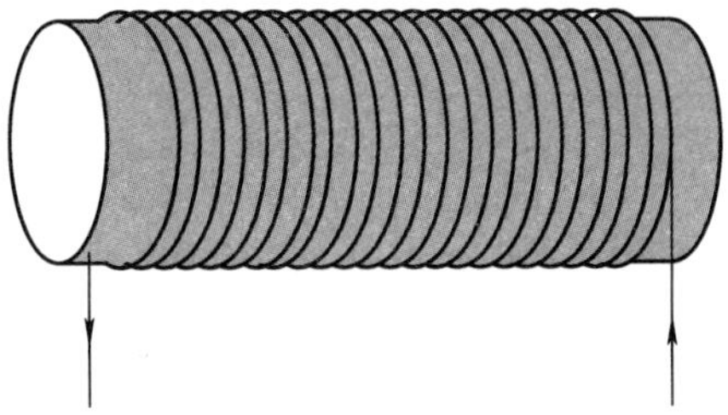

图 12-25 习题 12.12 用图

12.13 如图 12-26 所示，两根平行无限长直导线相距为 d，载有大小相等方向相反的电流 I，电流变化率 $\mathrm{d}I/\mathrm{d}t=\alpha>0$。一个边长为 d 的正方形线圈位于导线平面内与一根导线相距 d。求线圈中的感应电动势 $\mathscr{E}$，并说明线圈中的感应电动势的方向。

12.14 如图 12-17 所示，有一弯成 q 角的金属架 COD 放在磁场中，磁感强度 $\boldsymbol{B}$ 的方向垂直于金属架 COD 所在平面。一导体杆 MN 垂直于 OD 边，并在金属架上以恒定速度$\boldsymbol{v}$向右滑动，$\boldsymbol{v}$与 MN 垂直。设 $t=0$ 时，$x=0$。求下列两情形，框架内的感应电动势 $\mathscr{E}_\mathrm{i}$。

（1）磁场分布均匀，且 $\boldsymbol{B}$ 不随时间改变；

（2）非均匀的时变磁场 $B=Kx\cos\omega t$。

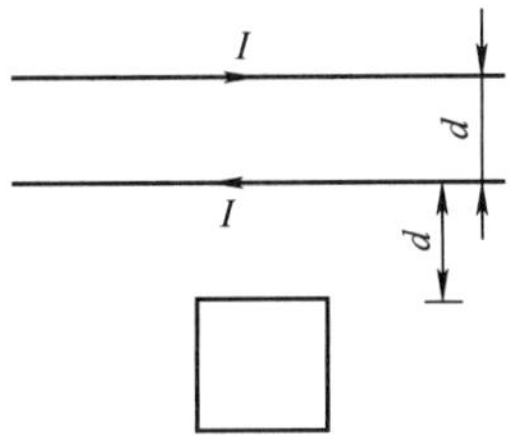

图 12-26 习题 12.13 用图

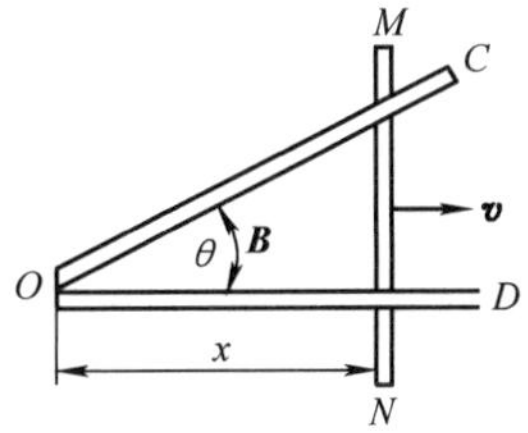

图 12-27 习题 12.14 用图

12.15 一长直螺线管的导线中通入 10.0A 的稳恒电流时，通过每匝线圈的磁通量为 20μWb；当电流以 4.0A/s 的速率变化时，产生的自感电动势是 3.2mV。求该螺线管的自感与总匝数。

12.16 两根平行长直导线，横截面的半径都是 a，中心线相距 d，属于同一回路。设两导线内部的磁通都略去不计，证明：这样一对导线单位长的自感为

$$L=\frac{\mu_0}{\pi}\ln\frac{d-a}{a}$$

12.17 如图 12-28 所示，截面为矩形的螺绕环，总匝数为 N，内外半径分别为 R_1 和 R_2，厚度为 h，沿环的轴线拉一根直导线，求直导线与螺绕环的互感。

12.18 如图 12-29 所示，大、小两个圆环形线圈同轴平行放置，大线圈半径为 R，由 N_1 匝细导线密绕而成；小线圈半径为 r，由 N_2 匝细导线密绕而成，两线圈相距为 d，由于 r 很小，所以可认为大线圈在小线圈处产生的磁场是均匀的。求：

（1）两线圈的互感；

(2) 当小线圈中的电流变化率$\frac{dI}{dt}=k$时，大线圈内磁通量的变化率。

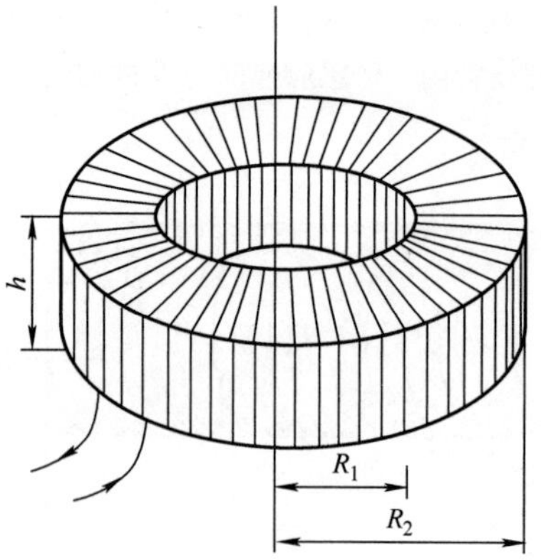

图 12-28　习题 12.17 用图

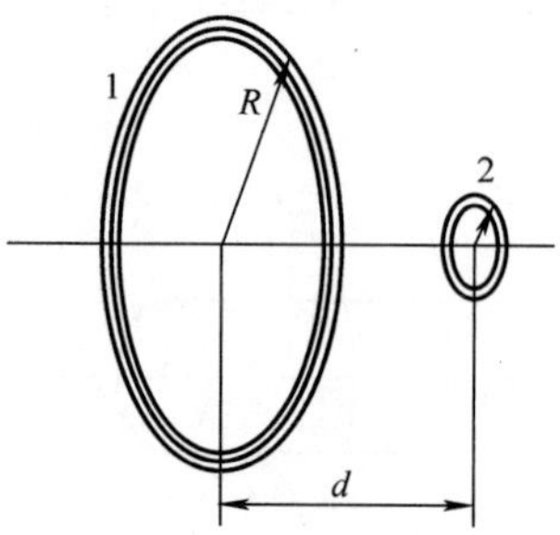

图 12-29　习题 12.18 用图

12.19　一无限长直导线，截面各处的电流密度相等，总电流为 I。证明：每单位长度导线内所贮藏的磁能为$\frac{\mu_0 I^2}{16\pi}$。

12.20　试证明：平面电磁波的电场能量的密度与磁场能量的密度相等。

习题答案

12.1　$NBS\omega\sin\theta$，$NBS\omega$，此时线圈面法线与磁场垂直，其中 $S=\pi R^2$。

12.2　$\frac{\mu_0 NIlav}{2\pi d\ (d+a)}$，顺时针。

12.3　$\frac{\mu_0}{2\pi R}\lambda a\left|\frac{dv(t)}{dt}\right|\ln 2$

12.4　$\frac{\mu_0 Ib}{2\pi a}\left(\ln\frac{a+d}{d}-\frac{a}{a+d}\right)v$，方向：$ACBA$（即顺时针）

12.5　$\frac{\mu_0 Igt}{2\pi}\ln\frac{a+l}{a}$，$U_N>U_M$

12.6　$-\frac{\mu_0 Iv}{2\pi}\ln\frac{a+b}{a-b}$　方向 $N\rightarrow M$，$\frac{\mu_0 Iv}{2\pi}\ln\frac{a+b}{a-b}$

12.7　$\frac{\mu_0 Iv}{2\pi}\ln\frac{2(a+b)}{2a+b}$，$D$ 点电势高

12.8　$\frac{1}{2}\omega Bl_0{}^2\sin^2\theta$，$A$ 端电势高

12.9　$-\frac{\mu_0\pi r^2(R_2-R_1)\sigma}{2R'}\cdot\frac{d\omega(t)}{dt}$，当 $dw(t)/dt>0$ 时，i 与选定的正方向相反；否则 i 与选定的正方向相同

12.10　29.7A

12.11　$\frac{\mu_0 Qa^2\omega_0}{2RLt_0}$，$i$ 的流向与圆筒转向一致

12.12　在螺线管内，

$$E_k = -\frac{r}{2}\frac{dB}{dt}$$

在螺线管外，

$$E_k = -\frac{R^2}{2r}\frac{dB}{dt}$$

方向均为顺时针方向。

12.13　$\frac{\mu_0 d}{2\pi}\alpha\ln\frac{4}{3}$，顺时针方向。

12.14　（1）$Bv^2t\cdot\tan\theta$，电动势方向：由 M 指向 N；

（2）$Kv^3\cdot\tan\theta\left(\frac{1}{3}\omega t^3\sin\omega t - t^2\cos\omega t\right)$

12.15　0.8×10^{-3}H，400 匝

12.16　证明略

12.17　$\frac{\mu_0 Nh}{2\pi}\ln\frac{R_2}{R_1}$

12.18　（1）$\frac{\mu_0 N_1 N_2 R^2 \pi r^2}{2(R^2+d^2)^{3/2}}$；

（2）$\frac{\mu_0 N_2 R^2 \pi r^2 k}{2(R^2+d^2)^{3/2}}$

12.19　证明略

12.20　证明略

附　　录

附录Ⅰ　常用物理常数表

名称	符号	数值	单位
真空中的光速	c	3×10^{8}	$m\cdot s^{-1}$
真空介电常数	ε_0	8.85×10^{-12}	$F\cdot m^{-1}$
真空磁导率	μ_0	$4\pi\times10^{-7}$	$N\cdot A^{2}$
普朗克常量	h	6.63×10^{-34}	$J\cdot s$
	$\hbar$	1.05×10^{-34}	$J\cdot s$
玻尔兹曼常数	k	1.38×10^{-23}	$J\cdot K^{-1}$
阿伏伽德罗常量	N_A	6.02×10^{23}	mol^{-1}
斯特藩-玻尔兹曼常量	σ	5.67×10^{-8}	$W\cdot m^{-2}\cdot K^{-4}$
元电荷（电子电量）	e	1.60×10^{-19}	C
电子静止质量	m_e	9.11×10^{-31}	kg
质子静止质量	m_p	1.67×10^{-27}	kg
中子静止质量	m_n	1.67×10^{-27}	kg
玻尔磁子	μ_B	9.27×10^{-24}	$J\cdot T^{-1}$
玻尔半径	α_0	5.29×10^{-11}	m
经典电子半径	r_e	2.82×10^{-15}	m

附录Ⅱ　常用天体数据

名　称	数　值
银河系	
质量	10^{42} kg
半径	10^{5} l. y.
恒星数	1.6×10^{11}
地球	
质量	5.98×10^{24} kg
赤道半径	6.38×10^{6} m
极半径	6.36×10^{6} m
平均密度	$5.5\times10^{3}\ kg\cdot m^{-3}$
表面重力加速度	$9.81\ m\cdot s^{-2}$
自转周期	8.62×10^{4} s
公转周期	3.16×10^{7} s
公转速率	$29.8\ m\cdot s^{-2}$
对太阳的平均距离	1.50×10^{11} m
月球	
质量	7.35×10^{22} kg
半径	1.72×10^{6} m
平均密度	$3.34\times10^{3}\ kg\cdot m^{-3}$
表面重力加速度	$1.63\ m\cdot s^{-2}$
自转周期	27.32d
到地球的平均距离	3.82×10^{8} m
绕地球运行周期	27.32d

附录Ⅲ　常用单位换算关系

名称	符号	数值
标准大气压	atm	$1\,atm = 1.013 \times 10^5\,Pa$
埃	Å	$1\,Å = 1 \times 10^{-10}\,m$
光年	l. y.	$1\,l.\,y. = 9.46 \times 10^{15}\,m$
纳米	nm	$1\,nm = 1 \times 10^{-9}\,m$
电子伏特	eV	$1\,eV = 1.602 \times 10^{-19}\,J$
特斯拉	T	$1\,T = 1 \times 10^4\,Gs$

参 考 文 献

[1] 张三慧. 大学物理学：力学、电磁学 [M]. 3 版. 北京：清华大学出版社，2009.
[2] 吴百诗. 大学物理：上册 [M]. 3 版. 西安：西安交通大学出版社，2008.
[3] 赵近芳，王登龙. 大学物理学：上册 [M]. 5 版. 北京：北京邮电大学出版社，2017.